Leybold Vakuum-Taschenbuch

Leybold Vakuum-Taschenbuch

Herausgegeben von

K. Diels und R. Jaeckel

Zweite neubearbeitete und erweiterte Auflage

Mit 264 Abbildungen

Springer-Verlag
Berlin / Göttingen / Heidelberg
1962

ISBN-13: 978-3-642-92843-7 e-ISBN-13: 978-3-642-92842-0
DOI: 10.1007/978-3-642-92842-0

Softcover reprint of the hardcover 2nd edition 1902

Library of Congress Catalog Card Number: 62-20178

Geleitwort

Die Vakuumtechnik im allgemeinen und die Hochvakuumtechnik insbesondere sind durch die schnell fortschreitende Entwicklung im letzten Jahrzehnt zu einem Arbeitsgebiet geworden, dessen Beherrschung immer mehr Spezialwissen erfordert. Dieses Spezialwissen bezieht sich nicht nur auf den Umgang mit Pumpen und Meßinstrumenten, sondern auch auf viele physikalisch-chemische und Festkörperprobleme, die gemeistert werden müssen, da sonst auch die beste Pumpe nicht die gewünschten Ergebnisse bringen kann. Umgekehrt haben die vertieften Kenntnisse das Vordringen in Druckgebiete erlaubt, die noch vor wenigen Jahren als technisch unzugänglich betrachtet wurden.

Ich bin sicher, daß die Autoren des Vakuum-Taschenbuches den Dank aller Benutzer für das mit großem Fleiß und großer Sorgfalt zusammengetragene und kritische Material ernten werden, und es ist für mich zugleich eine Freude, daß der Name meines Hauses mit diesem Taschenbuch verbunden ist.

Köln, im Januar 1958

M. Dunkel

Vorwort zur zweiten Auflage

Wir freuen uns über das rege Interesse, mit dem die erste Auflage dieses Buches im In- und Ausland aufgenommen worden ist. Wir haben uns bemüht, Fehler und Mängel, die der ersten Auflage noch anhafteten, bei der zweiten zu beseitigen. Wir danken allen Fachkollegen, die uns hierin durch Hinweise und Verbesserungsvorschläge unterstützt haben.

Die neue Auflage unterscheidet sich von der alten außer den Ergänzungen und Verbesserungen durch Umstellung einiger Kapitel untereinander. Die Hochvakuumverfahren und -anlagen haben in der Zwischenzeit so an Bedeutung zugenommen, daß ihre Behandlung im Rahmen eines kurzen Abschnittes, wie in der ersten Auflage, nicht mehr genügt. Wir haben uns daher entschlossen, sie im laufenden Text ganz wegzulassen, verweisen jedoch auf die ausführlichen Abschnitte des Literaturverzeichnisses über Hochvakuumverfahren und -anlagen. Außerdem haben wir einige wichtige Tabellen- und Zahlentafeln aus dem Kapitel über Hochvakuumverfahren und -anlagen der ersten Auflage in der zweiten Auflage in dem Kapitel Werkstoffe mit untergebracht. Die Ionen-Getterpumpen, Kryopumpen und das Ultrahochvakuum sind in der Zwischenzeit technisch so wichtig geworden, daß wir ihnen eigene Kapitel eingeräumt haben.

Bei der Vorbereitung der zweiten Auflage haben uns wieder einige Mitarbeiter tatkräftig unterstützt. Außer den in der ersten Auflage schon Genannten gilt dies insbesondere für die Herren Forth, Nöller, Reinke und Schieffer, denen auch an dieser Stelle hierfür herzlich gedankt sei.

Köln und Bonn, im September 1962

K. Diels und R. Jaeckel

Vorwort zur ersten Auflage

In den letzten Jahrzehnten ist in der Vakuumtechnik der Schritt von der rein empirischen Behandlung der Probleme zu einer technischen Wissenschaft mit quantitativer Bearbeitung der anstehenden Fragen erfolgt. Die heute für die zahlenmäßige Berechnung von Vakuumanlagen und Vakuumaufgaben erforderlichen Unterlagen sind aber über eine Vielzahl in- und ausländischer Zeitschriften, Buchveröffentlichungen und Firmenkatalogen verstreut. Infolgedessen ist es für den einzelnen mühevoll, zeitraubend und äußerst schwierig, die notwendigen Zahlenangaben aufzufinden. Daher erschien eine Zusammenstellung des für den Gebrauch notwendigen Zahlenmaterials in derselben Weise nützlich, wie dies in anderen Disziplinen schon mit gutem Erfolg geschehen ist. Es ist uns klar, daß solche erste Sichtung noch mit Mängeln behaftet sein wird. Wir wären den Fachkollegen für zweckdienliche Hinweise und Zurverfügungstellung von Zahlenangaben dankbar.

Als Sachgebiete, über die wir Unterlagen in dem vorliegenden Büchlein zusammengetragen haben, sind zu nennen: die gaskinetischen Vorgänge, der Einsatz und die Behandlung von Vakuumpumpen und Vakuummeßinstrumenten, die Berechnung und Dimensionierung von Leitungen und Daten über Hochvakuumverfahren (auch hier erschien uns heute schon eine Zusammenstellung des greifbaren Materials nützlich).

Bezüglich der Werkstoffe existieren schon zahlreiche, sehr gute Monographien, die sich aber im wesentlichen auf den Röhrenbau[1] beziehen. Da das vorliegende Taschenbuch aber sowohl für den Röhrenbauer als auch für den Verfahrenstechniker gedacht ist, halten wir eine auszugsweise Zusammenfassung der Daten über Werkstoffe für die Röhrentechnik zusammen mit dem bereits vorliegenden Material für die Verfahrenstechnik für zweckmäßig. Dabei haben wir bewußt davon Abstand genommen, Extremwerte, die irgendwann einmal unter besonderen Bedingungen erreicht wurden, aufzunehmen, und uns bewußt auf das durch Erfahrung Gesicherte beschränkt.

---

[1] Hierzu gehört auch Band 2 der „Tabellen für Elektronenphysik, Ionenphysik und Übermikroskopie" von MANFRED VON ARDENNE, der im Kapitel D eine vorzügliche und umfassende Zusammenstellung hochvakuumtechnisch wichtiger Zahlenwerte bringt.

Aus diesem Grunde haben wir auch davon abgesehen, den heute noch in lebhafter Entwicklung befindlichen Sachgebieten (Ionenpumpe, Getterpumpe usw.) sowie den extrem niedrigen Drücken unter 10^{-9} Torr besondere Abschnitte zu widmen. Wir haben diese Fragen nur gelegentlich am Rande gestreift.

Wegen ihrer besonderen Bedeutung wurde der Gasabgabe und Gasaufzehrung ein eigenes Kapitel gewidmet.

Ein ausführliches Literaturverzeichnis soll die Auffindung des hier aus Raumgründen nicht gebrachten Materials erleichtern.

Da es heute schon für den einzelnen sehr schwierig ist, das gesamte, im vorliegenden Taschenbuch behandelte Gebiet zu übersehen, haben wir uns bei der Zusammenstellung und Ausarbeitung auf die Hilfe unserer Mitarbeiter gestützt, denen allen auch an dieser Stelle für ihre Mühe gedankt sei. Es handelt sich im einzelnen um die Herren BÄCHLER, VOM BERG, ESCHBACH, FLORIN, GROSS, HOLLÄNDER, MIRGEL, PEPERLE, RETTINGHAUS, REYLANDER, SCHITTKO, STRIER, THEES und TREUPEL. Unser besonderer Dank gilt Herrn Dr. MANFRED DUNKEL für wertvolle Anregungen und Hinweise sowie für die Zurverfügungstellung des bei der Firma Leybold vorliegenden Materials. Zum Schluß möchten wir es nicht versäumen, auch dem Springer-Verlag für sein Verständnis für unsere Wünsche und die Notwendigkeiten bei der Drucklegung dieses Büchleins zu danken.

Köln und Bonn, im Januar 1958

K. Diels und R. Jaeckel

Inhaltsverzeichnis

Berichtigungen

S. 213, Spalte 4, Zeile 5: statt 4,01 **lies** 14,01
Zeile 6: statt 4,49 **lies** 14,49

S. 246, Tabellenkopf, Zeile 3, statt $g_5, g_{10} \cdots g_{180}$
lies $p_5, p_{10} \cdots p_{180}$

Leybold Vakuum-Taschenbuch, 2. Aufl.

1 Vakuumphysik

1.1 Benennungen

1.1.1 Formelzeichen[1]

Benennung	Formelzeichen	Maßeinheit	siehe Seite
Anzahl der auf eine Wand stoßenden Moleküle je Zeit- und Flächeneinheit (Flächen-Stoßhäufigkeit)	A	$sec^{-1}\ cm^{-2}$	14
Stoßradius	$a = r_1 + r_2$	cm	17
Gasballast	B	$l\ sec^{-1}$	4
Molwärme bei konstantem Druck	C_p	$cal\ grad^{-1}\ mol^{-1}$	—
Molwärme bei konstantem Volumen	C_v	$cal\ grad^{-1}\ mol^{-1}$	—
Schallgeschwindigkeit	c	$cm\ sec^{-1}$	40
Volumenkonzentration des gelösten Gases in der Flüssigkeit	c_{Fl}	cm^{-3}	252
Volumenkonzentration des gelösten Gases in der Gasphase	c_G	cm^{-3}	252
Diffusionskoeffizient	D	$cm^2\ sec^{-1}$	4
Durchmesser	d, D	cm	—
Absorptionswärme	E_A	cal	252
Fläche, Querschnitt	F	cm^2	—
Durchflußmenge	G	$g\ sec^{-1}$, Torr $l\ sec^{-1}$	20
Gasabgabe	g	$g\ sec^{-1}\ cm^{-2}$, Torr $l\ sec^{-1}\ cm^{-2}$, Moleküle $sec^{-1}\ cm^{-2}$	—
Wärmetönung	H	cal	252
Spez. Enthalpie	i	$erg\ g^{-1}$	38
Ionenstrom	i^+	A	—
Saugleistung des Kondensors	$K = S_K \cdot p$	Torr $l\ sec^{-1}$	—

[1] Es ließ sich nicht vermeiden, daß in manchen Kapiteln einige Formelzeichen eine andere Bedeutung haben als in dieser Übersicht. In diesen Kapiteln werden die Formelzeichen besonders erläutert.

Benennung	Formelzeichen	Maßeinheit	siehe Seite
BOLTZMANNsche Konstante	k	erg grad^{-1}	10
Leitwert	$L = 1/W$	l sec^{-1}	5
Länge	l	cm	—
Molekulargewicht	M	g mol^{-1}	—
MACHsche Zahl	Ma	—	40
Masse eines Moleküls	m	g	—
Zahl der Moleküle je cm^3	n	cm^{-3}	55
Druck (allgemein)	p, P	Torr (dyn cm^{-2}, μ)	—
Atmosphärendruck	p_{at}	Torr	—
Dampfpartialdruck	p_d	Torr	—
Gaspartialdruck	p_g	Torr	—
Sättigungsdampfdruck	p_s	Torr	6
Ansaugdruck der Hochvakuumpumpe	p_H	Torr	65
Ansaugdruck der Vorvakuumpumpe	p_V	Torr	65
Saugleistung	Q	Torr l sec^{-1}, g sec^{-1}	6
Allgemeine Gaskonstante	R	erg grad^{-1} mol^{-1}, Torr l grad^{-1} mol^{-1}	10
Molekülradius	r	cm	—
Sauggeschwindigkeit (allgemein)	S	l sec^{-1}	6
Sauggeschwindigkeit der Hochvakuumpumpe	S_H	l sec^{-1}	—
Sauggeschwindigkeit des Kondensors	S_K	l sec^{-1}	—
Sauggeschwindigkeit der Vorvakuumpumpe	S_V	l sec^{-1}	—
Absolute Temperatur	T	°K	—
SUTHERLANDsche Konstante	T_v	°K	17
Zeit	t	sec	—
Umfang eines Querschnitts	U	cm	—
Volumen	V	cm^3, l	—
Spez. Volumen	v	cm^3 g^{-1}	22
Strömungswiderstand	$W = 1/L$	sec l^{-1}	7
Geschwindigkeit	w	cm sec^{-1}	—
Mittlere Geschwindigkeit	$\overline{w}$	cm sec^{-1}	11
Mittleres Geschwindigkeitsquadrat	$\overline{w^2}$	cm^2 sec^{-2}	11

Benennung	Formelzeichen	Maßeinheit	siehe Seite
Wahrscheinlichste Geschwindigkeit	w_{max}	cm sec^{-1}	10
Anzahl der Zusammenstöße, die ein Molekül je Zeiteinheit erleidet (Stoßzahl)	z	sec^{-1}	16
Akkomodationskoeffizient	α	—	3
OSTWALDscher Löslichkeitskoeffizient	$\Gamma = c_{Fl}/c_G$	—	252
Reibungskoeffizient	η	P, g cm^{-1} sec^{-1}	17
Verhältnis der Molwärmen	$\varkappa = C_p/C_v$	—	—
Mittlere freie Weglänge	Λ	cm	15
Wärmeleitfähigkeit	λ	cal $grad^{-1}$ cm^{-1} sec^{-1}	18
Gasmasse je Zeit- und Flächeneinheit	μ	g sec^{-1} cm^{-2}	14
Mikron	$1\,\mu = 10^{-3}$ Torr		—
Drehzahl, Frequenz	ν	sec^{-1}	—
Dichte	ϱ	g cm^{-3}	—
Spez. Durchflußmenge	$\psi = G/F$	g sec^{-1} cm^{-2}, Torr l sec^{-1} cm^{-2}	22

1.1.2 Allgemeine Begriffe[1] und Symbole der Vakuumtechnik

Abscheider. Gefäß zur Trennung zweier Stoffe (Wasser-Öl/Öl-Luft) durch Zentrifugalkräfte oder durch Absetzenlassen unter dem Einfluß der Schwerkraft.

Akkomodationskoeffizient. Verhältnis der Energie, die vom auftreffenden Gasmolekül auf eine Oberfläche übertragen wird, zu derjenigen Energie, die theoretisch im Falle des thermischen Gleichgewichtes übertragen werden müßte.

Ansaugdruck. Druck in der Ansaugöffnung einer arbeitenden Pumpe.

Auspumpgeschwindigkeit. Die Druckerniedrigung in einem Vakuumbehälter je Zeiteinheit.

Auspumpzeit. Die für eine gegebene Pumpe zur Erzielung einer bestimmten Druckerniedrigung innerhalb eines Behälters von gegebenem Volumen notwendige Pumpdauer.

Baffle siehe Dampfsperre.

Booster siehe Zwischenpumpe.

Dampf. Eine Substanz in gasförmigem Zustand, welche durch Druckerhöhung bei der herrschenden Temperatur (unterhalb der kritischen) in den flüssigen oder festen Zustand übergeführt werden kann.

Dampfdruck. Der Partialdruck eines in einem Raum enthaltenen Dampfes.

Dampfsperre (Baffle). (Gekühlte) Prallfläche in der Saugleitung von Öl-Diffusionspumpen, um die Rückströmung der Treibmittelmoleküle aus dem Dampfstrahl in den evakuierten Raum zu verhindern.

Dampfstrahlpumpe. Treibdampfpumpe mit hoher Dampfstrahldichte. Der Arbeitsbereich reicht je nach Treibmittel von etwa 10^{-4} bis 10^2 Torr. Die

[1] Siehe auch DIN 28400.

Durchmischung von angesaugtem Gas und treibendem Dampf erfolgt bei höheren Drücken durch Turbulenz und im Feinvakuumgebiet durch Diffusion des angesaugten Gases in die Randpartien des Dampfstrahles.

Diffusionskoeffizient. Der absolute Betrag des Quotienten von Molekülstrom — dividiert durch die Bezugsfläche — zum Dichtegradienten eines Gases, welches durch ein anderes Gas oder durch ein poröses Medium diffundiert.

Diffusionspumpe. Treibdampfpumpe mit niedriger Dampfstrahldichte, deren Arbeitsbereich bei Ansaugdrücken unter 10^{-2} Torr liegt. Ihre Pumpwirkung kommt durch Diffusion des angesaugten Gases in den Treibdampfstrahl hinein zustande.

Drehkolbenpumpe. Eine Verdrängerpumpe, bei der der Pumpvorgang durch eine Drehbewegung des Verdrängers zustande kommt.

Drehschieberpumpe. Eine Verdrängerpumpe, bei der der sichelförmige Schöpfraum durch einen in einem Zylinder exzentrisch gelagerten und sich drehenden Verdrängerkolben gebildet wird, der mindestens mit zwei Schiebern versehen ist, die den Raum zwischen Verdrängerkolben und Zylinder absperren.

Ejektorpumpe. Treibmittelpumpe, die als Treibmittel einen schnell bewegten Flüssigkeits-, Gas- oder Dampfstrahl hoher Dichte benutzt. Der Pumpvorgang kommt durch Mischung des angesaugten Gases mit dem Treibmittel infolge Turbulenz zustande.

Enddruck (Endvakuum). Der niedrigste Druck, der in einem vorgegebenen System mit einer vorgegebenen Pumpenanordnung erreicht werden kann. Er setzt sich zusammen aus dem Partialdruck der Dämpfe (im allgemeinen Treibmitteldämpfe) und dem Restgasdruck.

Fallender Film. Apparative Form der Freiweg- bzw. Molekulardestillation, bei der die zu verdampfende Substanz als dünner Film unter dem Einfluß der Schwerkraft über die Verdampferfläche rinnt.

Flächen-Stoßhäufigkeit. Die mittlere Anzahl der Moleküle in einem ruhenden Gas, die in der Zeiteinheit auf die Einheit der Fläche auftreffen.

Flüssigkeitsringpumpe. Statt wie bei der Drehschieberpumpe durch umlaufende Schieber, wird hier der sichelförmige Arbeitsraum durch am exzentrischen Rohr starr befestigte Flügel mit einem umlaufenden Flüssigkeitsring abgeschlossen.

Fraktionierende Diffusionspumpe. Mehrstufige Öl-Diffusionspumpe, bei welcher der dem Hochvakuum nächstgelegenen Stufe die am wenigsten flüchtigen Bestandteile des Treibmittels zugeführt werden, während die leichter flüchtigen Bestandteile in den vorvakuumseitigen Stufen verdampfen.

Freiwegdestillation. Vakuumdestillation im Feinvakuumgebiet, derart, daß

a) die mittlere freie Weglänge der Dampfmoleküle klein ist gegen den Abstand zwischen Verdampfer und Kondensationsfläche,

b) der Restgasdruck so niedrig ist, daß die mittlere freie Weglänge der Restgasmoleküle in Abwesenheit des Dampfes größer ist als der Abstand zwischen Verdampfer und Kondensationsfläche,

c) der Strömungswiderstand für den Dampf zwischen Verdampfer und Kondensationsfläche klein ist.

Gasballast. Bei mechanischen, auf Atmosphärendruck verdichtenden Pumpen zur Vermeidung der Kondensation von Dämpfen vor Beginn und während der Kompression regelmäßig in den Schöpfraum eingelassene Gasmenge. Hierdurch wird im Schöpfraum Atmosphärendruck erzielt und das Auspuffventil geöffnet, bevor noch durch Kompression der Taupunkt der abgesaugten Dämpfe erreicht wird.

Gefriertrocknung. Trocknung im Vakuum bei Temperaturen unterhalb des Gefrierpunktes mit dem Ziel, temperaturempfindliche Substanzen, die in Lösung vorliegen, in trockener und leicht löslicher Form zu gewinnen. Die Lösungen werden hierzu tiefgekühlt und die entstandenen Eiskristalle im Vakuum absublimiert.

Getter. Ein Stoff, der in ein Vakuumsystem hineingebracht wird, um Gase durch Sorption zu binden.

Getterpumpe. Einrichtung, bei der durch Vorhandensein eines Getters eine Pumpwirkung infolge Sorption erzielt wird.

Ho-Faktor. In der angelsächsischen Literatur vielfach benutzter Begriff für das Verhältnis des tatsächlich erreichten zum theoretisch möglichen Saugvermögen von Diffusionspumpen. Bei den üblichen Pumpen beträgt der Ho-Faktor etwa 0,6.

Hochvakuumpumpen. Diffusionspumpen, Ionen-Getterpumpen, Ionenpumpen, Molekularpumpen.

Hubkolbenpumpe. Eine Verdrängerpumpe, bei der die Abgrenzung des periodisch veränderlichen Arbeitsraumes durch einen in einem Zylinder hin- und hergeschobenen Kolben erfolgt.

Ionen-Getterpumpe. Eine Getterpumpe, deren Pumpwirkung durch Erzeugung von Ionen erhöht wird.

Ionen-Verdampferpumpe. Eine Ionen-Getterpumpe, bei der durch Verdampfung von Metall gasadsorbierende Oberflächen (Getter) geschaffen werden.

Ionen-Zerstäuberpumpe. Eine Ionen-Getterpumpe, bei der durch Kathoden-Zerstäubung gasadsorbierende Oberflächen (Getter) geschaffen werden.

Ionenpumpe. Einrichtung, bei der ionisierte Gasmoleküle unter dem Einfluß elektrischer und magnetischer Felder aus dem Hochvakuumraum in einen Vorvakuumraum transportiert werden.

Kondensationskoeffizient. Das Verhältnis der Zahl der kondensierenden zur Zahl der auf eine Fläche auftreffenden Moleküle.

Kondensor (Kondensator). Teil einer Vakuumapparatur mit besonders groß ausgebildeten Kühlflächen zur Kondensation von Dämpfen („Pumpe" für Dämpfe).

Kryopumpe. Vorrichtung zum Pumpen von Gasen durch Kondensation an sehr tiefgekühlten Flächen ($T \leqq 20\,°K$).

Kühlfalle. Teil einer Vakuumanlage zum Niederschlagen und Festhalten von Dämpfen durch Ausfrieren bei tiefen Temperaturen.

Leitwert L. Der Mengendurchsatz, dividiert durch die Druckdifferenz zwischen zwei bestimmten Punkten eines Leitungssystems.

Mengendurchsatz. Das durch die Zeiteinheit dividierte Produkt aus Druck und Volumen der Gasmenge, die ohne zu- oder abzunehmen durch ein Leitungselement strömt.

Mischfilmdestillation. Apparative Anordnung zur Durchmischung des Filmes auf der Verdampferfläche bei Freiweg- und Molekulardestillation.

Mittlere freie Weglänge. Von Druck und Temperatur abhängige Wegstrecke, die ein Teilchen im Mittel zwischen zwei Stößen mit anderen Teilchen zurücklegt.

Mittlere Molekulargeschwindigkeit. Der mittlere Betrag der Geschwindigkeit der Moleküle eines ruhenden Gases unter Gleichgewichtsbedingungen.

Molekulardestillation. Destillation im Hochvakuum unter der Bedingung, daß die mittlere freie Weglänge der Dampfmoleküle größer ist als der Abstand zwischen der Verdampfungs- und der Kondensationsfläche.

Molekulareffusion. Der Gasdurchtritt durch eine Öffnung in ebener Wand mit zu vernachlässigender Dicke, wobei der größte Durchmesser der Öffnung kleiner als die mittlere freie Weglänge ist.

Molekularpumpe. Eine Pumpe, bei der die Gasmoleküle durch Zusammenstöße mit einer hinreichend schnell bewegten Fläche (Scheibe oder Zylinder) tangential zur Bewegungsrichtung der Fläche in einen Raum höheren Druckes gefördert werden.

Nennsaugleistung. Bei Vorvakuumpumpen errechnete Nominalsaugleistung, gegeben durch das Produkt von Schöpfraum × Atmosphärendruck × Drehzahl.

Normdruck. Ein Druck von 1 atm = 760 Torr (bei 0 °C) (physikalischer Normdruck).

Ölfänger. a) Siehe Dampfsperre. — b) Bei ölgedichteten Verdrängerpumpen im Austrittsstutzen angeordnete Oberflächen zum Vermindern des Ölverlustes durch Ausstoßen von Öltröpfchen oder -nebeln.

Partialdruck. Derjenige Druck, den ein Bestandteil einer gasförmigen Mischung zum Gesamtdruck beiträgt und den dieser Bestandteil ausüben würde, wenn er allein im Gasraum vorhanden wäre.

Restdampfdruck. Druck aller kondensierbaren Bestandteile innerhalb eines auf den Enddruck evakuierten Behälters.

Restgasdruck. Druck aller nicht kondensierbaren Gase innerhalb eines auf den Enddruck evakuierten Behälters.

Rootspumpe siehe Wälzkolbenpumpe.

Sättigungsdampfdruck (Sattdampfdruck). Der in einem abgeschlossenen Raum in Gegenwart der kondensierten Phase im Gleichgewicht herrschende, von der Temperatur abhängige Dampfdruck.

Sauggeschwindigkeit siehe Saugvermögen.

Saugleistung. Von einer Pumpe bei einem bestimmten Ansaugdruck in der Zeiteinheit geförderte Gasmenge, gemessen in g/sec oder Torr l/sec (s. auch Mengendurchsatz).

Saugvermögen (vielfach noch Sauggeschwindigkeit genannt). Von einer Pumpe je Zeiteinheit gefördertes Gasvolumen, gemessen in l/sec oder m^3/h bei einem anzugebenden Ansaugdruck.

Schädlicher Raum. Endvolumen des Schöpfraumes bei der höchsten Kompression in komprimierenden mechanischen Pumpen (zu seiner Verkleinerung wird er bei rotierenden Pumpen mit Öl angefüllt).

Schöpfraum. Bei mechanischen komprimierenden Pumpen periodisch sich vergrößernder und verkleinernder Raum, in dem das geförderte Gas vom Ansaugdruck auf Atmosphärendruck komprimiert wird.

Sorptionspumpe. Getterpumpe, bei der elektrisch neutrale Gasteilchen, die im Laufe ihrer Wärmebewegung auf geeignete sorptionsfähige Körper treffen, an oder in diesen festgehalten werden.

Sperrschieberpumpe (vielfach noch Drehkolbenpumpe genannt). Eine Verdrängerpumpe, bei der der sichelförmige Schöpfraum durch einen in einem Zylinder exzentrisch rotierenden Verdrängerkolben und einen im Gehäuse gleitenden und am Verdrängerkolben anliegenden Schieber gebildet wird.

Spezifisches Saugvermögen. Bei Diffusionspumpen das Saugvermögen je Einheit der Diffusionsfläche.

Stoßzahl. Die mittlere Anzahl der Zusammenstöße, die ein Molekül oder ein anderes Teilchen bei der Bewegung durch ein Gas in der Sekunde erleidet.

Strahlpumpen siehe Treibmittelpumpen.

Strömungsarten.

a) *Gasdynamische Strömung.* Strömung eines kompressiblen Mediums mit großen relativen Dichteänderungen, gekennzeichnet durch hohe MACHsche Zahlen (z. B. Überschallströmungen in den Düsen der Treibdampfpumpen).

b) *Turbulente Strömung.* Strömung eines viskosen Mediums mit Mischbewegung (wirbelige Strömung) oberhalb einer kritischen REYNOLDS-Zahl (für kreiszylindrische Rohre $Re \approx 2300$).

c) *Laminare Strömung.* Strömung eines viskosen Mediums ohne Mischbewegung (Schichten- oder Fadenströmung) bei kleinen REYNOLDS-Zahlen.

d) *Poiseuille-Strömung.* Spezialfall der ausgebildeten laminaren Strömung im kreiszylindrischen Rohr.

e) *Molekularströmung.* Gasströmung, bei der die mittlere freie Weglänge der Moleküle groß oder vergleichbar ist gegen die geometrischen Abmessungen des Systems. Der Strömungswiderstand ist unabhängig vom Druck.

d) *Knudsen-Strömung.* Gasströmung im Gebiet zwischen laminarer und Molekularströmung.

Strömungswiderstand W. Der Reziprokwert des Leitwertes L: $W = 1/L$.

Torr. In der Vakuumtechnik vorzugsweise verwendete Einheit für den Druck. 1 Torr ist der 760ste Teil der physikalischen Atmosphäre (atm). 1 mm Hg = 1,000 000 14 Torr. Andere Maßeinheiten siehe S. 98/99.

Totaldruck. Die Summe der Partialdrücke aller in einem Raum befindlichen Gase und Dämpfe.

Treibdampfpumpe. Treibmittelpumpe, die als Treibmittel schnell strömenden Dampf benutzt.

Treibmittel. Treibmittel sind die in Treibmittelpumpen flüssig, gas- oder dampfförmig verwendeten Arbeitsmittel.

Treibmitteldampfrückströmung. Der direkte Flug von Dampfmolekülen aus dem heißen Dampfstrahl oder ausgehend von erhitzten Düsenteilen in Richtung auf den Ansaugstutzen einer Treibmittelpumpe.

Treibmittelpumpen (Strahlpumpen). Vakuumpumpen, die ein schnell bewegtes flüssiges, gas- oder dampfförmiges Treibmittel benutzen.

Undichtheit (Undichtigkeit). Als eine Undichtheit wird die durch Löcher oder Poren vom Außenraum unter Normdruckbedingungen in ein Vakuumsystem einströmende Gasmenge bezeichnet, gemessen in Druck × Volumen je Zeiteinheit (Torr l/sec) unter Angabe der Gasart.

Verdampferpumpe. Getterpumpe, bei der die gasadsorbierende Schicht durch Verdampfung eines Metalls erzeugt wird.

Verdampfungsgeschwindigkeit. Zahl der Moleküle einer Substanz, die je cm^2 und sec von der freien Oberfläche der Flüssigkeit oder des festen Körpers verdampfen.

Verdichtungsdruck. Der Druck in der Austrittsöffnung einer arbeitenden Pumpe.

Verdrängerpumpe. Eine mechanische Pumpe, die das zu fördernde Gas mit Hilfe von Kolben, Rotoren, Schiebern, Ventilen usw., die mit oder ohne Flüssigkeit gegeneinander abgedichtet sind, ansaugt, verdichtet und ausstößt.

Volumendurchsatz. Das Gasvolumen, welches bei vorgegebenem mittlerem Druck durch ein Leitungselement strömt, angegeben in Volumen, dividiert durch die Zeiteinheit.

Vorpumpe. Eine auf Atmosphärendruck verdichtende Vakuumpumpe, die mit einer oder mehreren Fein- oder Hochvakuumpumpen in Reihe geschaltet ist.

Vorvakuumbeständigkeit. Die obere Grenze des für den Betrieb einer Treibdampfpumpe zulässigen Verdichtungsdruckes.

Vorvakuumdruck. Druck am Vorvakuumanschluß einer Hochvakuum- bzw. Feinvakuumpumpe.

Wälzkolbenpumpe (Rootspumpe). Eine Rotationspumpe mit Rotoren, die durch ein Getriebe synchron gedreht werden, wobei die Rotoren so geformt sind, daß zwischen ihnen und dem Gehäuse dauernd ein enger Luftspalt aufrechterhalten bleibt.

Zwischenpumpe (Booster). Pumpe zwischen Vorpumpe und Diffusionspumpe, die dazu dient, die Vorvakuumbeständigkeit der Diffusionspumpe und das Saugvermögen des gesamten Aggregats im Feinvakuumgebiet zu erhöhen.

Symbole oder Schaltzeichen für Vakuum-Bauelemente

Zeichen	Bedeutung
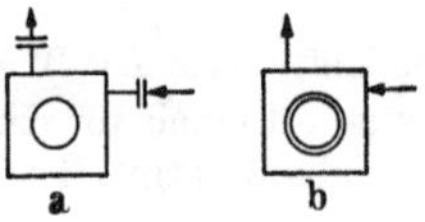 a b	Rotierende Vakuumpumpe a) einstufig b) zweistufig
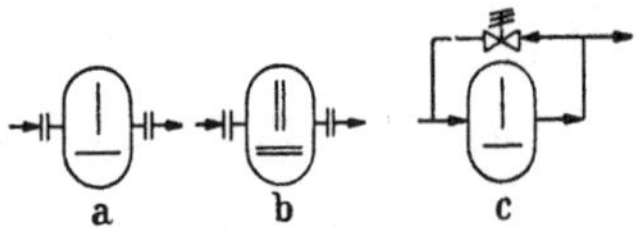 a b c	Wälzkolbenpumpe (Rootspumpe) a) einstufig b) zweistufig c) mit Ausgleichsleitung einstufig
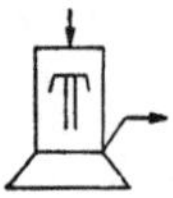	Diffusionspumpe
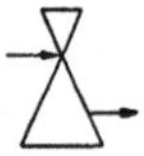	Dampfstrahlpumpe
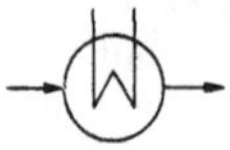	Kondensor
	Vorlage mit Kükenhähnen
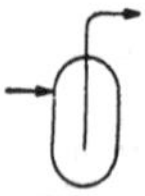	Kühlfalle

Abb. 1.1.1

Zeichen	Bedeutung
 a b	Abscheider z. B. a) druckseitig b) saugseitig
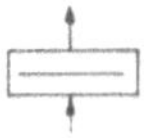	Dampfsperre (Baffle)
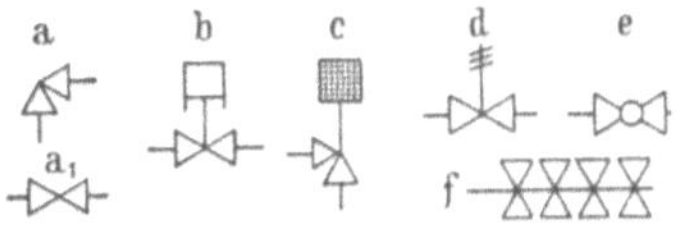 a b c d e a_1 f	a) Eckventil a_1) Durchgangsventil b) pneumatisches Ventil c) Magnetventil d) Überdruckventil e) Hahn f) Ventilblock
 PV z.B. Penning Vakuummeter	Meßgeräte z.B. AV Alphatron JV Ionisationsvakuummeter KV McLeod-Vakuummeter FV Feder-Vakuummeter PV Penning-Vakuummeter TV Thermoelektrisches Vakuummeter UV U-Rohr-Vakuummeter
	Bewegliche Verbindungen
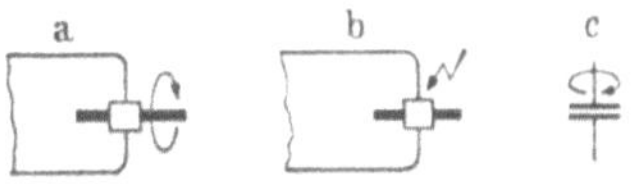 a b c	a) Drehdurchführung b) Stromdurchführung c) Drehflansch
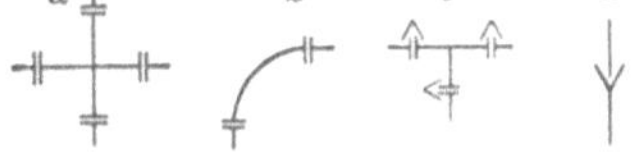 a b c d	a) Kreuzstück } mit Flanschen b) Rohrbogen } mit Flanschen c) T-Stück mit Kleinflanschen d) Schliffverbindung

Abb. 1.1.2

1.2 Wichtige gaskinetische Formeln und Tabellen

1.2.1 Geschwindigkeitsverteilung nach Maxwell

Geschwindigkeitsverteilungsgesetz für eine einzelne Komponente (x-Komponente)

$$\frac{d\,n_{w_x}}{n} = \sqrt{\frac{M}{2\pi R T}}\, e^{-\frac{M w_x^2}{2RT}}\, d\,w_x \qquad (1.2.1)$$

zeigt an, wie groß der Bruchteil der Molekeln ist, bei denen die x-Komponente (w_x) der Gesamtgeschwindigkeit zwischen den Werten w_x und $w_x + dw_x$ liegt.

Geschwindigkeitsverteilungsgesetz für die Gesamtgeschwindigkeit w

$$\frac{d\,n_w}{n} = \sqrt{\frac{2}{\pi}\left(\frac{M}{RT}\right)^3}\, e^{-\frac{M w^2}{2RT}}\, w^2\, d w \qquad (1.2.2)$$

zeigt an, wie groß der Bruchteil der Molekeln ist, bei denen die Gesamtgeschwindigkeit w zwischen den Werten w und $w + dw$ liegt.

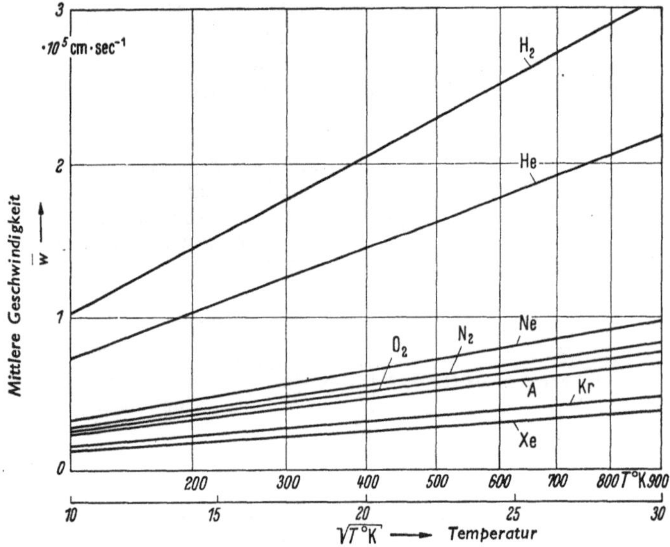

Abb. 1.2.1 Mittlere Geschwindigkeit $\bar{w}$ als Funktion der Temperatur T für verschiedene Gase

$\boldsymbol{w_{max}}$ **[cm sec^{-1}].** *Wahrscheinlichste Geschwindigkeit* w_{max} (Geschwindigkeitswert im Maximum der Verteilungskurve)

$$w_{max} = \sqrt{\frac{2kT}{m}} = \sqrt{\frac{2RT}{M}} = 1{,}29 \cdot 10^4 \sqrt{\frac{T}{M}} \quad [\mathrm{cm\,sec^{-1}}] \qquad (1.2.3)$$

k Boltzmannsche Konstante $= 1{,}371 \cdot 10^{-16}$ erg grad^{-1},
R Gaskonstante $= 8{,}315 \cdot 10^7$ erg grad^{-1} mol^{-1},
$= 62{,}37$ Torr l grad^{-1} mol^{-1}.

Geschwindigkeitsmittelwerte [cm sec⁻¹]

1. Mittlere Geschwindigkeit

$$\bar{w} = \sqrt{\frac{8\,k\,T}{\pi\,m}} = \sqrt{\frac{8\,R\,T}{\pi\,M}} = 1{,}455 \cdot 10^4 \sqrt{\frac{T}{M}} \quad [\text{cm sec}^{-1}]. \tag{1.2.4}$$

2. Mittleres Geschwindigkeitsquadrat

$$\overline{w^2} = \frac{3\,k\,T}{m} = \frac{3\,R\,T}{M} = 2{,}49 \cdot 10^8 \frac{T}{M} \quad [\text{cm}^2\,\text{sec}^{-2}]. \tag{1.2.5}$$

3. Wurzel aus mittlerem Geschwindigkeitsquadrat

$$\sqrt{\overline{w^2}} = \sqrt{\frac{3\,k\,T}{m}} = \sqrt{\frac{3\,R\,T}{M}} = 1{,}58 \cdot 10^4 \sqrt{\frac{T}{M}} \quad [\text{cm sec}^{-1}]. \tag{1.2.6}$$

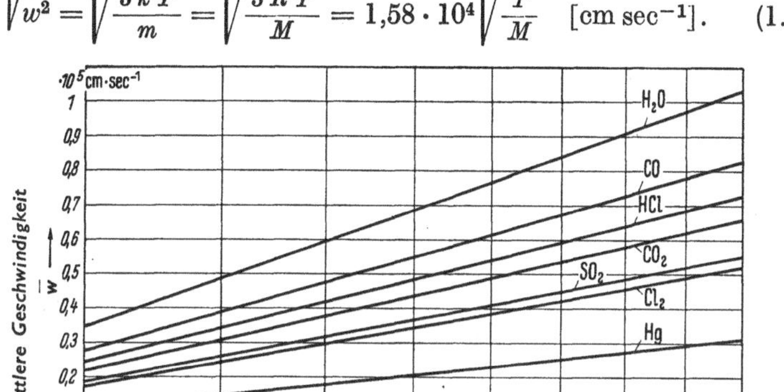

Abb. 1.2.2 Mittlere Geschwindigkeit $\bar{w}$ als Funktion der Temperatur T für verschiedene Gase

Tabelle 1.2.1 *Mittlere Geschwindigkeit $\bar{w}$ bei 0 °C, 20 °C und 100 °C*

Gas		H_2	N_2	O_2	Luft	He	Ne	A
$\bar{w} \cdot 10^{-4}$ [cm/sec]	bei 0 °C	16,93	4,542	4,252	4,468	12,01	5,355	3,805
$\bar{w} \cdot 10^{-4}$ [cm/sec]	bei 20 °C	17,54	4,707	4,403	4,642	12,45	5,545	3,942
$\bar{w} \cdot 10^{-4}$ [cm/sec]	bei 100 °C	19,79	5,310	4,968	5,238	14,05	6,256	4,447

Gas		Kr	Xe	Hg	H_2O	CO	CO_2	HCl
$\bar{w} \cdot 10^{-4}$ [cm/sec]	bei 0 °C	2,629	2,099	1,698	5,565	4,543	3,624	3,981
$\bar{w} \cdot 10^{-4}$ [cm/sec]	bei 20 °C	2,723	2,174	1,759	5,869	4,707	3,755	4,125
$\bar{w} \cdot 10^{-4}$ [cm/sec]	bei 100 °C	3,072	2,453	1,984	6,620	5,310	4,236	4,653

Gas		SO_2	Cl_2	C_2H_5OH	NH_3
$\bar{w} \cdot 10^{-4}$ [cm/sec]	bei 0 °C	3,004	2,856	3,543	5,829
$\bar{w} \cdot 10^{-4}$ [cm/sec]	bei 20 °C	3,113	2,958	3,670	6,036
$\bar{w} \cdot 10^{-4}$ [cm/sec]	bei 100 °C	3,512	3,337	4,141	6,810

Tabelle 1.2.2 $\sqrt{\overline{w^2}}$-*Werte bei 0 °C, 20 °C und 100 °C*

Gas	H_2	N_2	O_2	Luft	He	Ne	A
$\sqrt{\overline{w^2}} \cdot 10^{-4}$ [cm/sec] bei 0 °C	18,38	4,928	4,613	4,849	13,05	5,811	4,133
$\sqrt{\overline{w^2}} \cdot 10^{-4}$ [cm/sec] bei 20 °C	19,04	5,106	4,778	5,023	13,52	6,021	4,282
$\sqrt{\overline{w^2}} \cdot 10^{-4}$ [cm/sec] bei 100 °C	21,50	5,766	5,390	5,688	15,25	6,793	4,830

Gas	Kr	Xe	Hg	H_2O	CO	CO_2	HCl
$\sqrt{\overline{w^2}} \cdot 10^{-4}$ [cm/sec] bei 0 °C	2,854	2,278	1,842	6,148	4,933	39,33	4,323
$\sqrt{\overline{w^2}} \cdot 10^{-4}$ [cm/sec] bei 20 °C	2,957	2,361	1,908	6,368	5,109	4,076	4,479
$\sqrt{\overline{w^2}} \cdot 10^{-4}$ [cm/sec] bei 100 °C	3,336	2,663	2,155	7,190	5,766	4,600	5,053

Gas	SO_2	Cl_2	C_2H_5OH	NH_3
$\sqrt{\overline{w^2}} \cdot 10^{-4}$ [cm/sec] bei 0 °C	3,262	3,100	3,847	6,328
$\sqrt{\overline{w^2}} \cdot 10^{-4}$ [cm/sec] bei 20 °C	3,380	3,212	3,986	6,554
$\sqrt{\overline{w^2}} \cdot 10^{-4}$ [cm/sec] bei 100 °C	3,813	3,624	4,497	7,395

Zusammenhang der Geschwindigkeitsmittelwerte mit der wahrscheinlichsten Geschwindigkeit:

$$\overline{w^2} = \frac{3\pi}{8}\,\overline{w}^2 = \frac{3}{2}\,w_{\max}^2. \tag{1.2.7}$$

$$\overline{w} = 1{,}128\,w_{\max}, \qquad \overline{w^2} = \frac{3}{2}\,w_{\max}^2, \qquad \sqrt{\overline{w^2}} = 1{,}223\,w_{\max}.$$

Setzt man zur Vereinfachung die wahrscheinlichste Geschwindigkeit $w_{\max} = \sqrt{\frac{2RT}{M}}$ in das MAXWELLsche Geschwindigkeitsverteilungsgesetz ein, so erhält man:

$$\frac{dn_w}{n} = \frac{4}{\sqrt{\pi}}\left(\frac{w}{w_{\max}}\right)^2 e^{-\left(\frac{w}{w_{\max}}\right)^2} d\left(\frac{w}{w_{\max}}\right) = f\left(\frac{w}{w_{\max}}\right) d\left(\frac{w}{w_{\max}}\right). \tag{1.2.8}$$

Durch Integration von $\left(\frac{w}{w_{\max}}\right)$ bis ∞ erhält man hieraus den *Bruchteil* $\frac{n_w}{n}$ aller Moleküle, deren Geschwindigkeit größer als w ist:

$$\frac{n_w}{n} = \int\limits_{\left(\frac{w}{w_{\max}}\right)}^{\infty} f\left(\frac{w}{w_{\max}}\right) d\left(\frac{w}{w_{\max}}\right). \tag{1.2.9}$$

Tabelle 1.2.3 *Geschwindigkeitsverteilungsgesetz*

MAXWELLsche Geschwindigkeitsverteilung			Verteilung der relativen Stoßgeschwindigkeit		
$\frac{w}{w_{max}}$	$f\left(\frac{w}{w_{max}}\right)$	$\frac{n_w}{n} = \int_{\left(\frac{w}{w_{max}}\right)}^{\infty} f\left(\frac{w}{w_{max}}\right) d\left(\frac{w}{w_{max}}\right)$	$\frac{w_{rs}}{w_{max}}$	$f\left(\frac{w_{rs}}{w_{max}}\right)$	$\frac{n_{rs}}{n} = \int_{\left(\frac{w_{rs}}{w_{max}}\right)}^{\infty} f\left(\frac{w_{rs}}{w_{max}}\right) d\left(\frac{w_{rs}}{w_{max}}\right)$
0,0	0,0000	1,000	0,0	0,00000	1,000
0,1	0,0224	0,999	0,1	0,00050	1,000
0,2	0,0866	0,994	0,2	0,00392	0,999
0,3	0,186	0,983	0,3	0,0129	0,999
0,4	0,308	0,956	0,4	0,0295	0,998
0,5	0,440	0,919	0,5	0,0552	0,994
0,6	0,567	0,869	0,6	0,0920	0,989
0,7	0,678	0,806	0,7	0,134	0,975
0,8	0,761	0,734	0,8	0,185	0,959
0,9	0,813	0,655	0,9	0,243	0,939
1,0	0,831	0,572	1,0	0,303	0,910
1,1	0,814	0,490	1,1	0,364	0,876
1,2	0,770	0,411	1,2	0,420	0,838
1,3	0,702	0,336	1,3	0,472	0,792
1,4	0,623	0,271	1,4	0,514	0,743
1,5	0,534	0,212	1,5	0,550	0,689
1,6	0,446	0,1633	1,6	0,570	0,634
1,7	0,362	0,1229	1,7	0,576	0,576
1,8	0,286	0,0906	1,8	0,577	0,519
1,9	0,220	0,0652	1,9	0,566	0,464
2,0	0,165	0,0460	2,0	0,540	0,405
2,1	0,121	0,0320	2,1	0,509	0,356
2,2	0,0864	0,0215	2,2	0,474	0,304
2,3	0,0601	0,0142	2,3	0,433	0,259
2,4	0,0408	0,0092	2,4	0,389	0,218
2,5	0,0272	0,0058	2,5	0,344	0,182
2,6	0,0177	0,0036	2,6	0,300	0,149
2,7	0,0112	0,0022	2,7	0,256	0,121
2,8	0,0069	0,0012	2,8	0,218	0,097
2,9	0,0040	0,0007	2,9	0,183	0,078
3,0	0,0024	0,0004	3,0	0,150	0,061
			3,1	0,122	0,048
			3,2	0,098	0,037
			3,3	0,077	0,028
			3,4	0,061	0,021
			3,5	0,047	0,016

Entsprechend erhält man den

Bruchteil $\frac{n_{rs}}{n}$ aller Moleküle, deren Geschwindigkeit größer ist als die relative Stoßgeschwindigkeit w_{rs}:

$$\frac{n_{rs}}{n} = \int\limits_{\left(\frac{w_{rs}}{w_{\max}}\right)}^{\infty} f\left(\frac{w_{rs}}{w_{\max}}\right) d\left(\frac{w_{rs}}{w_{\max}}\right). \tag{1.2.10}$$

Diese Werte sind in der Tabelle 1.2.3 zusammengestellt. Man kann daraus z. B. entnehmen, daß 57,2% aller Moleküle eine größere Geschwindigkeit haben als die wahrscheinlichste Geschwindigkeit $w_{\max}$. 4,6% aller Moleküle haben eine größere Geschwindigkeit als die zweifache wahrscheinlichste Geschwindigkeit $2w_{\max}$.

1.2.2 Anzahl *A* der auf eine Wand stoßenden Moleküle je Zeit- und Flächeneinheit (Flächen-Stoßhäufigkeit)

A [sec^{-1} cm^{-2}]

$$A = \frac{1}{4} n \bar{w}, \tag{1.2.11}$$

$$A = 2{,}653 \cdot 10^{19} \frac{p}{\sqrt{M\,T}}, \quad p[\text{dyn cm}^{-2}],$$

$$A = 3{,}535 \cdot 10^{22} \frac{p}{\sqrt{M\,T}}, \quad p[\text{Torr}].$$

Tabelle 1.2.4 *Flächen-Stoßhäufigkeit bei $p = 1$ Torr und 25 °C*

Gas	H_2	N_2	O_2	Luft	He	Ne	A	Kr	Xe
$A \cdot 10^{-20}$ [sec^{-1} cm^{-2}]	14,42	3,869	3,62	3,816	10,24	4,558	3,241	2,238	1,787

Gas	Hg	H_2O	CO	CO_2	HCl	SO_2	Cl_2	C_2H_5OH	NH_3
$A \cdot 10^{-20}$ [sec^{-1} cm^{-2}]	1,446	4,826	3,869	3,087	3,391	2,559	2,431	3,017	4,962

1.2.3 Gasmasse μ je Zeit- und Flächeneinheit

μ [g sec^{-1} cm^{-2}]

$$\mu = \frac{1}{4} n\, m\, \bar{w} = \frac{1}{4} \varrho\, \bar{w}, \tag{1.2.12}$$

$$\mu = 43{,}74 \cdot 10^{-6}\, p \sqrt{\frac{M}{T}}, \quad p[\text{dyn cm}^{-2}],$$

$$\mu = 58{,}33 \cdot 10^{-3}\, p \sqrt{\frac{M}{T}}, \quad p[\text{Torr}].$$

1.2.4 Druck p der Moleküle auf die Wand

p [Torr]

p [dyn cm^{-2}] 1 Torr = 1333 dyn cm^{-2}

$$p = \frac{1}{3} n m \overline{w^2} = \frac{1}{3} \varrho \overline{w^2}. \tag{1.2.13}$$

1.2.5 Mittlere freie Weglänge Λ $\Lambda \sim \frac{1}{p}$

Λ [cm]

a) bei gleichartigen Molekülen mit dem Radius r

$$\Lambda = \frac{1}{\sqrt{2} \cdot 4 \pi n r^2}, \tag{1.2.14}$$

b) bei Gasgemischen

$$\Lambda_1 = \frac{1}{\pi \sum n_\nu 4 r_{1,\nu}^2 \sqrt{1 + \frac{M_1}{M_\nu}}} \tag{1.2.15}$$

mittlere freie Weglänge der ersten Komponente,

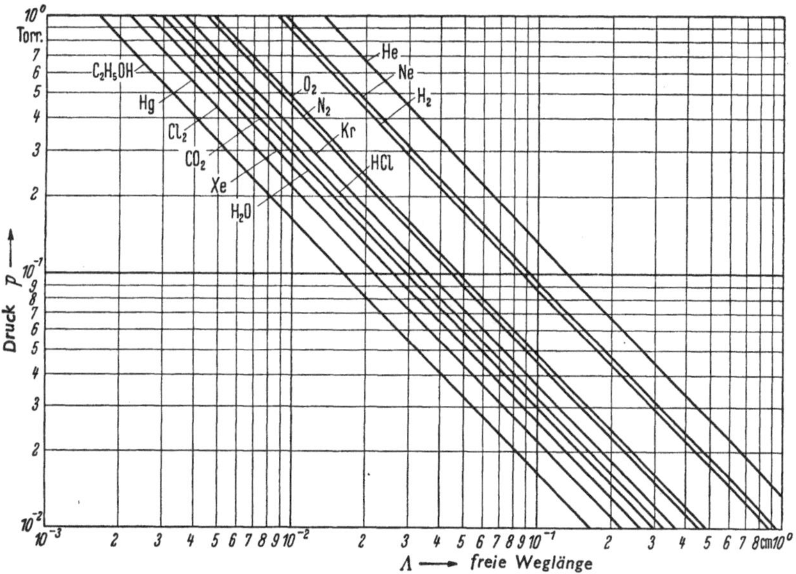

Abb. 1.2.3 Mittlere freie Weglänge Λ als Funktion des Druckes p für verschiedene Gase bei 20 °C

c) für Ionen $\Lambda_i = \sqrt{2}\, \Lambda$, (1.2.16)

d) für Elektronen

$$\Lambda_e = 4 \cdot \sqrt{2}\, \Lambda = \frac{1}{\pi r^2 n} \tag{1.2.17}$$

r Molekülradius; Elektronenradius vernachlässigt.

Tabelle 1.2.5 *Mittlere freie Weglänge Λ bei 20 °C und 10^{-3} Torr*

Gas	H_2	N_2	O_2	Luft	He	Ne	A	Kr	Xe
Λ [cm]	8,81	4,50	4,82	4,56	13,32	9,40	4,73	3,63	2,62
Gas	Hg	H_2O	CO	CO_2	HCl	SO_2	Cl_2	C_2H_5OH	NH_3
Λ [cm]	2,20	2,96	4,48	2,96	3,24	2,30	2,20	1,65	3,40

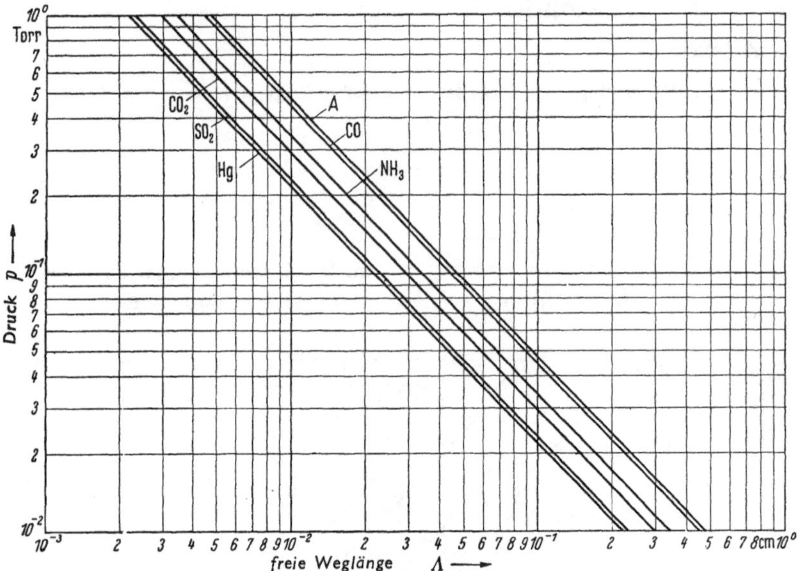

Abb. 1.2.4 Mittlere freie Weglänge Λ als Funktion des Druckes p für verschiedene Gase bei 20 °C

1.2.6 Stoßzahl z

z [sec^{-1}]

Anzahl der Zusammenstöße, die ein Molekül im Durchschnitt in 1 sec erleidet:

$$z = \frac{\bar{w}}{\Lambda}. \tag{1.2.18}$$

Tabelle 1.2.6 *Stoßzahl z bei 20 °C und 10^{-3} Torr*

Gas	H_2	N_2	O_2	Luft	He	Ne	A
$z \cdot 10^{-3}$ [sec^{-1}]	19,9	10,5	9,14	10,2	9,35	5,90	8,33
Gas	Kr	Xe	Hg	H_2O	CO	CO_2	HCl
$z \cdot 10^{-3}$ [sec^{-1}]	7,50	8,10	8,00	19,8	10,5	12,7	12,7
Gas	SO_2	Cl_2	C_2H_5OH	NH_3			
$z \cdot 10^{-3}$ [sec^{-1}]	14,0	14,0	22,3	17,8			

Abhängigkeit der mittleren freien Weglänge von der Temperatur:

$$\Lambda = \frac{\Lambda_\infty}{1 + \frac{T_v}{T}}, \tag{1.2.19}$$

Λ_∞ mittlere freie Weglänge bei $T = \infty$,
T_v SUTHERLANDsche Konstante.

Abhängigkeit des Stoßradius a von der Temperatur: $a = r_1 + r_2$,

$$a^2 = \left(1 + \frac{T_v}{T}\right) a_\infty^2, \quad a_\infty \text{ Stoßradius bei } T = \infty. \tag{1.2.20}$$

Tabelle 1.2.7 *Λ_∞-, a_∞- und T_v-Werte* (nach JAECKEL)

Gas	H_2	N_2	O_2	He	Ne	A	Kr
$\Lambda_\infty \cdot 10^3$ bei 1 Torr [cm]	10,56	6,1	6,87	16,0	11,19	7,03	5,96
$a_\infty \cdot 10^8$ [cm]	1,21	1,60	1,48	0,97	1,23	1,43	1,68
T_v [°K]	76	112	132	79	56	169	142

Gas	Xe	Hg	H_2O	CO	CO_2	HCl
$\Lambda_\infty \cdot 10^3$ bei 1 Torr [cm]	4,87	9,5	9,5	6,02	5,7	7,22
$a_\infty \cdot 10^8$ [cm]	1,78	1,34	1,34	1,68	1,73	1,54
T_v [°K]	252	942	600	100	273	360

1.2.7 Innere Reibung η

η [P] 1 Poise = 1 g cm^{-1} sec^{-1}.

Reibungskoeffizient $$\eta = \frac{n\bar{w}}{3} \Lambda m, \tag{1.2.21}$$

genauer $$\eta = 21{,}2 \cdot 10^{-22} \frac{\sqrt{M T}}{\pi a^2}, \tag{1.2.22}$$

$$\eta = 21{,}2 \cdot 10^{-22} \frac{\sqrt{M}}{\pi a_\infty^2} \frac{T^{3/2}}{T + T_v}.$$

Für *Gasmischungen* aus zwei Komponenten gilt näherungsweise

$$\eta = \frac{1}{3} n_1 \bar{w}_1 \Lambda_1 m_1 + \frac{1}{3} n_2 \bar{w}_2 \Lambda_2 m_2, \tag{1.2.23}$$

$$\eta = \frac{1}{3} \sum n_v \bar{w}_v \Lambda_v m_v. \tag{1.2.24}$$

1.2.8 Wärmeleitfähigkeit λ

λ [cal grad^{-1} cm^{-1} sec^{-1}]

$$\lambda = \eta \frac{C_v}{M} \quad \text{für hohe Drücke} \tag{1.2.25}$$

genauer $$\lambda = 2{,}52\, \eta \frac{C_v}{M} \quad \text{für einatomige Gase,} \tag{1.2.26}$$

näherungsweise auch für mehratomige Gase. (Nach CHAPMAN.)

Tabelle 1.2.8 η- *und* λ-*Werte*

Gas	H_2	N_2	O_2	Luft	He	Ne	A
$\eta \cdot 10^4$ bei 20 °C [g sec^{-1} cm^{-1}]	0,88	1,75	2,03	1,81	1,96	3,10	2,22
$\lambda \cdot 10^4$ bei 0 °C [cal grad^{-1} cm^{-1} sec^{-1}]	4,19	0,57	0,58	0,58	3,43	1,09	0,39

Gas	Kr	Xe	Hg	H_2O	CO	CO_2	HCl
$\eta \cdot 10^4$ bei 20 °C [g sec^{-1} cm^{-1}]	2,46	2,26	2,28	8,80	1,77	1,47	1,43
$\lambda \cdot 10^4$ bei 0 °C [cal grad^{-1} cm^{-1} sec^{-1}]	0,21	0,12	0,12	—	0,53	0,34	—

Gas	SO_2	Cl_2	C_2H_5OH	NH_3
$\eta \cdot 10^4$ bei 20 °C [g sec^{-1} cm^{-1}]	1,3	1,4	—	1,0
$\lambda \cdot 10^4$ bei 0 °C [cal grad^{-1} cm^{-1} sec^{-1}]	0,2	0,19	0,33	0,52

Tabelle 1.2.9 *Gasdichte* ϱ *bei 0 °C und 760 Torr*

Gas	H_2	N_2	O_2	Luft	He	Ne	A
$\varrho \cdot 10^3$ [g cm^{-3}]	0,0899	1,2505	1,42895	1,2928	0,1785	0,8999	1,7839

Gas	Kr	Xe	Hg	H_2O	CO	CO_2	HCl
$\varrho \cdot 10^3$ [g cm^{-3}]	3,74	5,89	9,021	0,768	1,25	1,9768	1,6391

Gas	SO_2	Cl_2	C_2H_5OH	NH_3
$\varrho \cdot 10^3$ [g cm^{-3}]	2,9263	3,22	2,043	0,7714

Tabelle 1.2.10 *Siedepunkte*

Gas	H_2	N_2	O_2	Luft	He	Ne	A	Kr	Xe
Siedetemperatur in °C bei 760 Torr	−253	−195,8	−183	−194,5	−269	−246	−186	−153	−108
Siedetemperatur in °K bei 760 Torr	20	77	90	78,5	4	27	87	120	165

Gas	Hg	H_2O	CO	CO_2	HCl	SO_2	Cl_2	C_2H_5OH	NH_3
Siedetemperatur in °C bei 760 Torr	+357	+100,0	−192	−78,5	−85	−10	−34	+78	−33
Siedetemperatur in °K bei 760 Torr	630	373	81	194,5	188	263	239	351	240

Tabelle 1.2.11 *Ionisierungsspannungen*

Gas	H_2	N_2	O_2	He	Ne	A	Kr	Xe	Hg
Ionisierungsspannung in Volt	15,4	15,8	12,5	24,5	21,5	15,7	14,0	12,08	10,4

Gas	H_2O	CO	CO_2	HCl	SO_2	Cl_2	NH_3
Ionisierungsspannung in Volt	13,0	14,1	14,4	13,8	12,1	13,0	11,2

Tabelle 1.2.12 *Niedrigste Anregungsspannungen*

Gas	H_2	N_2	O_2	He	Ne	A	Kr	Xe	Hg	CO	CO_2
Niedrigste Anregungsspannung in Volt	11,1	7,9	6,1	19,4	16,6	11,6	9,9	8,3	4,7	6,4	11,2

Anwendungsbeispiele der Gase

H_2	N_2	He, Ne, A, Kr, Xe	Hg	CO_2
Zur Füllung in Eisenwasserstoffwiderständen und Hg-Schaltern, ferner als reduzierende Schutzgasatmosphäre	Neutrale Schutzgasatmosphäre	Stromtore (Thyratrons), Photozellen, Überspannungsableiter und Glimmröhren aller Art, auch elektrodenlose Nulloden, Zusatzfüllung für Hg-Gleichrichter (Argonal)	Hg-Gleichrichter	Signallampen

1.3 Strömungsvorgänge

1.3.1 Strömungswiderstände

Für jede Strömung in Vakuumleitungen gilt die Kontinuitätsgleichung

$$Q = p_1 S_1 = p_2 S_2 . \tag{1.3.1}$$

Diese besagt, daß für eine Anzahl aufeinanderfolgender Querschnitte 1, 2 usw. bis n jeder Querschnitt von derselben Menge Gas/Zeiteinheit Q (Torr l/sec) durchströmt wird. Mit gleicher Allgemeinheit gilt die Widerstandsformel

$$p_1 - p_2 = S\,p\,W \quad \text{(analog zum OHMschen Gesetz).} \tag{1.3.2}$$

Sie besagt, daß die Druckdifferenz zwischen den Enden einer Leitung $p_1 - p_2$ proportional ist dem Produkt aus durchströmender Gasmenge $(S\,p)$ und Widerstand (W) der Leitung. Dagegen ist das Durchflußvolumen/Zeiteinheit (S) nicht für alle Querschnitte konstant. Die Beziehung zwischen dem Durchflußvolumen/Zeiteinheit am Eintritt in eine Leitung (S_1), am Austritt (S_2) und dem Widerstand (W) bzw. dem Leitwert (L) der Leitung ist gegeben durch die Gleichung

$$S_1 = \frac{1}{\frac{1}{S_2} + W} = \frac{1}{\frac{1}{S_2} + \frac{1}{L}} \tag{1.3.3}$$

(s. Abb. 1.3.1). Sie besagt, daß das Durchflußvolumen am Eintritt in eine Leitung S_1 um so kleiner ist, je größer der Widerstand W der Leitung wird. Daraus erhellt, daß für die Beurteilung der Wirksamkeit von Vakuumapparaturen die genaue Kenntnis der Größe W erforderlich ist. Für die Berechnung der Leitungswiderstände W in sec/l bzw. der Durchflußmengen G in g/sec gelten im einzelnen die folgenden Beziehungen:

$$S\,p = \frac{G}{M} R\,T , \tag{1.3.4}$$

$$p_1 - p_2 = \frac{G}{M} R\,T\,W, \tag{1.3.5}$$

$$W = \frac{1}{G} \frac{(p_1 - p_2)\,M}{R\,T} = \frac{10^3\,\varrho}{G} . \tag{1.3.6}$$

$(R = 62{,}37 \text{ Torr l grad}^{-1}\,\text{mol}^{-1}.)$

1.3.1.1 Bei hohen Drücken $(\Lambda \ll 2r)$

1.3.1.1.1 Turbulente Strömungen; diese kommen im Fein- und Hochvakuumgebiet nicht in Frage, wie man leicht durch Berechnung der REYNOLDSschen Zahl zeigen kann.

1.3.1.1.2 Laminare Strömungen

1.3.1.1.2.1 Bei langen Rohren ($l \gg r$) und kleinen Druckdifferenzen zwischen den Enden $\left(p_1 - p_2 \ll \frac{p_1 + p_2}{2}\right)$ gilt die Hagen-Poisseuillesche Gleichung

$$W = \frac{l\,\eta}{r^4}\,\frac{8\cdot 10^3\cdot 2}{\pi\cdot 1333\,(p_1 + p_2)} = \frac{l\,\eta}{F\,r^2}\,\frac{8\cdot 10^3\cdot 2}{1333\,(p_1 + p_2)} = 12\,\frac{l\,\eta}{F\,r^2 (p_1 + p_2)} \quad [\mathrm{sec/l}], \tag{1.3.7}$$

$$G = \frac{10^3\,\varrho}{W} \quad [\mathrm{g/sec}], \tag{1.3.8}$$

l, r [cm], η [P], p [Torr], F Rohrquerschnitt [cm²], ϱ Dichte [g/cm³].

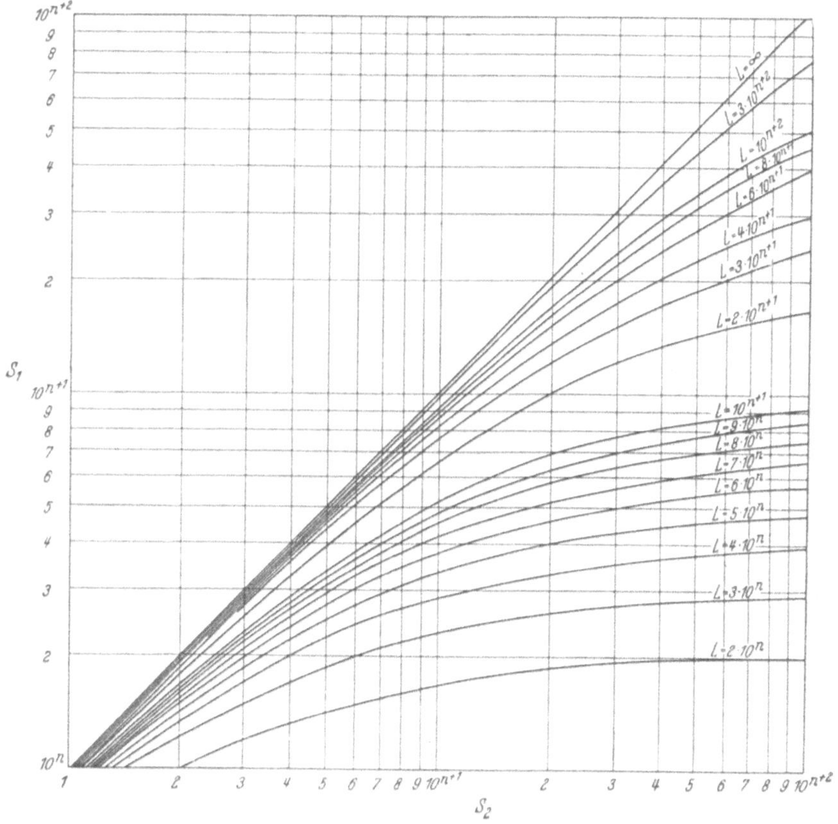

Abb. 1.3.1 Wirksame Sauggeschwindigkeit S_1 am Eintritt in eine Leitung vom Leitwert L in Abhängigkeit von der Sauggeschwindigkeit S_2 am Austritt der Leitung [vgl. Gl. (1.3.3)]

Für diesen Strömungsfall kann zur Abschätzung, ob eine Leitung (l, r), deren Strömungswiderstand W sich nach Gl. (1.3.7) errechnet, für eine Pumpe mit der Sauggeschwindigkeit S bei einem Druck p zulässig ist, das Diagramm nach Harries (Abb. 1.3.2) benutzt werden. Kriterium: $S_1 \geqq 0{,}7\,S_2$.

1.3.1.1.2.2 Bei kurzen Rohren. Die Vorgänge in *kurzen* Rohren ($l \cong r$) bei hohen Druckdifferenzen zwischen den Enden der Rohre $\left(p_1 - p_2 \geqq \frac{p_1}{2}\right)$ können in Analogie zu den Düsenströmungen behandelt werden. Hier gilt für die Durchflußmenge die Gleichung

$$G = F\left(\frac{p_2}{p_1}\right)^{1/\varkappa}\sqrt{\frac{\varkappa}{\varkappa-1}\left[1-\left(\frac{p_2}{p_1}\right)^{(\varkappa-1)/\varkappa}\right]2\cdot 1333\,\frac{p_1}{v_1}}\quad [\mathrm{g/sec}]. \tag{1.3.9}$$

v_1 spezifisches Volumen [cm³/g].

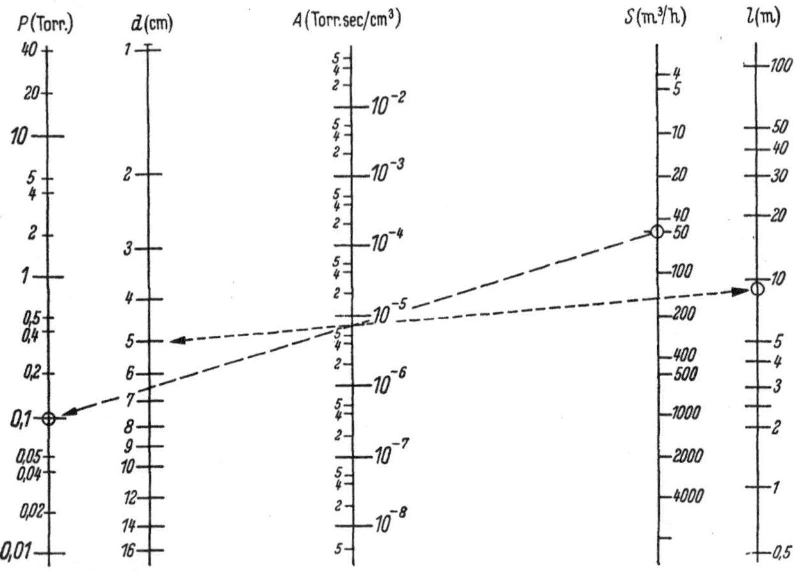

Abb. 1.3.2 Diagramm nach HARRIES zeigt, wie für eine Pumpe mit einer Sauggeschwindigkeit S bei einem Ansaugdruck p die Leitung (l, d) dimensioniert werden muß, damit die Sauggeschwindigkeit nicht mehr als 30% gedrosselt wird; bzw. umgekehrt, welche Sauggeschwindigkeit S bei der vorgegebenen Leitung (l, d) und einem vorgegebenen Ansaugdruck p für die angeschlossene Pumpe zulässig ist. Sind drei von diesen Größen S, p, l, d vorgegeben, so kann aus dem Diagramm die vierte entnommen werden. Im Beispiel wird gezeigt, daß für eine Leitung mit einer Länge von $l = 9$ m und einem Durchmesser von $d = 5$ cm die Verbindungslinie dieser beiden Skalenwerte die Läuferskala A in einem Punkt schneidet. Für einen Ansaugdruck von $p = 0{,}1$ Torr ergibt eine zweite Verbindungsgrade der Skalenwerte von 0,1 Torr mit dem oben ermittelten Schnittpunkt auf der Läuferskala A, daß für die vorgegebenen Bedingungen eine Pumpe mit einer Sauggeschwindigkeit S mit 50 m³/h maximal zulässig ist.

Der Leitungswiderstand W berechnet sich wie auch in den folgenden Fällen, in denen nur die Durchflußmenge G angegeben ist, nach Gl. (1.3.6). Die spezifische Durchflußmenge ψ ergibt sich aus der Beziehung

$$\psi = \frac{G}{F} \quad [\mathrm{g/sec\,cm^2}]. \tag{1.3.10}$$

1.3.1.1.2.3 Für das Zwischengebiet. Das Zwischengebiet zwischen den Gln. (1.3.7) bzw. (1.3.8) und (1.3.9) wird nach GÜNTHER, JAECKEL und

OETJEN[1] durch die Näherungsgleichung

$$G = F\,\frac{M\,r^2\,\dfrac{\varkappa}{\varkappa+1}}{R\,T_1\,l\cdot 8\,\eta}\;\frac{\left[p_1^2 - p_2^2\left(\dfrac{p_1}{p_2}\right)^{(\varkappa-1)/\varkappa}\right]}{\left[1+\dfrac{G}{F}\,\dfrac{1}{6\,\eta\,\varkappa}\,\dfrac{r^2}{l}\ln\dfrac{p_1}{p_2}\right]}$$

$$= F\cdot 2{,}68\cdot 10^{-2}\,\frac{M\,r^2\,\dfrac{\varkappa}{\varkappa+1}}{T_1\,l\,\eta}\;\frac{\left[p_1^2 - p_2^2\left(\dfrac{p_1}{p_2}\right)^{(\varkappa-1/\varkappa)}\right]}{\left[1+\dfrac{G}{F}\,\dfrac{1}{6\,\eta\,\varkappa}\,\dfrac{r^2}{l}\ln\dfrac{p_1}{p_2}\right]}\quad [\mathrm{g/sec}] \qquad (1.3.11)$$

beschrieben.

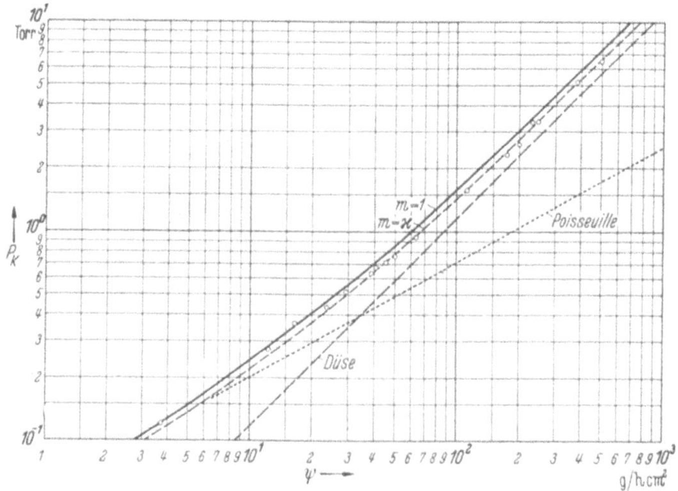

Abb. 1.3.3 zeigt für eine zylindrische Leitung die Abhängigkeit der spezifischen Durchflußmenge $\psi = G/F$ vom Druck am Eintritt der Strömung in die Leitung p_k. Es wird angenommen, daß für die Vorgänge eine Polytrope mit dem Polytropenexponenten m gilt, d. h. für isotherme Vorgänge hat der Polytropenexponent den Wert $m = 1$ und für adiabatische Vorgänge den Wert $m = \varkappa$. Man sieht, wie in allen Fällen bei niedrigen Drücken und kleinen Durchflußmengen die Vorgänge durch die POISSEUILLEsche Strömung beschrieben werden und wie sie sich bei hohen Drücken und großen Durchsätzen den für die Düsenströmung geltenden Gesetzmäßigkeiten nähern.

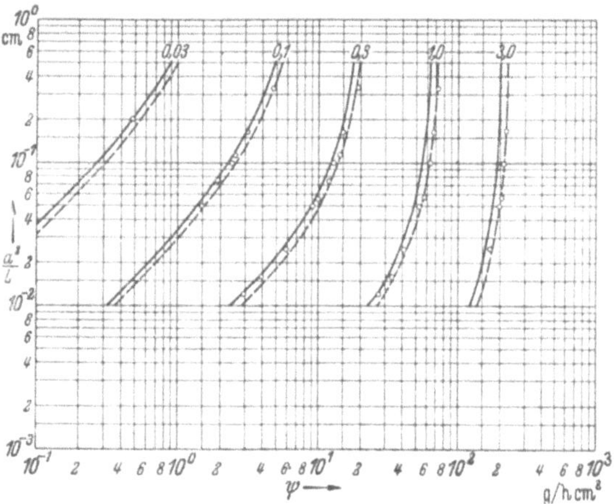

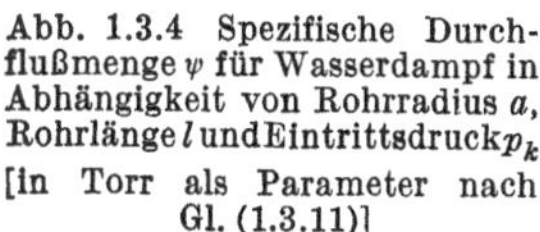

Abb. 1.3.4 Spezifische Durchflußmenge ψ für Wasserdampf in Abhängigkeit von Rohrradius a, Rohrlänge l und Eintrittsdruck p_k [in Torr als Parameter nach Gl. (1.3.11)]

$m = 1$ ausgezogene Kurve; $m = \varkappa$ gestrichelte Kurve

[1] Z. angew. Phys. 7 (1955) 71.

Die Abb. 1.3.3 zeigt, daß Gl. (1.3.11) bei großen Durchlaßmengen und hohen Drücken in die Düsenströmung gemäß Gl. (1.3.9) und bei kleinen Durchlaßmengen und niedrigen Drücken in die HAGEN-POISSEUILLEsche Strömungs-Gl. (1.3.7) bzw. (1.3.8) übergeht.

Die Durchflußmenge für den Fall einer Öffnung in einer dünnen Wand bei kleinem Druckunterschied zwischen beiden Seiten ergibt sich

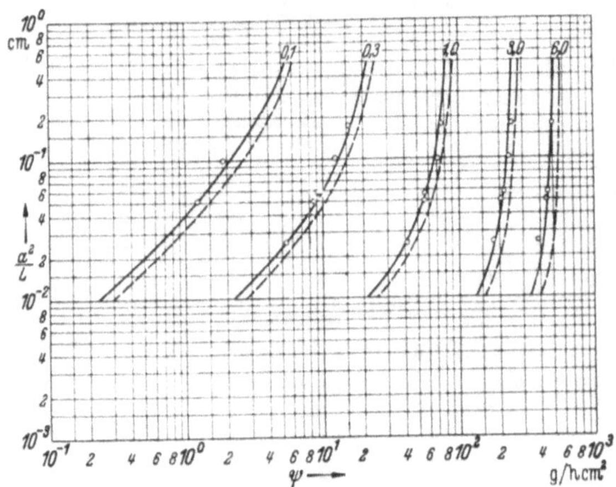

Abb. 1.3.5 Spezifische Durchflußmenge ψ für Luft in Abhängigkeit von Rohrradius a, Rohrlänge l und Eintrittsdruck p_k [als Parameter in Torr nach Gl. (1.3.11)] $m = 1$ ausgezogene Kurve; $m = \varkappa$ gestrichelte Kurve

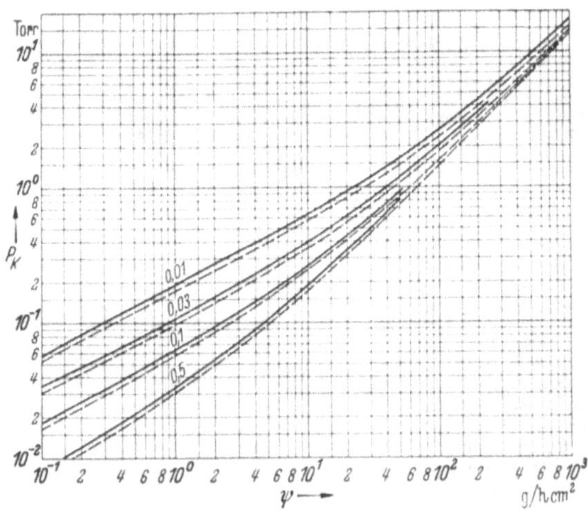

Abb. 1.3.6 Spezifische Durchflußmenge ψ für Wasserdampf in Abhängigkeit vom Eintrittsdruck p_k und den Rohrdimensionen r^2/l [als Parameter in cm nach Gl. (1.3.11)] $m = 1$ ausgezogene Kurve; $m = \varkappa$ gestrichelte Kurve

aus Gl. (1.3.11) mit $p_1 \to p_2$ und $l \to 0$ zu

$$G = F \cdot 1333\, p_1 \sqrt{\frac{3}{4}\, \varkappa\, \frac{M}{R\, T_1}} = F \cdot 12{,}66 \cdot 10^{-2}\, p_1 \sqrt{\varkappa \frac{M}{T_1}} \quad [\mathrm{g/sec}]. \tag{1.3.12}$$

Zur Auswertung der Gl. (1.3.11) dienen die Abb. 1.3.4 bis 1.3.7.

1.3.1.2 Bei niedrigen Drücken ($\Lambda \gg 2r$)

1.3.1.2.1 Bei langen Rohren ($l \gg r$) gilt

$$W = \frac{3 \cdot 10^3}{8} \frac{l\, U}{F^2} \sqrt{\frac{\pi M}{2 R T}} = 5{,}15 \cdot 10^{-2} \frac{l\, U}{F^2} \sqrt{\frac{M}{T}} \quad [\mathrm{sec/l}] \tag{1.3.13}$$

beliebige Gase, beliebige Querschnittsform,

$$W \approx \frac{l}{r^3} \frac{1}{100} \quad [\mathrm{sec/l}] \tag{1.3.14}$$

für Luft bei 20 °C, kreisförmiger Querschnitt.

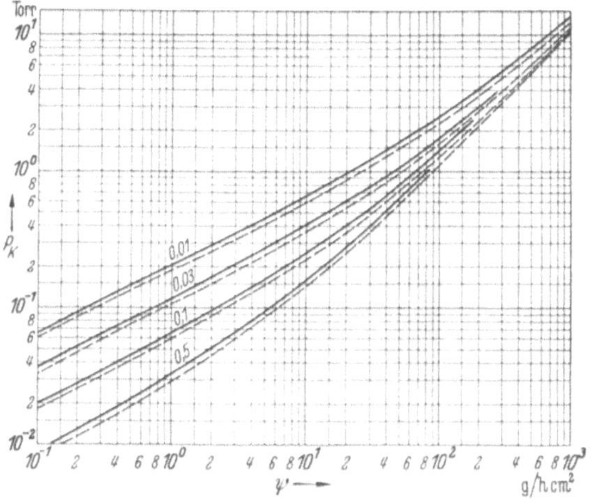

Abb. 1.3.7 Spezifische Durchflußmenge ψ für Luft in Abhängigkeit vom Eintrittsdruck p_k und den Rohrdimensionen r^2/l [als Parameter in cm nach Gl. (1.3.11)]
$m = 1$ ausgezogene Kurve; $m = \varkappa$ gestrichelte Kurve

1.3.1.2.2 Bei kurzen Rohren ($l \cong r$) gilt

$$W = \left(\frac{3}{16} \frac{l\, U}{F} + 1\right) \frac{10^3}{F} \sqrt{\frac{2 \pi M}{R\, T}} = 0{,}275 \left(\frac{3}{16} \frac{l\, U}{F} + 1\right) \frac{1}{F} \sqrt{\frac{M}{T}} \quad [\mathrm{sec/l}]$$

beliebige Gase, beliebige Querschnittsform, (1.3.15)

$$W = \frac{\frac{3}{8} \frac{l}{r} + 1}{36{,}3\, r^2} \quad [\mathrm{sec/l}] \tag{1.3.16}$$

für Luft bei 20 °C, kreisförmiger Querschnitt.

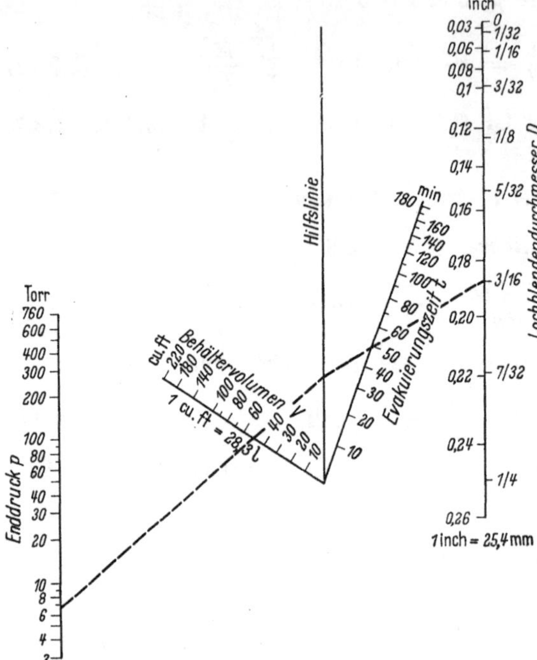

Abb. 1.3.8 a Evakuierungszeit t in Abhängigkeit vom Behältervolumen V, Enddruck p und Durchmesser der Lochblende D. Die zusammengehörigen Werte von p und V bzw. t und D liegen auf zwei Geraden, die sich auf der Hilfslinie schneiden [nach R. E. GREENHALGH und J. W. MILLER, Chem. Engng. 63 (1956) 222]

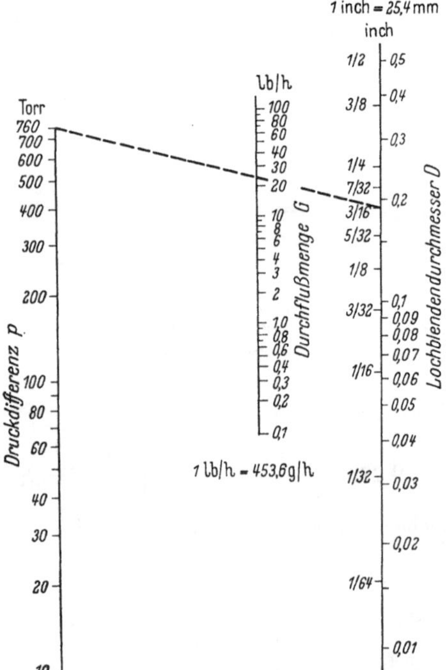

Abb. 1.3.8 b Durchflußmenge G durch eine Lochblende mit dem Durchmesser D bei einer Druckdifferenz p [nach R. E. GREENHALGH und J. W. MILLER, Chem. Engng. 63 (1956) 222]

1.3.1.2.3 Bei Öffnungen in dünner Wand ($l \ll r$) gilt hier

$$W = \frac{10^3}{F}\sqrt{\frac{2\pi M}{R T}} = 0{,}275\,\frac{1}{F}\sqrt{\frac{M}{T}}\quad [\text{sec/l}] \tag{1.3.17}$$

beliebige Gase, beliebige Querschnittsform,

$$W = \frac{1}{36{,}3\,r^2}\quad [\text{sec/l}] \tag{1.3.18}$$

für Luft bei 20 °C, kreisförmiger Querschnitt.

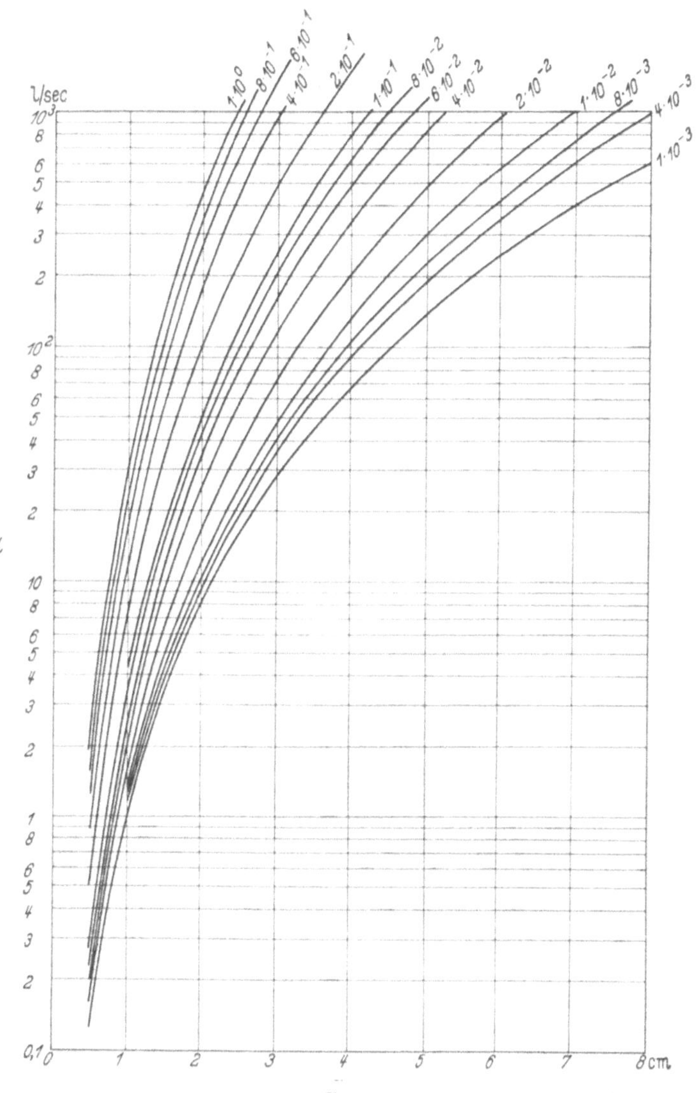

Abb. 1.3.9 Leitwert L für 1 m lange Leitungen in Abhängigkeit vom Rohrradius r bei verschiedenen Drücken (als Parameter in Torr) für Luft bei 20 °C nach Gl. (1.3.20)

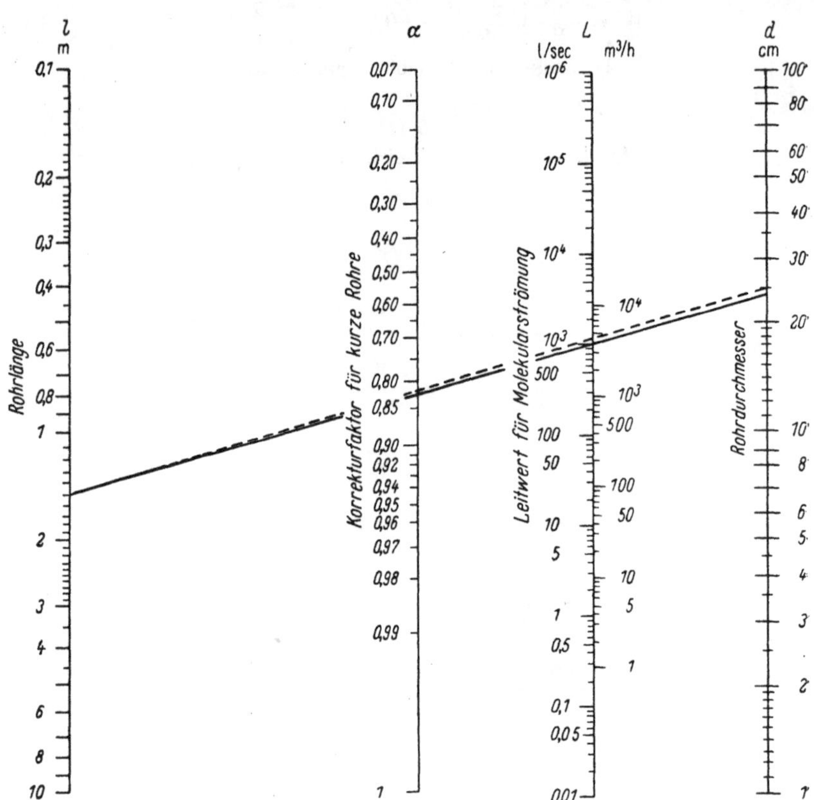

Abb. 1.3.10a Nomogramm zur Ermittlung der Leitwerte von Rohren mit kreisförmigem Querschnitt für Luft bei 20 °C im Gebiet der Molekularströmung (nach J. DELAFOSSE u. G. MONGODIN: Les calculs de la Technique du Vide, Sondernummer „Le Vide", 1961)

Beispiel: Welchen Durchmesser d muß eine $l = 1{,}5$ m lange Rohrleitung haben, damit sie im Gebiet der Molekularströmung einen Leitwert von etwa $L = 1000$ l/sec hat?

Man verbindet die Punkte $l = 1{,}5$ m und $L = 1000$ l/sec miteinander und verlängert die Gerade bis zum Schnittpunkt mit der Skala für den Durchmesser d. Man erhält $d = 24$ cm. Der Eingangsleitwert des Rohres, der vom Verhältnis d/l abhängt und bei kurzen Rohren nicht vernachlässigt werden darf, wird durch einen Korrekturfaktor α berücksichtigt. Für $d/l < 0{,}1$ (beide Größen in cm eingesetzt) kann α gleich 1 gesetzt werden. In unserem Beispiel ist $d/l = 0{,}16$ und $\alpha = 0{,}83$ (Schnittpunkt der Geraden mit der α-Skala). Damit erniedrigt sich der effektive Leitwert der Rohrleitung auf

$$L \cdot \alpha = 1000 \cdot 0{,}83 = 830 \text{ l/sec.}$$

Vergrößert man d auf 25 cm, so erhält man einen Leitwert von

$$1200 \cdot 0{,}82 = 985 \text{ l/sec}$$

(gestrichelte Gerade).

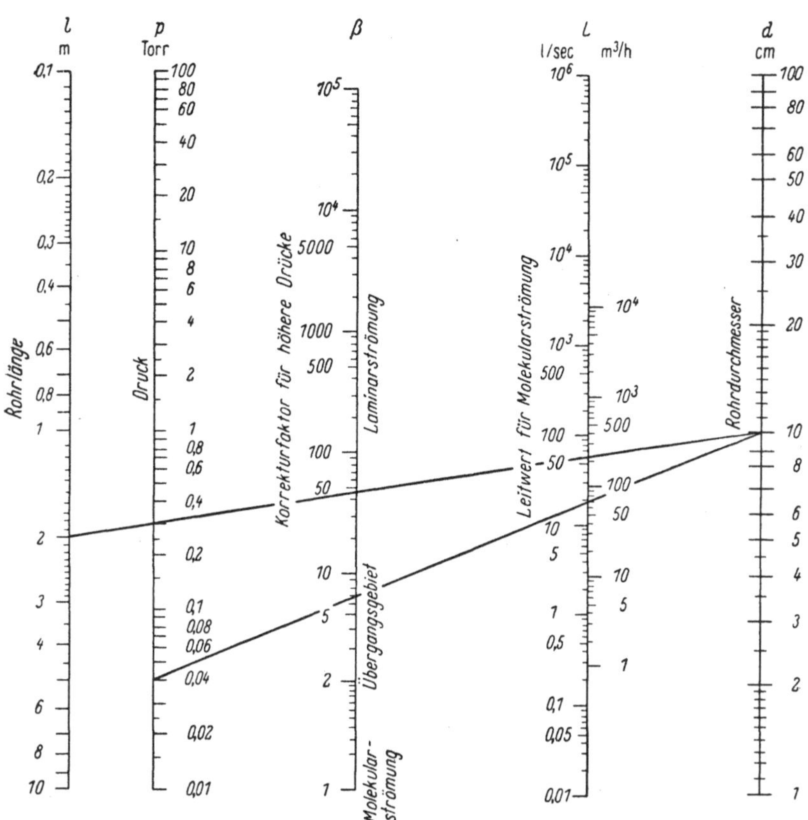

Abb. 1.3.10b Nomogramm zur Ermittlung der Leitwerte von Rohren mit kreisförmigem Querschnitt für Luft bei 20 °C im gesamten Druckgebiet (nach J. Delafosse u. G. Mongodin: Les calculs de la Technique du Vide, Sondernummer „Le Vide", 1961)

Beispiel: Wie groß ist der Leitwert L einer $l = 2$ m langen Rohrleitung von $d = 10$ cm Durchmesser

a) im Gebiet der Molekularströmung?
b) bei einem mittleren Arbeitsdruck von $4 \cdot 10^{-2}$ Torr?

Zu a): Man verbindet die Punkte $l = 2$ m und $d = 10$ cm miteinander. Die Gerade schneidet die L-Skala bei $L = 60$ l/sec. Da in diesem Fall $d/l < 0{,}1$, ist keine Korrektur erforderlich (s. Beispiel für Abb. 1.3.10a). Der Leitwert beträgt also im Gebiet der Molekularströmung

$$L = 60 \text{ l/sec.}$$

Zu b): Bei höheren Arbeitsdrücken erhöht sich der für die Molekularströmung ermittelte Leitwert um den Faktor β. Verbindet man die Punkte $p = 4 \cdot 10^{-2}$ Torr und $d = 10$ cm miteinander, so ergibt sich für den Faktor β der Wert 6,8. Damit erhält man für den Leitwert

$$L = 60 \cdot \beta = 60 \cdot 6{,}8 = 408 \text{ l/sec.}$$

1.3.1.3 Für das gesamte Druckgebiet

Schließlich sei noch eine Gleichung, die für *lange kreisrunde Rohre* für das **gesamte Druckgebiet** gilt, angegeben

$$W = \frac{l}{r^3} \frac{10^3}{\frac{\pi r}{8\eta} 1333 \frac{[p_1 + p_2]}{2} + \frac{8}{3}\sqrt{\frac{\pi R T}{2 M}}} \quad [\text{sec/l}] \qquad (1.3.19)$$

beliebige Gase.

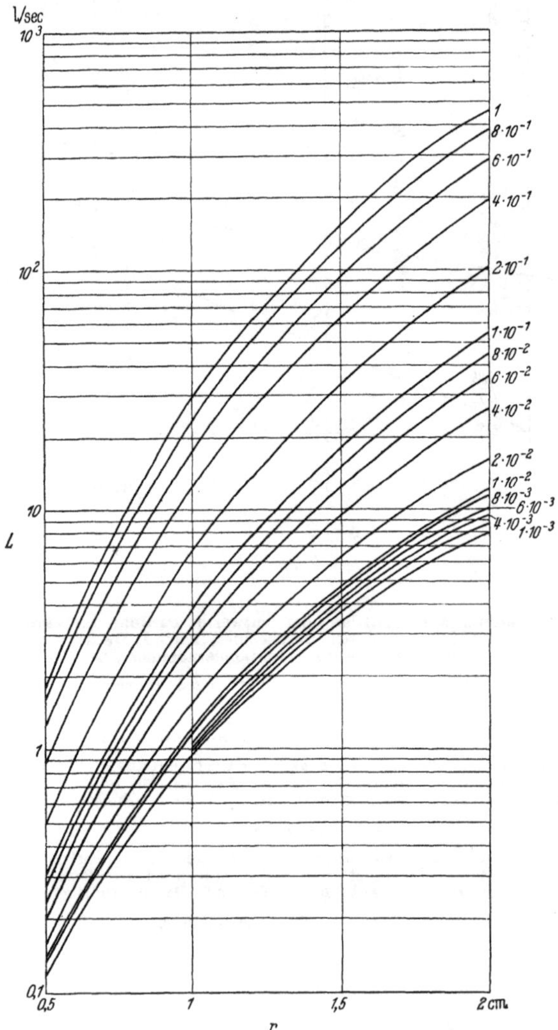

Abb. 1.3.11 Leitwert L für 1 m lange Leitungen in Abhängigkeit vom Rohrradius r bei verschiedenen Drücken (als Parameter in Torr) für Luft bei 20°C nach Gl. (1.3.20)

$$W = \frac{l}{r^3} \frac{10^8}{2{,}9 \cdot 10^6 \, r \frac{[p_1 + p_2]}{2} + 9{,}7 \cdot 10^4} \quad [\text{sec/l}] \qquad (1.3.20)$$

für Luft bei 20 °C.

Zur Ermittlung von $L = \frac{1}{W}$ s. a. Abb. 1.3.9 bis 1.3.11.

1.3.1.4 Zusammengesetzte Leitungen

Reihenschaltung von Leitungen mit den Einzelwiderständen W_1, $W_2, \ldots, W_n$. $W_{\text{gesamt}} = W_1 + W_2 + \cdots W_n = \sum_1^n W_v$.

Zahlenbeispiel (s. Abb. 1.3.12):

$$W_1 = \frac{50}{1{,}5^3} \cdot \frac{1}{100} = 0{,}148 \text{ sec/l} \quad [\text{n. Gl. } (1.3.14)],$$

$$W_2 = \frac{\frac{3}{8} \cdot \frac{12}{6} + 1}{36{,}3 \cdot 6^2} = 0{,}0013 \text{ sec/l} \quad [\text{n. Gl. } (1.3.16)],$$

$$W_3 = \frac{1}{36{,}3 \cdot 0{,}5^2} = 0{,}11 \text{ sec/l} \quad [\text{n. Gl. } (1.3.18)],$$

$$W_4 = \frac{100}{3^3} \cdot \frac{1}{100} = 0{,}037 \text{ sec/l} \quad [\text{n. Gl. } (1.3.14)].$$

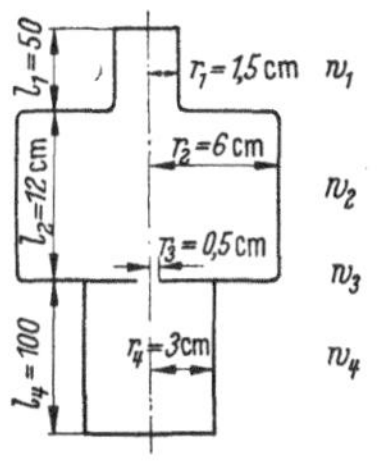

$$W_1 + W_2 + W_3 + W_4 = 0{,}2963 \approx 0{,}3 \text{ sec/l}.$$

Abb. 1.3.12

Die oben schematisch angenommenen Leitungen würden die Sauggeschwindigkeit einer Diffusionspumpe von $S_2 = 1$ l/sec herabsetzen auf [n. Gl. (1.3.3)]

$$S_1 = \frac{1}{1 + 0{,}3} = 0{,}77 \text{ l/sec}.$$

Eine derartige Verminderung der Sauggeschwindigkeit durch den Strömungswiderstand der Leitung um etwa 23% des Anfangswertes ist gerade noch tragbar.

Für eine Diffusionspumpe mit einer größeren Sauggeschwindigkeit von $S_2 = 10$ l/sec würde am Ende derselben Leitung noch eine wirksame Sauggeschwindigkeit von

$$S_1 = \frac{1}{0{,}1 + 0{,}3} = \frac{1}{0{,}4} = 2{,}5 \text{ l/sec}$$

verbleiben. Für diese Pumpe hat die Leitung einen zu großen Strömungswiderstand, da die wirksame Sauggeschwindigkeit um 75% herabgesetzt wird.

Diese Betrachtung zeigt, wie notwendig eine quantitative Durchrechnung der Leitungswiderstände in Vakuumanlagen ist.

Parallelschaltung von Leitungen mit den Einzelwiderständen W_1, $W_2, \ldots, W_n$.

$$L_1 = \frac{1}{W_1}, \quad L_2 = \frac{1}{W_2}, \quad L_n = \frac{1}{W_n},$$

$$L = L_1 + L_2 + \cdots L_n,$$

$$W_{\text{gesamt}} = \frac{1}{L} = \frac{1}{L_1 + L_2 + \cdots L_n} = \frac{1}{\frac{1}{W_1} + \frac{1}{W_2} + \cdots \frac{1}{W_n}}.$$

1.3.2 Nomographische Darstellung der Vorgänge in Vakuumapparaturen

Zur graphischen Lösung von Vorgängen in Vakuumapparaturen haben SANTELER und NORTON[1] ein Verfahren entwickelt, das im Druckgebiet von 760 bis 10^{-7} Torr und darüber hinaus anwendbar ist. Hierzu werden in ein Spezialkurvenblatt mit vorgedrucktem Koordinatennetz[2] von den einzelnen Bauelementen, wie Pumpen, Ventilen, Leitungen, usw. die sog. Charakteristiken oder die Strömungskurven, die entweder mit Hilfe der technischen Daten oder aus den geometrischen Abmessungen der Bauelemente konstruiert werden können, einzeln eingezeichnet und durch Kombination die resultierende Charakteristik des gesamten Systems bestimmt. Dabei muß immer die Charakteristik desjenigen Bauteils zuerst eingezeichnet werden, das bei dem niedrigsten im System vorkommenden Druck arbeitet. Das ist im allgemeinen die Pumpe.

Aus der resultierenden Kurve ist ersichtlich, was eine Vakuumapparatur, die aus vielen Bauelementen zusammengesetzt ist, leisten kann, d. h. wie groß der gesamte Mengendurchsatz Q bei einem bestimmten Druck p ist.

Abszissen und Ordinaten des Kurvenblattes (Abb. 1.3.13) sind logarithmisch geteilt. Die untere Abszisse und die rechte Ordinate tragen die Skalen für den Druck p (in Torr) und die Durchflußmenge Q (in Torr l/sec), die obere Abszisse und die linke Ordinate die Skalen für die Länge l (in cm) und den Radius a (in cm) einer Leitung.

Der linke Bereich des Kurvenblattes gilt für das Druckgebiet der Molekularströmung, der rechte für das der laminaren Strömung. Dazwischen liegt der (heller markierte, schräge) Bereich für das Übergangsgebiet. Dessen Bereichsgrenzen sind links durch diejenige Linie festgelegt, für die der Druck äquivalent ist einer mittleren freien Weglänge Λ der Moleküle von $a/2$ und rechts durch eine Linie bei denjenigen Drücken, bei denen $\Lambda \ll 2a$ ist.

[1] SANTELER, D. I., u. J. F. NORTON: Vacuum IV (1954) 176.

[2] Erhältlich bei der General Electric Co.

Nach Gl. (1.3.1) ist

$$Q = p\,S \quad (S \text{ Sauggeschwindigkeit [l/sec]}).$$

Auf dem Kurvenblatt stellt jede Gerade, die unter 45° von unten links nach oben rechts verläuft, einen Wert für $\log S = \text{const}$, also auch

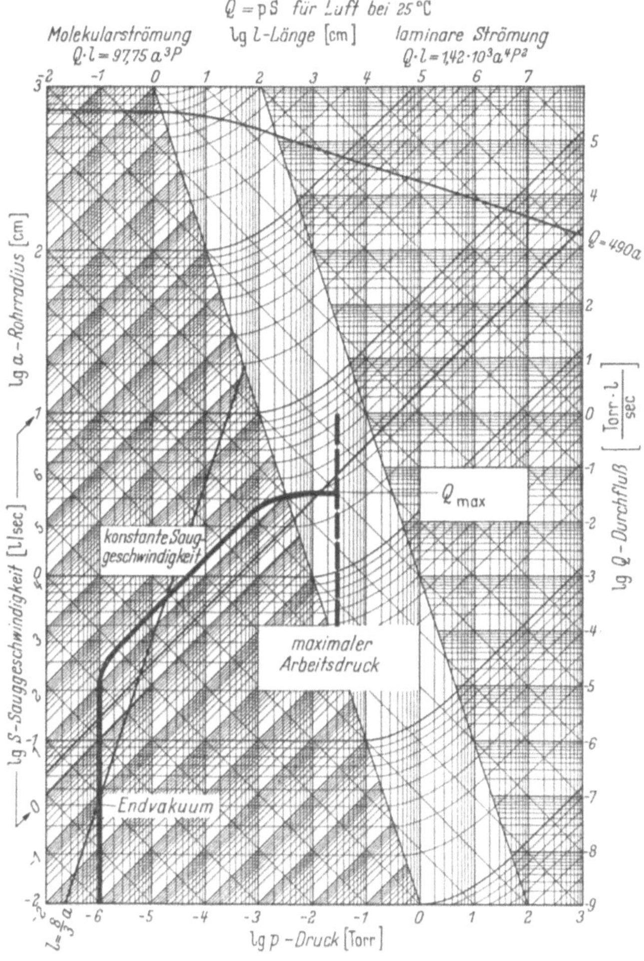

Abb. 1.3.13 Charakteristik einer Diffusionspumpe

für $S = \text{const}$ dar, da $\log Q = \log p + \log S$ und diese Skalen in gleiche Einheiten geteilt sind.

In Abb. 1.3.13 ist für eine Diffusionspumpe die Charakteristik, die aus den Angaben über das Endvakuum, den Bereich konstanter Sauggeschwindigkeit und die Durchflußmenge (Saugleistung) konstruiert wurde, eingetragen. Zwischen $p = 10^{-6}$ Torr (Endvakuum) und $p = 10^{-3}$ Torr ist $S =$ const. Der maximale Arbeitsdruck liegt hier bereits im Übergangsgebiet.

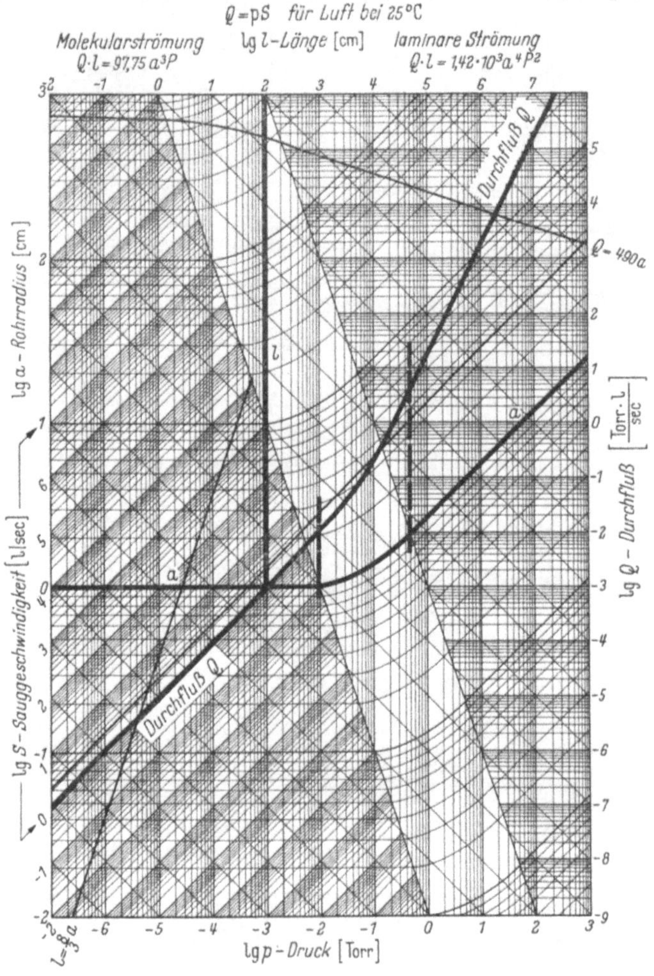

Abb. 1.3.14 Strömungskurve einer Leitung

Abb. 1.3.14 zeigt die Strömungskurve einer Leitung innerhalb des ganzen Druckbereichs. Nach Gl. (1.3.14) beträgt der Widerstand W einer Leitung bei niedrigen Drücken (Molekularströmung) für Luft bei 25 °C

$$W = \frac{l}{a^3}\,\frac{1}{97{,}75} \quad [\text{sec/l}] \quad (a \text{ Leitungsradius [cm]}).$$

Nach den Gln. (1.3.1) und (1.3.2) ist die Durchflußmenge Q durch diese Leitung gegeben durch

$$Q = p\,S = \frac{p_1 - p_2}{W} = 97{,}75\,\frac{a^3}{l}\,(p_1 - p_2)$$

oder mit $p_1 \gg p_2$ und $p_1 = p$

$$Q = 97{,}75\,\frac{a^3}{l}\,p. \tag{1.3.21}$$

Da der Radius a als a^3 auftritt, ist im Kurvenblatt die Einheit der $\log a$-Skala um den Faktor 3 größer als bei den Skalen für $\log p$ und $\log Q$.

Im Beispiel (Abb. 1.3.14) ist $l = 100$ cm ($\log l = 2$) und $a = 1$ cm ($\log a = 0$). Setzt man die Werte für l und a in Gl. (1.3.21) ein, so erhält man

$$Q = 97{,}75\,\frac{1}{100}\,p \approx p.$$

Die Linien für l und a müssen sich also in einem Punkt auf derjenigen unter 45° verlaufenden Geraden schneiden, für die $Q = p$ oder $Q = p\,S$ mit $S = 1$ bzw. $\log S = 0$ ist.

Im Gebiet der laminaren Strömung ist nach Gl. (1.3.7)

$$W = 7{,}05 \cdot 10^{-4}\,\frac{l}{a^4\,(p_1 + p_2)},$$

folglich

$$Q = \frac{p_1 - p_2}{W} = 1{,}42 \cdot 10^3\,\frac{a^4}{l}\,(p_1^2 - p_2^2) \approx 1{,}42 \cdot 10^3\,\frac{a^4}{l}\,p^2.$$

Hier ist $Q \sim a^4\,p^2$, d. h. $Q = f(p)$ verläuft in diesem Gebiet steiler. Die Änderung von a^3 auf a^4 wird durch Schwenken der Linien für $a = \text{const}$ um 45° ausgeglichen. Dadurch wird die Einheit der $\log a$-Skala um den Faktor 4 größer als die der $\log p$- und $\log Q$-Skalen.

Die in jedem Kurvenblatt eingedruckte Linie für $Q = 490 \cdot$ Radius a gibt diejenige Durchflußmenge an, die erfahrungsgemäß nicht überschritten werden darf, wenn nicht die laminare Strömung in eine turbulente übergehen soll.

Die Linie $l = 8/3\,a$, die im Gebiet der Molekularströmung eingedruckt ist, gibt als Näherung die Länge an, die in speziellen Fällen zu der wahren Länge l als Äquivalent hinzuaddiert werden muß, um Verluste, die beim Eintritt in eine Leitung auftreten und die vergleichbar sind mit normalen Verengungen innerhalb einer Leitung, auszugleichen. Die Korrektur braucht nur dann zu erfolgen, wenn der Schnittpunkt der a- und l-Linien links oder nahe dieser Linie liegt.

In Abb. 1.3.15 ist die Strömungskurve der gleichen Leitung wie in Abb. 1.3.14 zusammen mit der Charakteristik einer Vorpumpe eingezeichnet. Die Vorpumpe hat von Atmosphärendruck bis fast zum Enddruck ($p = 10^{-4}$ Torr) eine angenähert konstante Sauggeschwindigkeit S,

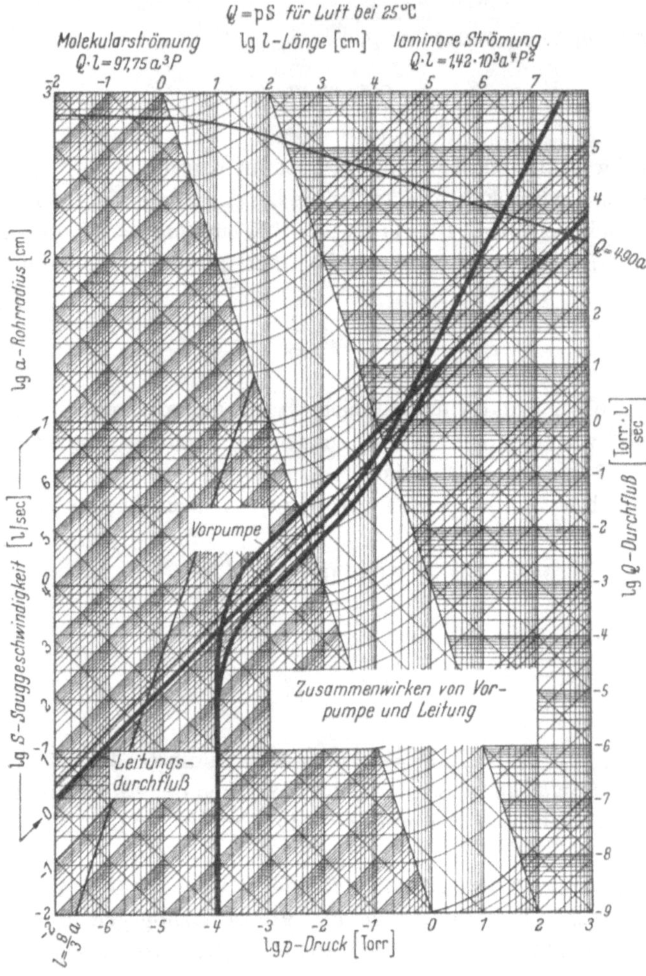

Abb. 1.3.15 Zusammenspiel von Vorpumpe und Leitung

d. h. $Q = f(p)$ verläuft wie in Abb. 1.3.13 (bei der Diffusionspumpe) unter 45°.

$Q = f(p)$ der Leitung (Leitungsdurchfluß) interessiert nur innerhalb des Bereiches von $\log p = -4$ bis etwa $\log p = -0{,}5$. Hier ist der Durchfluß durch die Leitung kleiner als durch die Vorpumpe. Erst bei höheren

Drücken wird der Leitungsdurchfluß größer. Das hat jedoch nur theoretische Bedeutung, da die Durchflußmenge nicht größer als die Saugleistung der Pumpe sein kann. Maßgebend für den gesamten Durchsatz ist immer das Bauelement mit dem kleinsten Durchsatz. Die resultie-

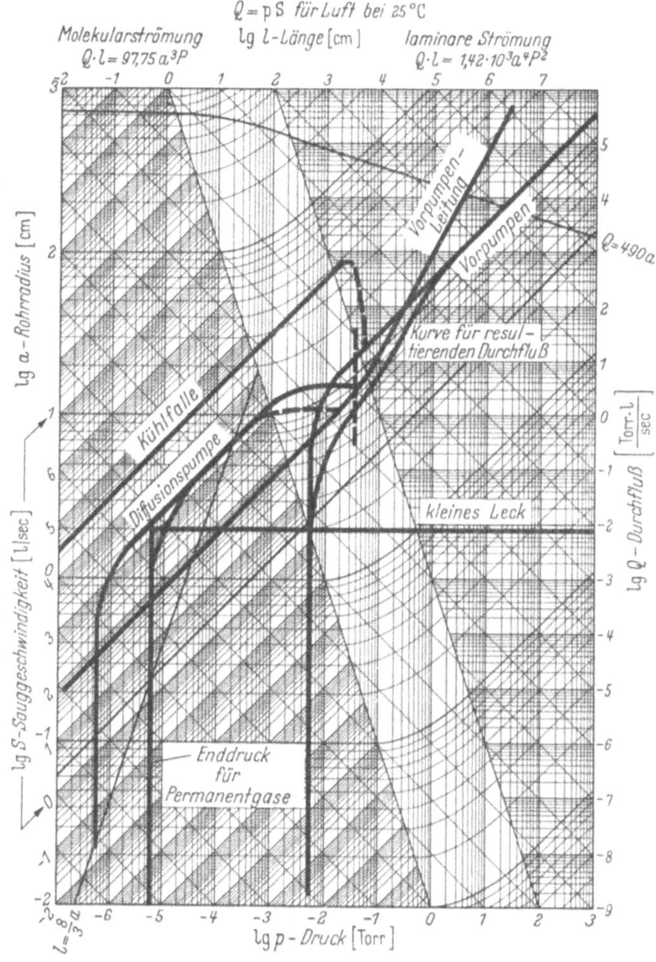

Abb. 1.3.16 Zusammenspiel verschiedener Bauelemente eines Vakuumsystems

rende Charakteristik der Kombination Vorpumpe–Leitung verläuft deshalb unterhalb der Kurven für die Vorpumpe und für die Leitung.

Abb. 1.3.16 zeigt das Zusammenspiel verschiedener Bauelemente eines Vakuumsystems.

Nähere Einzelheiten entnehme man der Originalarbeit.

1.3.3 Thermodynamik der Düsenvorgänge und Überschallströmung

1.3.3.1 Ausströmung aus Düsen (insbesondere Treibdüsen)

Durch jeden Querschnitt F (cm²) einer Stromröhre (Abb. 1.3.17) strömt im stationären Zustand, unter Vernachlässigung der Reibung und der Wärmeleitfähigkeit des strömenden Mediums sowie unter Vernachlässigung der Schwerkraft und sonstiger äußerer Kräfte, in der Zeiteinheit die gleiche Gas- oder Dampfmenge G (g/sec). Es gilt die Kontinuitätsgleichung

$$G = F_1 w_1 \frac{1}{v_1} = F_2 w_2 \frac{1}{v_2} = F w \frac{1}{v} = F w \varrho = \text{const} \tag{1.3.22}$$

w Strömungsgeschwindigkeit (cm/sec), gemittelt über F,
ϱ Dichte (g/cm³),
$v = 1/\varrho$ (cm³/g) = spez. Durchflußvolumen durch F,

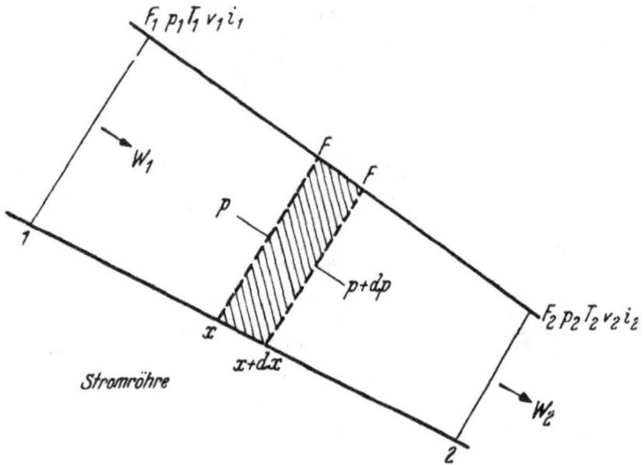

Abb. 1.3.17 Stromröhre

und außerdem der Energiesatz in der Form

$$q_{1,2} = i_2 - i_1 - \int_1^2 v\,dp = i_2 - i_1 + \frac{w_2^2 - w_1^2}{2}. \tag{1.3.23}$$

q zugeführte spez. Wärmemenge (erg/g),
$i = u + p\,v$ = spez. Enthalpie (erg/g).

Bei der in der Abb. 1.3.17 angegebenen Strömungsrichtung ist wegen $p_1 > p_2$ und $F_1 > F_2$ die Strömungsgeschwindigkeit $w_2 > w_1$.

Für die adiabatische Ausströmung ($q = 0$) aus einer Düse (Abb. 1.3.18) ergibt sich daraus (mit den Symbolen der Abb. 1.3.18)

$$\frac{w_1^2 - w_0^2}{2} = i_0 - i_1. \tag{1.3.24}$$

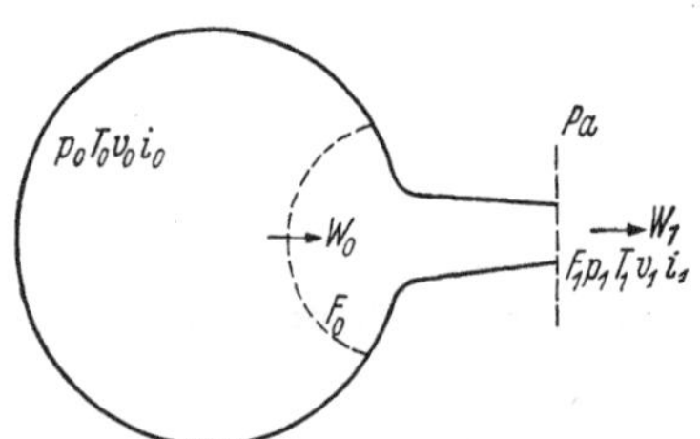

Abb. 1.3.18 Ausströmung aus einer Düse bei einem Druck in der Düsenmündung p_1, einem Druck in der Umgebung der Düsenmündung p_a und einem Kesseldruck p_0. Alle Größen mit dem Index 1 beziehen sich auf den Zustand in der Düsenmündung, alle Größen mit dem Index 0 auf den Zustand im Kessel.

Tabelle 1.3.1 *Häufige Funktionen von* $\varkappa$

$\varkappa$	$\frac{1}{\varkappa}$	$\frac{1}{\varkappa-1}$	$\frac{\varkappa-1}{\varkappa}$	$\sqrt{\frac{\varkappa+1}{2}}$	$\sqrt{\frac{\varkappa+1}{\varkappa-1}}$	$\left(\frac{2}{\varkappa+1}\right)^{\varkappa/(\varkappa-1)}$	
1,67	0,600	1,5	0,4	1,155	2,000	0,487	Einatomige Gase
1,5	0,667	2	0,333	1,118	2,236	0,512	
1,4	0,714	2,5	0,286	1,095	2,449	0,528	Zweiatomige Gase (Luft)
1,3	0,769	3,3	0,231	1,072	2,768	0,546	Überhitzter Wasserdampf
1,2	0,833	5	0,167	1,049	3,317	0,564	

Tabelle 1.3.2 *Kritische Geschwindigkeit* w_s *und maximale Geschwindigkeit* $w_{\max}$ *bei der Anfangstemperatur* T_0

$$w_s = \sqrt{2\frac{\varkappa}{\varkappa+1}\frac{R}{M}T_0} \quad [\text{cm/sec}], \qquad w_{\max} = \sqrt{2\frac{\varkappa}{\varkappa-1}\frac{R}{M}T_0} \quad [\text{cm/sec}].$$

	Luft $\varkappa = 1{,}4$		Wasserdampf (gesättigt) $\varkappa = 1{,}135$		Hg-Dampf (überhitzt) $\varkappa = 1{,}67$	
bei	$T_0 = 273\,°\text{K}$	$T_0 = 500\,°\text{K}$	$T_0 = 273\,°\text{K}$	$T_0 = 383\,°\text{K}$	$T_0 = 273\,°\text{K}$	$T_0 = 540\,°\text{K}$
w_s in m/sec . . .	302	409	366	433	118,6	166,9
$w_{\max}$ in m/sec. .	741	1001	1455	1720	237	333

$R = 8{,}313 \cdot 10^7$ erg grad^{-1} mol^{-1}.

Für $w_1 > w_0$ folgt:

$$\frac{w_1^2}{2} = c_p(T_0 - T_1) = \frac{\varkappa}{\varkappa-1} p_0 v_0 \left[1 - \left(\frac{p_1}{p_0}\right)^{\frac{\varkappa-1}{\varkappa}}\right]. \tag{1.3.25}$$

c_p spez. Wärme bei konstantem Druck,
$\varkappa$ Adiabatenexponent,
R allgemeine Gaskonstante,
M Molekulargewicht.

Beim Ausströmen ins Vakuum ($p_1 = 0$) erreicht w_1 seinen maximalen Wert

$$w_{\max} = \sqrt{2\frac{\varkappa}{\varkappa-1} p_0 v_0} = \sqrt{2\frac{\varkappa}{\varkappa-1}\frac{R}{M}T_0}. \tag{1.3.26}$$

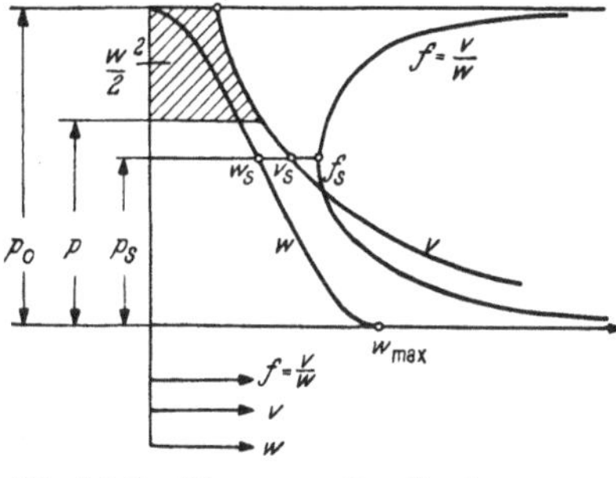

Abb. 1.3.19 Diagramm für die Ausströmung aus einer Lavaldüse

Tabelle 1.3.2 enthält einige Werte für $w_{\max}$.

Dieser Wert von $w_{\max}$ kann nicht mit einfachen, konisch verengten Düsen, sondern nur mit Lavaldüsen erreicht werden (s. hierzu Abb.1.3.19). Maßgebend ist der spezifische Querschnitt $f = F/G$ der Düse, der sich aus Gl. (1.3.22) ergibt zu

$$f = \frac{v}{w}. \tag{1.3.27}$$

Im Anfangszustand ($p = p_0$, $w = w_0 = 0$) hat das Gas ein endliches spezifisches Volumen $v = v_1$, so daß $f \to \infty$ geht. Mit längs einer Adiabate wachsendem v und abnehmendem p wächst w. Damit nimmt f endliche Werte an. Während v stetig wächst, hat w als obere Grenze w_{max}, d. h. es geht schließlich wieder $f \to \infty$. Die Düse muß also zur Erreichung einer möglichst großen Strömungsgeschwindigkeit so gebaut sein, daß f erst ab- und dann wieder zunimmt (Lavaldüse). Im Minimum ist $f = f_s$ und enstprechend $v = v_s$, $p = p_s$ und $w = w_s$. Diesem sog. kritischen Zustand entspricht ein kritischer Querschnitt der Düse von $F = F_s$. Die Strömungsgeschwindigkeit w erreicht an dieser Stelle (in erster Näherung) den Wert der örtlichen Schallgeschwindigkeit c, d. h. es ist für $w = w_s$: $w = c$. Erweitert sich die Düse wieder, so wird $w > c$, das Gas strömt mit Überschallgeschwindigkeit. Das Verhältnis w/c bezeichnet man als MACHsche Zahl Ma. Im Gebiet $w < w_s$ (Abb. 1.3.19) ist also $Ma < 1$ und im Gebiet $w > w_s$ ist $Ma > 1$. Mit dem Wert von w aus Gl. (1.3.26) und mit

$$c = \sqrt{\varkappa \frac{p}{\varrho}} = \sqrt{\varkappa p_0 v_0 \left(\frac{p}{p_0}\right)^{\frac{\varkappa-1}{\varkappa}}} \qquad (1.3.28)$$

ist

$$\frac{w}{c} = Ma = \sqrt{\frac{2}{\varkappa - 1}\left[\left(\frac{p}{p_0}\right)^{\frac{1-\varkappa}{\varkappa}} - 1\right]}. \qquad (1.3.29)$$

w/c als Funktion von p/p_0 ist in Abb. 1.3.20 für $\varkappa = 1{,}1$ dargestellt.

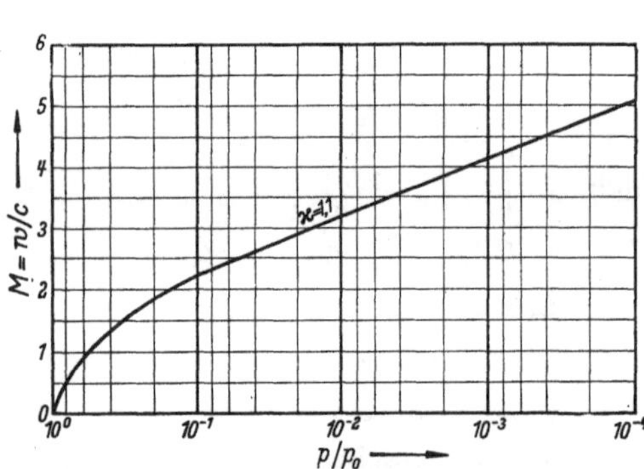

Abb. 1.3.20
MACHsche Zahl in Abhängigkeit vom Expansionsverhältnis p/p_0 für hochmolekulare Substanzen ($\varkappa = 1{,}1$)

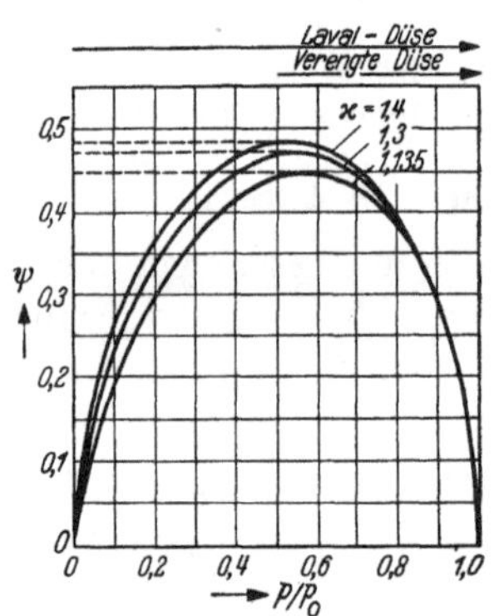

Abb. 1.3.21 Diagramm für die Funktion ψ in Abhängigkeit vom Expansionsverhältnis p/p_0

Bei $w = w_s$ ist $c = c^*$[1]. c^* bezeichnet man als kritische Schallgeschwindigkeit und $w/c^* = Ma^*$ dementsprechend als kritische MACHsche Zahl.

[1] Ein Stern * gilt für alle Größen, die sich auf den kritischen Zustand (Strömungsgeschwindigkeit = Schallgeschwindigkeit) beziehen, der Index s für alle Größen, die sich auf den engsten Querschnitt einer Lavaldüse beziehen.

Die aus der Düse ausströmende Gasmenge G ergibt sich aus den Gln. (1.3.22), (1.3.26) und aus der Adiabatengleichung

$$\frac{p}{p_0} = \left(\frac{v_0}{v}\right)^{\varkappa} = \left(\frac{T}{T_0}\right)^{\frac{\varkappa}{\varkappa-1}} = \left(\frac{\varrho}{\varrho_0}\right)^{\varkappa}; \tag{1.3.30}$$

$$G = F\frac{w}{v} = F\left(\frac{p}{p_0}\right)^{\frac{1}{\varkappa}} \sqrt{\frac{\varkappa}{\varkappa-1}\left[1-\left(\frac{p}{p_0}\right)^{\frac{\varkappa-1}{\varkappa}}\right]} \sqrt{2\frac{p_0}{v_0}} = F\psi\sqrt{2\frac{p_0}{v_0}}, \tag{1.3.31}$$

wobei

$$\psi = \left(\frac{p}{p_0}\right)^{\frac{1}{\varkappa}} \sqrt{\frac{\varkappa}{\varkappa-1}\left[1-\left(\frac{p}{p_0}\right)^{\frac{\varkappa-1}{\varkappa}}\right]}$$

gesetzt wurde.

G hängt also nur von dem Anfangszustand p_0/v_0 und von ψ, d. h. von der Gasart ($\varkappa$) und von dem Expansionsverhältnis p/p_0 ab. Es wird $\psi = 0$ für $p/p_0 = 0$ und $p/p_0 = 1$; dazwischen liegt ein Maximum (kritisches Expansionsverhältnis p_s/p_0, s. Abb. 1.3.21).

p_s/p_0 errechnet sich aus $d\,\psi/d(p/p_0) = 0$ zu

$$\frac{p_s}{p_0} = \left(\frac{2}{\varkappa+1}\right)^{\frac{\varkappa}{\varkappa-1}}. \tag{1.3.32}$$

(Werte s. Tab. 1.3.3.)

Tabelle 1.3.3 *Werte für $\varkappa$ und p_s/p_0*

Gasart	Einatomige Gase	Zweiatomige Gase	Mehratomige Gase	Gesättigter Wasserdampf
$\varkappa$	1,67	1,4	1,3	1,135
p_s/p_0	0,437	0,528	0,546	0,577

Die kritische Strömungsgeschwindigkeit beträgt

$$w_s = \sqrt{\frac{2\varkappa}{\varkappa+1}\,\frac{R}{M}\,T_0}. \tag{1.3.33}$$

(Werte s. Tab. 1.3.2.)

Die hinter dem kritischen Querschnitt F_s erfolgende Expansion des Gases von p_s auf den von dem jeweiligen Düsenquerschnitt F abhängigen Wert p folgt aus

$$\frac{F_s}{F} = \frac{f_s}{f} = \left(\frac{\varkappa+1}{2}\right)^{\frac{1}{\varkappa-1}} \sqrt{\frac{\varkappa+1}{\varkappa-1}\left[\left(\frac{p}{p_0}\right)^{\frac{2}{\varkappa}} - \left(\frac{p}{p_0}\right)^{\frac{\varkappa+1}{\varkappa}}\right]} \tag{1.3.34}$$

und ist in Abb. 1.3.22 für $\varkappa = 1{,}1$ und $\varkappa = 1{,}4$ dargestellt (s. a. Tabelle 1.3.4).

Das kritische Geschwindigkeitsverhältnis w/w_s ist nach den Gln.(1.3.26) und (1.3.33)

$$\frac{w}{w_s} = \sqrt{\frac{\varkappa+1}{\varkappa-1}\left[1-\left(\frac{p}{p_0}\right)^{\frac{\varkappa-1}{\varkappa}}\right]}. \qquad (1.3.35)$$

(Werte s. Tab. 1.3.4.)

Tabelle 1.3.4 *Erweiterungsverhältnis F/F_s und Geschwindigkeitsverhältnis w/w_s bei Lavaldüsen für zweiatomige Gase ($\varkappa = 1{,}4$), überhitzten Wasserdampf ($\varkappa = 1{,}3$) und trockenen Sattdampf ($\varkappa = 1{,}135$)*

p_0/p	$\varkappa = 1{,}4$		$\varkappa = 1{,}3$		$\varkappa = 1{,}135$	
	F/F_s	w/w_s	F/F_s	w/w_s	F/F_s	w/w_s
∞	∞	2,45	∞	2,77	∞	3,98
100	8,13	2,10	9,71	2,24	13,80	2,58
80	7,04	2,07	8,26	2,21	11,56	2,54
60	5,82	2,03	6,76	2,17	9,16	2,47
50	5,16	2,01	5,97	2,14	7,98	2,43
40	4,46	1,98	5,12	2,10	6,75	2,37
30	3,72	1,93	4,20	2,04	5,28	2,30
20	2,90	1,86	3,22	1,96	3,97	2,18
10	1,94	1,72	2,08	1,78	2,44	1,92
8	1,70	1,64	1,82	1,71	2,07	1,86
6	1,47	1,55	1,55	1,61	1,72	1,74
4	1,21	1,40	1,26	1,45	1,35	1,55
2	1,02	1,04	1,03	1,07	1,02	1,12

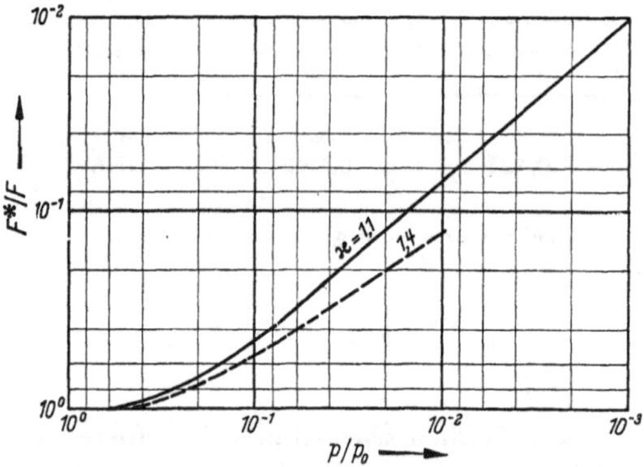

Abb. 1.3.22 Expansionsverhältnis, d. h. Verhältnis vom Druck in der Düsenmündung (p) zum Kesseldruck (p_0) in Abhängigkeit vom Verhältnis der Düsenquerschnitte (F^*/F)

Die kritische Schallgeschwindigkeit

$$c^* = \sqrt{\frac{2\varkappa}{\varkappa+1}\,\frac{R}{M}\,T_0} \qquad (1.3.36)$$

ist gleich der kritischen Strömungsgeschwindigkeit [Gl. (1.3.33)].

1.3.3.2 Konstruktion der Bilder von ebenen Überschallströmungen[1]

Hier gelten zunächst folgende Beziehungen

MACHscher Winkel α:

$$\sin\alpha = \frac{c}{w} = \frac{1}{Ma}; \qquad \frac{c^*}{w} = \frac{1}{Ma^*}, \tag{1.3.37}$$

$$Ma^2 = \frac{2}{\varkappa - 1}\left[\left(\frac{p_0}{p}\right)^{\frac{\varkappa-1}{\varkappa}} - 1\right], \tag{1.3.38}$$

$$Ma^{*2} = \frac{\varkappa+1}{\varkappa-1}\left[1 - \left(\frac{p}{p_0}\right)^{\frac{\varkappa-1}{\varkappa}}\right] = \frac{(\varkappa+1)\,Ma^2}{(\varkappa-1)\,Ma^2+2}. \tag{1.3.39}$$

Bei Reibungsfreiheit ($\eta = 0$) kann man ansetzen $\mathfrak{w} = \operatorname{grad}\varphi$. Außerdem muß w der BERNOULLIschen Gleichung und der Kontinuitätsgleichung gehorchen.

Linearisierung bei kleinen Störungen. Es sei $\overline{\mathfrak{w}}$ und $\overline{\varphi}$ Geschwindigkeitsvektor und Potential der ungestörten Grundströmung, $\mathfrak{w}$ und φ die entsprechenden Größen der zu untersuchenden gestörten Strömung. Dann ist (vgl. Abb. 1.3.24)

$$\mathfrak{w} = \overline{\mathfrak{w}} + \mathfrak{w}', \qquad w_1 = \overline{w} + w_1',$$

$$\varphi = \overline{\varphi} + \varphi', \qquad w_2 = w_2'.$$

Bei ebener Überschallströmung ($\overline{Ma} > 1$) ist die linearisierte Potentialgleichung für das der Grundströmung zu überlagernde Zusatzpotential φ

$$\frac{\partial^2\varphi'}{\partial x^2}\left(\overline{Ma}^2 - 1\right) - \frac{\partial^2\varphi'}{\partial y^2} = 0. \tag{1.3.40}$$

Die Lösung dieser Differentialgleichung hat die Form

$$\varphi' = F_1(y - x\operatorname{tg}\overline{\alpha}) + F_2(y + x\operatorname{tg}\overline{\alpha}) \tag{1.3.41}$$

mit

$$\operatorname{tg}\overline{\alpha} = \frac{1}{\sqrt{\overline{Ma}^2 - 1}}. \tag{1.3.42}$$

F_1, F_2: Willkürliche Funktionen der Veränderlichen $y \mp x\operatorname{tg}\overline{\alpha}$, bestimmbar aus den jeweiligen Randbedingungen.

Die beiden Parallelgeradenscharen aus Gl. (1.3.41)

$$y - x\operatorname{tg}\overline{\alpha} = \text{const}, \quad y + x\operatorname{tg}\overline{\alpha} = \text{const}, \tag{1.3.43}$$

die gegen die Grundströmung $\overline{\mathfrak{w}}$ unter $\mp\overline{\alpha}$ geneigt sind, nennt man MACHsche Linien (s. m in Abb. 1.3.24). Sie erzeugen das geradlinige MACHsche Netz der linearisierten Überschallströmung.

$\overline{w} = f(\overline{\alpha})$ ergibt sich aus

$$\sin^2\overline{\alpha} = \frac{\overline{c}^2}{\overline{w}^2} = \frac{\varkappa-1}{2}\,\frac{w_{\max}^2 - \overline{w}^2}{\overline{w}^2}. \tag{1.3.44}$$

[1] Siehe z. B. R. SAUER: Einführung in die theoretische Gasdynamik, 2. Aufl. Berlin/Göttingen/Heidelberg: Springer 1951.

Hieraus folgt beim Übergang auf rechtwinklige Koordinaten

$$\bar{u} = \bar{w} \cos \bar{\alpha}, \quad \bar{v} = \bar{w} \sin \bar{\alpha},$$

$$\frac{\bar{u}^2}{w_{max}^2} + \frac{\bar{v}^2}{c^{*2}} = 1. \tag{1.3.45}$$

Das ist die Adiabatenellipse (Abb. 1.3.23) mit den Halbachsen w_{max} und c^*.

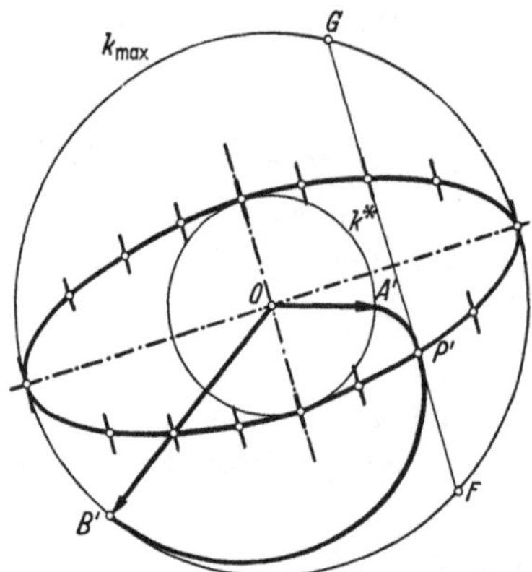

Abb. 1.3.23 Adiabatenellipse und Richtungsfeld des Geschwindigkeitsbildes (nach SAUER). Der kleine Kreis k^* entspricht der kritischen Geschwindigkeit $w = c^*$, der große Kreis k_{max} der Maximalgeschwindigkeit w_{max}

Strömung um eine flache konvexe Ecke. Wird die Grundströmung um den kleinen Winkel $\Delta\vartheta$ abgelenkt, so gelten die folgenden Beziehungen (Abb. 1.3.24)

$$\left.\begin{aligned} u' &= +\Delta\vartheta\,\bar{u}\,\mathrm{tg}\,\bar{\alpha} \\ v' &= -\Delta\vartheta\,\bar{u} \end{aligned}\right\} \frac{u'}{v'} = -\mathrm{tg}\,\bar{\alpha}, \tag{1.3.46}$$

d. h. der konstante Zusatzvektor $\mathfrak{w}'$ steht senkrecht zur MACHschen Linie m. Infolgedessen kann $\mathfrak{w}$ (abgelenkte Strömung) aus $\bar{\mathfrak{w}}$ (Grundströmung) und $\bar{\alpha}$ unmittelbar konstruiert werden. Wegen

$$\frac{v'}{\bar{u} + u'} \approx \frac{v'}{\bar{u}} = -\Delta\vartheta$$

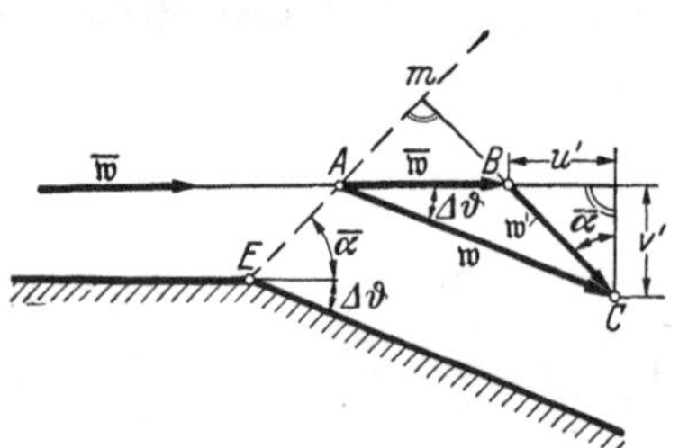

Abb. 1.3.24 Überschallströmung um eine flache Ecke (nach SAUER)

erzeugt diese Zusatzströmung eine um den Winkel $\Delta\vartheta$ abgelenkte Parallelströmung; der Zuwachs des Geschwindigkeitsbetrages ist

$$\Delta w = u' = \bar{u}\,\mathrm{tg}\,\bar{\alpha}\,\Delta\vartheta. \tag{1.3.47}$$

Für den Druckunterschied vor und hinter der MACHschen Linie m gilt

$$\begin{aligned} \Delta p = p - \bar{p} &= -\int_{\bar{w}}^{w} \varrho\, w\, dw = -\bar{\varrho}\,\bar{w}\,(w - \bar{w}) = -\bar{\varrho}\,\bar{w}\,u' \\ &= -\bar{\varrho}\,\bar{u}^2\,\mathrm{tg}\,\bar{\alpha}\,\Delta\vartheta = -2\bar{q}\,\mathrm{tg}\,\bar{\alpha}\,\Delta\vartheta \end{aligned} \tag{1.3.48}$$

mit $\bar{q} = \frac{\bar{\varrho}}{2}\bar{u}^2$, dem Staudruck der Grundströmung.

Nichtlinearisierte Strömung. Es bedeuten

α MACHscher Winkel zwischen Strömungsrichtung und MACHscher Linie m,
ϑ Ablenkwinkel der Stromlinien,
ω Polarwinkel der MACHschen Linie mit E als Nullpunkt (s. Abb. 1.3.25, linkes Teilbild). Für $\omega = 0$ ist $\bar{\mathfrak{w}} = \mathfrak{c}^*$, d. h. ω beginnt bei A an derjenigen Linie $\bar{m}$ zu zählen, an der gerade c^* erreicht wird.

Zwischen diesen Größen besteht die Beziehung

$$\omega + \alpha = \vartheta + \frac{\pi}{2}. \tag{1.3.49}$$

Abb. 1.3.25 zeigt den Zusammenhang zwischen dem Stromlinienbild (MACHsches Netz m) und dem Geschwindigkeitsbild ($\mathfrak{w}$). Zur schrittweisen Konstruktion des Stromlinienbildes auf Grund der Adiabatenellipse (Abb. 1.3.23) bzw. des Geschwindigkeitsbildes (Abb. 1.3.25, rechtes Teilbild) dient das Charakteristikendiagramm nach PRANDTL-BUSEMANN (Abb. 1.3.26). Die einzelnen Charakteristiken (Epizykloiden) sind fortlaufend numeriert (MACHsche Koordinaten m_0). Zwei um zwei Grad gegeneinander verschobene Epizykloiden unterscheiden sich um $m_0 = 1$. Werden in den Schnittpunkten zweier Epizykloiden deren MACHsche Koordinaten addiert, so ergibt sich eine Zahl, die in direktem Zusammenhang mit der MACHschen Zahl Ma steht (Abb. 1.3.27). Durch Bildung der Differenz der MACHschen Koordinaten ergibt sich die Strömungsrichtung.

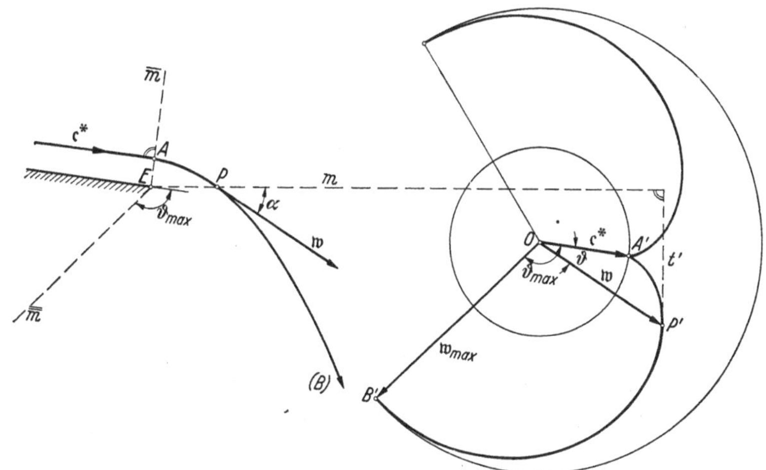

Abb. 1.3.25 Geschwindigkeitskurve (nach SAUER)
Links: Stromlinienbild (MACHsches Netz m); rechts: Geschwindigkeitskurve $\mathfrak{w}$ (hier sind die Geschwindigkeiten nach Größe und Richtung in Polarkoordinaten aufgetragen)

Die Geschwindigkeitskurve $A'P'B'$ wird erhalten durch Drehung der Adiabatenellipse im Geschwindigkeitsbild (s. Abb. 1.3.23). Die Tangente an jedem Punkt P' der Geschwindigkeitskurve ist jeweils parallel zur kleinen Ellipsenachse, die MACHsche Linie ist parallel zur großen Ellipsenachse.

Verdichtungsstöße. Hat die Störung die Form einer flachen konkaven Ecke, so tritt an Stelle der Expansion längs einer MACHschen Linie m eine Verdichtung (Verdichtungsstoß) längs einer Stoßlinie s auf.

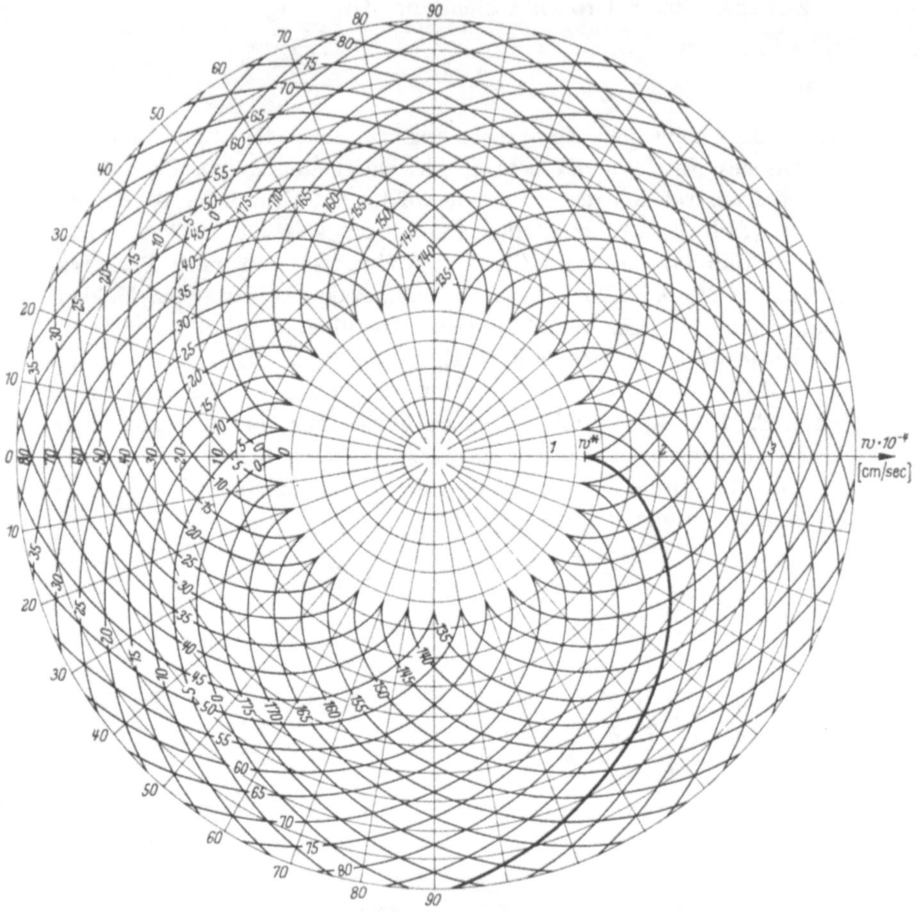

Abb. 1.3.26 Charakteristikendiagramm nach PRANDTL-BUSEMANN für hochmolekulare Substanzen (wie organische Dämpfe als Treibmittel für Diffusions- und Dampfstrahlpumpen) ($\varkappa = 1{,}1$) (nach KUTSCHER). Bezüglich der Bedeutung der in diesem Diagramm verwandten MACHschen Koordinaten siehe die Abb. 1.3.27

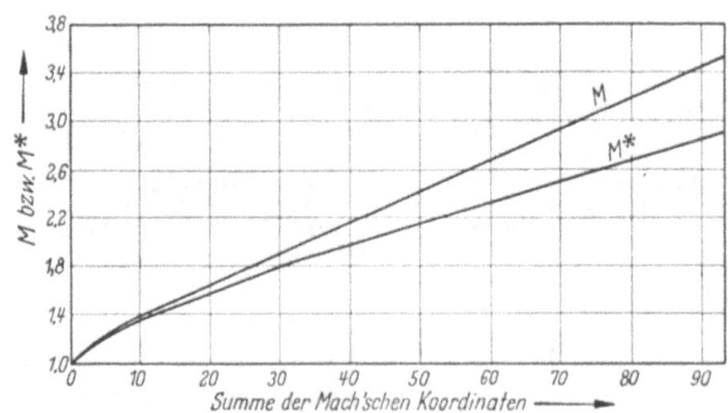

Abb. 1.3.27 Werte für die in Abb. 1.3.26 benutzten MACHschen Koordinaten

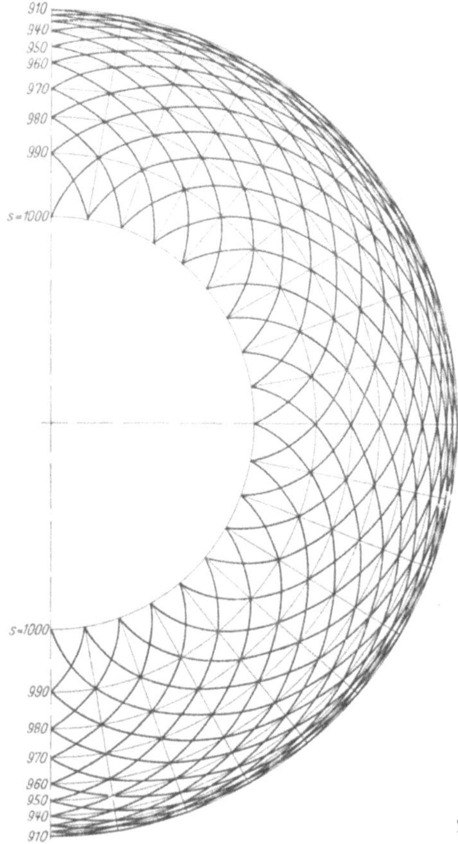

p, ϱ, T, $\mathfrak{w}$, ... = Zustandswerte vor der Stoßlinie s,

$\hat{p}$, $\hat{\varrho}$, $\hat{T}$, $\hat{\mathfrak{w}}$, ... = Zustandswerte hinter der Stoßlinie s,

Stoßwinkel σ = Winkel der Stoßlinie s gegen die Anströmrichtung,

Ablenkwinkel ϑ = Winkel von $\mathfrak{w}$ gegen $\hat{\mathfrak{w}}$.

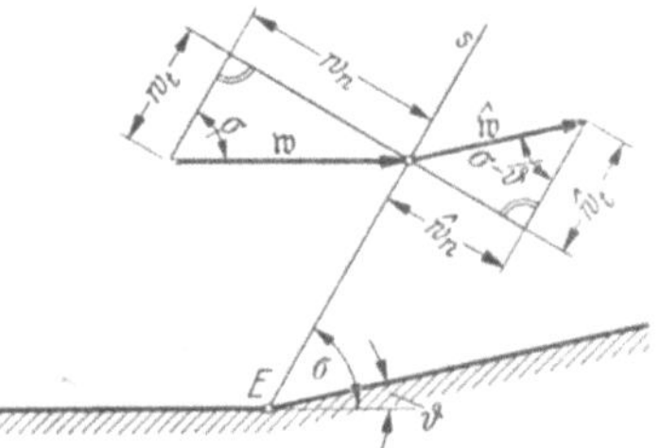

Abb. 1.3.28 Charakteristikendiagramm nach PRANDTL-BUSEMANN für Quecksilberdampf oder einatomige Gase ($\varkappa = 1{,}67$) (nach WASSERRAB). Bezüglich der Koordinaten s siehe Tab. 1.3.6

Abb. 1.3.29 Kompression bei Überschallströmung, Verdichtungsstoß (Bezeichnungen nach SAUER)

Es gelten folgende Beziehungen (Abb. 1.3.29):

$$\varrho\, w_n = \hat{\varrho}\, \hat{w}_n; \qquad w_t = \hat{w}_t. \tag{1.3.50}$$

$$i_0 = \hat{i}_0; \quad T_0 = \hat{T}_0; \quad \frac{p_0}{\varrho_0} = \frac{\hat{p}_0}{\hat{\varrho}_0}. \tag{1.3.51}$$

$$c^* = \hat{c}^*; \qquad w_{\max} = \hat{w}_{\max}. \tag{1.3.52}$$

$$\frac{\Delta p}{\Delta \varrho} = \frac{\hat{p} - p}{\hat{\varrho} - \varrho} = \varkappa \frac{p + \dfrac{\Delta p}{2}}{\varrho + \dfrac{\Delta \varrho}{2}}. \tag{1.3.53}$$

$$\Delta p = \varrho\, w^2 \sin^2 \sigma \frac{\Delta \varrho}{\varrho + \Delta \varrho}. \tag{1.3.54}$$

$$\frac{\varrho + \Delta \varrho}{\varrho} = \frac{\operatorname{tg} \sigma}{\operatorname{tg}(\sigma - \vartheta)}. \tag{1.3.55}$$

Mit diesen Gleichungen läßt sich der Verdichtungsstoß (Stoßpolare) vollständig berechnen:

$$\frac{\Delta p}{\Delta \varrho} = c^{*2} - \frac{\varkappa - 1}{\varkappa + 1} w_t^2. \tag{1.3.56}$$

Senkrechter Verdichtungsstoß.

Hier ist

$$\vartheta = 0, \qquad \sigma = \frac{\pi}{2}, \tag{1.3.57}$$

$$w_t = \hat{w}_t = 0, \quad w_n = w, \quad \hat{w}_n = \hat{w}. \tag{1.3.58}$$

Vor dem Stoß herrscht Überschallgeschwindigkeit w, danach Unterschallgeschwindigkeit $\hat{w}$. Es gilt

$$w \hat{w} = c^{*2}. \tag{1.3.59}$$

Tabelle 1.3.5 *Stromdichte Θ und* Machsche *Zahl Ma für verschiedene Expansionsverhältnisse p/p_0 bei Überschallgeschwindigkeit für einatomige Gase und Hg-Dampf* ($\varkappa = 1{,}67$) (nach Wasserrab)

p/p_0	$Ma = w/c$	$Ma^* = w/c^*$	$\Theta = \dfrac{\varrho w}{\varrho^* w_s}$	$f/f^* = 1/\Theta$
0,488	1,000	1,000	1,000	1,000
0,450	1,050	1,038	0,991	1,010
0,400	1,148	1,104	0,980	1,021
0,350	1,26	1,173	0,955	1,049
0,300	1,36	1,237	0,918	1,090
0,250	1,49	1,305	0,877	1,142
0,200	1,64	1,378	0,806	1,241
0,150	1,84	1,451	0,720	1,390
0,100	2,12	1,550	0,598	1,675
0,050	2,64	1,720	0,420	2,381
0,000	∞	2,00	0,000	∞

Tabelle 1.3.6 *Hg-Dampf und einatomige Gase. Kenngrößen einer ebenen Überschallströmung* ($\varkappa = 1{,}67$) (nach Wasserrab)

s	ϑ °	ω °	α °	p/p_0	$Ma = w/c$	$Ma^* = w/c^*$	$\dfrac{1}{2}\dfrac{\varrho w^2}{p_0}$	$\dfrac{p}{p_0} + \dfrac{1}{2}\dfrac{\varrho w^2}{p_0}$	Θ
1000	0	0,00	90,00	0,488	1,000	1,000	0,405	0,893	1,000
990	10	57,5	42,5	0,285	1,395	1,255	0,470	0,755	0,911
980	20	78,0	32,0	0,178	1,72	1,41	0,470	0,648	0,774
970	30	95,5	24,5	0,102	2,14	1,55	0,383	0,485	0,596
960	40	111,5	18,5	0,051	2,60	1,66	0,287	0,339	0,436
950	50	126	14	0,0244	3,19	1,76	0,207	0,232	0,292
940	60	140	10	0,0093	4,05	1,85	0,125	0,135	0,172
910	90	180	0	0	∞	2,00	0	0	0

Da der Verdichtungsstoß ein nicht adiabatischer Vorgang ist, kann hinter dem geraden Stoß der ursprüngliche Ruhedruck p_0 nicht wieder erreicht werden, sondern nur ein Ruhedruck $\hat{p}_0 < p_0$. Das Verhältnis $\hat{p}_0/p_0$ ist eindeutig gegeben durch das Druckverhältnis p/p_0 unmittelbar vor dem Stoß (Abb. 1.3.30).

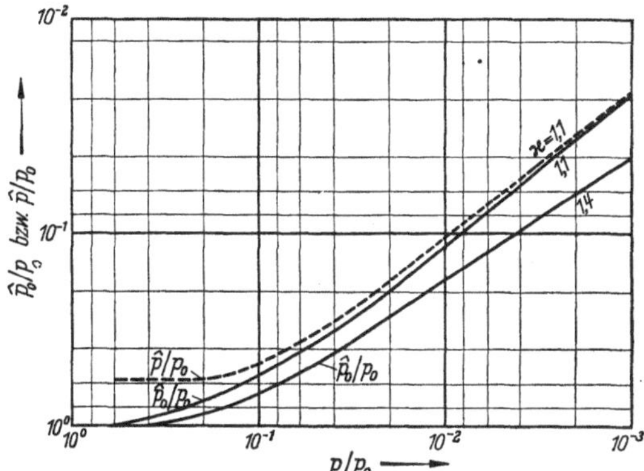

Abb. 1.3.30 Druckverlust $\hat{p}/p_0$ und Ruhedruckverlust $\hat{p}_0/p_0$ in Abhängigkeit vom Expansionsverhältnis p/p_0 für senkrechte Verdichtungsstöße (nach KUTSCHER)

Bei schrägen Verdichtungsstößen gibt das Stoßpolarendiagramm Auskunft über die Zusammenhänge zwischen den einzelnen Zustandswerten.

Stoßpolarendiagramm nach Busemann (Abbildung 1.3.34). Zu gegebenem w und σ liefert die Stoßpolare (Abb. 1.3.35) $\hat{w}$ und $\hat{p}_0/p_0$; zu gegebenem w und $\hat{w}$ liefert die Stoßpolare σ und $\hat{p}_0/p_0$. Aus Abb. 1.3.35 folgt

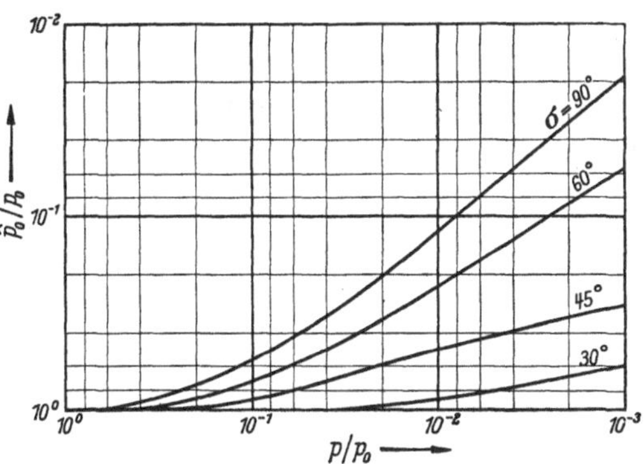

Abb. 1.3.31 Ruhedruckverlust $\hat{p}_0/p_0$ in Abhängigkeit vom Expansionsverhältnis p/p_0 für schräge Verdichtungsstöße (nach KUTSCHER)

$$w_t = \hat{w}_t = u \cos\sigma, \quad w_n = u \sin\sigma, \tag{1.3.60}$$

$$w_n = u \sin\sigma - \frac{\hat{v}}{\cos\sigma}, \quad \operatorname{tg}\sigma = \frac{u - \hat{u}}{\hat{v}}. \tag{1.3.61}$$

Durch Einsetzen in Gl. (1.3.56) ergibt sich daraus

$$\hat{v}^2 \left[\frac{c^{*2}}{u} + \frac{2}{\varkappa + 1} u - \hat{u}\right] = (u - \hat{u})^2 \left(\hat{u} - \frac{c^{*2}}{u}\right). \tag{1.3.62}$$

Die Stoßpolare ist gültig für $w > c^*$; für $w = w_{\max}$ geht sie in einen Kreis über.

Die folgenden Bilder für Überschallströmungen von hochmolekularen organischen Dämpfen ($\varkappa = 1{,}1$) beim Austritt aus einer Treibdüsen-

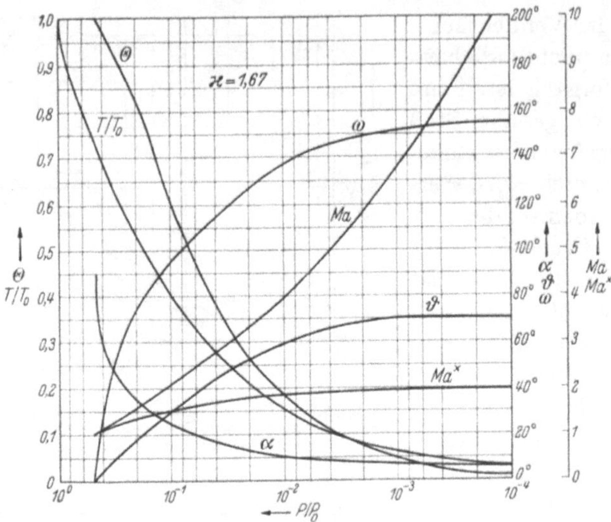

Abb. 1.3.32 Zustandsgrößen des Quecksilberdampfes ($\varkappa = 1{,}67$) in Abhängigkeit vom Expansionsverhältnis p/p_0 (nach NÖLLER)

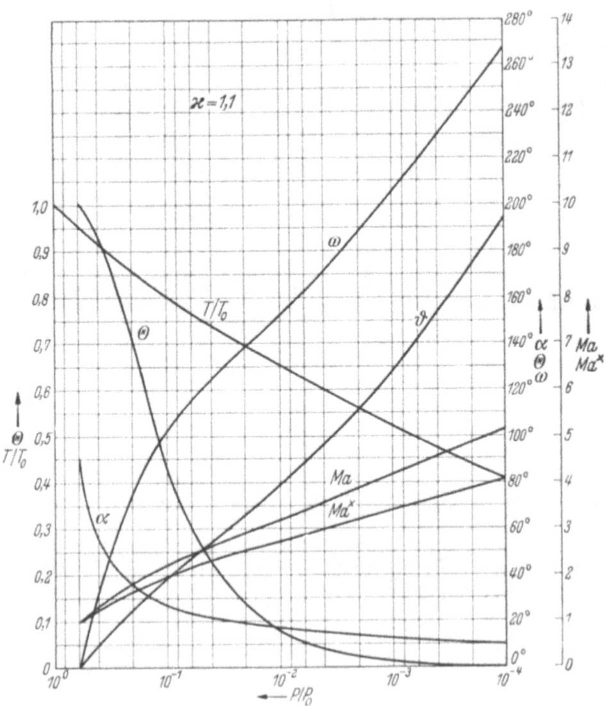

Abb. 1.3.33 Zustandsgrößen von hochmolekularen organischen Dämpfen ($\varkappa = 1{,}1$) in Abhängigkeit vom Expansionsverhältnis p/p_0 (nach NÖLLER)

mündung und beim Eintritt in eine konisch verengte Düse wurden unter Verwendung der oben angegebenen Methoden und Zahlenwerte konstruiert. Für sämtliche Konstruktionen wurde ein Kesseldruck $p_0 = 40$ Torr eingesetzt.[1]

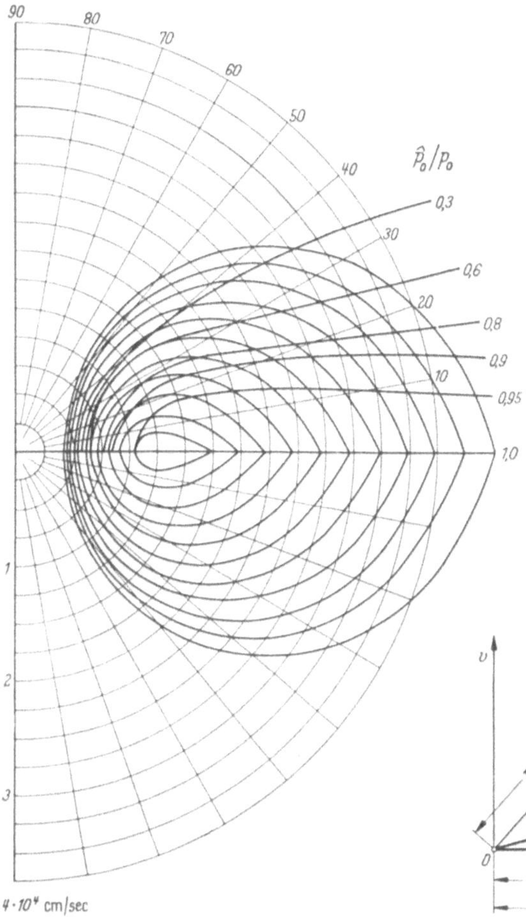

Abb. 1.3.34
Stoßpolarendiagramm nach BUSEMANN für hochmolekulare Substanzen ($\varkappa = 1{,}1$) (nach KUTSCHER)

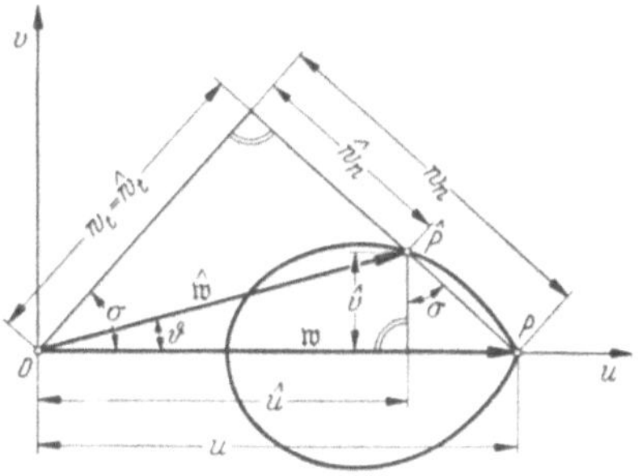

Abb. 1.3.35 Stoßpolare (nach SAUER)

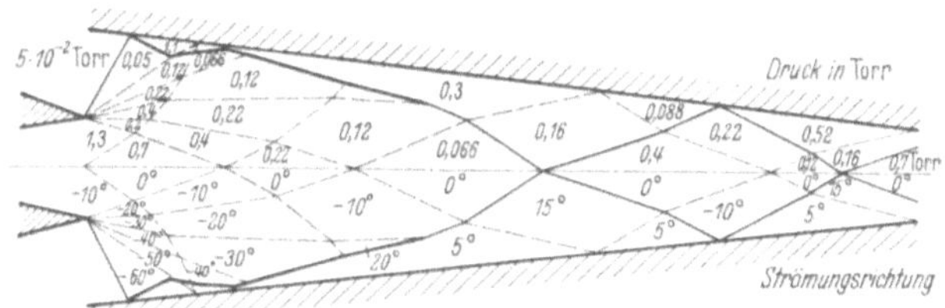

Abb. 1.3.36
Druck in der Umgebung der Treibdüsenmündung $p_a = 5 \cdot 10^{-2}$ Torr; niedriger Vorvakuumdruck

[1] Näheres siehe H. KUTSCHER: Z. angew. Phys. 7 (1955) 229—234.

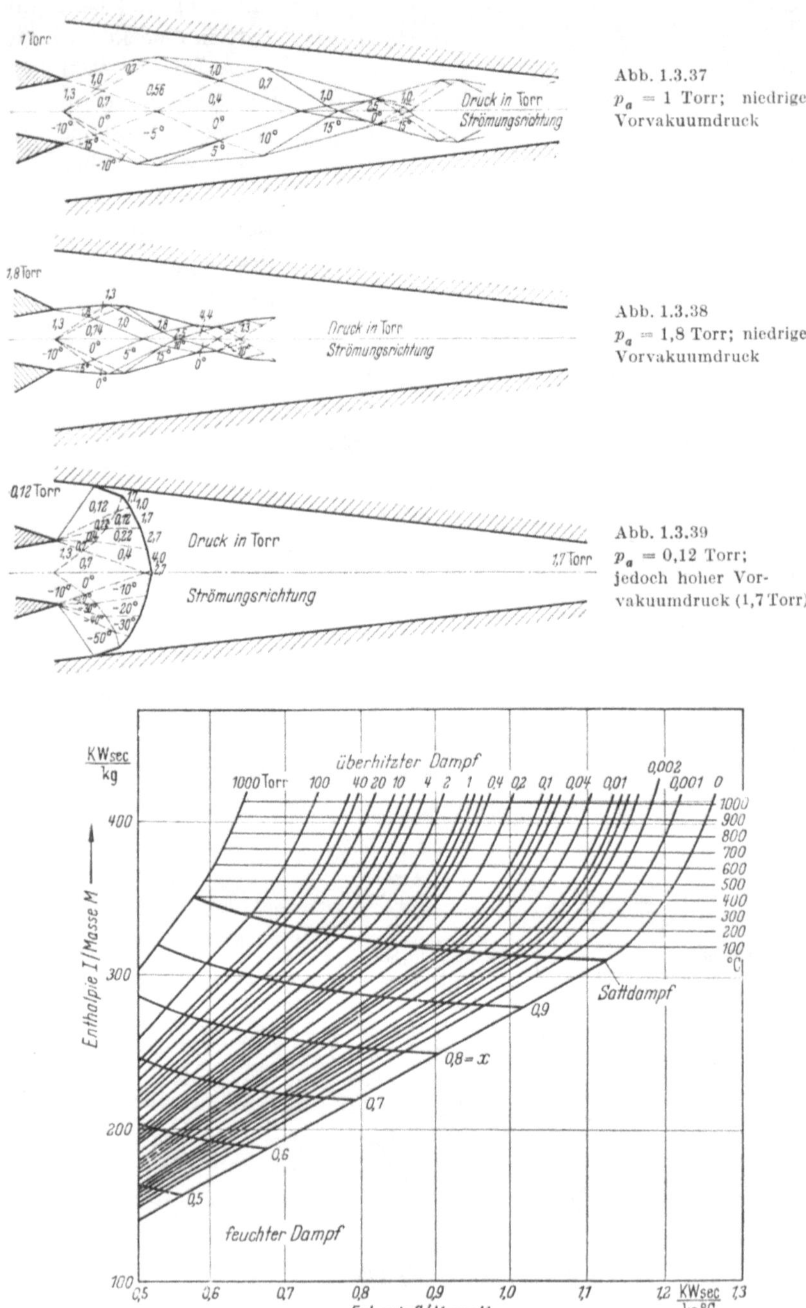

Abb. 1.3.37 p_a = 1 Torr; niedriger Vorvakuumdruck

Abb. 1.3.38 p_a = 1,8 Torr; niedriger Vorvakuumdruck

Abb. 1.3.39 p_a = 0,12 Torr; jedoch hoher Vorvakuumdruck (1,7 Torr)

Abb. 1.3.40 IS-Diagramm für Quecksilberdampf ($\varkappa$ = 1,67) (nach WASSERRAB).

Tabelle 1.3.7 *Kenngrößen für Quecksilbersattdampf (0—150 °C)* (nach WASSERRAB)

a)

Temperatur		Sattdampfdruck p_s Torr	Konzentration n cm^{-3}	Diffusionskoeffizient D $cm^2\,sec^{-1}$	Gasdichte ϱ $g\,cm^{-3}$
t °C	T °K				
0	273	$1{,}49 \cdot 10^{-4}$	$5{,}3 \cdot 10^{12}$	$1{,}86 \cdot 10^{5}$	$1{,}74 \cdot 10^{-9}$
10	283	$3{,}92 \cdot 10^{-4}$	$1{,}34 \cdot 10^{13}$	$7{,}5 \cdot 10^{4}$	$4{,}40 \cdot 10^{-9}$
20	293	$9{,}64 \cdot 10^{-4}$	$3{,}20 \cdot 10^{13}$	$3{,}2 \cdot 10^{4}$	$1{,}05 \cdot 10^{-8}$
30	303	$2{,}23 \cdot 10^{-3}$	$7{,}18 \cdot 10^{13}$	$1{,}46 \cdot 10^{4}$	$2{,}46 \cdot 10^{-8}$
40	313	$4{,}89 \cdot 10^{-3}$	$1{,}52 \cdot 10^{14}$	$6{,}95 \cdot 10^{3}$	$4{,}99 \cdot 10^{-8}$
50	323	$1{,}019 \cdot 10^{-2}$	$3{,}07 \cdot 10^{14}$	$3{,}5 \cdot 10^{3}$	$1{,}01 \cdot 10^{-7}$
60	333	$1{,}99 \cdot 10^{-2}$	$5{,}80 \cdot 10^{14}$	$1{,}83 \cdot 10^{3}$	$1{,}90 \cdot 10^{-7}$
70	343	$3{,}90 \cdot 10^{-2}$	$1{,}10 \cdot 10^{15}$	$9{,}98 \cdot 10^{2}$	$3{,}61 \cdot 10^{-7}$
80	353	$7{,}21 \cdot 10^{-2}$	$1{,}98 \cdot 10^{15}$	$5{,}7 \cdot 10^{2}$	$6{,}52 \cdot 10^{-7}$
90	363	$1{,}285 \cdot 10^{-1}$	$3{,}44 \cdot 10^{15}$	$3{,}31 \cdot 10^{2}$	$1{,}13 \cdot 10^{-6}$
100	373	$2{,}22 \cdot 10^{-1}$	$5{,}75 \cdot 10^{15}$	$2{,}00 \cdot 10^{2}$	$1{,}89 \cdot 10^{-6}$
110	383	$3{,}73 \cdot 10^{-1}$	$9{,}47 \cdot 10^{15}$	$1{,}23 \cdot 10^{2}$	$3{,}11 \cdot 10^{-6}$
120	393	$6{,}11 \cdot 10^{-1}$	$1{,}51 \cdot 10^{16}$	$7{,}85 \cdot 10^{1}$	$4{,}94 \cdot 10^{-6}$
130	403	$9{,}73 \cdot 10^{-1}$	$2{,}34 \cdot 10^{16}$	$5{,}1 \cdot 10^{1}$	$7{,}67 \cdot 10^{-6}$
140	413	1,521	$3{,}59 \cdot 10^{16}$	$3{,}40 \cdot 10^{1}$	$1{,}18 \cdot 10^{-5}$
150	423	2,323	$5{,}35 \cdot 10^{16}$	$2{,}3 \cdot 10^{1}$	$1{,}75 \cdot 10^{-5}$

b)

Schallgeschwindigkeit c $cm\,sec^{-1}$	Mittlere freie Weglänge Λ cm	Anzahl der verdampfenden Moleküle $cm^{-2}\,sec^{-1}$	Verdampfungsgeschwindigkeit I $g\,cm^{-2}\,sec^{-1}$	Koeffizient der inneren Reibung η $g\,cm^{-1}\,sec^{-1}$	Kinematische Zähigkeit $\nu = \frac{\eta}{\varrho}$ $cm^2\,sec^{-1}$
$1{,}38 \cdot 10^{4}$	25,9	$2{,}27 \cdot 10^{16}$	$7{,}46 \cdot 10^{-6}$	$2{,}62 \cdot 10^{-4}$	$1{,}50 \cdot 10^{5}$
$1{,}41 \cdot 10^{4}$	10,2	$5{,}85 \cdot 10^{16}$	$1{,}93 \cdot 10^{-5}$	$2{,}72 \cdot 10^{-4}$	$6{,}18 \cdot 10^{4}$
$1{,}43 \cdot 10^{4}$	4,37	$1{,}42 \cdot 10^{17}$	$4{,}65 \cdot 10^{-5}$	$2{,}81 \cdot 10^{-4}$	$2{,}68 \cdot 10^{4}$
$1{,}45 \cdot 10^{4}$	1,91	$3{,}22 \cdot 10^{17}$	$1{,}06 \cdot 10^{-4}$	$2{,}91 \cdot 10^{-4}$	$1{,}18 \cdot 10^{4}$
$1{,}48 \cdot 10^{4}$	$9{,}0 \cdot 10^{-1}$	$6{,}93 \cdot 10^{17}$	$2{,}28 \cdot 10^{-4}$	$3{,}00 \cdot 10^{-4}$	$6{,}02 \cdot 10^{3}$
$1{,}50 \cdot 10^{4}$	$4{,}46 \cdot 10^{-1}$	$1{,}42 \cdot 10^{18}$	$4{,}68 \cdot 10^{-4}$	$3{,}10 \cdot 10^{-4}$	$3{,}07 \cdot 10^{3}$
$1{,}53 \cdot 10^{4}$	$2{,}36 \cdot 10^{-1}$	$2{,}82 \cdot 10^{18}$	$9{,}25 \cdot 10^{-4}$	$3{,}20 \cdot 10^{-4}$	$1{,}68 \cdot 10^{3}$
$1{,}55 \cdot 10^{4}$	$1{,}24 \cdot 10^{-1}$	$5{,}30 \cdot 10^{18}$	$1{,}74 \cdot 10^{-3}$	$3{,}29 \cdot 10^{-4}$	$9{,}11 \cdot 10^{2}$
$1{,}57 \cdot 10^{4}$	$6{,}88 \cdot 10^{-2}$	$9{,}62 \cdot 10^{18}$	$3{,}18 \cdot 10^{-3}$	$3{,}38 \cdot 10^{-4}$	$5{,}19 \cdot 10^{2}$
$1{,}59 \cdot 10^{4}$	$3{,}97 \cdot 10^{-2}$	$1{,}69 \cdot 10^{19}$	$5{,}58 \cdot 10^{-3}$	$3{,}48 \cdot 10^{-4}$	$3{,}08 \cdot 10^{2}$
$1{,}61 \cdot 10^{4}$	$2{,}37 \cdot 10^{-2}$	$2{,}89 \cdot 10^{19}$	$9{,}50 \cdot 10^{-3}$	$3{,}58 \cdot 10^{-4}$	$1{,}90 \cdot 10^{2}$
$1{,}64 \cdot 10^{4}$	$1{,}45 \cdot 10^{-2}$	$4{,}80 \cdot 10^{19}$	$1{,}58 \cdot 10^{-2}$	$3{,}67 \cdot 10^{-4}$	$1{,}18 \cdot 10^{2}$
$1{,}66 \cdot 10^{4}$	$9{,}05 \cdot 10^{-3}$	$7{,}72 \cdot 10^{19}$	$2{,}55 \cdot 10^{-2}$	$3{,}77 \cdot 10^{-4}$	$7{,}64 \cdot 10^{1}$
$1{,}68 \cdot 10^{4}$	$5{,}83 \cdot 10^{-3}$	$1{,}22 \cdot 10^{20}$	$4{,}01 \cdot 10^{-2}$	$3{,}86 \cdot 10^{-4}$	$5{,}04 \cdot 10^{1}$
$1{,}70 \cdot 10^{4}$	$3{,}84 \cdot 10^{-3}$	$1{,}87 \cdot 10^{20}$	$6{,}18 \cdot 10^{-2}$	$3{,}96 \cdot 10^{-4}$	$3{,}35 \cdot 10^{1}$
$1{,}72 \cdot 10^{4}$	$2{,}57 \cdot 10^{-3}$	$2{,}81 \cdot 10^{20}$	$9{,}35 \cdot 10^{-2}$	$4{,}05 \cdot 10^{-4}$	$2{,}32 \cdot 10^{1}$

Tabelle 1.3.8 *Enthalpieabnahme $\Delta J/m$ ergibt Geschwindigkeit w* (nach WASSERRAB)

$\Delta J/m$	W sec/kg	$1 \cdot 10^4$	$2 \cdot 10^4$	$3 \cdot 10^4$	$4 \cdot 10^4$	$5 \cdot 10^4$	$6 \cdot 10^4$	$7 \cdot 10^4$	$8 \cdot 10^4$	$9 \cdot 10^4$	$1 \cdot 10^5$	$1 \cdot 10^6$
w	m/sec	100	141	173	200	224	245	264	283	300	316	1000

1.4 Richtlinien für die Pumpenauswahl

1.4.1 Auswahlkriterien für Vor- und Hochvakuumpumpen

Für die Auswahl einer Pumpe für einen bestimmten Zweck sind vor allem drei Dinge maßgebend:

1. Die Art der Pumpe und der ihr entsprechende Arbeitsbereich sowie der mit der Pumpe erzielbare Enddruck. Beim letzteren ist zu unterscheiden zwischen dem Restgasdruck und dem Restdampfdruck (Dampfdruck des Treibmittels bzw. des Schmiermittels),
2. die Größe der Pumpe (Sauggeschwindigkeit),
3. die Größe der erforderlichen Vorpumpe (falls die Pumpe selbst nicht gegen Atmosphärendruck zu fördern vermag).

Über die Arbeitsbereiche der einzelnen Pumpenarten gibt Abb. 1.4.1 Auskunft (vgl. auch Abb. 1.4.19, S. 66/67). Tab. 1.4.1 gibt eine Übersicht

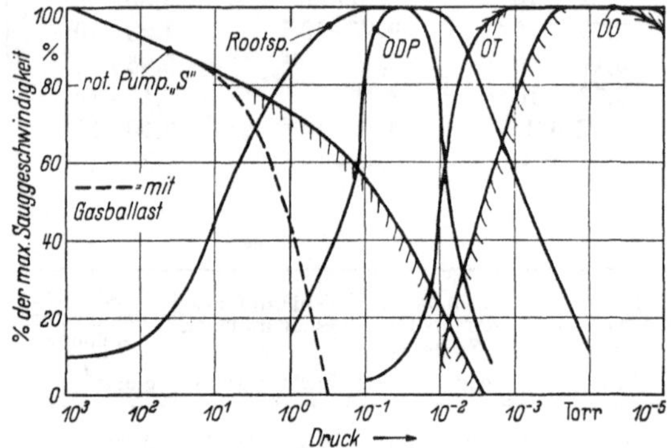

Abb. 1.4.1 Arbeitsbereiche verschiedener Pumpentypen (vgl. auch Abb. 1.4.19)
Rot. Pump. „S" einstufige rotierende Ölluftpumpen; *Rootsp.* Rootspumpen: *ODP* Öl-Dampfstrahlpumpen; *OT* Öl-Treibdampfpumpen (Booster); *DO* Diffusionspumpe

über die physikalischen Vorgänge in den den Arbeitsbereichen entsprechenden Druckgebieten. Als allgemeine Faustregel für die Pumpenauswahl gilt: Der erreichbare Enddruck der Pumpe soll mindestens eine Zehnerpotenz besser sein als der für den Vakuumprozeß erforderliche Arbeitsdruck.

Die zweite charakteristische Größe bei der Auswahl einer geeigneten Pumpentype ist ihre Förderfähigkeit, die entweder als Sauggeschwindigkeit, d.h. Volumen je Zeiteinheit (l/sec bzw. m^3/h) oder als Saugleistung (Torr l/sec oder g/sec) angegeben wird. Die bei den einzelnen Pumpentypen für Sauggeschwindigkeit bzw. Saugleistung angegebenen Werte beziehen sich auf Normdrücke: Bei den Gasballastpumpen auf Atmosphärendruck, bei Rootspumpen und Dampfstrahlpumpen auf 10^{-2} Torr, bei Treibdampfpumpen und Boostern auf 10^{-3} Torr, bei Diffusionspumpen auf 10^{-4} Torr und darunter. Die benötigten Werte von Saug-

Tabelle 1.4.1 *Druckbereiche der Vakuumtechnik*

	Grobvakuum	Zwischenvakuum	Feinvakuum	Hochvakuum	Ultrahochvakuum
Druckbereich Torr	760—100	100—1	1—10^{-3}	10^{-3}—10^{-7}	$<10^{-7}$
Anzahl der Teilchen je cm^3 n (Luft, 20 °C)	$2{,}5\cdot10^{19}$ bis $3{,}3\cdot10^{18}$	$3{,}3\cdot10^{18}$ bis $3{,}3\cdot10^{16}$	$3{,}3\cdot10^{16}$ bis $3{,}3\cdot10^{13}$	$3{,}3\cdot10^{13}$ bis $3{,}3\cdot10^{9}$	$<3{,}3\cdot10^{9}$
Flächen-Stoßhäufigkeit je cm^2 und sec A	10^{23}—10^{22}	10^{22}—10^{20}	10^{20}—10^{17}	10^{17}—10^{13}	$<10^{13}$
Differentielle Ionisation. Anzahl der Ionenpaare, die ein Elektron auf 1 cm seiner Bahn erzeugt (Elektronenenergie = 100 eV)	10^{4}—10^{2}	10^{2}—10	10—10^{-2}	10^{-2}—10^{-6}	$<10^{-6}$
Entsprechende Ladung in Cb	10^{-15}—10^{-16}	10^{-16}—10^{-18}	10^{-18}—10^{-21}	10^{-21}—10^{-25}	$<10^{-25}$
Art der Strömung	Strömungskontinuum	Strömungskontinuum	Übergang zur Molekularströmung	Molekularströmung	praktisch keine Strömung, sondern Bewegung von Einzelmolekülen
Transporterscheinungen (Wärmeleitung, innere Reibung; s. a. Kap. 1.2)	unabhängig vom Druck	wird vom Druck abhängig	abhängig vom Druck; maßgebend ist das Verhältnis Gefäßdimensionen/mittlere freie Weglänge	proportional zum Druck	keine Transporterscheinungen
Mittlere freie Weglänge Λ [cm] (Luft, 20 °C)	kleiner als Gefäßdimensionen $6\cdot10^{-6}$—$5\cdot10^{-5}$	kleiner als Gefäßdimensionen $5\cdot10^{-5}$—$5\cdot10^{-3}$	kleiner oder gleich Gefäßdimensionen $5\cdot10^{-3}$—5	normalerweise größer als Gefäßdimensionen 5—$5\cdot10^{4}$	größer als Gefäßdimensionen $>5\cdot10^{4}$
Maßgebend für die Dimensionierung der Pumpe	Gefäßvolumen unabhängig von der Gefäßform	Gefäßvolumen noch unabhängig vom Oberflächeneinfluß	Gefäßvolumen abhängig von der Gefäßform. Bei höheren Drücken überwiegt der Einfluß des Volumens, bei niedrigeren der Einfluß der Oberfläche	Oberfläche	Wiederbedekkungszeit der Oberfläche (1 sec bis einige Stunden)
Dimensionierung der Pumpe	nach den Kurven für die Evakuierungszeit Abb. 1.4.6–1.4.8	nach den Kurven für die Evakuierungszeit Abb. 1.4.6–1.4.8	Nomogramme Abb. 1.4.13 und 1.4.14	Entsprechend der Größe der Oberfläche: Faustformel S. 58	
Geeignete Pumpenart	rotierende Pumpe, Flüssigkeitsstrahlpumpe	rotierende Pumpe, Rootspumpe	Dampfstrahlpumpe, Rootspumpe	Diffusionspumpe	Ionen-Getterpumpe, Diffusionspumpe, Molekularpumpe

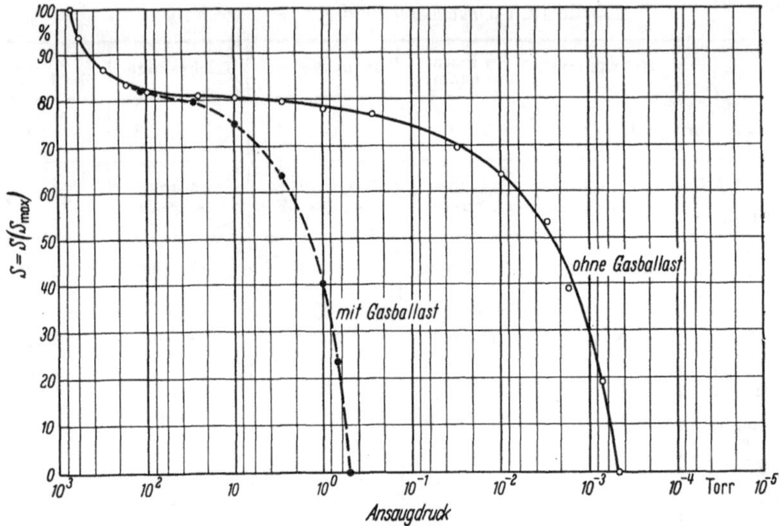

Abb. 1.4.2 Sauggeschwindigkeit (in % der maximalen Sauggeschwindigkeit) einer einstufigen Drehschieberpumpe in Abhängigkeit vom Ansaugdruck

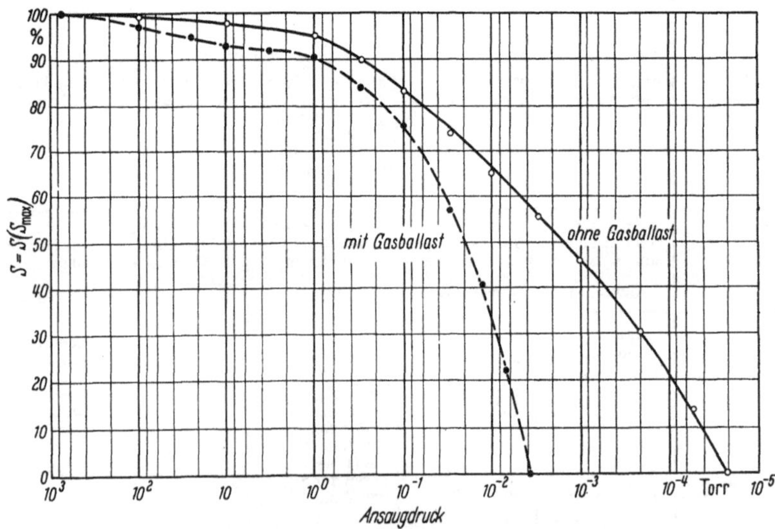

Abb. 1.4.3 Sauggeschwindigkeit (in % der maximalen Sauggeschwindigkeit) einer zweistufigen Drehschieberpumpe in Abhängigkeit vom Ansaugdruck

leistung bzw. Sauggeschwindigkeit einer Pumpe richten sich nach der Größe des Rezipienten bzw. nach der anfallenden Gasmenge.

Für Gasballastpumpen zeigen die Abb. 1.4.2 bis 1.4.5 die Sauggeschwindigkeiten verschiedener einstufiger und zweistufiger Typen

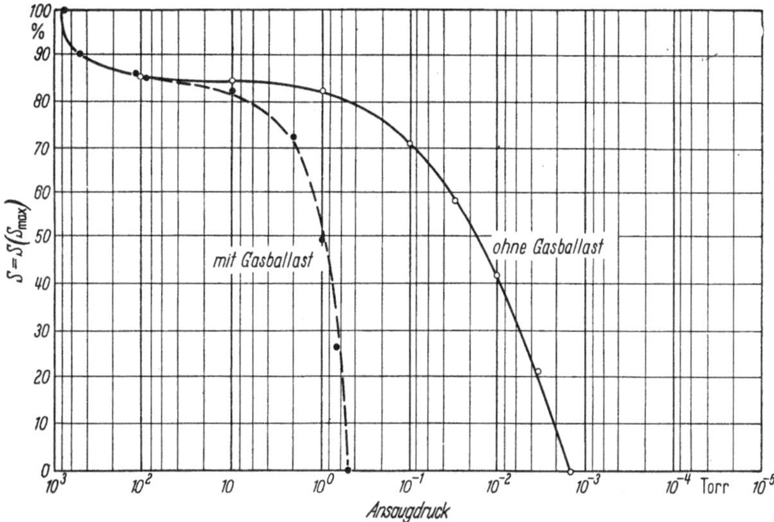

Abb. 1.4.4 Sauggeschwindigkeit (in % der maximalen Sauggeschwindigkeit) einer einstufigen Drehkolbenpumpe

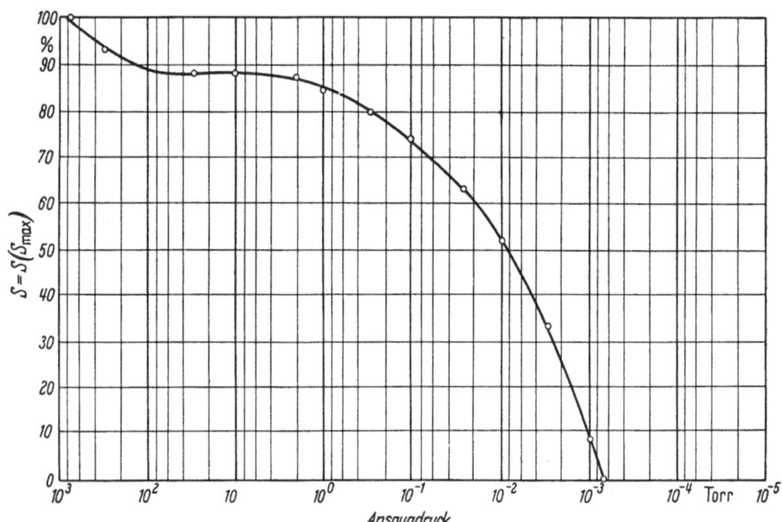

Abb. 1.4.5 Sauggeschwindigkeit (in % der maximalen Sauggeschwindigkeit) einer Pumpenkombination, bestehend aus einer großen Drehkolbenpumpe und einer kleinen Drehschieberpumpe, in Abhängigkeit vom Ansaugdruck

bei Betrieb mit und ohne Gasballast in Abhängigkeit vom Ansaugdruck. Bei dieser Pumpentype interessiert vor allem auch die Zeit, in der ein Vakuumbehälter mit einer Pumpe bestimmter Größe auf einen vorgegebenen Druck evakuiert werden kann. Anhaltspunkte für diese

Auspumpzeiten sind aus den Abb. 1.4.6 bis 1.4.8 zu entnehmen. Soll ein Behälter mit dem n-fachen des in den Abbildungen angegebenen Volumens evakuiert werden, so ist dazu die n-fache Auspumpzeit erforderlich. Als grobe Faustformel für die Auspumpzeit von 760 auf 1 Torr gilt:

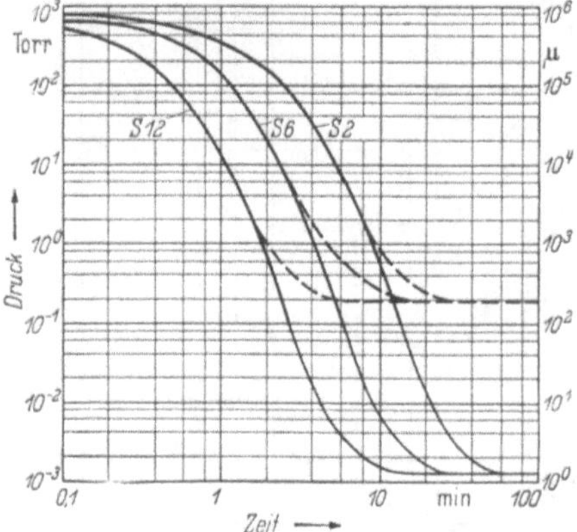

Abb. 1.4.6 Druck in Abhängigkeit von der Zeit bei der Evakuierung eines 50-l-Behälters mit den Gasballastpumpen *S 2*, *S 6*, *S 12*; ausgezogene Kurven: ohne Gasballast, strichlierte Kurven: mit Gasballast

$$t = \frac{6{,}5\,V}{S}$$

V Behältervolumen in l oder m^3,
S Sauggeschwindigkeit in l/sec oder m^3/h,
t Auspumpzeit in sec oder h.

Im Feinvakuumgebiet werden bevorzugt Rootspumpen, in besonderen Fällen statt dessen Öl-Dampfstrahlpumpen oder Quecksilber-Dampfstrahlpumpen eingesetzt, für die Sauggeschwindigkeitskurven in den Abb. 1.4.9 bis 1.4.12 wiedergegeben sind. Da in diesem Druckgebiet neben dem Gasvolumen des Vakuumbehälters auch schon die Gasabgabe von den Oberflächen und damit die Form des Behälters eine Rolle spielen, lassen sich hier keine allgemeinen Kurven für die Auspumpzeiten angeben. Mit Hilfe der Nomogramme (Abb. 1.4.13 und 1.4.14) können die hier geeigneten Pumpengrößen ermittelt werden.

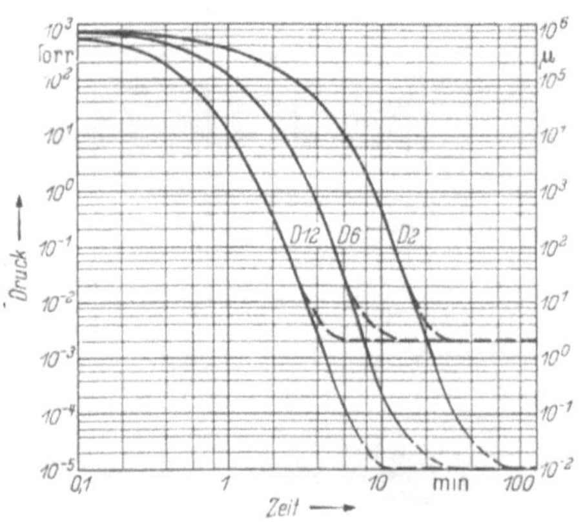

Abb. 1.4.7 Druck in Abhängigkeit von der Zeit bei der Evakuierung eines 50-l-Behälters mit den zweistufigen Gasballastpumpen *D 2*, *D 6*, *D 12*; ausgezogene Kurven: ohne Gasballast, strichlierte Kurven: mit Gasballast

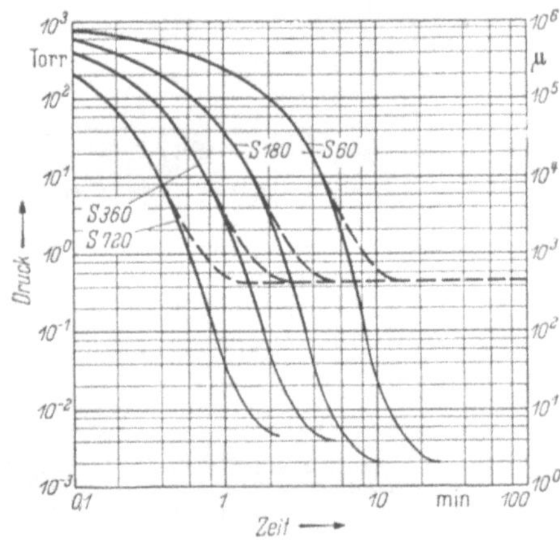

Abb. 1.4.8 Druck in Abhängigkeit von der Zeit bei der Evakuierung eines 1000-l-Behälters mit den einstufigen Gasballastpumpen *S 60*, *S 180*, *S 360*, *S 720*; ausgezogene Kurven: ohne Gasballast, strichlierte Kurven: mit Gasballast. Für die Pumpenkombinationen gelten dieselben Evakuierungszeiten wie bei den entsprechenden einstufigen Pumpen

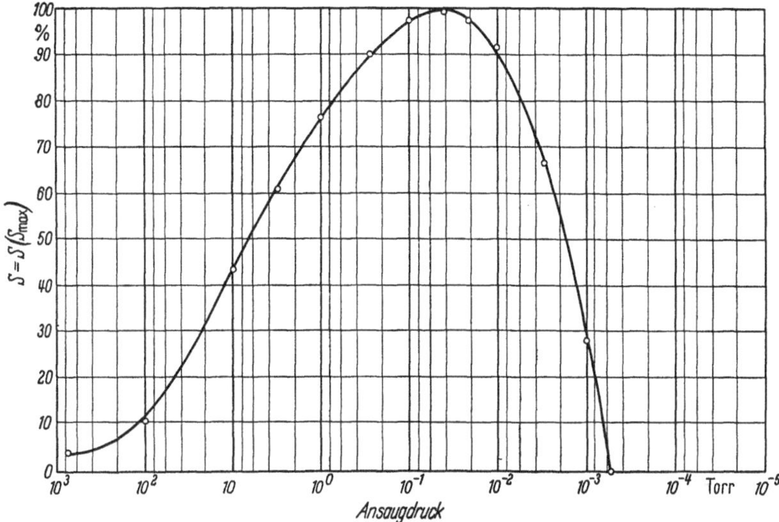

Abb. 1.4.9 Sauggeschwindigkeit (in % der maximalen Sauggeschwindigkeit) einer Rootspumpe mit entsprechender Vorpumpe in Abhängigkeit vom Ansaugdruck

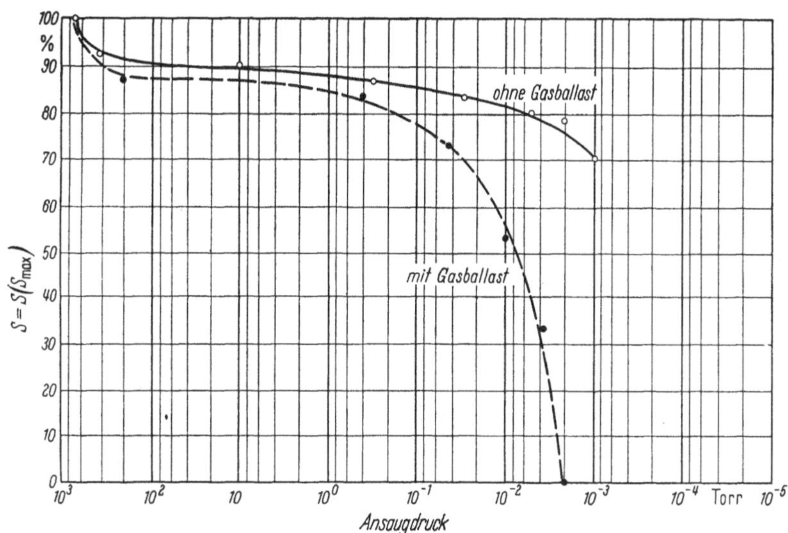

Abb. 1.4.10 Sauggeschwindigkeit (in % der maximalen Sauggeschwindigkeit) einer Pumpenkombination, bestehend aus einer Drehkolbenpumpe und einer Rootspumpe vergleichbarer Sauggeschwindigkeit (Ruta-Pumpe), in Abhängigkeit vom Ansaugdruck

Während im Grobvakuum für die Sauggeschwindigkeit der angeschalteten Pumpe bzw. für die erforderliche Evakuierungszeit nur die Entfernung der Gasmoleküle aus dem Gasraum, d. h. das Volumen der zu evakuierenden Apparatur maßgebend ist, wird im Hochvakuum der

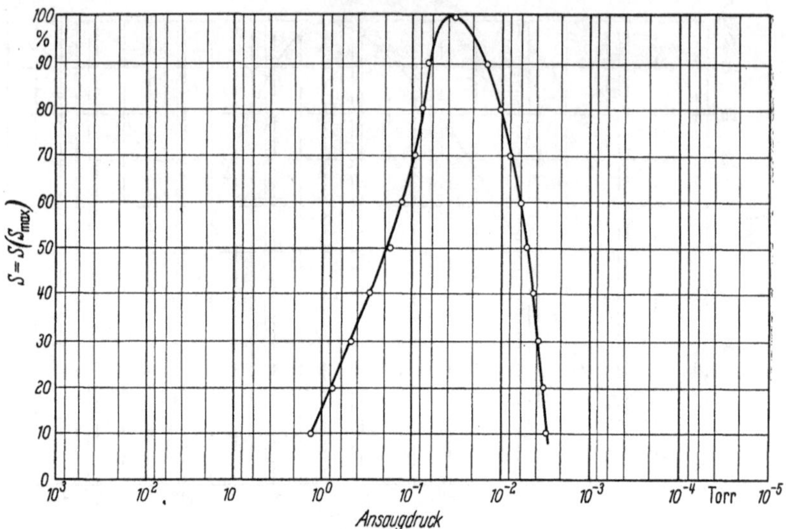

Abb. 1.4.11 Sauggeschwindigkeit (in % der maximalen Sauggeschwindigkeit) einer Öl-Dampfstrahlpumpe in Abhängigkeit vom Ansaugdruck

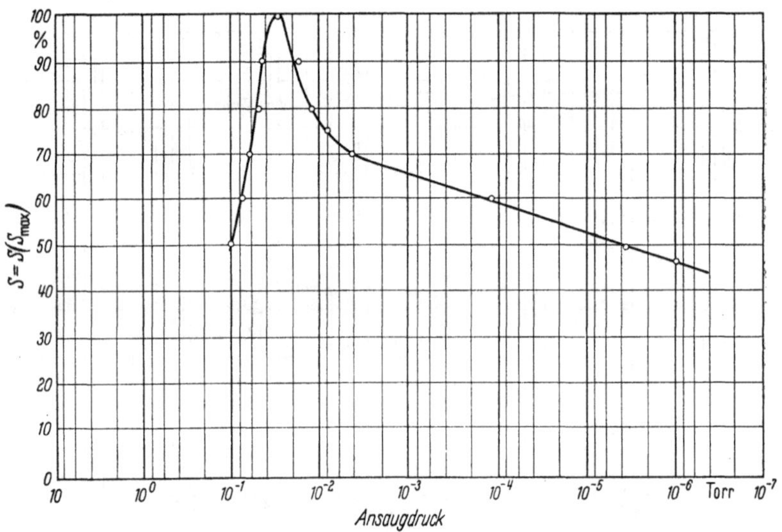

Abb. 1.4.12 Sauggeschwindigkeit (in % der maximalen Sauggeschwindigkeit) einer Quecksilber-Dampfstrahlpumpe in Abhängigkeit vom Ansaugdruck

Gasanfall fast ausschließlich durch die Gasabgabe von den Oberflächen bestimmt, woraus sich dann wiederum Sauggeschwindigkeit bzw. Evakuierungszeit errechnen lassen. Im Feinvakuum sind beide Faktoren, die Gasabgabe aus dem Raum und die Gasabgabe von den Oberflächen, maßgebend. Für Berechnungen im Feinvakuumgebiet dienen die Nomogramme Abb. 1.4.13 und 1.4.14. Es kommen zwei Aufgaben in Frage. In jedem Falle ist der Rauminhalt V der Vakuumapparatur vorgegeben; außerdem die Größe der Oberfläche im Vakuum F.

1. Ist die Sauggeschwindigkeit S der Vakuumpumpe bekannt, so läßt sich die Zeit t ermitteln, die benötigt wird, um die vorliegende Apparatur z. B. von 10 Torr auf 10^{-3} Torr zu evakuieren.

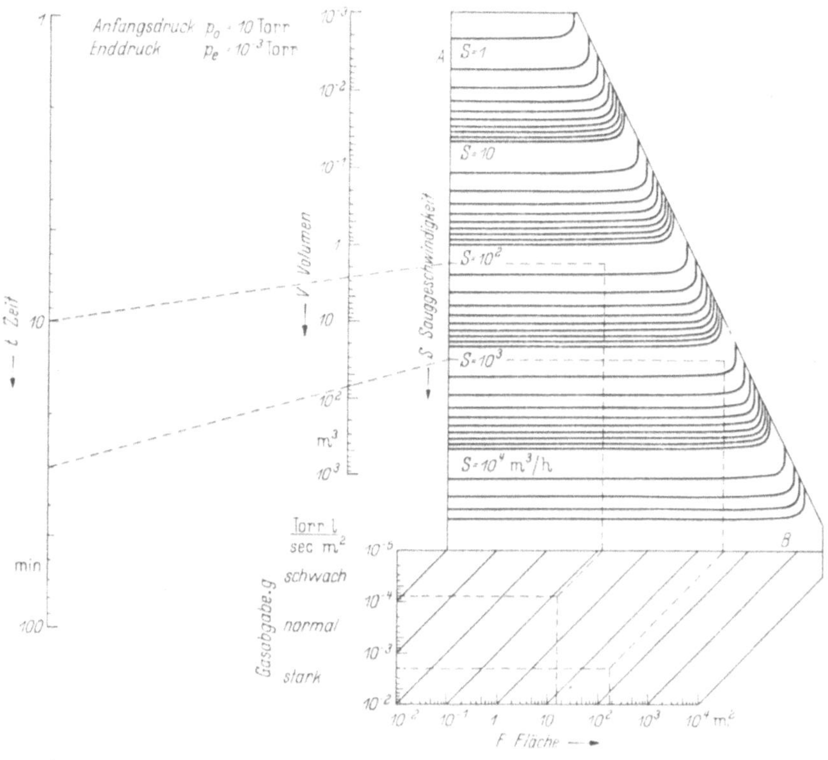

Abb. 1.4.13 Nomogramm zur Pumpenauswahl

2. Ist die Evakuierungszeit t vorgegeben, so kann die für eine bestimmte Druckreduzierung erforderliche Sauggeschwindigkeit S der Pumpe ermittelt werden.

Es liege vor eine Vakuumapparatur mit einem Rauminhalt V von 70 m^3 und einer Fläche im Vakuum von 180 m^2. Diese soll mit einer Pumpe mit einer Sauggeschwindigkeit $S = 1{,}3 \cdot 10^3$ m^3/h von 10 Torr auf 10^{-3} Torr evakuiert werden. Welche Zeit t ist dazu erforderlich? Für die Gasabgabe von der Oberfläche kommt es darauf an, ob diese extrem sauber, normal oder stark verschmutzt ist. Die in diesen drei Fällen zu erwartende Gasabgabe g in Torr l/sec m^2 ergibt sich aus der unteren senkrechten Skala (Abb. 1.4.13). Sie habe in dem vorliegenden Fall den Wert $2 \cdot 10^{-3}$ Torr l/sec m².

Die Verbindungslinien der Punkte für 180 m² und $2 \cdot 10^{-3}$ Torr l/sec m² ergeben einen Schnittpunkt, der erst schräg nach oben auf die Linie B

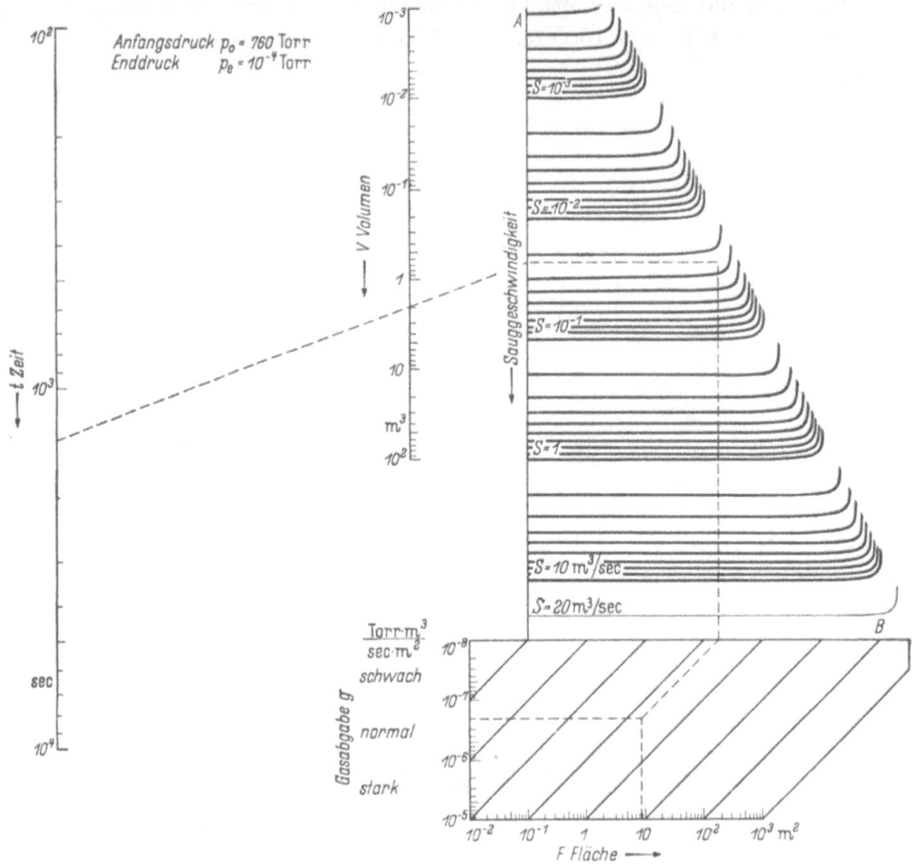

Abb. 1.4.14 Nomogramm zur Pumpenauswahl

und von da aus senkrecht nach oben bis zum Schnittpunkt mit der Kurve, die von dem der Sauggeschwindigkeit der Pumpe ($S = 1{,}3 \cdot 10^3$ m³/h) entsprechenden Punkt ausgeht, zu projizieren ist.

Fällt diese Projektion auf die Kurve für die Sauggeschwindigkeit *innerhalb des umrandeten Kurvenfeldes*, so ist die Pumpe ausreichend für die Gasabgabe. Die zugehörige Evakuierungszeit ergibt sich dann weiterhin dadurch, daß man den Punkt auf der Skala S ($1{,}3 \cdot 10^3$ m³/h) mit dem Punkt auf der Skala V (70 m³) geradlinig verbindet, und diese Gerade bis zum Schnitt mit der Skala t verlängert. Ermittelte Evakuierungszeit $t = 30$ min.

In einem zweiten Beispiel sei eine Apparatur mit $V = 2{,}6\ \mathrm{m}^3$ in 10 min von 10 Torr auf 10^{-3} Torr zu evakuieren. Flächen von $16\ \mathrm{m}^2$ zeigen im Vakuum eine Gasabgabe von $8 \cdot 10^{-5}$ Torr l/sec m². Durch Verbindung der Skalenpunkte für $t = 10$ min und $V = 2{,}6\ \mathrm{m}^3$ ergibt sich eine Pumpe mit einer Sauggeschwindigkeit von $S = 1{,}5 \cdot 10^2\ \mathrm{m}^3/\mathrm{h}$.

Eine waagerechte Gerade durch den Punkt $g = 8 \cdot 10^{-5}$ Torr l/sec m² und eine senkrechte Gerade durch den Punkt $F = 16\ \mathrm{m}^2$ haben einen Schnittpunkt, der erst schräg nach oben auf die Skala B und dann senkrecht nach oben auf die Kurve für $S = 1{,}5 \cdot 10^2\ \mathrm{m}^3/\mathrm{h}$ projiziert wird.

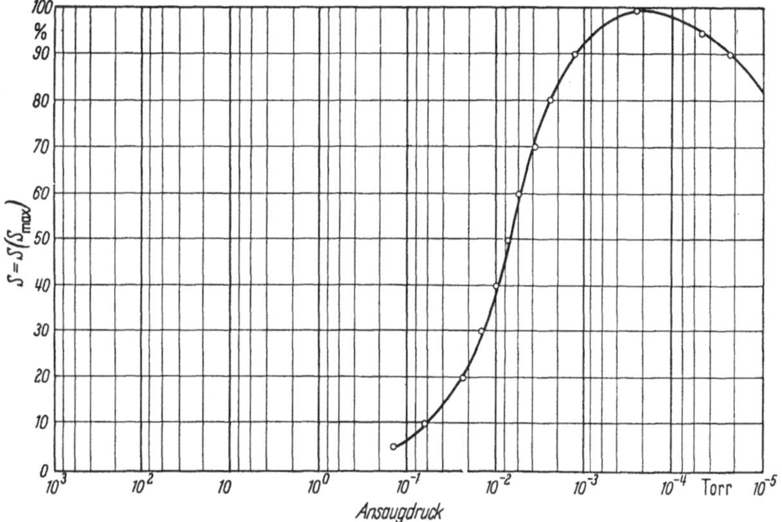

Abb. 1.4.15 Sauggeschwindigkeit (in % der maximalen Sauggeschwindigkeit) einer Öl-Treibdampfpumpe in Abhängigkeit vom Ansaugdruck

Auch dieser Punkt liegt im Kurvenfeld innerhalb der Umrandung. Die Sauggeschwindigkeit reicht also auch für die anfallende Gasabgabe aus.

Für das Hochvakuumgebiet kommen zwei Pumpenarten in Frage. Bei höheren Drücken die Treibdampfpumpen (angelsächsisch Booster), bei niedrigen Drücken die Diffusionspumpen (Öl-Diffusionspumpen und Hg-Diffusionspumpen). Eine Sauggeschwindigkeitskurve für eine Treibdampfpumpe zeigt die Abb. 1.4.15, Sauggeschwindigkeitskurven für Diffusionspumpen zeigen die Abb. 1.4.16 und 1.4.17. Im Arbeitsbereich der Treibdampfpumpen und Diffusionspumpen ist für die abzupumpende Gasmenge und damit für die Auswahl der geeigneten Pumpengröße nur noch die Gasabgabe von den Oberflächen maßgebend. Die Sauggeschwindigkeit der geeigneten Pumpentype muß also so groß sein, daß sie bei dem geforderten Arbeitsdruck die von den Oberflächen abgegebenen Gasmoleküle laufend abpumpen kann. Diese Gasabgabe der Oberfläche hängt bei gleicher Größe stark von Beschaffenheit und Vor-

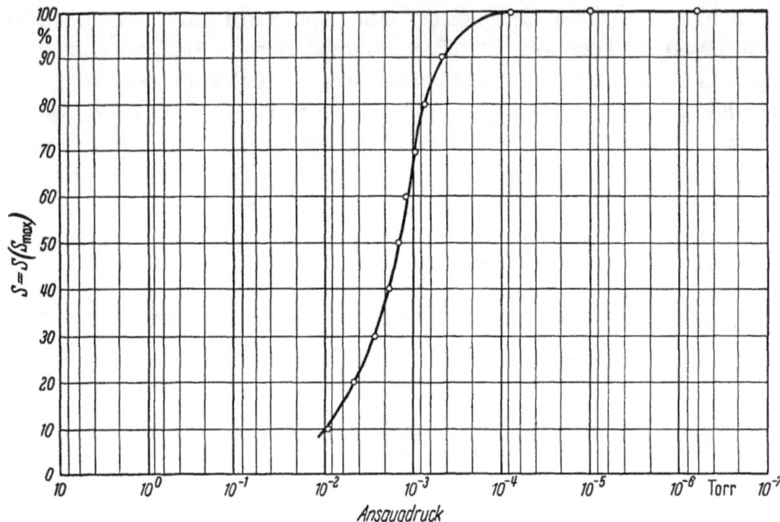

Abb. 1.4.16 Sauggeschwindigkeit (in % der maximalen Sauggeschwindigkeit) einer Öl-Diffusionspumpe in Abhängigkeit vom Ansaugdruck

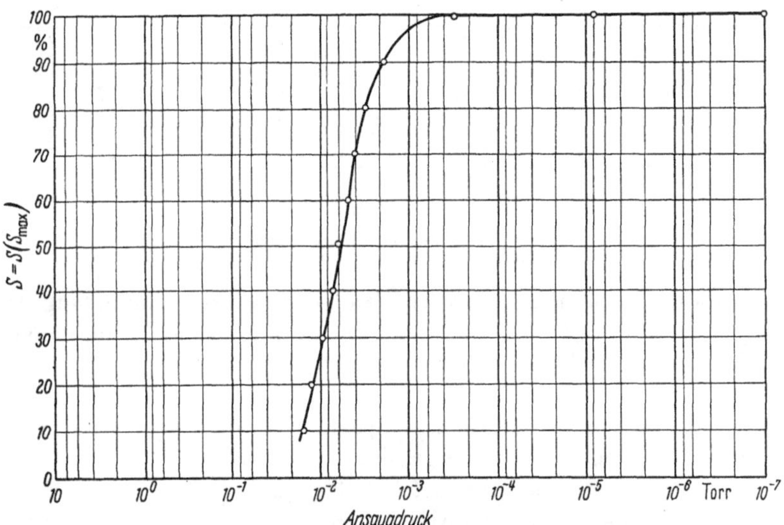

Abb. 1.4.17 Sauggeschwindigkeit (in % der maximalen Sauggeschwindigkeit) einer Quecksilber-Diffusionspumpe in Abhängigkeit vom Ansaugdruck

behandlung ab. Als grobe Faustregel gilt: Zur Aufrechterhaltung eines Druckes von 10^{-4} bis 10^{-5} Torr in einem Vakuumbehälter mit 1 m² Gesamtoberfläche ist eine Pumpe mit einer Sauggeschwindigkeit von etwa 20 l/sec erforderlich. Hierbei sind optimale Bedingungen (saubere Oberflächen) vorausgesetzt. Zur Evakuierung einer solchen Apparatur in einigen Minuten auf den genannten Druck ist etwa die 10fache Sauggeschwindigkeit, also 200 l/sec, erforderlich. Die angegebenen Werte gelten für Zimmertemperatur; bei höheren Temperaturen muß mit größeren Gasabgaben gerechnet werden.

Da in den Rootspumpen, den Öl-Dampfstrahlpumpen, Quecksilber-Dampfstrahlpumpen und Diffusionspumpen keine Kompression auf Atmosphärendruck erfolgt, muß eine Gasballastpumpe zur Erzeugung und Aufrechterhaltung des Vorvakuums vorgeschaltet werden.

Ganz allgemein gilt, daß die Saugleistung der Vorpumpe in Torr l/sec beim Vorvakuumdruck mindestens so groß sein muß wie die Saugleistung in Torr l/sec der Fein- oder Hochvakuumpumpe beim Arbeitsdruck. Es muß also gelten

$$S_H\, p_H \leqq S_V\, p_V. \tag{1.4.1}$$

S_H Sauggeschwindigkeit der Hochvakuum- bzw. Feinvakuumpumpe in l/sec,
p_H Ansaugdruck der Hoch- bzw. Feinvakuumpumpe in Torr,
S_V Sauggeschwindigkeit der Vorpumpe in l/sec,
p_V Vorvakuumdruck auf der Saugseite der Vorpumpe in Torr.

Abb. 1.4.18 zeigt die ***Arbeitsbereiche*** der ***verschiedenen Pumpentypen***, d. h. für jede Pumpentype den Bereich zwischen Ansaugdruck und Vor-

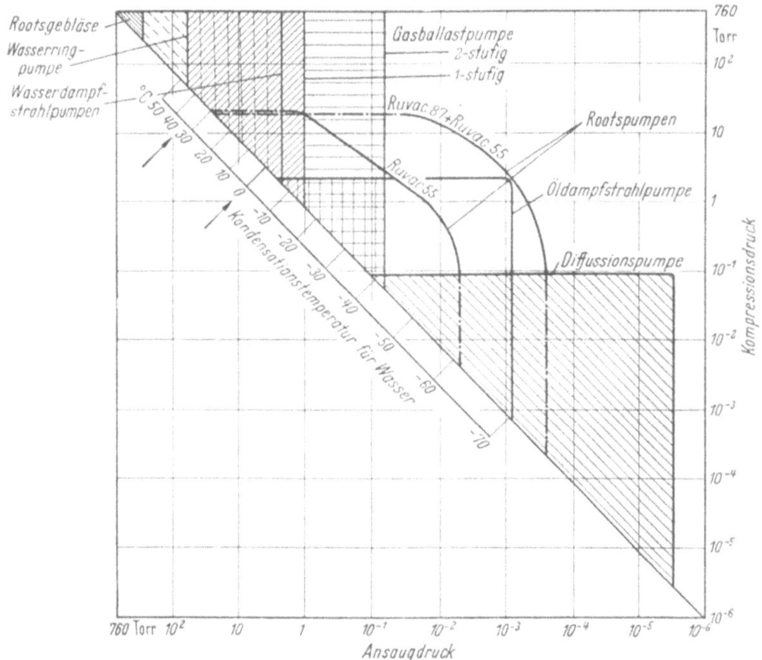

Abb. 1.4.18 Arbeitsbereiche verschiedener Pumpentypen

Ruvac 54 bedeutet eine einstufige Rootspumpe mit einer Sauggeschwindigkeit von 5000 m³/h
Ruvac 87 + *Ruvac 55* bedeutet ein Aggregat, bestehend aus zwei hintereinandergeschalteten einstufigen Rootspumpen mit Sauggeschwindigkeiten von 30000 m³/h und 6000 m³/h

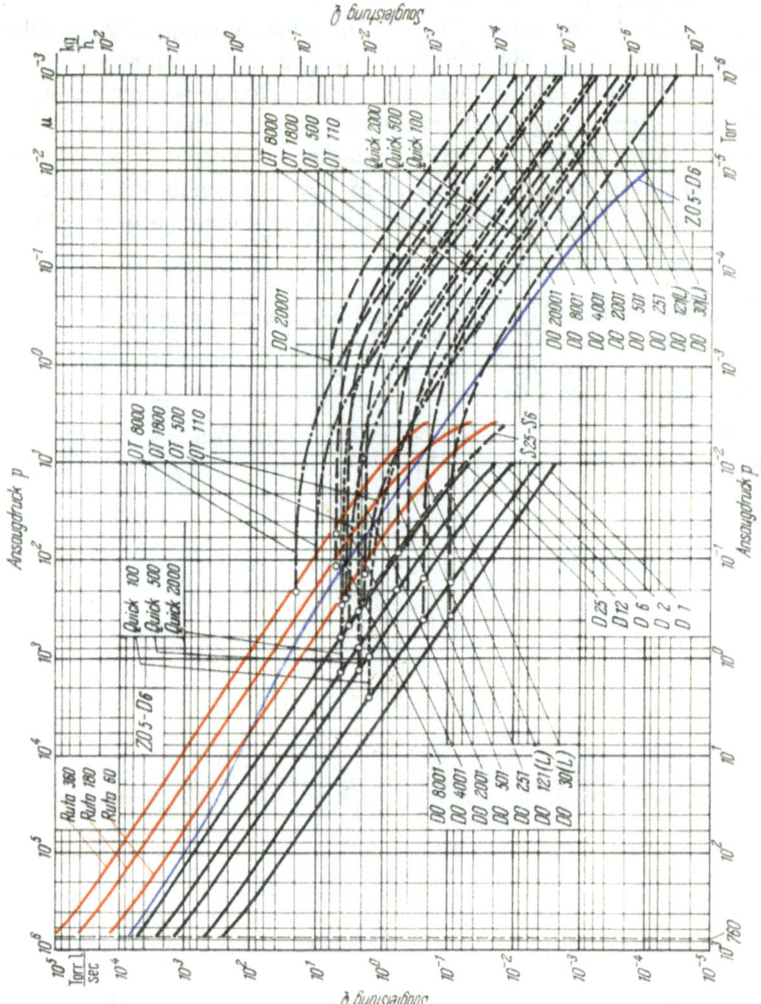

Abb. 1.4.19a Kennlinien von Vakuumpumpen für Luft (20 °C) (*Leybold*)

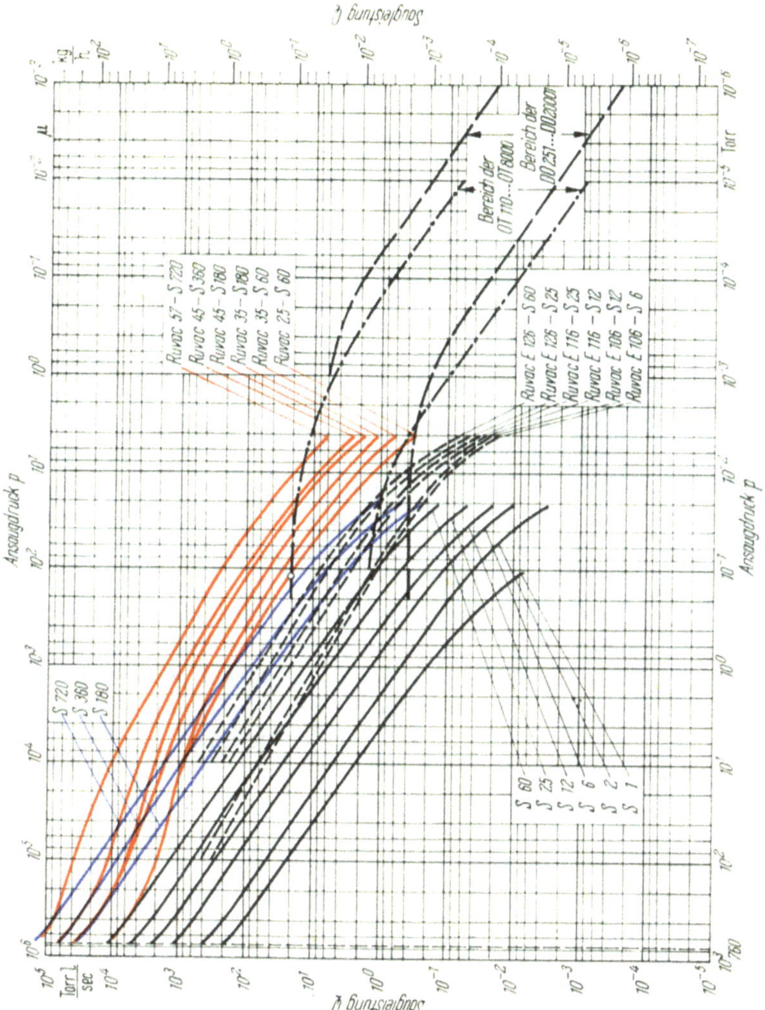

Abb. 1.4.19b **Kennlinien von Vakuumpumpen für Luft** (20 °C) (*Leybold*)

vakuumdruck bzw. Kompressionsdruck. Dieser Arbeitsbereich liegt bei jeder einzelnen Pumpentype zwischen der Diagonalen des Koordinatennetzes und dem geschlossenen Linienzug, der für jede Pumpentype angegeben ist. So vermögen beispielsweise die Diffusionspumpen für jeden beliebigen Ansaugdruck, der kleiner als 10^{-1} Torr ist, von diesem Ansaugdruck bis auf einen Vorvakuumdruck bzw. Kompressionsdruck von 10^{-1} Torr zu komprimieren, und zwar gleichgültig, ob es sich dabei um Permanentgase oder Wasserdampf handelt. Öl-Dampfstrahlpumpen vermögen bei Ansaugdrücken, die größer als 10^{-3} Torr und kleiner als etwa 5 Torr sind, bis auf einen Vorvakuumdruck von etwa 5 Torr zu komprimieren.

Zweistufige Gasballastpumpen vermögen von Ansaugdrücken, die kleiner sind als etwa 10^{-1} Torr, bis auf den Atmosphärendruck zu komprimieren und einstufige Gasballastpumpen von Ansaugdrücken größer als 1 Torr bis Atmosphärendruck. Diese Werte der Gasballastpumpen gelten für Betrieb mit Gasballast. Anders liegen die Verhältnisse bei den Rootspumpen. Bei diesen ist der zulässige Vorvakuumdruck vom Ansaugdruck abhängig. Geht man beispielsweise von einem bestimmten Ansaugdruck senkrecht nach oben bis zum Schnittpunkt mit den für die Rootspumpen angegebenen Kurven, so sieht man, daß der so ermittelte Vorvakuumdruck sich mit dem Ansaugdruck ändert. Aus den hier für die Rootspumpen gezeigten Kurven lassen sich also zu einem vorgegebenen Kompressionsdruck die erreichbaren Ansaugdrücke bzw. bei vorgegebenen Ansaugdrücken die erforderlichen Kompressionsdrücke ermitteln. Besondere Vorsicht ist geboten beim Absaugen von Wasserdampf mit Rootspumpen, da die Rootspumpen eine Gasballastpumpe als Vorpumpe benötigen und der Ansaugdruck für Wasserdampf bei den Gasballastpumpen nicht über 30 Torr liegen darf. So enden also die eingezeichneten Kurven für die Arbeitsbereiche der Rootspumpen bei einem Kompressionsdruck von 30 Torr. Sollten in besonderen Fällen höhere Wasserdampfdrucke auf der Kompressionsseite der Rootspumpen anfallen, so ist die Einschaltung eines gekühlten Kondensors zwischen Rootspumpe und Gasballastpumpe erforderlich. Näheres hierüber siehe unter Kondensoren, S. 78.

Für die Berechnung einer geeigneten Vorpumpe zu einer Rootspumpe sind zunächst folgende Angaben erforderlich:

Die anfallende Gasmenge, d. h. das Produkt Sauggeschwindigkeit der Rootspumpe mal Ansaugdruck ($S_H\, p_H$), und der erwünschte Ansaugdruck p_H.

Aus der Größe S_H ergibt sich die Größe der erforderlichen Rootspumpe (siehe z. B. in Abb. 1.4.18 die Pumpe Ruvac 55). Aus dem Ansaugdruck p_H läßt sich durch Projektion dieses Punktes senkrecht nach oben bis zum Schnitt mit der zu der Pumpe Ruvac 55 gehörigen Kurve der zulässige Kompressionsdruck p_V ermitteln. Da auch hier Gl. (1.4.1) gilt, kann aus dem Gesamtwert als Produkt $S_H\, p_H$ und dem nunmehr bekannten Wert p_V die erforderliche Sauggeschwindigkeit der Vorpumpe S_V ermittelt werden.

Für die Treibdampfpumpen und Diffusionspumpen gilt: Die Vorpumpe muß so dimensioniert sein, daß sie je nach den vorliegenden Bedingungen bei Betrieb mit oder ohne Gasballast das für die Hochvakuumpumpe nötige Vorvakuum (p_V) liefert, und außerdem muß die Saugleistung bei diesem Vorvakuumdruck ausreichen, um die bei der Sauggeschwindigkeit der Hochvakuumpumpe beim eingestellten An-

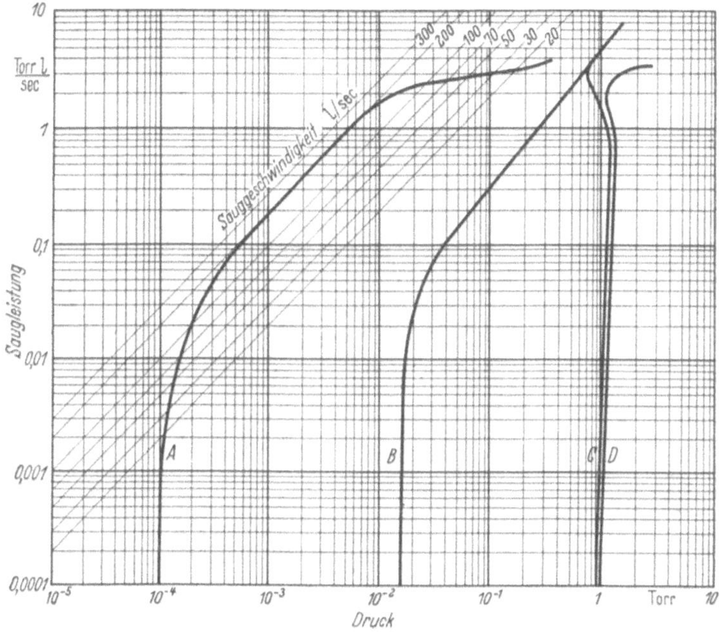

Abb. 1.4.20 Diffusionspumpe und Vorpumpe (nach G. A. SOFER, Vac. Symp. Trans. 1954, S. 27) *A* Saugleistung bzw. Sauggeschwindigkeit der Diffusionspumpe in Abhängigkeit vom Ansaugdruck im Hochvakuum; *B* Saugleistung der Vorpumpe in Abhängigkeit vom Ansaugdruck im Vorvakuum; *C* Druck im Vorvakuum (in Abhängigkeit von der Saugleistung), bei dem der Ansaugdruck der Diffusionspumpe um 10 % steigt; *D* Druck im Vorvakuum (in Abhängigkeit von der Saugleistung), bei dem der Ansaugdruck der Diffusionspumpe um den Faktor 10 steigt

saugdruck geförderte Gasmenge vollständig abzupumpen. (Siehe Abb. 1.4.19, 1.4.20 und 1.4.21.) Aus dem Ansaugdruck p_H ergibt sich nach Abb. 1.4.19 die zugehörige Saugleistung ($S_H\, p_H$) der Hochvakuumpumpe. Diese muß gleich sein der Saugleistung ($S_V\, p_V$) der Vorpumpe beim zulässigen Vorvakuumdruck p_V, d. h. also $S_H\, p_H = S_V\, p_V$; S_V gibt die Größe der erforderlichen Vorpumpe an. Bezüglich der Werte S_V und p_V ist noch zu unterscheiden, ob die Vorpumpe mit oder ohne Gasballast arbeitet. Bei Vorhandensein von Wasserdampf auf der Vakuumseite sind in allen Fällen die Werte S_V und p_V für Arbeiten der Pumpe mit Gasballast einzusetzen. Dabei gilt insbesondere, daß für solche Vakuumprozesse, bei denen mit einem nur geringen Wasserdampfanfall auf der Vakuumseite (z. B. beim Pumpen von Fernsehröhren) zu rechnen ist, einstufige Gasballastpumpen als Vorpumpen ausreichen dürften, während bei Prozessen, bei denen mit großem Wasserdampfanfall (z. B. bei Trocknungs- und Destillationsprozessen) zu rechnen ist, zweistufige Gasballastpumpen als Vorpumpen vorzuziehen sind.

Die Kurven in der Abb. 1.4.19 zeigen die mit dem Ansaugdruck multiplizierte Sauggeschwindigkeit der Pumpen in Abhängigkeit vom

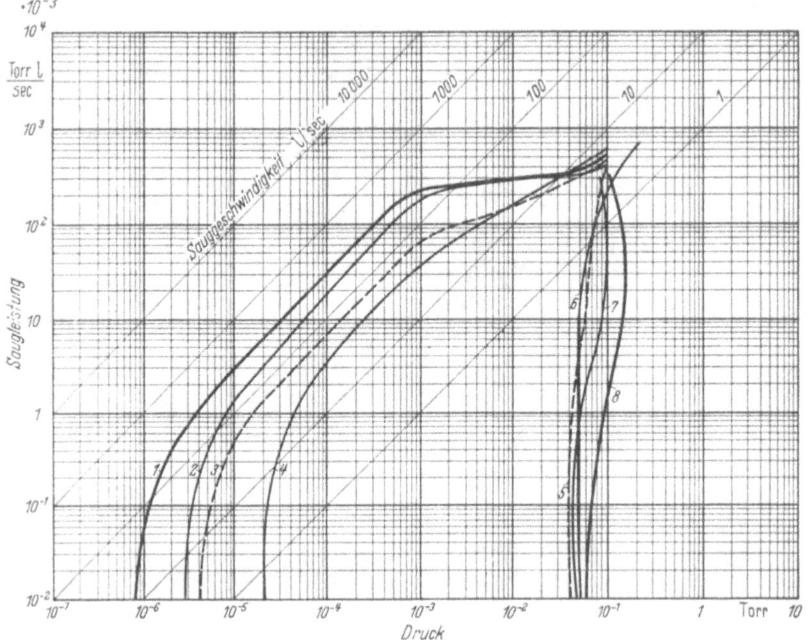

Abb. 1.4.21 Wirksamkeit der einzelnen Stufen einer (dreistufigen) Diffusionspumpe (nach G. A. SOFER, Vac. Symp. Trans. 1954, S. 27)

Kurven 1, 2, 3, 4 Saugleistung bzw. Sauggeschwindigkeit der Diffusionspumpe in Abhängigkeit vom Ansaugdruck im Hochvakuum; *Kurven 5, 6, 7, 8* Druck im Vorvakuum (in Abhängigkeit von der Saugleistung), bei dem der Ansaugdruck der Diffusionspumpe um 10% steigt; *Kurven 1, 8* alle Düsen in Betrieb; *2, 7* oberste (Hochvakuum-) Düse abgeschaltet; *3, 5* mittlere Düse abgeschaltet; *4, 6* unterste Düse abgeschaltet

Ansaugdruck. Diese Größe, die die Dimension Torr l/sec hat und Saugleistung genannt wird, ist proportional der abgesaugten Gasmenge. Auf der rechten Seite des Diagramms ist daher eine Skala für die abgepumpte Luftmenge in (kg/h) aufgetragen.

Als Beispiel betrachten wir die Treibdampfpumpe OT 1800. Ihr Arbeitsbereich reicht nach höheren Drücken bis etwa 10^{-2} Torr. Bei diesem Druck fördert sie eine Luftmenge von etwa $4 \cdot 10^{-2}$ kg/h, die beim

Vorvakuum-Druck von max. 0,7 Torr von der Tandempumpe Ruta 180 fortgeschafft wird. Diese Pumpe ist daher als Vorpumpe geeignet. Außerdem kommt die Rootspumpe Ruvac E 116—S 25 in Frage. Dagegen ist für die Diffusionspumpe DO 2001 die Gasballastpumpe D 25 gerade noch ausreichend. Wird bei Drücken um $1 \cdot 10^{-4}$ Torr gearbeitet, ist jedoch die Tandempumpe Ruta 60 vorzuziehen.

Die durch Kreise bezeichneten Schnittpunkte der Kurven geben an, welche Vorpumpen für die Diffusionspumpen geeignet sind. Kleinere Vorpumpen würden die von der Diffusionspumpe geförderten Gasmengen nur bei Drücken abpumpen können, die oberhalb des maximal zulässigen Vorvakuum-Druckes der Treibdampf- und Diffusionspumpe liegen. Ihre Verwendung würde daher die Leistungsfähigkeit der Treibdampf- und Diffusionspumpe im Gebiet höherer Ansaugdrücke beeinträchtigen. Die Kurven erlauben auch die Bestimmung der erforderlichen Pumpengröße. Um bei einer Undichtigkeit von 1 Torr l/sec einen Druck von 1 Torr aufrechtzuerhalten, ist mindestens eine Gasballastpumpe S 6 erforderlich. Für einen Druck von 10^{-1} Torr ist eine S 60 und für einen Druck von 10^{-3} eine OT 1800 erforderlich.

1.4.2 Wasserringpumpen und Wasserdampfstrahlpumpen

Auch andere Pumpen, die bis auf Atmosphärendruck verdichten, sind als Vorpumpen geeignet. In erster Linie sind Wasserringpumpen zu nennen. Man sollte sie verwenden, wenn Dämpfe abgesaugt werden, die das Öl der rotierenden Pumpen unbrauchbar machen. Voraussetzung ist allerdings, daß der Prozeß bei einigen Torr oder darüber stattfindet, weil der Enddruck der Wasserringpumpen um etwa 20 Torr liegt. Etwas weiter nach niedrigen Drücken hin reicht eine Wasserringpumpe mit Luftstrahlsauger. Außerdem besteht in diesem Fall auch beim Erreichen des Enddruckes keine Kavitationsgefahr für die Wasserringpumpen. Man kann, um den Enddruck mit einer Wasserringpumpe als Vorpumpe noch weiter zu senken, auch zwei oder mehrere Rootspumpen hintereinander schalten. Solche Anordnungen sind aber ziemlich aufwendig. Eine Gasballastpumpe mit Ölregenerierung zusammen mit einer einstufigen Rootspumpe ist häufig günstiger.

Wasserdampfstrahlpumpen eignen sich ebenfalls als Vorpumpen für Rootspumpen. Je nach der Zahl der Stufen kann man auch sehr niedrige Drücke erreichen. Entscheidend für die Einsatzmöglichkeit sind jedoch die Betriebskosten. Wirtschaftlich sind Dampfstrahlpumpen im allgemeinen nur dann, wenn billiger Abdampf zur Verfügung steht.

1.5 Absaugen von Dämpfen

1.5.1 Der Gasballast

Mit mechanischen Pumpen, die vom Ansaugdruck bis auf Atmosphärendruck komprimieren, kann kein reiner Wasserdampf gefördert werden, da die Arbeitstemperatur der Pumpen in den meisten Fällen unter 100 °C liegt und der Wasserdampf daher bei der Kompression in der Pumpe kondensiert. Zur Verhinderung dieser störenden Kondensation bzw. zur Beseitigung der dadurch bedingten Mängel sind verschiedene Methoden, wie Zentrifugierung des Pumpenöles, Heizen der Pumpen, ständige Ölerneuerung u. a., vorgeschlagen worden. Am besten bewährt hat sich die von Gaede angegebene Methode des Gasballastes, die eine Kondensation von Wasserdampf in den Pumpen vollständig vermeidet. Diese Methode besteht darin, daß in den Schöpfraum der Pumpe dauernd eine dosierte Menge Frischluft (der sogenannte Gasballast) eingelassen wird und dadurch ein Druck von 760 Torr erreicht wird, noch bevor der Wasserdampf auf den der Pumpentemperatur entsprechenden Sättigungsdruck komprimiert ist und damit zur Kondensation kommen kann. Dieser Frischlufteinlaß beginnt, unmittelbar nachdem der Schöpfraum vom Ansaugstutzen abgetrennt ist, wodurch eine zu weitgehende Verschlechterung des Endvakuums vermieden wird. Zum Verständnis der Wirkungsweise des Gasballastes betrachten wir Abb. 1.5.2. Vergleichsweise zeigt Abb. 1.5.3 den praktischen Kompressionsvorgang in einer Gasballastpumpe.

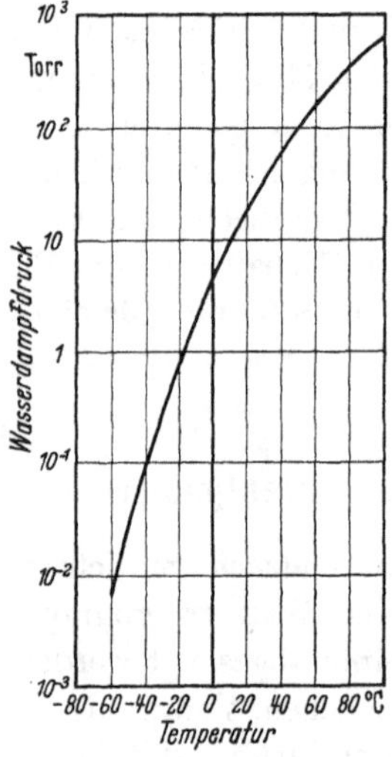

Abb. 1.5.1 Dampfdruckkurve von Wasserdampf

Nach Berechnungen von Gaede ergibt sich der zur Verhinderung der Kondensation erforderliche Gasballast B [l/sec] bei Atmosphärendruck p_{at} [Torr] aus den folgenden Gleichungen. Die Indizes beziehen sich auf die Schieberstellung in der Abb. 1.5.3. (1 bedeutet Beginn der Ansaugperiode, 5 Beginn des Auspuffs nach Erreichen des Atmosphärendruckes im Schöpfraum.)

$$S_1 \, p_{d,1} = S_5 \, p_{d,5}, \tag{1.5.1}$$

$$S_1 = V_1 \, \nu = S, \tag{1.5.2}$$

$$S_5 = V_5 \, \nu, \tag{1.5.3}$$

$$p_{d,5} \leqq p_s, \tag{1.5.4}$$

$$B p_{at} = S_5\, p_{g,5}, \tag{1.5.5}$$

$$p_{g,5} = p_{at} - p_{d,5}. \tag{1.5.6}$$

B Gasballast [l/sec] bei Atmosphärendruck p_{at} [Torr],
p_{at} Atmosphärendruck [Torr],
p_d Partialdruck des abzusaugenden Dampfes [Torr],
p_g Partialdruck des abzusaugenden Gases [Torr],
p_s Sättigungsdruck des Dampfes bei der Betriebstemperatur der Pumpe [Torr],
S Sauggeschwindigkeit [l/sec],
V Schöpfraumvolumen [l],
v Drehzahl des Schiebers [sec^{-1}].

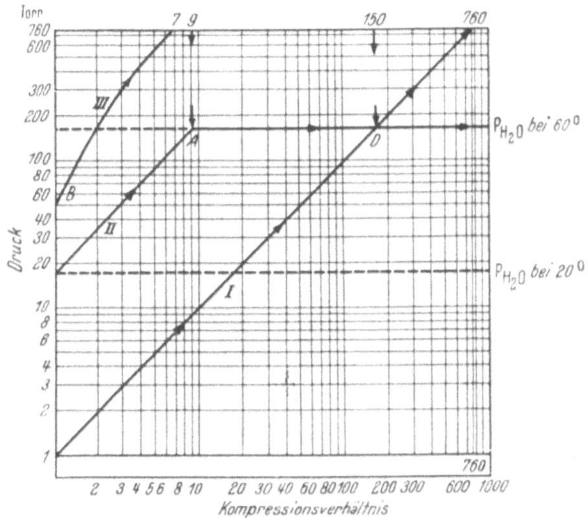

Abb. 1.5.2 Druckanstieg bei der Kompression in rotierenden Pumpen. Kompressionsverhältnis gleich Volumen des Schöpfraumes im Augenblick der Absperrung von der Saugseite zum Restvolumen in einem bestimmten Augenblick des Pumpvorganges

Kurve I: Beim Absaugen von permanenten Gasen steigt der Druck (Anfangsdruck im Beispiel 1 Torr) proportional zum Kompressionsverhältnis an, bis bei einem Druck von 760 Torr das Auspuffventil geöffnet wird.

Kurve II und Kurve III: Absaugen von Dämpfen: Im Beispiel bei 20 °C gesättigter Wasserdampf (Sättigungsdruck 17,5 Torr, Betriebstemperatur der Pumpe 60 °C).

Kurve II: Absaugen von Dämpfen mit normalen, rotierenden Ölluftpumpen. Druck steigt zunächst proportional zum Kompressionsverhältnis an, bis (Punkt *A*) der Sättigungsdruck entsprechend der Betriebstemperatur der Pumpe erreicht ist (im Beispiel 150 Torr beim Kompressionsverhältnis *9*). Bei weiterer Kompression Kondensation bei konstantem Druck. Druck von 760 Torr wird nicht erreicht. Auspuffventil bleibt geschlossen.

Kurve III: Absaugen von Dämpfen mit Gasballastpumpen. Schon vor dem Beginn der Kompression wird Frischluft (Gasballast) in den Schöpfraum der Pumpe eingelassen. Beim Einsetzen der Kompression (Punkt *B*) ist also im Schöpfraum ein Dampf-Luft-Gemisch unter erhöhtem Druck (im Beispiel 50 Torr) vorhanden. Bei zunehmendem Kompressionsverhältnis steigt der Druck einerseits infolge der Kompression des Dampf-Luft-Gemisches und andererseits durch die dauernde weitere Gasballastzufuhr, bis schließlich (im Beispiel bei einem Kompressionsverhältnis *7*) ein Druck von 760 Torr erreicht und damit das Auspuffventil geöffnet wird. Bei genügender Gasballastzufuhr geschieht dies, bevor der Dampf bis zur Sättigung komprimiert ist (im Beispiel bei einem Kompressionsverhältnis *9*). Die Dämpfe werden also ohne Kondensation wieder aus der Pumpe herausgespült.

Daraus folgt

$$B\, p_{at} = S_5\, (p_{at} - p_{d,5}) \tag{1.5.7}$$

und daraus weiterhin

$$B = S\, p_{d,1} \left[\frac{1}{p_{d,5}} - \frac{1}{p_{at}} \right] \tag{1.5.8}$$

oder mit $p_{d,5} \leqq p_s$

$$B \geqq S\, p_{d,1} \left[\frac{1}{p_s} - \frac{1}{p_{at}} \right]. \tag{1.5.9}$$

Daraus folgt also, daß der erforderliche Gasballast um so größer ist, je größer die Sauggeschwindigkeit der Pumpe und je höher der Wasserdampfdruck am Ansaugstutzen ist. Er kann um so kleiner bleiben, je höhere Werte der Sättigungsdruck des Wasserdampfes bei der

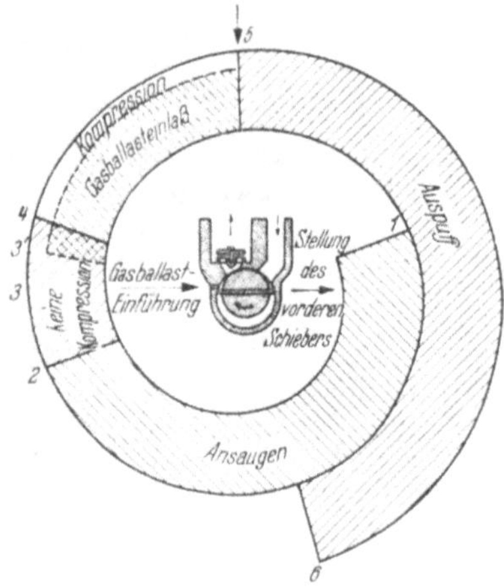

Abb. 1.5.3 Pumpvorgang in einer Gasballastpumpe

Die Spirale um die schematisch gezeichnete Pumpe gibt die Vorgänge in der Pumpe in Abhängigkeit von der Stellung des vorderen der beiden Schieber an. In Stellung 1 wird der Raum unter diesem Schieber vom Saugstutzen abgetrennt und der Raum über diesem Schieber bei weiterem Drehen der Pumpe allmählich vergrößert. Dargestellt ist das, was mit dem Raum über dem Schieber in Abhängigkeit von seiner Stellung geschieht.

Stellung 1 bis Stellung 2: Ansaugen

Stellung 2: Abtrennung vom Saugstutzen durch den hinteren Schieber

Stellung 2 bis Stellung 3: Weitere Vergrößerung des Schöpfraumes

Stellung 3 bis Stellung 4: Schöpfraum wird wieder auf den Wert von Stellung 2 verkleinert

Stellung 3': Beginn des Gasballasteinlasses

Stellung 4 bis Stellung 5: Kompression unter dauerndem weiterem Gasballasteinlaß

Stellung 5: Das Auspuffventil öffnet sich

Stellung 5 bis Stellung 6: Auspuff der geförderten Dämpfe und des Gasballastes

Temperatur in der Pumpe hat. Der erforderliche Gasballast wächst jedoch wieder mit dem Barometerstand. Man sieht ferner, daß der Mindest-Gasballast $B = 0$ wird für den Fall, daß der Sättigungsdampfdruck in der Pumpe gleich dem Barometerstand ist ($p_s = p_{at}$, geheizte Pumpe). Für den Fall, daß ein Gas-Dampf-Gemisch abgesaugt wird, folgt in analoger Weise

$$B\,p_{at} = S_5\left[p_{at} - (p_{d,1} + p_{g,1})\,\frac{S}{S_5}\right], \tag{1.5.10}$$

$$B = S_5\left[1 - \frac{p_{g,1} + p_{d,1}}{p_{at}}\,\frac{S}{S_5}\right], \tag{1.5.11}$$

$$\frac{S}{S_5} = \frac{p_{d,5}}{p_{d,1}}, \tag{1.5.12}$$

$$B \geqq S\,p_{d,1}\left[\frac{1}{p_s} - \frac{1 + \dfrac{p_{g,1}}{p_{d,1}}}{p_{at}}\right]. \tag{1.5.13}$$

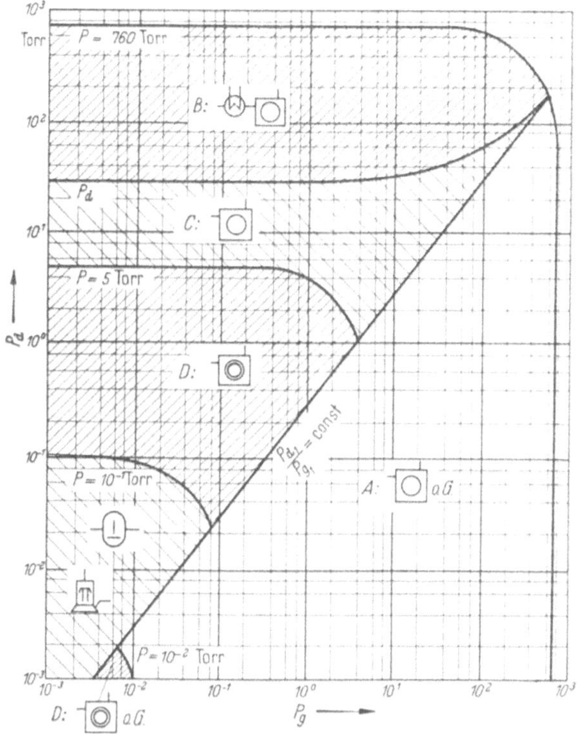

Abb. 1.5.4 Arbeitsbereiche der ein- und zweistufigen Drehschieberpumpen beim Absaugen von Gas-Dampf-Gemischen [nach THEES, Vakuum-Technik 6 (1957) 160]

$P = p_g + p_d$ = Totalabdruck; bei $p_d = 30$ Torr ist die Wasserverträglichkeit eingezeichnet

A Einstufige Drehschieberpumpe ohne Gasballast; *B* Einstufige Drehschieberpumpe mit Gasballast und vorgeschaltetem Kondensor; *C* Einstufige Drehschieberpumpe mit Gasballast; *D* Zweistufige Drehschieberpumpe mit Gasballast

Auch in diesem Fall hängt der erforderliche Gasballast in der gleichen Weise von der Sauggeschwindigkeit der Pumpe, dem Wasserdampfdruck am Ansaugstutzen und dem Sättigungsdruck des Wasserdampfes bei der Temperatur der Pumpe ab wie oben. Hinzukommt aber noch die Abhängigkeit von dem Bruch $p_{g,1}$ zu $p_{d,1}$, d. h. von der dem Dampf auf der Saugseite beigemischten Gasmenge, und zwar ist der erforderliche Mindest-Gasballast um so kleiner, je größer die zugesetzte Gasmenge ist.

Ist ein bestimmter Gasballast vorgegeben, so beträgt der für diese Pumpe noch zulässige Wasserdampfpartialdruck $p_{d,1}$ nach Gl. (1.5.13)

$$p_{d,1} \leqq \frac{(B/S)\, p_{at}\, p_s + p_s\, p_{g,1}}{p_{at} - p_s}. \tag{1.5.14}$$

Bei Betrieb ohne Gasballast ($B = 0$) kann der Wasserdampfpartialdruck

$$p_{d,1} \leqq \frac{p_s\, p_{g,1}}{p_{at} - p_s} \tag{1.5.15}$$

betragen (Abb. 1.5.4 bis 1.5.6, Gebiet A).

Bei den *Leybold*-Gasballastpumpen ist der Gasballast B [Gl. (1.5.13)] so eingestellt, daß die Wasserdampfverträglichkeit etwa 30 Torr (bei Zimmertemperatur) beträgt.

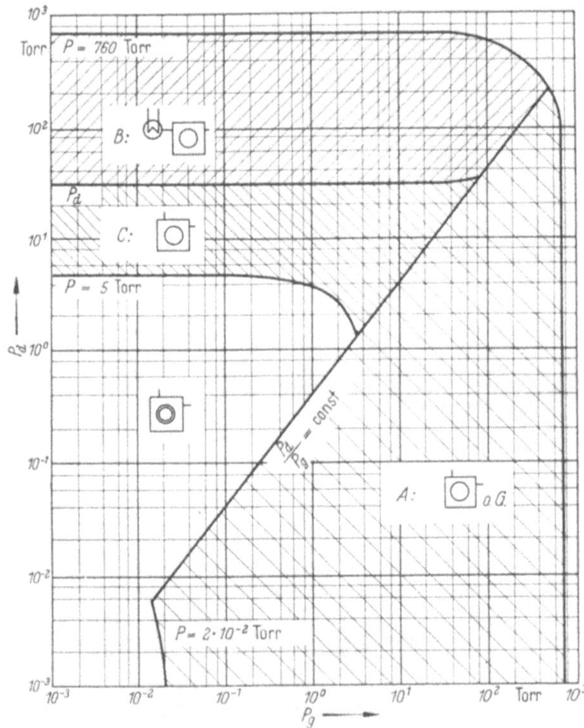

Abb. 1.5.5 Arbeitsbereiche der Drehkolbenpumpen beim Absaugen von Gas-Dampf-Gemischen [nach THEES, Vakuum-Technik 6 (1957) 160]

$P = p_g + p_d$ = Totaldruck; bei $p_d = 30$ Torr ist die Wasserdampfverträglichkeit eingezeichnet

A Einstufige Drehkolbenpumpe ohne Gasballast; B Einstufige Drehkolbenpumpe mit Gasballast und vorgeschaltetem Kondensor; C Einstufige Drehkolbenpumpe mit Gasballast

Daraus ergeben sich für verschiedene Wasserdampf-Gas-Gemische (p_d = Partialdruck des Wasserdampfes, p_g = Partialdruck des Gases) die Arbeitsbereiche für die verschiedenen Pumpen gemäß den Abb. 1.5.4 für ein- und zweistufige Drehschieberpumpen, 1.5.5 für einstufige Kolbenpumpen und 1.5.6 für Pumpenkombinationen bzw. Tandempumpen. Nähere Einzelheiten hierüber siehe nächsten Abschnitt über Kondensoren.

In den Diagrammen Abb. 1.5.4 bis 1.5.6 sind auf den Koordinaten der Gaspartialdruck p_g und der Dampfpartialdruck p_d aufgetragen. Die eingezeichneten Gebiete geben an, unter welchen Bedingungen eine Gasballastpumpe laufen muß, damit sie bei dem in diesem Gebiet herrschenden Gemisch aus Dampf und Gas den abgesaugten Dampf nicht kondensiert.

Die eingezeichneten Kurven gelten für Wasserdampf als häufigsten Anwendungsfall.

Kolbenpumpen und Drehschieberpumpen unterscheiden sich nur geringfügig durch die unterschiedlichen Betriebstemperaturen. Das Verhalten der Tandempumpe ist durch die Tatsache bestimmt, daß die beiden Pumpenstufen ungleich groß sind, zwischen ihnen also eine Kompression eintritt und somit auch ein Zwischenkondensor erforderlich wird. Sie stehen damit (Abb. 1.5.6, Gebiete B und C) im Gegensatz zu den zweistufigen Drehschieberpumpen, bei denen durch gleiche Stufengröße keine Zwischenkompression auftreten kann.

Einsatzgebiet A (Abb. 1.5.4). Der Anteil der nichtkondensierbaren Gase ist so hoch, daß die Pumpe ohne Gasballast laufen kann.

Im Gebiet B herrscht der höchste Wasserdampfanteil. Der Kondensor vor der Pumpe „saugt“ die Wasserdampfmenge ab. Die Pumpe läuft mit Gasballast, ohne daß Kondensation in ihr auftritt. Das Gebiet ist begrenzt durch die Wasserdampfverträglichkeit (p_d = 30 Torr) einer Gasballastpumpe.

Gebiet C. Der Wasserdampfanteil ist in diesem Gebiet so niedrig, daß eine Gasballastpumpe ohne Kondensor auf der Saugseite betrieben werden kann. Eine Tandempumpe erfordert einen Kondensor zwischen den beiden Pumpenstufen. Das Gebiet wird begrenzt durch die Wasserdampfverträglichkeit (p_d) einerseits und den erreichbaren niedrigsten Arbeitsdruck (5 Torr) einer Gasballastpumpe andererseits.

Gebiet D. Unterhalb des niedrigsten Arbeitsdruckes (5 Torr) der einstufigen Gasballastpumpe ist eine zweistufige Gasballastpumpe einzusetzen. Das Gebiet wird begrenzt durch den niedrigsten Arbeitsdruck der einstufigen Pumpe (5 Torr) einerseits und den niedrigsten Arbeitsdruck der zweistufigen Gasballastpumpe (10^{-1} Torr) andererseits.

Zu noch niedrigeren Arbeitsdrücken hin werden Rutapumpen (Roots-Tandempumpen), Rootspumpen und Diffusionspumpen eingesetzt.

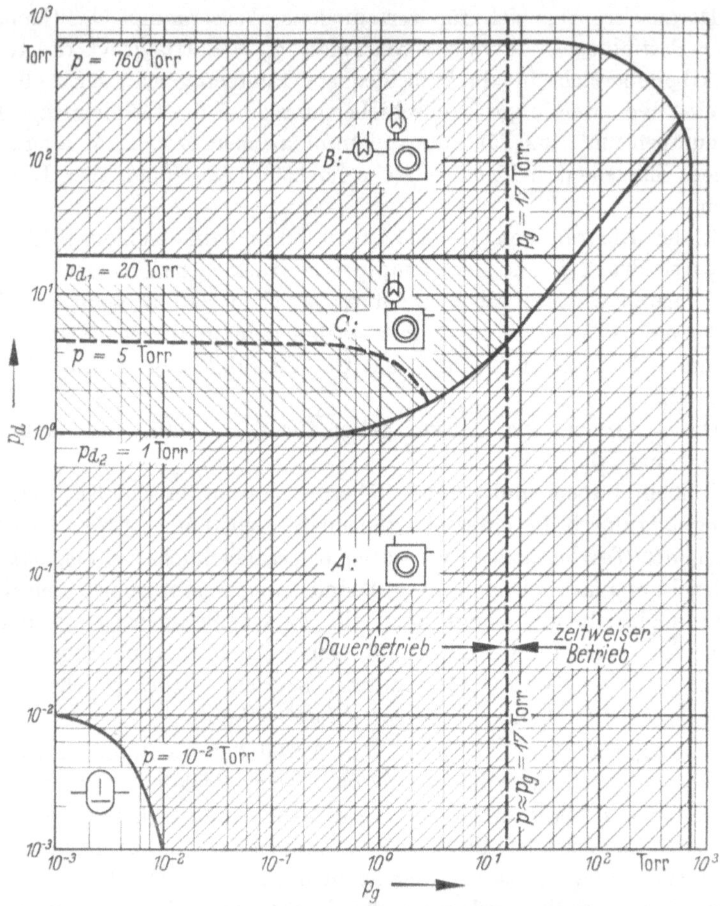

Abb. 1.5.6 Arbeitsbereich einer Tandempumpe, bestehend aus einer Drehkolbenpumpe großer Saugleistung und einer nachgeschalteten Drehschieberpumpe kleiner Saugleistung, beim Absaugen von Dampf-Gas-Gemischen [nach THEES, Vakuum-Technik 6 (1957) 160]

$p = p_g + p_d$ = Totaldruck; p_{d1} = Wasserdampfpartialdruck auf der Ansaugseite der Vorvakuumstufe, bedingt durch Kondensattemperatur; p_{d2} = Wasserdampfverträglichkeit auf der Ansaugseite der Feinvakuumstufe. — Bei Ansaugdrücken über 17 Torr übersteigt die Leistungsaufnahme der Tandempumpe die der Einzelpumpe

A Tandempumpe; *B* Tandempumpe mit Zwischenkondensor; *C* Tandempumpe mit Vor- und Zwischenkondensor

1.5.2 Kondensoren

Mit mechanischen Pumpen kann man bei Verwendung des Gasballastes Dämpfe absaugen, ohne den Pumpvorgang zu beeinträchtigen; es ist aber in allen den Fällen, in denen größere Mengen von Dämpfen abgesaugt werden sollen, unwirtschaftlich, dies durch die Pumpe vorzunehmen (s. Abb. 1.5.7); es ist wesentlich einfacher und billiger, die Dämpfe in einem Kondensor niederzuschlagen. Es zeigt sich, daß z. B. der

Kondensor K 100 (K 6) bei Temperaturen über 10 °C bereits mehr Wasserdampf absaugt als selbst die große Drehkolbenpumpe S 720. (Bezüglich der Möglichkeit, tiefe Temperaturen zu erreichen, s. Tab. 1.5.1 bis 1.5.3.) Der Pumpe verbleibt dann nur die Aufgabe, die nichtkondensierbaren Gase und den Rest der Dämpfe, der nicht im Kondensor niedergeschlagen wurde, abzusaugen.

Tabelle 1.5.1 *Kühlsolen und Gefrierschutzmittel*

Stoff \ Gefriertemp. bei	g Stoff auf 100 g Wasser								
	−5 °C	−10 °C	−15 °C	−20 °C	−25 °C	−30 °C	−40 °C	−50 °C	−60 °C
Kühlsolen:									
NaCl	8,44	16,1	22,9	29,4	23,8	—	—	—	—
$MgCl_2$	7,66	13,4	17,7	21,1	—	25,9	—	—	—
$CaCl_2$	9,67	16,6	21,9	26,3	29,9	33,3	38,8	43,8	—
Gefrierschutzmittel:									
Natriumlactat $CH_2CHOHOONa$	10,5	19	27,5	34	42	49,5	64	80	100
Methylalkohol CH_3OH	9,3	17	24	31	39	46	43	85	—
Äthylalkohol C_2H_5OH	11,1	23	34	46	57,5	69,5	104	—	—
Glycerin $C_3H_5(OH)_3$	20,5	42	56	68	80	90,5	113	138	—
Glysantin	13	28	43	57,5	69,5	82	108	144	—

Bei Kühlsolen werden zur Korrosionshemmung des Eisens kleine Mengen basischer Stoffe (z. B. NaOH, Na_2CO_3, $Mg(OH)_2$, $Ca(OH)_2$, $CaCO_3$) zugesetzt. Reinhartin-Sole ist eine gemischte Lösung von $MgCl_2$ und $CaCl_2$ mit Schutzkolloiden; bis −52 °C brauchbar.

Tabelle 1.5.2
Erreichbare niedrige Temperaturen mit verschiedenen Kühlverfahren

Kälteerzeugung durch	Erreichbare Temperatur in °C
Kältemaschine einstufig	etwa − 45
zweistufig ...	etwa − 70
Flüssige Luft (frisch)	−194,5
Flüssiger Stickstoff	−195,8
Flüssiger Sauerstoff	−183,0
Trockeneis (CO_2-Schnee)	− 78,5
Gemische von Salzen und Eis	etwa − 55 (maximal)

Dies gilt im Prinzip für alle Dämpfe, die nicht in Öl löslich sind. Besondere Bedeutung hat der Wasserdampf. Hierbei sind zwei charakteristische Fälle zu unterscheiden:

Tabelle 1.5.3
Trockenmittel zur Wasserdampfabsorption

Trockenmittel	H_2O-Partialdruck über dem frischen Trockenmittel bei 25 °C
P_2O_5	$2 \cdot 10^{-5}$ Torr
$Mg(ClO_4)_2$	$5 \cdot 10^{-4}$ Torr
KOH (geschmolzen)	$2 \cdot 10^{-3}$ Torr
Al_2O_3	$3 \cdot 10^{-3}$ Torr
H_2SO_4 80%	$1{,}24 \cdot 10^{-1}$ Torr
H_2SO_4 85%	$3{,}9 \cdot 10^{-2}$ Torr
H_2SO_4 90%	$7{,}7 \cdot 10^{-3}$ Torr
H_2SO_4 konz.	$3 \cdot 10^{-3}$ Torr
CaO	$2 \cdot 10^{-1}$ Torr
$CaCl_2$	$1{,}4$—$2{,}5 \cdot 10^{-1}$ Torr

1. Es fallen nur geringe Mengen von Wasserdampf an, der Wasserdampf ist nicht gesättigt. Er liegt vorzugsweise als Gas-Dampf-Gemisch vor (Arbeitsbedingungen in physikalischen Laboratorien). In diesem Fall kommt man grundsätzlich mit Gasballast, aber ohne Kondensor aus (s. Kap. 1.5.1, S. 72).

2. Es fallen große Mengen von Wasserdampf an. Der Wasserdampf ist gesättigt, und zwar sogar bei Temperaturen oberhalb der Zimmertemperatur. Unter diesen Bedingungen empfiehlt sich die Anwendung eines Kondensors, in dem so viel Wasserdampf niedergeschlagen werden soll, daß an der Saugöffnung der Pumpe möglichst nur noch bei Zimmertemperatur gesättigter Wasserdampf anfällt. Der Gasballast der Pumpe muß so groß sein, daß er auch bei einem Wasserdampfdruck von 20 Torr noch ausreicht. Zur Sicherheit ist der Gasballast, wie bereits erwähnt, auf einen Wasserdampfdruck von etwa 30 Torr eingestellt.

Für das Zusammenspiel von Gasballastpumpe und Kondensor sind folgende 4 Anordnungen von grundsätzlicher Bedeutung:

1. Eine einstufige Pumpe ohne Kondensor,
2. eine einstufige Pumpe mit Kondensor auf der Saugseite,
3. eine zweistufige Pumpenanordnung ohne Kondensor[1],
4. eine zweistufige Pumpenanordnung mit Zwischenkondensor[1].

In allen Fällen ist zu unterscheiden, ob nur Wasserdämpfe ($p_g = 0$) oder ob Dampf-Gas-Gemische ($p_g \neq 0$) abgesaugt werden sollen.

[1] Bei den Anordnungen 3 und 4 sind folgende Fälle zu unterscheiden:
Fall a: Zwei einstufige Pumpen gleicher Stufengröße,
Fall b: Zwei einstufige Pumpen ungleicher Stufengröße,
Fall c: Eine zweistufige Einzelpumpe gleicher Stufengröße,
Fall d: Eine zweistufige Einzelpumpe ungleicher Stufengröße,
} mit und ohne Kondensor.

Die Fälle a und c können wie die Anordnungen 1 und 2 behandelt werden. Fall d hat gegenüber Fall c erhebliche Nachteile, da beim Absaugen von Dämpfen Zwischenkondensation eintritt, die von außen nicht beeinflußbar ist. Das bedeutet geringe Wasserdampfverträglichkeit.

Fall b, der am wirksamsten mit einem Zwischenkondensor erweitert werden kann, wird unter Anordnung 4 ausführlich behandelt.

1. Das Verhalten der einstufigen Pumpen erhellt im wesentlichen aus dem oben bei *Gasballast* Gesagten. Besonders betrachtet werden soll hier nur noch der Fall des Vorliegens eines Dampf-Gas-Gemisches. Die oben angegebene Gl. (1.5.15) zeigt, wie groß das Verhältnis des Partialdruckes der Gase p_{g1} zum Partialdruck der Dämpfe p_{d1} mindestens sein muß, damit kein Gasballast mehr erforderlich ist.

Als praktische Konsequenz ergibt sich aus den obigen Formeln, daß reiner Wasserdampf ohne Gaszusatz aber mit Gasballast bis zu einem Partialdruck $p_d = 30$ Torr abgesaugt werden kann. Bei Gaszusatz können auch höhere Wasserdampfdrücke gemäß Gl. (1.5.13) abgesaugt werden. Bei genügendem Gaszusatz kann sogar unter Umständen ganz auf den Gasballast verzichtet werden: $B = 0$. Es empfiehlt sich aber nicht, die Bedingung gemäß Gl. (1.5.15) für $B = 0$ durch künstlichen Gaszusatz zu erzwingen. Sie ist nur eine nützliche Lehre für solche Fälle, wo infolge von nicht ganz dichten Apparaturen oder starker Gasabgabe der Teile in der Vakuumapparatur auf natürliche Weise ein hoher Partialdruck der Permanentgase p_{g1} vorhanden ist. Der künstliche Zusatz von Permanentgasen ist schon aus dem Grunde allein nicht empfehlenswert, weil dadurch der erreichbare Enddruck in sehr erheblichem Maße verschlechtert wird.

2. Dagegen empfiehlt es sich, den Wasserdampfpartialdruck p_d auf der Saugseite möglichst klein zu halten, zumindest unter einem Wert von 30 Torr. Das geeignete Mittel hierzu ist die Einschaltung eines Kondensors auf der Saugseite der Pumpe, wobei die Größe des Kondensors der anfallenden Wassermenge angepaßt sein muß. Für das Feinvakuumgebiet kommen nur Kondensoren mit sehr geringem Strömungswiderstand (Druckabfall längs des Kondensors geht gegen Null), zweckmäßig Oberflächenkondensoren mit Innenkühlschlangen, in Frage. Für das Beispiel des Wasserdampfes seien einige Anordnungen von Kondensoren und den dazugehörigen Pumpengrößen erläutert.

Von der Firma *Leybold* werden 5 Kondensorgrößen hergestellt (s. Tab. 1.5.4). Die an den Kondensor angeschlossenen Pumpen haben nur die Aufgabe, den Partialdruck der nicht kondensierbaren Restgase möglichst klein zu halten. Dieser hängt nur von der Gasmenge, die die zu verdampfende Flüssigkeit enthält oder abgibt, und von den Undichtigkeiten der Apparatur ab. Da die Gasmenge im allgemeinen sehr klein ist (0,1 g Gas pro kg Einsatz) und die Undichtigkeiten klein gehalten werden können (kleiner als 10^{-2} Torr l/sec), kann man bei Anlagen, die entsprechend den Erfordernissen einer Feinvakuumapparatur dicht gehalten sind, ein bestimmtes Verhältnis der durchgesetzten Wasserdampfmenge zur anfallenden Permanentgasmenge angeben und damit zu einer bestimmten Kondensorgröße die zugehörige Pumpengröße ermitteln (s. Tab. 1.5.4).

Tabelle 1.5.4 *Erfahrungswerte*

Durchsatz bei etwa 10° Temperaturdifferenz zwischen kondensierendem Dampf und Kühlwasser	zu Gasballastpumpe bei einem Restgasdruck im Kondensor von		als Hauptkondensor	als Schutzkondensor
	1 Torr	15 Torr		
3 kg/h	VP2, S2, VP6, S6	VP 2, S 2	K 05	K 05
15 kg/h	VP 12, S 12	VP 6, S 6	K 1	K 05
100 kg/h	S 60	VP 12, S 12	K 6	K 1
300 kg/h	S 180	S 60	K 14	K 1
600 kg/h	S 360	S 180	K 30	K 6
1200 kg/h	S 720	S 180	(2×) K 30	K 6

Ausführung: Stahl[1] *mit SB-Kupferrohren nach DIN 1785*

Kondensor	Kondensationsfläche	Flanschanschluß	
		zur Apparatur	zur Pumpe
K 05	0,5 m²	NW 50 (EF)	NW 50 (EF) od. NW 20 (KF)
K 1	1 m²	NW 100 (EF)	NW 100 (EF) od. NW 32 (KF)
K 6	6,5 m²	NW 100 (EF)	NW 50 (EF)
K 14	14 m²	NW 150 (EF)	NW 65 (EF)
K 30	30 m²	NW 250 (EF)	NW 100 (EF)

Abb. 1.5.7 zeigt für den Kondensor K 6[2] die Abhängigkeit der kondensierten Wassermenge vom Druck p_{d1} auf der Einlaßseite bei verschiedenen Kühlwassertemperaturen.

Nur in besonders einfachen Fällen ist, wie oben angenommen wurde, während der ganzen Dauer des Evakuierungsprozesses das Verhältnis vom Partialdruck der Permanentgase zum Wasserdampfpartialdruck konstant. Die Pumpe muß derart dimensioniert werden, daß sie für den stärksten, während des ganzen Vorganges auftretenden Permanentgasanfall ausreicht. Der Kondensor muß so dimensioniert werden, daß er der mittleren, während des Prozesses anfallenden Wasserdampfmenge entspricht. Fallen während gewisser Zeiten des Evakuierungsprozesses größere Wasserdampfmengen an, so ist durch ein Ventil vor dem Kondensor dafür Sorge zu tragen, daß die in den Kondensor gelangende Wassermenge niemals größer ist als seiner Leistungsfähigkeit entspricht. In analoger Weise sollte durch ein Ventil vor der Pumpe, aber hinter dem Kondensor, die Sauggeschwindigkeit der Pumpe gedrosselt werden, wenn nicht mehr die maximale Permanentgasmenge anfällt, für die die Pumpe berechnet ist.

Von den zweistufigen Pumpkombinationen sind solche Anordnungen besonders wichtig, bei denen eine Gasballastpumpe kleiner Leistung mit einer größeren Pumpe ohne Gasballast in Reihe geschaltet ist.

[1] Unter Stahl wird üblicherweise schmiede- und walzbares Eisen verstanden.
[2] Frühere Bezeichnung K 100.

Dabei kann die Pumpe größerer Sauggeschwindigkeit beispielsweise eine Rootspumpe sein. Eine solche zweistufige Pumpenanordnung kann nun wiederum mit einem Kondensor zwischen den beiden Pumpen (Zwischen-

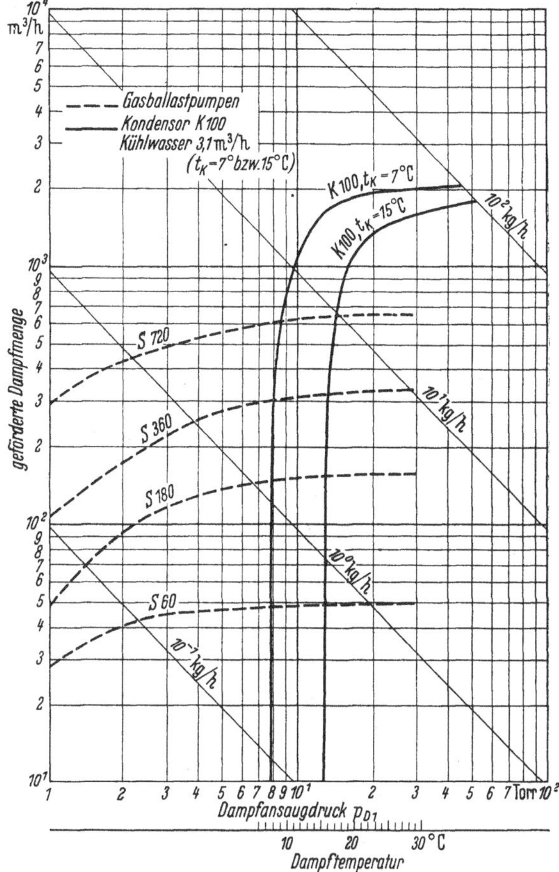

Abb. 1.5.7 Abhängigkeit der geförderten Wasserdampfmenge in Abhängigkeit vom Ansaugdruck für die Gasballastpumpen *S 60* bis *S 720* (gestrichelte Kurven) und den Kondensor *K 100* (*K 6*) (ausgezogene Kurven), bei einer Kühlwassertemperatur von 7 °C und 15 °C. Die Ordinatenwerte geben die abgesaugte Dampfmenge in m³/h und die schrägen Geraden des Koordinatennetzes in kg/h an. Der Vergleich der gestrichelten mit den ausgezogenen Kurven zeigt, von welchem Druck an die Leistung des Kondensors größer ist als die der Pumpen.

kondensor) oder ohne diesen betrieben werden. Ganz allgemein gilt für eine solche Anordnung die Beziehung[1]: Abgesaugte Menge auf der Saugseite $S_1(p_{g1} + p_{d1})$ = niedergeschlagene Menge im Kondensor ($K = S_K \cdot p_{d2}$) + abgesaugter Menge durch die Vorpumpe $S_2(p_{d2} + p_{g2})$.

$$S_1(p_{g1} + p_{d1}) = S_2(p_{g2} + p_{d2}) + S_K \cdot p_{d2}. \qquad (1.5.16)$$

[1] Index 1 bezog sich im vorhergehenden auf die Saugseite der Gasballast-(Vor-) Pumpe, hier auf die Feinvakuumstufe.

3. Zweistufige Pumpenanordnung ohne Zwischenkondensor, d. h.

$$K = 0.$$

3.1 Reiner Dampf ohne Gaszusatz ($p_g = 0$):

$$S_1/S_2 = p_{d2}/p_{d1} = N, \tag{1.5.17}$$

$$N = \frac{\text{Sauggeschwindigkeit der Feinvakuumstufe}}{\text{Sauggeschwindigkeit der Vorpumpe}}.$$

Bei den zweistufigen Pumpen hat N etwa den Wert 30, bei Rootspumpen den Wert 10.

p_{d2}, der Druck auf der Saugseite der Gasballastpumpe, soll nach dem oben Gesagten 30 Torr nicht überschreiten ($p_{d2} \leqq 30$ Torr); damit folgt aus Gl. (1.5.17)

$$p_{d1} \leqq 30/N \text{ Torr},$$

$$p_{d1} \leqq 1 \text{ Torr für zweistufige Pumpen},$$

$$p_{d1} \leqq 3 \text{ Torr für Rootspumpen}.$$

Falls der anfallende Wasserdampfpartialdruck auf der Saugseite der Feinvakuumstufe größer als die oben angegebenen Werte für p_{d1} ist, ist ein Zwischenkondensor zwischen beiden Pumpen erforderlich.

3.2 Dampf-Gas-Gemisch ($p_g \neq 0$):

$$S_1/S_2 = N = \frac{p_{g2} + p_{d2}}{p_{g1} + p_{d1}}, \tag{1.5.18}$$

$$(p_{g2} + p_{d2}) \cdot 1/N = p_{g1} + p_{d1}. \tag{1.5.19}$$

Mit

$$p_{g2}/p_{g1} = N \tag{1.5.20}$$

folgt

$$p_{g1} = 1/N \cdot p_{g2}.$$

Da wieder sein soll

$$p_{d2} \leqq 30 \text{ Torr},$$

ergibt sich also

$$p_{d1} \leqq 30/N \text{ Torr}.$$

Für den Fall, daß $N = 30$ ist, ergibt sich also wiederum $p_{d1} \leqq 1$ Torr (siehe Abb. 1.5.6, Gebiet A).

4. Zweistufige Pumpenanordnung mit Zwischenkondensor ($K \neq 0$);

$$S_1 (p_{g1} + p_{d1}) = S_2 (p_{g2} + p_{d2}) + S_K \cdot p_{d2}. \tag{1.5.16}$$

4.1 Betrachten wir zunächst den Fall, daß der Partialdruck der Permanentgase sehr klein ist,

$$p_g \to 0,$$

dann gilt

$$S_1 \cdot p_{d1} = (S_2 + S_K)\, p_{d2}. \tag{1.5.21}$$

Wegen des kleinen Permanentgasdruckes kann die Sauggeschwindigkeit der Gasballastvorpumpe (S_2) sehr klein gehalten werden:

$$S_2 \ll S_K.$$

Damit folgt

$$S_1 \cdot p_{d1} = S_K \cdot p_{d2} \tag{1.5.22}$$

oder

$$p_{d1} = S_K/S_1 \cdot p_{d2} = S_K/S_2 \cdot p_{d2}/N.$$

Hier ist

$$p_{d2} = 30 \text{ Torr},$$

also

$$p_{d1} = S_k/S_2 \cdot 30/N. \tag{1.5.23}$$

Da $S_K \gg S_2$, kann damit auch

$$p_{d1} \gg 30/N$$

gehalten werden. Es sind also sehr große Wasserdampfpartialdrücke zulässig. Aller Wasserdampf wird im Kondensor niedergeschlagen. Es ist nur eine sehr kleine Vorpumpe (S_2) notwendig und zulässig.

4.2 Vorhandensein von Permanentgasen ($p_{g1} \neq 0$).

Hier betrachten wir die zwei Fälle:
Großer Kondensor und kleine Vorpumpe:

$$S_K \gg S_2,$$

große Vorpumpe und kleiner Zwischenkondensor:

$$S_2 \gg S_K.$$

4.2.1 $S_K \gg S_2$; daraus folgt

$$S_K \cdot p_{d2} \gg S_2 \cdot p_{d2}$$

und weiterhin aus Gl. (1.5.15)

$$S_1 (p_{g1} + p_{d1}) = S_2 \cdot p_{g2} + S_K \cdot p_{d2}. \tag{1.5.24}$$

Da außerdem

$$S_1 \cdot p_{g1} = S_2 \cdot p_{g2},$$

ergibt sich

$$S_1 \cdot p_{d1} = S_K \cdot p_{d2}$$

oder

$$p_{d1} = S_K/S_1 \cdot p_{d2}. \tag{1.5.25}$$

Dies ist dasselbe Resultat wie oben bei geringem Permanentgaszusatz, da nur in diesem Falle die Vorpumpe $S_2 \ll$ Kondensor S_K sein darf.

Aus der Beziehung

$$p_{d1} = S_K/S_2 \cdot p_{d2}/N = S_K/S_2 \cdot 30/N \tag{1.5.23}$$

folgt, welcher Wasserdampfpartialdruck p_{d1} auf der Saugseite bei einem bestimmten Verhältnis von Kondensor S_K zu Vorpumpe S_2 zulässig ist, wobei die Vorpumpe S_2 nach der anfallenden Permanentgasmenge berechnet werden muß (Abb. 1.5.6, Gebiet C). Für den Fall, daß die anfallende Permanentgasmenge im Laufe des Prozesses kleiner wird, kann dies durch Drosselung der Vorpumpe mittels eines Ventils kompensiert werden und dadurch der nunmehr zulässige Wasserdampfpartialdruck auf der Saugseite erhöht werden. Dasselbe kann durch Lufteinlaß zwischen den beiden Pumpen erzielt werden, wie im folgenden gezeigt wird.

4.2.2 Kleiner Kondensor, große Vorpumpe:

$$S_K \ll S_2 .$$

Dieser Fall wird praktisch dann auftreten, wenn von vornherein die anfallende Permanentgasmenge groß ist im Verhältnis zur Dampfmenge.

Umformung von Gl. (1.5.19) ergibt

$$p_{d1} = p_{d2}/N - p_{g1} + p_{g2}/N,$$

d.h., p_{d1} darf nicht größer als $30/N$ sein. Sollten im Laufe des Prozesses größere Wasserdampfpartialdrücke auftreten, die bewältigt werden müssen, so kann dies dadurch erreicht werden, daß zwischen den beiden Pumpen zusätzlich Luft eingelassen und damit p_{g2} erhöht wird (Abb. 1.5.6, Gebiet C, evtl. Zwischenkondensor im Gebiet B).

1.6 Kühlfallen, Dampfsperren (Baffles) und Adsorptionsfallen

Auf den über einer Diffusionspumpe üblicher Bauweise erreichbaren Totaldruck hat u. a. der Dampfdruck des Pumpentreibmittels erheblichen Einfluß. Dieser Dampfdruck im Rezipienten wird nicht, wie man annehmen sollte, durch die Temperatur der kältesten Fläche oberhalb der Pumpe bestimmt, sondern er liegt im allgemeinen etwas höher. Der Grund dafür ist darin zu suchen, daß aus dem Dampfsaum der obersten Diffusionsstufe Treibmittelmoleküle entsprechend ihrer (thermischen) Geschwindigkeitsverteilung entgegen der allgemeinen Vorzugsrichtung in den Rezipienten fliegen (Rückströmung).

Die Rückströmung des Treibmitteldampfes sucht man mit gekühlten oder getternden Flächen, die an geeigneter Stelle zwischen Diffusionspumpe und Rezipient eingebaut werden, möglichst quantitativ aufzufangen.

Es ist leicht einzusehen, daß die Kondensation des Treibmitteldampfes um so besser vor sich gehen wird, je kälter die Flächen sind, mit denen der Dampf in Berührung kommt (Akkomodationskoeffizient).

1.6.1 Kühlfallen für Quecksilber-Treibmittelpumpen

Wenn als Treibmittel Quecksilber verwendet wird, ist eine einfach überdeckende Anordnung der Flächen nicht ausreichend. Wegen des geringen Akkomodationskoeffizienten der Quecksilberdampf-Moleküle muß dafür gesorgt werden, daß jedes Molekül auf seiner Flugbahn von der Diffusionspumpe zum Rezipienten mindestens 8 bis 10mal auf gekühlte Flächen auftrifft. Für Quecksilberdampf müssen die Flächen außerdem mindestens auf —70 °C entweder mit einer Alkohol-Kohlensäure-Mischung oder mit einer zweistufigen Kühlmaschine oder noch besser mit flüssigem Stickstoff auf —196 °C gekühlt werden, wenn der Restdampfdruck im Rezipienten hinreichend klein sein soll.

Für die Kühlfallen sind verschiedene Formen gebräuchlich. Ihre Wirksamkeit wird durch eine dünne Schicht sublimierten Quecksilbers wesentlich erhöht.

In Apparaturen für die Erzeugung von Ultrahochvakuum ist es vorteilhaft, zwei gleichartige Kühlfallen in Reihe zu schalten.

1.6.1.1 Kühlfinger (Abb. 1.6.1). Von außen in den Vakuumraum hineinführende Ausstülpung, die mit dem Kühlmittel gefüllt wird.

1.6.1.2 U-Rohr. Siehe Abb. 1.6.2.

1.6.1.3 Zwei konzentrische Rohre (Abb. 1.6.3). Bei dieser Ausführung und beim U-Rohr erfolgt die Kühlung dadurch, daß ein mit flüssiger Luft oder flüssigem Stickstoff gefülltes Dewargefäß von außen über das U-Rohr bzw. die beiden konzentrischen Rohre geschoben wird.

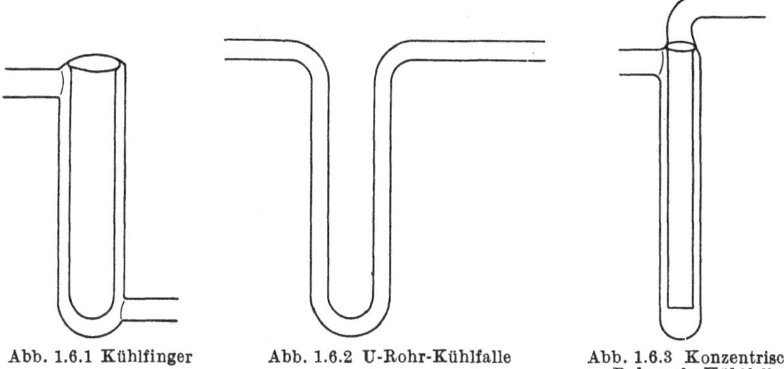

Abb. 1.6.1 Kühlfinger

Abb. 1.6.2 U-Rohr-Kühlfalle

Abb. 1.6.3 Konzentrische Rohre als Kühlfalle

1.6.1.4 Kugelkühlfalle (Abb. 1.6.4). Die oben beschriebenen Formen für Kühlfallen haben alle den Nachteil, daß sie die Sauggeschwindigkeit der Quecksilber-Diffusionspumpe verhältnismäßig stark drosseln. Sie kommen deshalb vorwiegend für kleinere Typen von Diffusionspumpen, insbesondere Laboratoriumspumpen, in Frage.

Zur Vermeidung dieses Nachteiles sind für größere Quecksilber-Treibmittelpumpen spezielle Formen von Kühlfallen mit geringer Drosselung entworfen worden. Durch geeignete Anordnung der Prallflächen wird eine Drosselung von weniger als 60% erreicht.

1.6.1.5 Nachfüllvorrichtung. Das Fassungsvermögen an Kühlmitteln ist bei den beschriebenen Kühlfallen verhältnismäßig klein (s. Tab. 1.6.1).

Tabelle 1.6.1 *Kapazität von Kühlfallen*

Kühlfallenanschluß NW	65	150	250	Kugelkühlfalle (nach Abb. 1.6.4)
Kühlmittelvolumen .... (cm^3)	200	500	2000	4000
Kühldauer mit einer Füllung.. (h)	3,5	2,5	7	36

Bei längerem wartungsfreien Betrieb empfiehlt es sich daher, das Nachfüllen des Kühlmittels mit einer automatisch arbeitenden Nachfüllvorrichtung vorzunehmen. Hierbei wird das Nachfüllen über ein Ventil geregelt, daß das Vorratsgefäß (Dewar) gegen die Außenluft absperrt. Bei geöffnetem Ventil wird kein Kühlmittel nachgefüllt. Bei geschlossenem Ventil fließt dagegen durch den geringen Überdruck im Vorratsgefäß infolge ständiger Verdampfung des Kühlmittels die Kühlflüssigkeit über einen Vakuummantelheber in die Kühlfalle. Je nach der Ausbildung des Temperaturfühlers, der das Ventil öffnet und schließt, unterscheidet man zwischen mechanischen und elektrischen Nachfüllvorrichtungen.

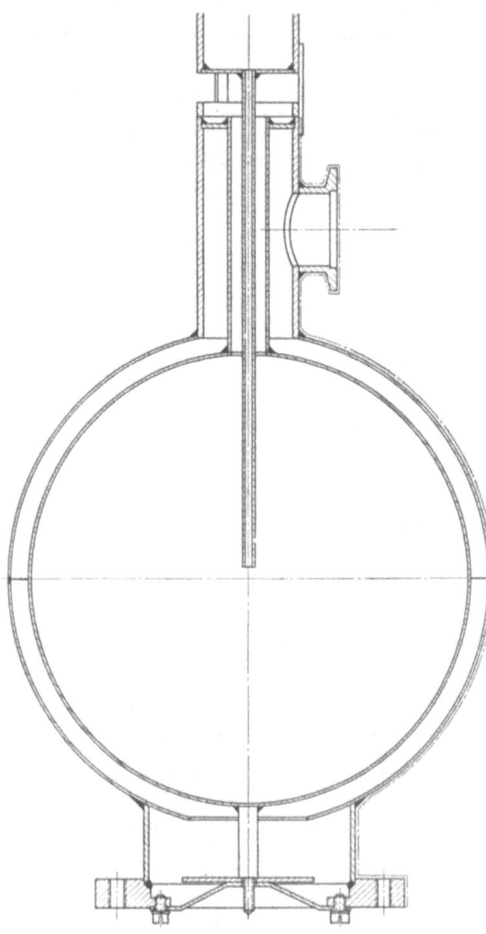

Abb. 1.6.4 Kugelkühlfalle

1.6.2 Dampfsperren (Baffles)

Bei der Konstruktion eines geeigneten Baffles ist es zweckmäßig, folgende Forderungen zu erfüllen:

1. Die Baffleflächen sind so anzuordnen, daß jeder von einem beliebigen Punkt des obersten Pumpenquerschnitts ausgehende Leitstrahl (Flugbahn eines Moleküls) auf eine Fläche trifft. (Überlappung bei zwei benachbarten Flächen.) Der Abstand der einzelnen

Baffleflächen gegeneinander muß außerdem klein gegen die mittlere freie Weglänge der Treibmittelmoleküle sein.

2. Die Flächen müssen so aufgebaut werden, daß sie leicht zu kühlen sind. (Geringste Wärmeverluste durch Wärmeleitung oder Konvektion.) Gleichmäßige Temperatur an allen Stellen der Flächen.

3. Das gesamte Baffle soll bei kleinstmöglichem Raumbedarf die Saugleistung der Diffusionspumpe nicht mehr als um 40—50% drosseln.

4. Die Baffleflächen müssen leicht zu reinigen sein. (Leicht demontierbar.)

Geht man von diesen Forderungen aus, so zeigt sich, daß die Punkte 1. und 2. relativ leicht zu erfüllen sind. Bei geeignetem Aufbau kann man es bei kleineren Baffles erreichen, daß die Wärmeverluste durch Leitung nicht größer als etwa $0{,}2 \Delta t$ kcal/h sind (nur wichtig bei Tiefkühlung).

Punkt 3. der Forderungen bedarf jedoch besonderer Überlegung. Bei gegebenem Bauvolumen für das Bafflegehäuse — in vielen Fällen sind Bauhöhe und Durchmesser durch Anlagen begrenzt — ist es sicher falsch, den zur Verfügung stehenden Diffusionsquerschnitt durch zusätzliche Blenden noch zu verkleinern. Richtig wäre es, wenn der freie Durchtritt zwischen den gekühlten Flächen für jeden z-Schnitt durch das Baffle konstant ist. Zu einer einfachen Lösung dieser Bedingung kommt man, wenn man das Baffle aus Flächenstücken aufbaut, die man aus Kegelschnitt-Rotationskörpern herausschneidet (Abb. 1.6.5). So kann man sich z. B. leicht überzeugen, daß der freie Durchtritt zwischen konzentrischen Kugelflächen für jeden z-Schnitt konstant ist.

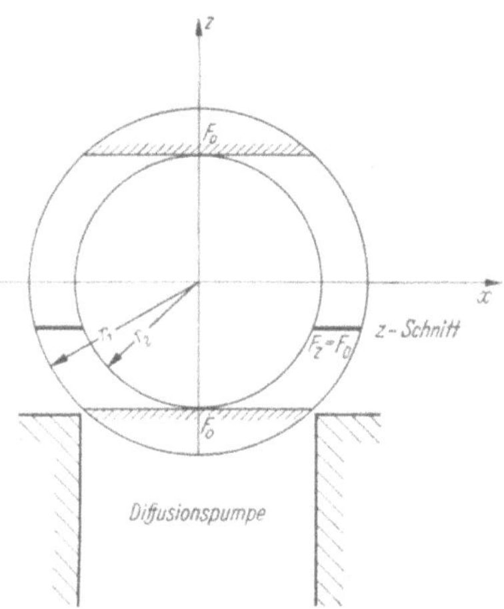

Abb. 1.6.5 Prinzip der Dampfsperre

Einige praktische Ausführungsformen zeigen die Abb. 1.6.6, 1.6.7 und 1.6.8. Für große Querschnitte der Ansaugöffnung von Diffusionspumpen sind insbesondere Raster-Baffles geeignet. Siehe Abb. 1.11.9, S. 127.

Die erreichbaren Enddrücke bei verschiedenen Kühltemperaturen der Dampfsperren hängen u. a. stark von den Eigenschaften der verwendeten Diffusionspumpe ab. Wie die Dampfdruckkurven, insbesondere der leichteren Kohlenwasserstoffe, zeigen, ist eine Kondensation der leichten Kohlenwasserstoffe bei den üblichen Kühltemperaturen nicht oder nur bedingt möglich. Dagegen kann der Dampfdruck schwererer Moleküle (Treibmittelmoleküle) durch die gekühlten Prallflächen erheblich gesenkt werden. Es ist also notwendig, Diffusionspumpen zu verwenden, in denen eine gute Entgasung und Fraktionierung des Treibmittels wirksam ist, so daß leichtflüchtige Kohlenwasserstoffe (Zersetzungsprodukte) aus dem Treibmittel zur Vorvakuumseite hin ausgestoßen werden und nicht durch die Dampfsperre hindurch in den Rezipienten gelangen.

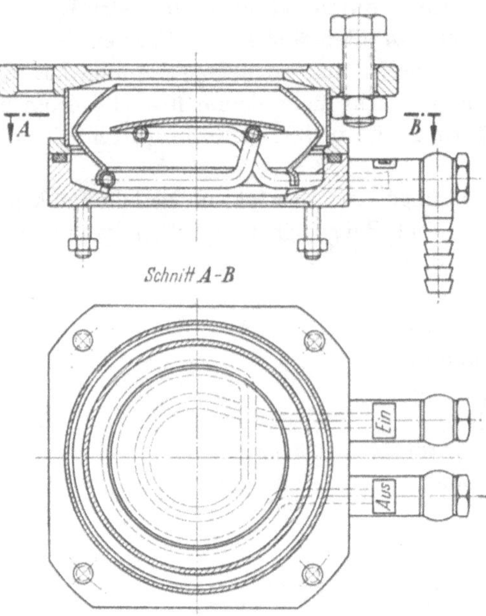

Abb. 1.6.6
Praktische Ausführungsform einer Dampfsperre

Eine solche Tiefkühlung der Dampfsperren kann entweder durch die üblichen Kältemaschinen erfolgen oder aber auf elektrischem Wege durch Ausnutzung des Peltier-Effektes. Für Laboratoriumsgebrauch kommt auch die Verwendung einer Kohlensäureschnee-Alkohol-Mischung als Kühlmittel in Frage. Bei Verwendung solcher tiefgekühlten Dampfsperren direkt oberhalb der Pumpe tritt die Schwierigkeit auf, daß Ölmoleküle an den Prallflächen festfrieren und nicht mehr in die Pumpe zurückgelangen können. Aus diesem

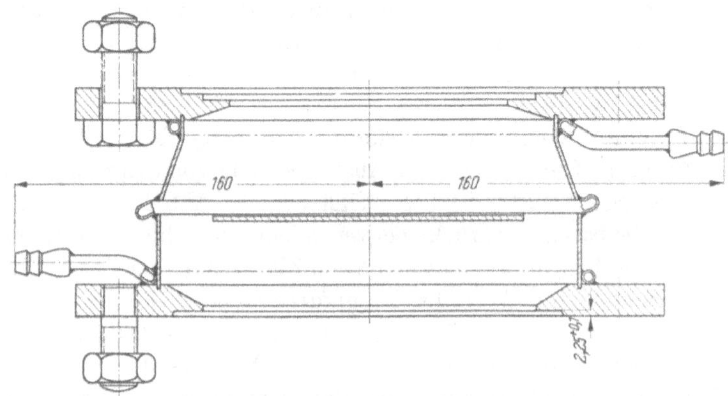

Abb. 1.6.7 Praktische Ausführungsform einer Dampfsperre

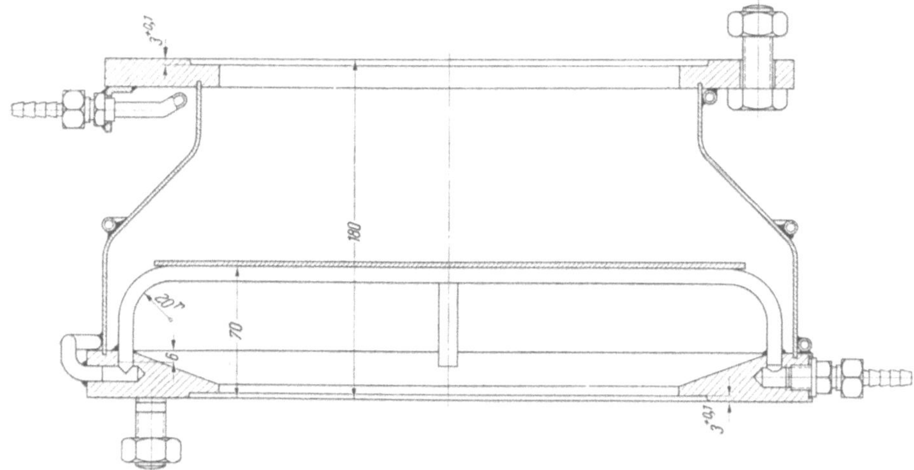

Abb. 1.6.8 Praktische Ausführungsform einer Dampfsperre

Grunde ist es zweckmäßig, vor allem, wenn ein längerer Betrieb gewünscht wird, zwischen Pumpe und tiefgekühlter Dampfsperre eine weitere Dampfsperre oder eine Prallplatte (z. B. in Form eines Düsenhut-Baffles) anzubringen, die auf einer solchen Temperatur ist, daß Ölmoleküle zwar kondensieren, aber wieder in die Pumpe zurückkommen können.

Als Anhaltspunkte für die erreichbaren Enddrücke mögen folgende Angaben dienen:

Öl-Diffusionspumpe der DO-Serie mit Diffelen-Ultra-Treibmittel und wassergekühltem Baffle (+12 °C). Enddruck: etwa $1 \cdot 10^{-8}$ Torr.

Öl-Diffusionspumpe wie oben, aber mit tiefgekühltem Baffle (—40 °C). Enddruck: einige 10^{-9} Torr.

Öl-Diffusionspumpe mit wassergekühltem Baffle und mit flüssigem Stickstoff gekühlter Kühlfalle (—196 °C). Enddruck: etwa $3—4 \cdot 10^{-10}$ Torr.

Quecksilber-Diffusionspumpe mit Kühlfalle (—70 °C). Enddruck: etwa 10^{-8} Torr.

Quecksilber-Diffusionspumpe, Kühlfalle mit flüssigem Stickstoff (—196 °C). Enddruck: kleiner $5 \cdot 10^{-8}$ Torr.

Es lassen sich auch Enddrücke von einigen 10^{-10} bis 10^{-11} Torr erreichen. Doch hängt dies stark von der Konstruktion der Kühlfallen und von der Arbeitstechnik (wechselseitiges Ausheizen der Kühlfallen) ab.

1.6.3 Adsorptionsfallen

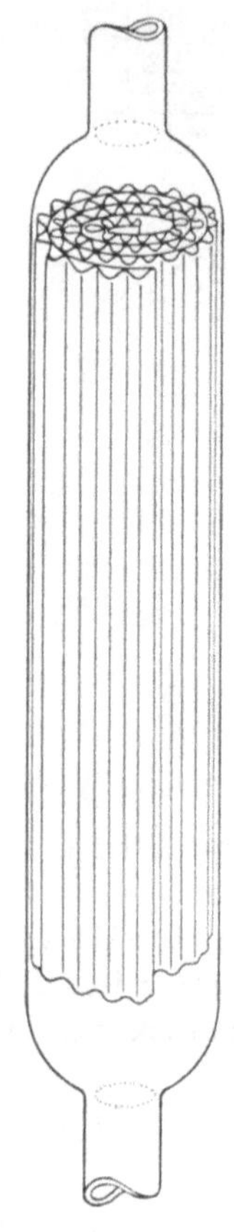

Abb. 1.6.9 Kupferfalle

Neben den Kühlfallen und den Dampfsperren haben in den letzten Jahren sog. Adsorptionsfallen Bedeutung gewonnen, insbesondere in der Ultrahochvakuumtechnik (vgl. Kap. 1.11.3.3, S. 128).

1.6.3.1 Kupferfalle. Die Kupferfalle nach ALPERT (siehe Abb. 1.6.9) besteht aus einem Glasrohr, in das eine glatte und eine gewellte Folie aus sauerstofffreiem Kupfer (OFHC-Kupfer), aufeinandergelegt und zu einer Rolle aufgewickelt, hineingesteckt werden. Eine solche Falle arbeitet ohne Kühlung, wenn sie vorher in möglichst gutem Vakuum auf etwa 400 °C ausgeheizt wurde. Mit ihr wurden in ausheizbaren Glasapparaturen, die mit handelsüblichen Diffusionspumpen evakuiert wurden, Drücke in der Größenordnung 10^{-9} bis 10^{-10} Torr erzielt. Ein Nachteil ist ihr großer Strömungswiderstand.

1.6.3.2 Zeolithfalle. Ähnliche Ergebnisse lassen sich auch mit Dampffallen erreichen, die keramische Werkstoffe mit großer spezifischer Oberfläche verwenden (Zeolith). Es scheint so, als ob diese Bauart Konstruktionen mit recht hohem Leitwert zuließe.

Beiden Fallen ist gemein, daß sie vor der Inbetriebnahme stark ausgeheizt werden müssen und nach einer bestimmten Zeit wieder unwirksam werden, d. h., der Druck steigt hochvakuumseitig langsam an. Dies ist wohl darauf zurückzuführen, daß es sich um eine Adsorption der rückdiffundierenden Dampfmoleküle an der Oberfläche des verwendeten Materials handelt, die nach einiger Zeit eine Sättigungserscheinung zeigt. Immerhin kann diese Zeit bei geringer Rückströmung aus der Diffusionspumpe sehr lang sein, so daß sie bei Experimenten nicht beachtet zu werden braucht.

1.7 Ionen-Getterpumpen

Unter der Bezeichnung Ionen-Getterpumpen sollen diejenigen Vorrichtungen zusammengefaßt werden, bei denen eine Aufzehrung von Gasen an sauberen Metalloberflächen in Gegenwart einer elektrischen Entladung stattfindet. Eine solche Aufzehrung findet wesentlich häufiger statt, als man im allgemeinen annimmt. So ist beispielsweise jede saubere, d. h. von Adsorptionsschichten freie Oberfläche, z. B. in einer Vakuummeterröhre, in der Lage, Gase in recht beträchtlichen

Mengen zu adsorbieren. Eine einmolekulare Adsorptionsschicht besteht pro cm^2 aus einer Gasmenge von $2,8 \cdot 10^{-4}$ Torr l.

Grundsätzlich unterscheiden sich solche Pumpen von anderen Vakuumpumpen, wie Diffusionspumpen oder rotierenden Pumpen, dadurch, daß das Gas im Vakuumsystem verbleibt und nicht aus dem Vakuumbehälter gefördert wird. Dieses Verbleiben hat zur Folge, daß die Kapazität solcher Pumpen, ihr Enddruck oder allgemein ihr Verhalten von der Vorgeschichte, nämlich von der Ausheizung und von der Art und Menge bereits gepumpter Gase, abhängig ist. Weiter ist einzusehen, daß das Verhalten solcher Pumpen gegenüber verschiedenen Gasen sehr unterschiedlich sein wird, insbesondere werden Edelgase nur in geringem Maße aufgezehrt werden können. Dadurch wird die Anwendungsmöglichkeit derartiger Pumpen von vornherein auf spezielle Probleme beschränkt, nämlich auf die, bei denen es darauf ankommt, in einem abgeschlossenen System bei geringer Gasabgabe über längere Zeit einen niedrigen Druck aufrechtzuerhalten.

Die Zusammenfassung der an sich verschiedenen Pumpprinzipien, nämlich der Getterpumpe und der Ionisationspumpe, ist insofern sinnvoll, als beide zugrunde liegenden Effekte im allgemeinen nicht voneinander zu trennen sind. Eine elektrische Gasentladung, bei der positive Ionen gebildet werden, ist grundsätzlich in der Lage, Gase zu pumpen, wobei man annimmt, daß die gebildeten Ionen entweder in einen dafür vorgesehenen metallischen Auffänger hineingeschossen werden oder daß diese Ionen infolge eines Chemisorptionseffektes mit den Oberflächenatomen eines solchen Auffängers eingefangen werden. Die Sauggeschwindigkeit, die durch einen Ionenstrom maximal erreicht werden kann, ist gegeben durch die Beziehung

$$S = \frac{i^+}{e\, n_0\, p} = 0{,}191 \frac{i^+}{p} \quad [\mathrm{l/sec}],$$

i^+ Ionenstrom [A],

e Elementarladung $= 1{,}6 \cdot 10^{-19}$ A sec,

n_0 Anzahl der Teilchen in 1 l bei $p = 1$ Torr (Luft, 20 °C): $3{,}27 \cdot 10^{19}$ Torr^{-1} l^{-1},

p Druck [Torr].

Daneben spielen sicher auch noch Aufzehrungsvorgänge eine Rolle, die durch Dissoziation oder Anregung der Gasteilchen erleichtert werden. Eine solche Aufzehrung wird aber nur dann beobachtet, wenn das System von vornherein so gut ausgeheizt ist, daß die eigene Gasabgabe geringer ist als die Sauggeschwindigkeit. Eine solche Reinigung ist im allgemeinen jedoch mit einer geringen Verdampfung des Systems verbunden, wodurch eine aktive Metallschicht entsteht. Diese Erscheinungen werden vor allen Dingen bei Ionisationsvakuummeterröhren mit Glühkathode beobachtet.

Zum anderen sind auftreffende Ionen, insbesondere bei höherer Energie, grundsätzlich in der Lage, das Metall des Ionenfängers zu zer-

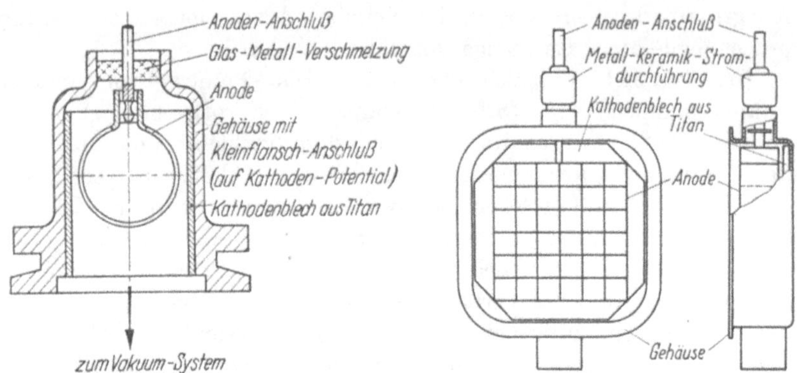

Abb. 1.7.1 a Schema einer Ionen-Zerstäuberpumpe

Abb. 1.7.1 b VacIon-Pumpe nach VARIAN

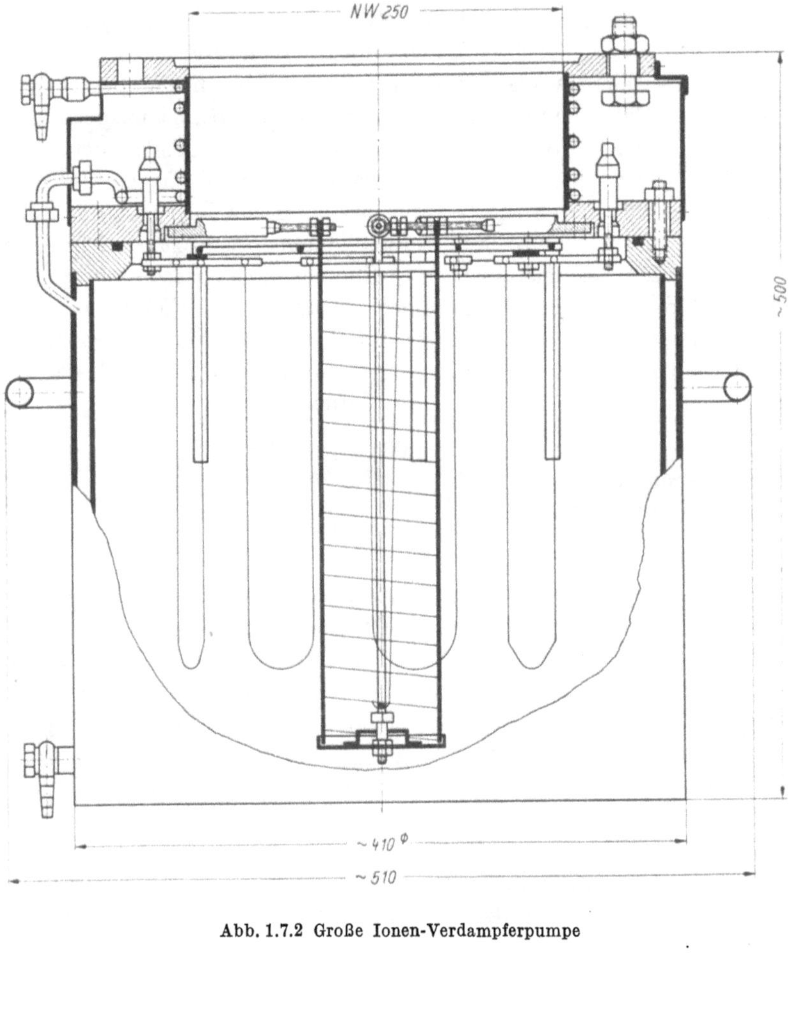

Abb. 1.7.2 Große Ionen-Verdampferpumpe

stäuben. Dieses zerstäubte Metall wird sich auf anderen Flächen niederschlagen und dort wiederum als aktives Gettermetall wirken.

Diese Erscheinung wird insbesondere bei höheren Ionenenergien in dem bekannten PENNING-Vakuummeter beobachtet und ist damit ein Grund für die dabei beobachteten, verhältnismäßig großen Sauggeschwindigkeiten. Zur Erhöhung der Sauggeschwindigkeit wird bei der Ausnutzung dieses Prinzips als Pumpe (Ionen-Zerstäuberpumpe) ein möglichst aktives Gettermaterial, beispielsweise Titan, als Kathode verwendet. Eine solche Zerstäubung hat aber grundsätzlich zur Folge, daß zu einem späteren Zeitpunkt durch Ionenbeschuß aufgezehrte Gasteilchen wieder aus dem Festkörpermaterial befreit werden können. Dieser Effekt kann erhebliche Bedeutung annehmen.

Die Abb. 1.7.1a u. b zeigen typische Ionen-Zerstäuberpumpen, die nach dem Prinzip des PENNING-Vakuummeters mit kalter Kathode arbeiten. Die Kathode besteht aus Titan.

Neben der unvermeidlichen Zerstäubung des Gettermetalls zeichnen sich Ionen-Verdampferpumpen dadurch aus, daß ein Gettermetall auf irgendeine Weise kontinuierlich oder zeitweise verdampft wird. Ein typisches Beispiel zeigt Abb. 1.7.2.

Die Gettermetallverdampfung erfolgt durch Widerstandsheizung der einzelnen Gettermetallträger, wobei die Verdampfung vorzugsweise so gesteuert wird, daß ein bestimmter vorgegebener Druck nicht überschritten wird. Eine zentral angeordnete Glühkathode zusammen mit einem Gitter und den als zweites Gitter ausgebildeten Verdampferelementen sorgt für eine hinreichende Ionisation des Gases.

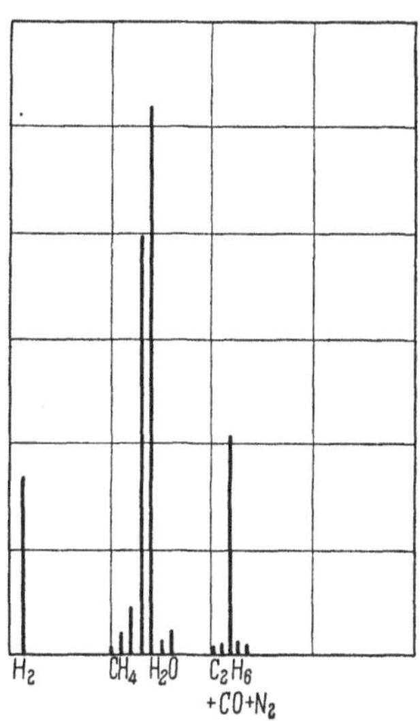

Abb. 1.7.3
Typische Partialdruckzusammensetzung in einer Ionen-Verdampferpumpe mit Titan-Verdampfer

Durch diese Entladung wird die Sauggeschwindigkeit und die Kapazität aus den anfangs beschriebenen Gründen erheblich vergrößert. Die Sauggeschwindigkeit der in der Abb. 1.7.2 dargestellten Pumpe, die über eine Ansaugöffnung von 250 mm Durchmesser verfügt, liegt zwischen 1000 l/sec für N_2 und 3000 l/sec für H_2. Auch hier zeigt sich, daß trotz der laufenden Erneuerung der Gettermetallschicht bereits gepumpte Gase wieder befreit werden können. Insbesondere sind solche Pumpen dadurch charakterisiert, daß leichte Kohlenwasserstoffe, vor allen Dingen Methan, aber auch Äthan, neu gebildet werden können.

Eine typische Partialdruckzusammensetzung in einer Ionen-Verdampferpumpe zeigt Abb. 1.7.3.

Ein weiteres Verfahren der Gettermetallverdampfung beruht darauf, daß ein kontinuierlich vorgeschobener Draht aus Gettermetall, allgemein Titan, laufend verdampft wird entweder dadurch, daß das Ende des Drahtes mit einer Elektronenkanone beschossen und so weit erhitzt wird, daß das Gettermetall verdampfen kann oder daß dieser Draht einen Verdampferofen berührt, der durch Elektronenbombardement oder durch direkte Heizung auf hinreichende Verdampfungstemperatur gehalten wird.

Ein wesentliches Problem bei Pumpen mit zeitweiser oder kontinuierlicher Gettermetallverdampfung liegt darin, daß die Gettermetallschicht eine gewisse Stärke nicht überschreiten darf, da sonst die Gettermetallschicht von der im allgemeinen gekühlten Wand abblättert. Dabei werden infolge Strahlungserwärmung und infolge Vergrößerung der Oberfläche bereits aufgezehrte Gase frei und begrenzen die Sauggeschwindigkeit und vor allem den Enddruck.

Spezielle Gasabgabe und Gettereigenschaften verschiedener Stoffe werden im Kap. 2.4 (S. 234) besprochen.

1.8 Vakuummeßinstrumente

Bei Vakuummessungen wird im allgemeinen der absolute Druck in Torr angegeben (Umrechnung in andere Maßeinheiten s. Tab. 1.8.1). Für Grobvakuummessungen findet man vielfach auch heute noch die relative Druckangabe (Unterdruck) in %-Vakuum.

Die gebräuchlichsten Vakuummeßinstrumente sind:

1.8.1 *für das Grobvakuumgebiet:*
- 1.8.1.1 Zeigervakuummeter,
- 1.8.1.2 Flüssigkeitsvakuummeter,
- 1.8.1.3 drehbare Kompressionsvakuummeter;

1.8.2 *für das Feinvakuumgebiet:*
- 1.8.2.1 Hochfrequenzvakuumprüfer,
- 1.8.2.2 Alphatron (dekadisch),
- 1.8.2.3 Kompressionsvakuummeter nach McLeod,
- 1.8.2.4 Wärmeleitungsvakuummeter in den Formen
  - 1.8.2.4.1 Pirani-Vakuummeter,
  - 1.8.2.4.2 thermoelektrische Vakuummeter,
  - 1.8.2.4.3 Halbleitervakuummeter (Thermistoren),
- 1.8.2.5 Reibungsvakuummeter;

1.8.3 *für das Hochvakuumgebiet:*
- 1.8.3.1 Vakuummeter nach Penning,
- 1.8.3.2 Ionisationsvakuummeter (für höchste Vakua in der Spezialform nach Alpert),
- 1.8.3.3 Radiometervakuummeter.

1.8.4 *für das Ultrahochvakuumgebiet* s. Kap. 1.11.2, S. 120.

Tab. 1.8.2 gibt eine Übersicht über die Meßbereiche der verschiedenen Vakuummeterarten. Außerdem ist in verschiedenen Spalten angegeben, ob die Anzeige von der Gasart abhängt, ob der Totaldruck aller Gase und Dämpfe oder ob nur der Partialdruck der nicht kondensierbaren Gase angezeigt wird.

Bei den Vakuummeßinstrumenten sind grundsätzlich zwei Arten zu unterscheiden. Bei der einen Art wird der Druck durch eine vom Ausschlag des Meßinstrumentes angezeigte Kraft kompensiert. Hierzu gehören Zeigervakuummeter, Flüssigkeitsvakuummeter, Kompressionsvakuummeter und Radiometervakuummeter. Ihre Anzeige ist unabhängig von der Zusammensetzung des Gases.

Bei der anderen Art wird der Druck über die Veränderung einer druckabhängigen physikalischen Größe gemessen, wie z. B. thermische oder elektrische Leitfähigkeit bei den Wärmeleitungsvakuummetern bzw. den Ionisationsvakuummetern, Alphatron und Vakuummeter nach Penning. Die innere Reibung in ihrer Druckabhängigkeit wird bei den Reibungsvakuummetern ausgenutzt.

Da der Druckeinfluß auf manche physikalischen Eigenschaften seinerseits von der vorliegenden Gasart abhängig ist, wird die Druckanzeige der Vakuummeter der 2. Art von der Zusammensetzung des Gases abhängig. Hierdurch ist eine Unsicherheitsquelle gegeben, da in den meisten Fällen die Gaszusammensetzung im Vakuumraum nicht genau bekannt ist. Weitere Schwierigkeiten rühren daher, daß die für den Meßvorgang zur Verfügung stehenden Kräfte sehr klein sind und daß der Meßbereich sich über mehr als 10 Zehnerpotenzen erstreckt. Die relative Meßgenauigkeit ist daher sehr klein. An speziellen Unsicherheitsquellen sind zu nennen: Bei den Kompressionsvakuummetern kann durch die Kompression eine Kondensation vorhandener Dämpfe erfolgen, die sich so der Messung entziehen. Insbesondere im Vakuummeter nach Penning erfolgt eine Gasaufzehrung innerhalb der Meßröhre, so daß der gemessene Druck niedriger ist als im Vakuumraum. Demgegenüber werden im Ionisationsvakuummeter an glühenden Teilen viele Molekülarten zersetzt, was zu einer Druckerhöhung und dadurch zu einer gefälschten Ablesung führt. Schließlich ist noch zu berücksichtigen, daß in allen Vakuumapparaten in der Verbindungsleitung zwischen Vakuumbehälter und Pumpe ein Druckgefälle vorhanden ist, so daß es sehr entscheidend davon abhängt, an welcher Stelle der Druck gemessen wird (s. Kap. 1.3.1, Strömungswiderstände, S. 20).

Berücksichtigt man alle diese Fehlerquellen, so ist es leicht einzusehen, daß man in der Vakuumtechnik nicht die gleichen Ansprüche an Meßgenauigkeit stellen kann wie in der übrigen Meßtechnik. Vielfach genügt es jedoch, nur die Zehnerpotenz des herrschenden Druckes zu kennen, da Schwankungen des Druckes im Vakuum um 100% bei vielen technischen Vorgängen ohne Bedeutung sind.

Tabelle 1.8.1 *Druckeinheiten*

$$\%\text{-Vakuum} = \frac{760 - p_{\text{Torr}}}{760} \cdot 100;$$

	Torr	dyn/cm²	Millibar	Bar
1 Torr = 1 mm Quecksilbersäule ..	1	$1{,}33322 \cdot 10^{3}$	1,33322	$1{,}33322 \cdot 10^{-3}$
1 dyn/cm² = 1 Mikrobar (μb)	$0{,}75006 \cdot 10^{-3}$	1	10^{-3}	10^{-6}
1 Millibar (mb) = 10³ dyn/cm²	0,75006	10^{3}	1	10^{-3}
1 Bar (b) = 10⁶ dyn/cm² ...	750,06	10^{6}	10^{3}	1
1 kg/m² ≈ 1 mm Wassersäule	$0{,}73556 \cdot 10^{-1}$	$0{,}980665 \cdot 10^{2}$	$0{,}980665 \cdot 10^{-1}$	$0{,}980665 \cdot 10^{-4}$
1 kg/cm² = 1 at	735,56	$0{,}980665 \cdot 10^{6}$	$0{,}980665 \cdot 10^{3}$	0,980665
1 atm = 760 Torr	760	$1{,}01325 \cdot 10^{6}$	$1{,}01325 \cdot 10^{3}$	1,01325
1 lb per sq.inch (Engl. Pfund/Quadrat-Zoll)	$5{,}1715 \cdot 10^{1}$	$0{,}68948 \cdot 10^{5}$	$0{,}68948 \cdot 10^{2}$	$0{,}68948 \cdot 10^{-1}$
1 mikron (μ) = 1 · 10⁻³ Torr	10^{-3}	1,33322	$1{,}33322 \cdot 10^{-3}$	$1{,}33322 \cdot 10^{-6}$
1 inch of mercury (Engl. Zoll Quecksilbersäule)	25,400	$0{,}33864 \cdot 10^{5}$	$0{,}33864 \cdot 10^{2}$	$0{,}33864 \cdot 10^{-1}$

Umrechnungstabellen für je zwei Druckeinheiten

dyn/cm² in Torr

	0	1	2	3	4
0	0	$0{,}75006 \cdot 10^{-3}$	$0{,}15001 \cdot 10^{-2}$	$0{,}22502 \cdot 10^{-2}$	$0{,}30003 \cdot 10^{-2}$
10	$0{,}75006 \cdot 10^{-2}$	$0{,}82507 \cdot 10^{-2}$	$0{,}90007 \cdot 10^{-2}$	$0{,}97508 \cdot 10^{-2}$	$1{,}0501 \cdot 10^{-2}$
20	$1{,}5001 \cdot 10^{-2}$	$1{,}5751 \cdot 10^{-2}$	$1{,}6501 \cdot 10^{-2}$	$1{,}7251 \cdot 10^{-2}$	$1{,}8002 \cdot 10^{-2}$
30	$0{,}22502 \cdot 10^{-1}$	$0{,}23252 \cdot 10^{-1}$	$0{,}24002 \cdot 10^{-1}$	$0{,}24752 \cdot 10^{-1}$	$0{,}25502 \cdot 10^{-1}$
40	$0{,}30003 \cdot 10^{-1}$	$0{,}30753 \cdot 10^{-1}$	$0{,}31503 \cdot 10^{-1}$	$0{,}32253 \cdot 10^{-1}$	$0{,}33003 \cdot 10^{-1}$
50	$0{,}37503 \cdot 10^{-1}$	$0{,}38253 \cdot 10^{-1}$	$0{,}39003 \cdot 10^{-1}$	$0{,}39753 \cdot 10^{-1}$	$0{,}40503 \cdot 10^{-1}$
60	$0{,}45004 \cdot 10^{-1}$	$0{,}45754 \cdot 10^{-1}$	$0{,}46504 \cdot 10^{-1}$	$0{,}47254 \cdot 10^{-1}$	$0{,}48004 \cdot 10^{-1}$
70	$0{,}52504 \cdot 10^{-1}$	$0{,}53254 \cdot 10^{-1}$	$0{,}54005 \cdot 10^{-1}$	$0{,}54755 \cdot 10^{-1}$	$0{,}55505 \cdot 10^{-1}$
80	$0{,}60005 \cdot 10^{-1}$	$0{,}60755 \cdot 10^{-1}$	$0{,}61505 \cdot 10^{-1}$	$0{,}62255 \cdot 10^{-1}$	$0{,}63005 \cdot 10^{-1}$
90	$0{,}67506 \cdot 10^{-1}$	$0{,}68256 \cdot 10^{-1}$	$0{,}69006 \cdot 10^{-1}$	$0{,}69756 \cdot 10^{-1}$	$0{,}70506 \cdot 10^{-1}$
100	$0{,}75006 \cdot 10^{-1}$	$0{,}75756 \cdot 10^{-1}$	$0{,}76506 \cdot 10^{-1}$	$0{,}77256 \cdot 10^{-1}$	$0{,}78006 \cdot 10^{-1}$

Torr in dyn/cm²

	0	1	2	3	4
0	0	$1{,}3332 \cdot 10^{3}$	$0{,}26665 \cdot 10^{4}$	$0{,}39997 \cdot 10^{4}$	$0{,}53329 \cdot 10^{4}$
10	$1{,}3332 \cdot 10^{4}$	$1{,}4666 \cdot 10^{4}$	$1{,}5999 \cdot 10^{4}$	$1{,}7332 \cdot 10^{4}$	$1{,}8665 \cdot 10^{4}$
20	$0{,}26665 \cdot 10^{5}$	$0{,}27998 \cdot 10^{5}$	$0{,}29331 \cdot 10^{5}$	$0{,}30664 \cdot 10^{5}$	$0{,}31997 \cdot 10^{5}$
30	$0{,}39997 \cdot 10^{5}$	$0{,}41330 \cdot 10^{5}$	$0{,}42663 \cdot 10^{5}$	$0{,}43996 \cdot 10^{5}$	$0{,}45330 \cdot 10^{5}$
40	$0{,}53329 \cdot 10^{5}$	$0{,}54662 \cdot 10^{5}$	$0{,}55995 \cdot 10^{5}$	$0{,}57329 \cdot 10^{5}$	$0{,}58662 \cdot 10^{5}$
50	$0{,}66661 \cdot 10^{5}$	$0{,}67994 \cdot 10^{5}$	$0{,}69328 \cdot 10^{5}$	$0{,}70661 \cdot 10^{5}$	$0{,}71994 \cdot 10^{5}$
60	$0{,}79993 \cdot 10^{5}$	$0{,}81327 \cdot 10^{5}$	$0{,}82660 \cdot 10^{5}$	$0{,}83993 \cdot 10^{5}$	$0{,}85326 \cdot 10^{5}$
70	$0{,}93326 \cdot 10^{5}$	$0{,}94659 \cdot 10^{5}$	$0{,}95992 \cdot 10^{5}$	$0{,}97325 \cdot 10^{5}$	$0{,}98659 \cdot 10^{5}$
80	$1{,}0666 \cdot 10^{5}$	$1{,}0799 \cdot 10^{5}$	$1{,}0932 \cdot 10^{5}$	$1{,}1066 \cdot 10^{5}$	$1{,}1199 \cdot 10^{5}$
90	$1{,}1999 \cdot 10^{5}$	$1{,}2132 \cdot 10^{5}$	$1{,}2266 \cdot 10^{5}$	$1{,}2399 \cdot 10^{5}$	$1{,}2532 \cdot 10^{5}$
100	$1{,}3332 \cdot 10^{5}$	$1{,}3466 \cdot 10^{5}$	$1{,}3599 \cdot 10^{5}$	$1{,}3732 \cdot 10^{5}$	$1{,}3866 \cdot 10^{5}$

(siehe auch DIN 1314)

$$p_{\text{Torr}} = 760\left(1 - \frac{\%\ \text{Vakuum}}{100}\right).$$

kg/m² (mm WS)	kg/cm² (at)	atm (760 Torr)	lb per sq.inch	mikron (μ)	inch of mercury
13,5951	$1,35951 \cdot 10^{-3}$	$1,31579 \cdot 10^{-3}$	$1,9337 \cdot 10^{-2}$	10^{3}	$3,9370 \cdot 10^{-2}$
$1,01972 \cdot 10^{-2}$	$1,01972 \cdot 10^{-6}$	$0,98692 \cdot 10^{-6}$	$1,4503 \cdot 10^{-5}$	0,75006	$2,9530 \cdot 10^{-5}$
10,1972	$1,01972 \cdot 10^{-3}$	$0,98692 \cdot 10^{-3}$	$1,4503 \cdot 10^{-2}$	$0,75006 \cdot 10^{3}$	$2,9530 \cdot 10^{-2}$
$1,01972 \cdot 10^{4}$	1,01972	0,98692	$1,4503 \cdot 10^{1}$	$0,75006 \cdot 10^{6}$	$2,9530 \cdot 10^{1}$
1	10^{-4}	$0,96784 \cdot 10^{-4}$	$1,4223 \cdot 10^{-3}$	$0,73556 \cdot 10^{2}$	$2,8959 \cdot 10^{-3}$
10^{4}	1	0,96784	$1,4223 \cdot 10^{1}$	$0,73556 \cdot 10^{6}$	$2,8959 \cdot 10^{1}$
$1,03323 \cdot 10^{4}$	1,03323	1	$1,4695 \cdot 10^{1}$	$0,760 \cdot 10^{6}$	$2,9921 \cdot 10^{1}$
$0,70307 \cdot 10^{3}$	$0,70307 \cdot 10^{-1}$	$0,68046 \cdot 10^{-1}$	1	$5,1715 \cdot 10^{4}$	2,0360
$1,35951 \cdot 10^{-2}$	$1,35951 \cdot 10^{-6}$	$1,31579 \cdot 10^{-6}$	$1,9337 \cdot 10^{-5}$	1	$3,9370 \cdot 10^{-5}$
$1,34532 \cdot 10^{3}$	$0,34532 \cdot 10^{-1}$	$0,33421 \cdot 10^{-1}$	0,49115	$2,5400 \cdot 10^{4}$	1

ineinander siehe Hütte Bd. 1, Anhang

dyn/cm² in Torr

5	6	7	8	9
$0,37503 \cdot 10^{-2}$	$0,45004 \cdot 10^{-2}$	$0,52504 \cdot 10^{-2}$	$0,60006 \cdot 10^{-2}$	$0,67506 \cdot 10^{-2}$
$1,1251 \cdot 10^{-2}$	$1,2001 \cdot 10^{-2}$	$1,2751 \cdot 10^{-2}$	$1,3501 \cdot 10^{-2}$	$1,4251 \cdot 10^{-2}$
$1,8752 \cdot 10^{-2}$	$1,9502 \cdot 10^{-2}$	$0,20252 \cdot 10^{-1}$	$0,21002 \cdot 10^{-1}$	$0,21752 \cdot 10^{-1}$
$0,26252 \cdot 10^{-1}$	$0,27002 \cdot 10^{-1}$	$0,27752 \cdot 10^{-1}$	$0,28502 \cdot 10^{-1}$	$0,29252 \cdot 10^{-1}$
$0,33753 \cdot 10^{-1}$	$0,34503 \cdot 10^{-1}$	$0,35253 \cdot 10^{-1}$	$0,36003 \cdot 10^{-1}$	$0,36753 \cdot 10^{-1}$
$0,41253 \cdot 10^{-1}$	$0,42004 \cdot 10^{-1}$	$0,42754 \cdot 10^{-1}$	$0,43504 \cdot 10^{-1}$	$0,44254 \cdot 10^{-1}$
$0,48754 \cdot 10^{-1}$	$0,49504 \cdot 10^{-1}$	$0,50254 \cdot 10^{-1}$	$0,51004 \cdot 10^{-1}$	$0,51754 \cdot 10^{-1}$
$0,56255 \cdot 10^{-1}$	$0,57005 \cdot 10^{-1}$	$0,57755 \cdot 10^{-1}$	$0,58505 \cdot 10^{-1}$	$0,59255 \cdot 10^{-1}$
$0,63755 \cdot 10^{-1}$	$0,64505 \cdot 10^{-1}$	$0,65255 \cdot 10^{-1}$	$0,66006 \cdot 10^{-1}$	$0,66756 \cdot 10^{-1}$
$0,71256 \cdot 10^{-1}$	$0,72006 \cdot 10^{-1}$	$0,72756 \cdot 10^{-1}$	$0,73506 \cdot 10^{-1}$	$0,74256 \cdot 10^{-1}$
$0,78757 \cdot 10^{-1}$	$0,79507 \cdot 10^{-1}$	$0,80257 \cdot 10^{-1}$	$0,81007 \cdot 10^{-1}$	$0,81757 \cdot 10^{-1}$

Torr in dyn/cm²

5	6	7	8	9
$0,66661 \cdot 10^{4}$	$0,79993 \cdot 10^{4}$	$0,93326 \cdot 10^{4}$	$1,0666 \cdot 10^{4}$	$1,1999 \cdot 10^{4}$
$1,9998 \cdot 10^{4}$	$0,21332 \cdot 10^{5}$	$0,22665 \cdot 10^{5}$	$0,23998 \cdot 10^{5}$	$0,25331 \cdot 10^{5}$
$0,33331 \cdot 10^{5}$	$0,34664 \cdot 10^{5}$	$0,35997 \cdot 10^{5}$	$0,37330 \cdot 10^{5}$	$0,38664 \cdot 10^{5}$
$0,46663 \cdot 10^{5}$	$0,47996 \cdot 10^{5}$	$0,49329 \cdot 10^{5}$	$0,50663 \cdot 10^{5}$	$0,51996 \cdot 10^{5}$
$0,59995 \cdot 10^{5}$	$0,61328 \cdot 10^{5}$	$0,62662 \cdot 10^{5}$	$0,63995 \cdot 10^{5}$	$0,65328 \cdot 10^{5}$
$0,73327 \cdot 10^{5}$	$0,74661 \cdot 10^{5}$	$0,75994 \cdot 10^{5}$	$0,77327 \cdot 10^{5}$	$0,78660 \cdot 10^{5}$
$0,86660 \cdot 10^{5}$	$0,87993 \cdot 10^{5}$	$0,89326 \cdot 10^{5}$	$0,90659 \cdot 10^{5}$	$0,91993 \cdot 10^{5}$
$0,99992 \cdot 10^{5}$	$1,0133 \cdot 10^{5}$	$1,0266 \cdot 10^{5}$	$1,0399 \cdot 10^{5}$	$1,0533 \cdot 10^{5}$
$1,1332 \cdot 10^{5}$	$1,1466 \cdot 10^{5}$	$1,1599 \cdot 10^{5}$	$1,1732 \cdot 10^{5}$	$1,1866 \cdot 10^{5}$
$1,2666 \cdot 10^{5}$	$1,2799 \cdot 10^{5}$	$1,2932 \cdot 10^{5}$	$1,3066 \cdot 10^{5}$	$1,3199 \cdot 10^{5}$
$1,3999 \cdot 10^{5}$	$1,4132 \cdot 10^{5}$	$1,4266 \cdot 10^{5}$	$1,4399 \cdot 10^{5}$	$1,4532 \cdot 10^{5}$

kondensieren auf dieser Fläche neben den Dämpfen auch die sog. Permanentgase wie N_2, O_2, CO, CO_2 usw., d. h. die Kondensationsfläche wirkt als Pumpe (Kryopumpe). Wie aus der Abb. 1.11.11, welche die Dampfdruckkurven der leichten Gase bei tiefen Temperaturen darstellt,

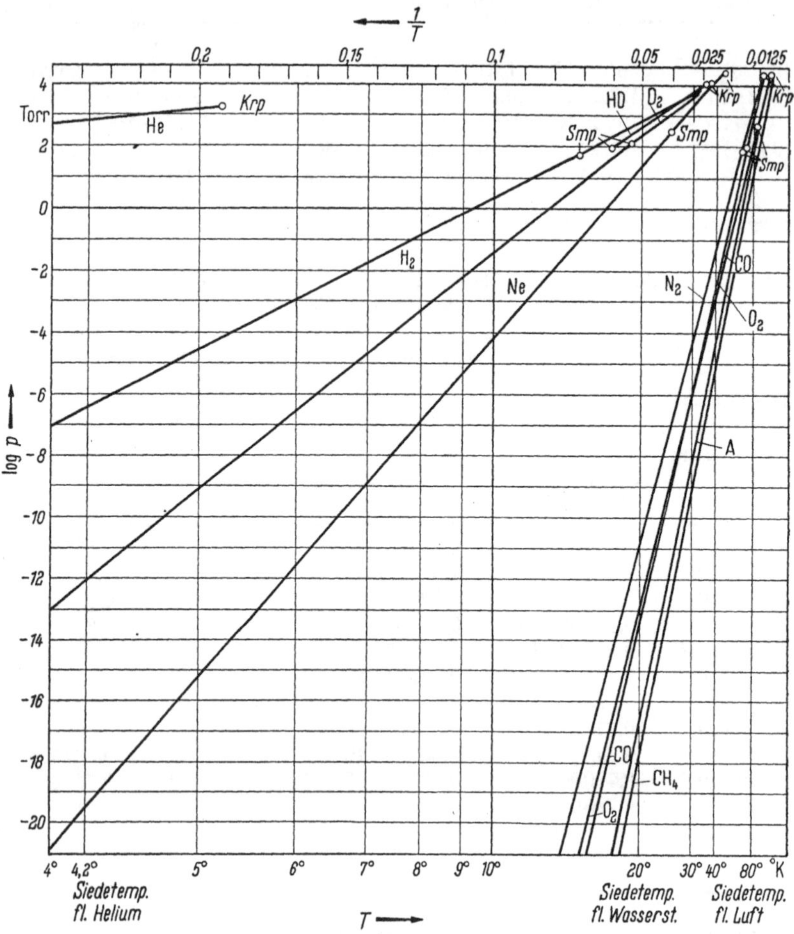

Abb. 1.11.11 Dampfdruckkurven der leichten Gase bei tiefen Temperaturen

zu ersehen ist, sind bei 20,4 °K die Gleichgewichtsdrücke von N_2, O_2, CO und A von der Größenordnung 10^{-11} bis 10^{-17} Torr. Bei Ne und H_2 betragen sie dagegen etwa 40 bzw. einige hundert Torr. Bei 4,2 °K ist kein Gas mehr meßbar vorhanden außer H_2 und He mit einem Gleichgewichtsdruck von einigen 10^{-7} Torr bzw. 760 Torr. Daraus folgt, daß allein durch Verwendung tiefgekühlter Flächen keine niedrigen Endvakua erzielt werden können. Denn in der normalen atmosphärischen

Meßgröße: Elastische Rohrbiegung, elastische Verformung der Gefäßwand.
Anzeige: Gesamtdruck.
Vorteile: Unmittelbare Druckanzeige, unabhängig von der Gasart.
Nachteile: Beschränkte Genauigkeit, elastische Nachwirkung, Temperaturabhängigkeit.

1.8.1.2 Flüssigkeitsvakuummeter

Bauform: U-Rohr-Vakuummeter, Ringwaagedruckmesser.
Meßbereich: Atmosphärendruck bis 1 Torr, bei besonderen meßtechnischen Vorkehrungen bis 10^{-2} Torr.
Meßprinzip: Druckmessung in kommunizierenden Röhren.
Meßgröße: Standhöhe der Flüssigkeit.
Anzeige: Gesamtdruck.
Vorteile: Unmittelbare Druckanzeige, unabhängig von der Gasart.
Nachteile: Begrenzte Meßgenauigkeit.

1.8.1.3 Drehbare Kompressionsvakuummeter

Bauarten: Vakuskop nach GAEDE, Kompressionsvakuummeter nach MOSER, Kompressionsvakuummeter nach VON REDEN.

Die Druckmessung erfolgt dadurch, daß eine bestimmte Gasmenge, die zunächst ein großes Volumen einnimmt, auf ein kleineres zusammengedrückt wird. Der dadurch entstehende erhöhte Druck kann gemessen und aus ihm der kleinere Druck vor der Messung ermittelt werden. Der beschriebene Vorgang der Komprimierung des Gases erfolgt durch Drehen des Gerätes. Das Vakuskop trägt außer dem Kompressionsteil noch ein Flüssigkeitsvakuummeter in Form des U-Rohres. Bei dem Kompressionsvakuummeter ist ebenso wie bei dem Vakuummeter nach MCLEOD darauf zu achten, daß es bei dem Kompressionsvorgang nicht zur Kondensation von Dämpfen kommt, wodurch die Messung verfälscht würde.

Meßbereich: 80—0,1 bzw. 35—5 · 10^{-2} Torr.
Meßprinzip: Druckmessung nach Kompression einer abgetrennten Gasmenge.
Meßgröße: Standhöhe des Quecksilbers.
Anzeige: Partialdruck der permanenten Gase.
Vorteile: Einfacher Bau und einfache Handhabung.
Nachteile: Dämpfe entziehen sich der Messung, geringe Meßgenauigkeit, keine kontinuierliche Druckanzeige.

1.8.2 Feinvakuummeter

1.8.2.1 Hochfrequenzvakuumprüfer

Form und Farbe elektrischer Entladungen können als grobes Kriterium des Druckes dienen. Man schließt an den Vakuumraum entweder ein Entladungsröhrchen mit zwei Elektroden an, die mit einem kleinen Funkeninduktor verbunden werden, oder man erzeugt eine elektrodenlose Entladung in einem Glasrohr, indem man von außen einen Hochfrequenzvakuumprüfer annähert.

Meßbereich: 10—10^{-3} Torr.
Meßprinzip: Elektrische Gasentladung.
Meßgröße: Form und Farbe der Entladung.
Anzeige: Gesamtdruck.
Vorteile: Einfach zu handhabendes Gerät, kontinuierliche Druckanzeige.
Nachteile: Nur grobe qualitative Druckschätzung möglich.

Für Entladung in Luft gilt:

Druckbereich	*Entladungserscheinungen*
10—10^{-1} Torr	rotes bzw. violettes Licht im Gasraum, das mit abnehmendem Druck den Querschnitt immer mehr erfüllt;
10^{-1}—10^{-2} Torr	weiterhin Entladung im Raum, außerdem grünliche Fluoreszenz auf der Glaswandinnenseite gegenüber der Hochfrequenzelektrode;
10^{-2}—10^{-3} Torr	immer stärkeres Zurückgehen des roten Lichtes im Raum, bis bei etwa 10^{-3} Torr nur noch eine grüne Wandfluoreszenz sichtbar ist;
unter 10^{-3} Torr	Aufhören jeglicher Leuchterscheinung.

Die Farbe der beobachteten Entladungserscheinungen ist von der Gasart abhängig.

Farbe der Glimmentladung für verschiedene Gase

Luft: rot bzw. violett.
Ammoniak: blau.
Argon: blau.
Helium: violett-rot bis gelb-rosa.
Wasserstoff: blau.
Quecksilberdampf: grünlich-blau.
Neon: tief rot.
Stickstoff: rot-violett.
Sauerstoff: zitronengelb mit rötlichem Kern.
Wasserdampf und Kohlenwasserstoffe: weiß-blau, fast weiß, lichtschwach.

1.8.2.2 Alphatron (dekadisch)

Bei diesem Gerät erzeugt die von einem radioaktiven Präparat ausgehende, zeitlich konstante Alphastrahlung in der Ionisationskammer einen vom Druck abhängigen Ionisationsstrom. Die Messung dieses Stromes liefert ein Maß für den vorliegenden Druck.

Meßbereich: 1000—10^{-4} Torr, 6 Meßbereiche: 1000—0, 100—0, 10—0, 1—0, 10^{-1}—0, 10^{-2}—0.
Meßprinzip: Ionisation des Gases durch Alphastrahlen.
Meßgröße: Elektrische Stromstärke.
Anzeige: Gesamtdruck.
Vorteile: Unmittelbare Druckanzeige, Fernablesen an Zeigerinstrument, Eichkurve ist nicht zeitlich veränderlich wie bei manchen Wärmeleitungsvakuummetern.
Nachteile: Erforderlicher Aufwand für die Verstärkung der kleinen Ionisationsströme. Anzeige abhängig von der Gasart.

1.8.2.3 Kompressionsvakuummeter nach McLeod

Bei diesen Vakuummetern erfolgt die Druckmessung in der Weise, daß eine bestimmte Gasmenge zunächst ein großes Volumen einnimmt und durch Heben eines Quecksilberspiegels auf ein kleineres Volumen zusammengedrückt wird. Der dadurch erhöhte Druck kann gemessen und der ursprüngliche Druck berechnet werden.

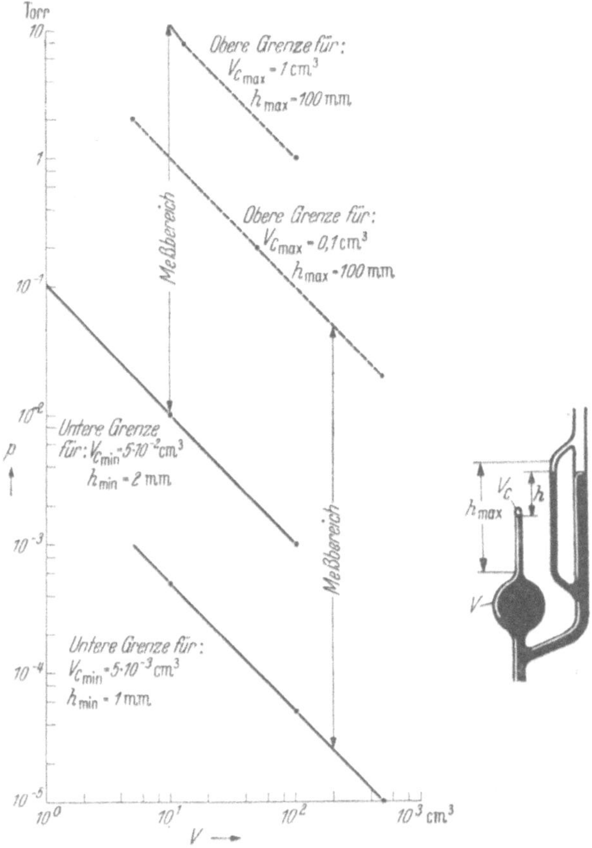

Abb. 1.8.1 Meßbereiche der McLeods mit linearer Teilung

Meßbereich: Je nach den Abmessungen des Gerätes 10—10^{-5} Torr (s. Abb. 1.8.1 und 1.8.2).

Meßprinzip: Druckmessung in kommunizierenden Röhren nach vorheriger Kompression.

Meßgröße: Höhe des Quecksilberspiegels.

Anzeige: Partialdruck des permanenten, nicht kondensierbaren Gases.

Vorteile: Eichkurve läßt sich aus den Abmessungen berechnen.

Nachteile: Etwa vorhandene Dämpfe verfälschen die Messung, keine kontinuierliche Druckanzeige.

Da bei chemischen Arbeiten kondensierbare Dämpfe, insbesondere Wasserdampf, unvermeidbar sind, sollte man das Vakuummeter nach

McLeod in solchen Fällen in der Regel nicht zur Messung, sondern nur zur Eichung anderer Vakuummeter verwenden, deren Druckabhängigkeit nicht aus den Abmessungen berechenbar ist.

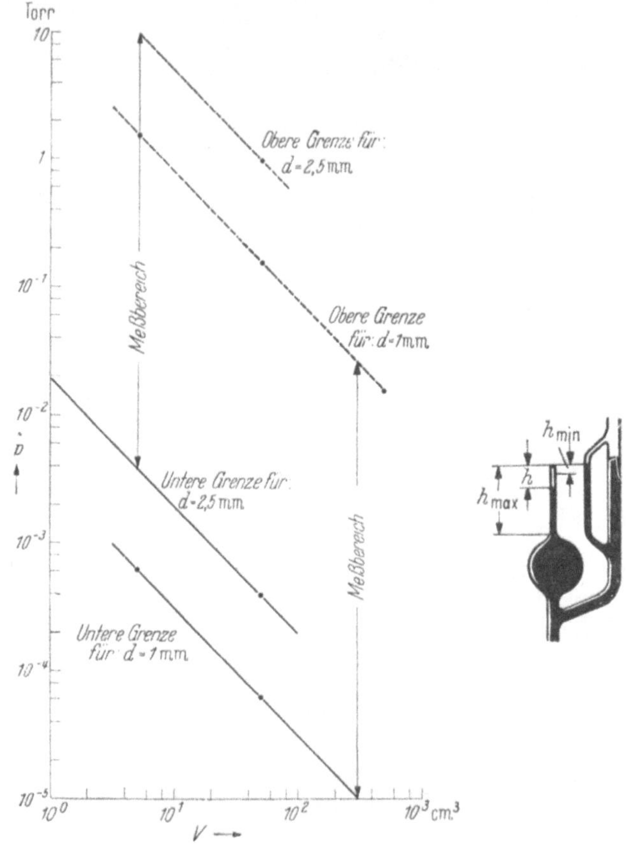

Abb. 1.8.2 Meßbereiche der McLeods mit quadratischer Teilung

1.8.2.4 Wärmeleitungsvakuummeter

Bei diesen Vakuummetern dient die Druckabhängigkeit der Wärmeleitung von Gasen zur Druckmessung. Bei hohen Drücken ist die Wärmeleitung druckunabhängig. Erst bei einigen Torr tritt eine Druckabhängigkeit auf, und zwar dann, wenn die mittlere freie Weglänge der Gasmoleküle mit den Abmessungen der wärmeführenden Teile vergleichbar wird. Durch erzwungene Konvektionsströmung kann der Meßbereich bis 760 Torr erweitert werden. An verschiedenen Arten von Wärmeleitungsvakuummetern sind zu nennen:

1.8.2.4.1 Pirani-Vakuummeter. Ein Widerstandsdraht in der Meßröhre bildet den einen Zweig einer Wheatstoneschen Brücke. Dieser

Widerstandsdraht wird durch Stromdurchgang beheizt. Bei Änderung der Wärmeableitung durch den Gasraum infolge einer Druckänderung ändert sich auch die Temperatur des Drahtes und damit auch sein Widerstand. Das führt zu einer Änderung des Ausschlages des Brückeninstrumentes in der WHEATSTONEschen Brücke. Man kann auch durch eine geeignete elektrische Schaltung die Temperatur des Drahtes konstant halten. Die dazu nötige Heizleistung ist abhängig von der Wärmeableitung und ist ein Maß für den Druck. Dadurch wird der Meßbereich nach hohen Drücken erweitert.

Meßbereich: 10^{-1}—10^{-3} Torr.
Meßprinzip: Druckabhängigkeit der Wärmeleitung von Gasen.
Meßgröße: Elektrischer Widerstand.
Anzeige: Gesamtdruck.
Vorteile: Unmittelbare Fernablesung des Druckes an einem Zeigerinstrument und kontinuierliche Druckanzeige.
Nachteile: Die Eichkurve verändert sich im Gebrauch, falls sich die Schwärzung der Metalloberfläche und damit die Wärmeabstrahlung ändert. Anzeige abhängig von der Gasart.

1.8.2.4.2 Thermoelektrische Vakuummeter. Bei diesen werden ein oder mehrere Thermoelemente durch konstante Energiezufuhr geheizt und die druckabhängige Wärmeabfuhr durch den Gasraum an der Temperatur des Thermoelementes über seine Thermospannung gemessen.

Meßbereich: einige Torr bis 10^{-3} Torr.
Meßprinzip: Wärmeleitung in Gasen.
Meßgröße: Thermoelektrische Spannung.
Anzeige: Gesamtdruck.
Vorteile: Weiter Meßbereich, Fernablesung am Zeigerinstrument, kontinuierliche Druckanzeige.
Nachteile: Veränderlichkeit der Druckanzeige, da sich die Schwärzung der Oberfläche der Thermoelemente im Laufe der Zeit ändert. Dieser Nachteil läßt sich durch vorheriges künstliches Schwärzen herabsetzen. Dies führt jedoch zu einer Verringerung der Empfindlichkeit der Geräte bei niedrigen Drücken. Anzeige abhängig von der Gasart.

1.8.2.4.3 Halbleitervakuummeter (Thermistoren). Diese Geräte arbeiten analog zum PIRANI-Vakuummeter, nur wird als temperaturabhängiger Widerstand kein Widerstandsdraht, sondern ein Halbleiter verwendet. Dies hat den Vorteil, daß der Temperaturkoeffizient des elektrischen Widerstandes bei den Halbleitern wesentlich größer ist als bei Metallen.

Meßbereich: Etwa 50—10^{-3} Torr bei konstanter Temperatur; etwa 760 bis 10^{-3} Torr bei konstanter Temperatur und erzwungener Konvektion.
Meßprinzip: Druckabhängigkeit der Wärmeleitung von Gasen.
Meßgröße: Elektrischer Widerstand.
Anzeige: Gesamtdruck.
Vorteil: Kontinuierliche Druckablesung; außerdem ist die Veränderung der Eichkurven durch Änderung der Schwärzung der Oberflächen des Widerstandselementes wesentlich geringer als beim PIRANI-Vakuummeter.

Nachteil: Die Halbleiterwiderstände haben eine größere Masse als die Drahtwiderstände. Die thermische Trägheit des Gerätes ist daher größer. Bei Konstanthaltung der Temperatur ist es möglich, die Ansprechzeit auf Bruchteile einer Sekunde zu verkürzen. Anzeige abhängig von der Gasart.

1.8.2.5 Reibungsvakuummeter

1. Eine einfache Form eines solchen Vakuummeters ist das Quarzfadenpendel. Die Dämpfung der Quarzfadenschwingungen, die von der Gasreibung und damit vom Druck abhängig ist, wird gemessen. Diese Ausführungen haben keine technische Bedeutung erlangt, da sie in hohem Maße erschütterungsempfindlich sind und es schwer ist, die Schwingung des Quarzfadens oberschwingungsfrei auszuführen.

Meßbereich: Abhängig von den Abmessungen der schwingenden Teile, etwa 10^{-2} bis 10^{-5} Torr.

Meßprinzip: Druckabhängigkeit der Gasreibung.

Meßgröße: Dämpfung der Pendelschwingung.

Anzeige: Gesamtdruck.

Vorteile: Aufbau aus korrosionsunempfindlichen Materialien, wie Glas und Quarz. Das Instrument enthält außerdem keine glühenden Metallteile, die zur Gaszersetzung Anlaß geben könnten, und keine kalten Metallteile, die Gasaufzehrung zeigen.

Nachteile: Erschütterungsempfindlichkeit, Oberschwingungen, keine kontinuierliche Druckanzeige, umständliches Meßverfahren. Anzeige abhängig von der Gasart.

2. Bei einer anderen Ausführung von Reibungsvakuummetern wird die Gasreibung, die an einem schwingenden Band entsteht, gemessen und zur Bestimmung des Druckes benützt. Die Amplitude der Schwingung wird immer konstant gehalten. Der hierzu erf rderliche Strom, der je nach dem vorhandenen Druck in der Meßröhre größer oder kleiner ist, ist ein Maß für den Druck.

Meßbereich: 760—10^{-3} Torr.

Meßprinzip: Druckabhängigkeit der Gasreibung.

Meßgröße: Antriebsstrom bzw. Schwingungsamplitude.

Anzeige: Gesamtdruck.

Vorteile: Das Instrument enthält keine heißen Metallteile, die zur Gaszersetzung Anlaß geben könnten, und keine kalten Metallteile, die Gasaufzehrung zeigen.

Nachteile: Notwendigkeit einer Schmutzfalle gegen ferromagnetische Teilchen, schwingungsisolierter Aufhängung und einer Abschirmung gegen magnetische Fremdfelder; Anzeige gasartabhängig.

1.8.3 Hochvakuummeter

1.8.3.1 Vakuummeter nach Penning (Philips-Vakuummeter)

Im Druckgebiet unter 10^{-3} Torr, in dem normalerweise keine selbständige Gasentladung mehr möglich ist, wird hier durch ein zusätzliches Magnetfeld ein Entladungsstrom erzwungen, dessen Größe ein Maß für den vorhandenen Druck ist.

Meßbereich: 10^{-2}—10^{-6} Torr.
Meßprinzip: Gasionisation.
Meßgröße: Elektrische Stromstärke.
Anzeige: Gesamtdruck.
Vorteile: Robuster, unempfindlicher Aufbau (ohne Glühkathoden, die bei Gaseinbrüchen durchbrennen können).
Nachteile: Geringe Meßgenauigkeit, Verfälschung der Messung durch Gasaufzehrung. Anzeige abhängig von der Gasart.

Obgleich das Vakuummeter nach PENNING nicht sehr genau arbeitet und praktisch nur die Zehnerpotenz des vorhandenen Druckes anzeigt, wird es als Betriebsgerät wegen seiner Unempfindlichkeit gegen Gaseinbrüche häufig verwendet.

1.8.3.2 Ionisationsvakuummeter

Zur genauen Druckmessung im Hochvakuum kann man eine einfache Triode verwenden. Der Meßvorgang dabei ist folgender:

Die von einem geheizten Glühfaden ausgehenden Elektronen erzeugen auf ihrem Weg zum positiv geladenen Auffänger bei Zusammenstößen mit Gasmolekülen positive Ionen, die ihrerseits auf das negativ geladene Gitter gelangen. Das Verhältnis von Ionenstrom i^+ zu Elektronenstrom i^- ist ein Maß für die Anzahl der Stöße, die die Elektronen auf ihrem Wege zum Auffänger mit Gasmolekülen erleiden und damit auch ein Maß für den herrschenden Druck.

Meßbereich: 10^{-2}—10^{-7} Torr.
Meßprinzip: Gasionisation durch Elektronenstoß.
Meßgröße: Elektrische Stromstärke.
Anzeige: Gesamtdruck.
Vorteile: Unmittelbare Druckmessung durch Fernanzeige, kontinuierliche Druckanzeige.
Nachteile: Bei Verwendung von Wolfram-Glühkathoden besteht die Gefahr, daß bei Gaseinbrüchen der Glühfaden der Kathode durchbrennt. (Läßt sich durch Pt-Kathoden mit ThO_2-Bedeckung vermeiden.) Anzeige abhängig von der Gasart.

Messung höchster Vakua mit dem Ionisationsvakuummeter nach ALPERT. In der oben beschriebenen Anordnung ist der Meßbereich auf Drücke über etwa $5 \cdot 10^{-8}$ Torr beschränkt, da die Elektronen bei ihrem Auftreffen auf den positiven Auffänger weiche Röntgenstrahlen auslösen. Diese lösen ihrerseits auf dem negativen Auffänger für die Ionen Photoelektronen aus und täuschen damit einen zu hohen Ionenstrom vor. Dieser Fehler wird in dem Ionisationsvakuummeter nach ALPERT weitgehend vermieden. Hier ist der negative Auffänger für die Ionen zu einem dünnen Draht zusammengeschrumpft, der eine sehr kleine Oberfläche hat, wodurch der Röntgeneffekt weitgehend herabgesetzt wird. Der Meßbereich dieser Röhren reicht von 10^{-2} bis etwa 10^{-11} Torr.

1.8.3.3 Radiometervakuummeter

Ihre Wirkungsweise beruht darauf, daß eine bewegliche Fläche zwischen einer festen beheizten Fläche und einer festen kalten Fläche angebracht ist. Die von der beheizten Fläche kommenden Gasmoleküle übertragen also einen größeren Impuls auf die bewegliche Fläche als die von der kalten Fläche kommenden. Die Verschiebung der beweglichen Fläche gegen eine elastische Kraft ist dann ein Maß für den Impulsüberschuß und damit für den Druck.

Meßbereich: Je nach der Abmessung etwa 10^{-3}—10^{-6} Torr.
Meßprinzip: Thermischer Molekulardruck.
Meßgröße: Ausschlag über Spiegelablesung.
Anzeige: Gesamtdruck.
Vorteile: Druckanzeige unabhängig von der Gasart.
Nachteile: Starke Erschütterungsempfindlichkeit.

1.9 Partialdruckmeßgeräte

Bei sehr vielen vakuumtechnischen Verfahren ist für deren Beurteilung nicht nur der Totaldruck entscheidend, sondern auch die Kenntnis der Gaszusammensetzung im einzelnen. Dabei kann es sich sowohl um die Kontrolle von Fertigungsverfahren als auch um wissenschaftliche Untersuchungen handeln. An ein Partialdruckmeßgerät werden eine ganze Reihe von Forderungen gestellt, die nicht ohne weiteres von ein und demselben Meßprinzip erfüllt werden können. Es ist daher verständlich, daß man verschiedene Meßverfahren diskutiert und auch anwendet. Eine der wesentlichen Forderungen, durch die sich ein solches Partialdruckmeßgerät von den bekannten Massenspektrometern verschiedener Bauart unterscheidet, ist wohl die, daß ein solches Meßgerät ein Zubehör zu einer Vakuumapparatur darstellt und den Partialdruck in der Vakuumapparatur messen soll, nicht aber die Zusammensetzung eines eingelassenen Gases. Das bedeutet aber, daß solche Meßgeräte einfach und leicht ausheizbar sein sollen und über einen kurzen Weg angeschlossen werden müssen. Diese Forderungen werden außer von den unten genannten vier Spezialgeräten auch von den Zykloidenmassenspektrometern kleiner Bauart erfüllt.

Selbstverständlich ist jedes Partialdruckmeßgerät auch zur Lecksuche geeignet, einmal deshalb, weil im allgemeinen am Auftreten der Masse 32 (Sauerstoff) das Vorhandensein einer Undichtigkeit erkannt werden kann, und zum anderen, weil ein solches Partialdruckmeßgerät — auf eine bestimmte Masse eingestellt — die gleichen Eigenschaften hat wie ein Leckdetektor nach dem Massenspektrometerprinzip. Dabei können im allgemeinen mit solchen Partialdruckmeßgeräten nicht die Empfindlichkeiten von Lecksuchdetektoren erreicht werden; sie haben dafür den Vorteil, daß man nicht an ein bestimmtes Testgas gebunden ist.

Diese Grundforderung wird von den folgenden Partialdruckmeßgeräten erfüllt:

1. Omegatron,
2. Farvitron,
3. Topatron,
4. Massenfilter nach PAUL und STEINWEDEL.

Diese vier Meßgeräte unterscheiden sich in ihrer physikalischen Wirkungsweise und in ihrer Anwendungsmöglichkeit und ergänzen sich gegenseitig.

1.9.1 Omegatron

Meßbereich: 10^{-5} bis 10^{-11} Torr.

Trennprinzip: Gekreuztes, magnetisches und elektrisches HF-Feld (Zyklotronprinzip).

Meßgröße: Ionenstrom.

Anzeigegeschwindigkeit: Gegeben durch Zeitkonstante des Verstärkers.

Massenbereich: 1—200 unter Berücksichtigung, daß das Auflösungsvermögen mit zunehmender Masse kleiner wird.

Auflösungsvermögen: $\frac{M}{\Delta M} = \frac{C}{M}$; $\Delta M = \text{const}\, M^2$.

C ist abhängig von der magnetischen Feldstärke und der Hochfrequenzamplitude. Es ist im allgemeinen möglich, die Massen 29 und 30 zu trennen.

Empfindlichkeit: (bei 1 μA Emissionsstrom) 10^{-14} A/1 · 10^{-9} Torr.

Emissionsstrom: 1 bis 20 μA.

Vorteile: Exakte Druckproportionalität der Anzeige. Hohes, einstellbares Auflösungsvermögen. Hohe Transmission.[1]

Nachteile: Infolge der notwendigen hohen magnetischen Feldstärke (3000 bis 4000 Gauß) ist ein verhältnismäßig schwerer Magnet notwendig. Dadurch ist die Anschlußmöglichkeit des Omegatrons beschränkt.

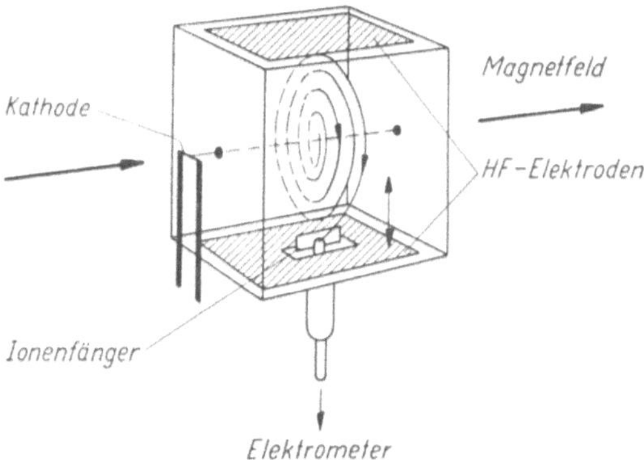

Abb. 1.9.1 Prinzipbild des Omegatrons

Abb. 1.9.1 zeigt den schematischen Aufbau des Meßsystems.

---

[1] Unter Transmission soll die Ionenausbeute verstanden werden, d. h. das Verhältnis der nach der Trennung auf dem Ionenfänger auftreffenden Ionen zur Anzahl der gebildeten Ionen.

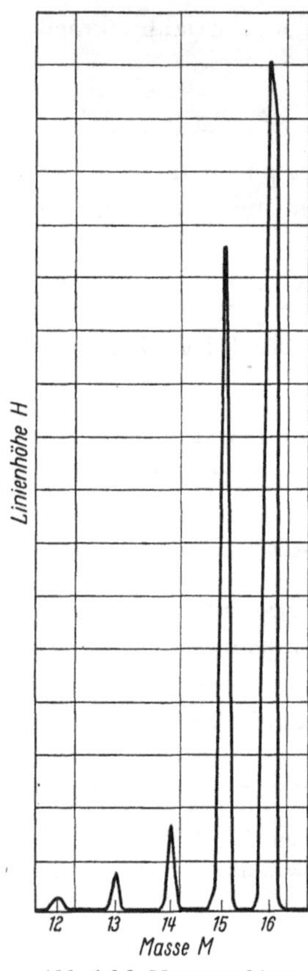

Abb. 1.9.2 Massenspektrum der Methan-Gruppe

Durch einen Elektronenstrahl, ausgehend von der Kathode, wird das Gas ionisiert. Der Elektronenstrahl wird durch eine Blende und zwei Öffnungen im Abschirmkasten begrenzt. Er fließt in Richtung des Magnetfeldes und wird durch dieses fokussiert. Die Ionen bewegen sich unter dem Einfluß des konstanten magnetischen Feldes (B) und des senkrecht dazu befindlichen elektrischen Hochfrequenzfeldes (Frequenz ν) auf kreisförmigen Bahnen. Aber nur diejenigen Teilchen, für die die Resonanzbedingung

$$2\pi\,\nu = \frac{e}{M}\,B \tag{1.9.1}$$

gilt, bleiben mit dem Hochfrequenzfeld in Phase, d. h., sie können dauernd Energie aufnehmen und bewegen sich auf einer Spirale, bis sie schließlich auf den Auffänger gelangen. Der auf den Auffänger gelangende Ionenstrom wird verstärkt und kann somit nachgewiesen werden.

Zur Registrierung eines vollständigen Spektrums kann dieser Ionenstrom bei kontinuierlicher Variation der Hochfrequenz mit einem Schreiber aufgezeichnet werden.

Abb. 1.9.2 zeigt ein Massenspektrum der Methan-Gruppe zwischen Masse 12 und 16.

1.9.2 Farvitron

Meßbereich: 10^{-4}—10^{-9} Torr.

Trennprinzip: Laufzeit von Ionen in einem Gleichpotentialfeld (harmonischer Oszillator).

Meßgröße: Hochfrequenzsignal, dargestellt als vollständige Partialdrucknübersicht auf einem Oszillographenschirm.

Anzeigegeschwindigkeit: 50 Hz.

Massenbereich: 2—250.

Auflösungsvermögen: $\frac{M}{\Delta M} = 2\sqrt{M}$; $\Delta M = \frac{1}{2}\sqrt{M}$, d. h. die Linienbreite bei Masse 16 ist zwei Masseneinheiten.

Empfindlichkeit: etwa 5 cm Pikhöhe auf dem Oszillographenschirm/$1 \cdot 10^{-7}$ Torr.

Emissionsstrom: 0,1—2 mA.

Vorteile: Unmittelbare Anzeige, auch schnellveränderlicher Vorgänge, kleine handliche Meßröhre ohne Justierung.

Nachteile: Auftreten von oberen und unteren Harmonischen der Hauptlinie. Das Meßprinzip ermöglicht keine quantitative Bestimmung der Gaszusammensetzung oder des Totaldruckes. Geringe Komponenten können nur dann nachgewiesen werden, wenn ihr Anteil am Totaldruck mindestens 3% beträgt.

Das Farvitron ist in die Gruppe der Ionenresonanz-Spektrometer einzuordnen. Die prinzipielle Wirkungsweise ist folgende:

In einem geeigneten Potentialfeld $\varphi(x)$, das im unteren Teil der Abb. 1.9.3 schematisch dargestellt ist, pendeln Ionen mit einer durch e/M bestimmten Frequenz ν. Diese Frequenz ist unabhängig von der Amplitude. Die Ionen werden, wie im oberen Teil der Abbildung 1.9.3 gezeigt ist, dadurch erzeugt, daß von einer Kathode K Elektronen auf eine Netzanode A zu beschleunigt werden, durch die Netzöffnungen hindurchpendeln und Ionen erzeugen, die dann unter dem Einfluß des Potentialfeldes ihre Bewegung entlang der Symmetrieachse beginnen. Es entsteht dann um diese Achse ein Ionenschlauch, in dem die Ionen mit den entsprechenden Frequenzen und möglichen Phasenlagen schwingen. Moduliert man nun mit Hilfe der Elektrode A den Elektronenstrom und damit auch die Ionenerzeugung mit einer Frequenz ν, die der Pendelfrequenz einer bestimmten Ionensorte entspricht, so werden eben diese Ionen phasengleich schwingen und eine Ladungswolke bilden.

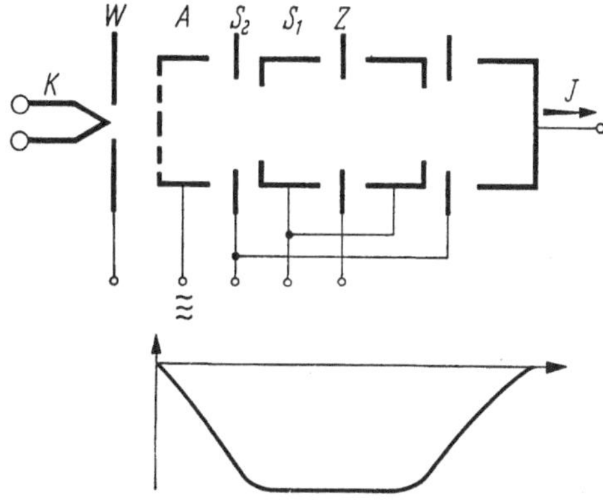

Abb. 1.9.3 Elektrodensystem und Potentialverlauf des Farvitrons

Diese pendelnde Ladungswolke influenziert an der Signalelektrode J eine hochfrequente Wechselspannung, die in ihrer Amplitude der Ladung und damit der Ionenzahl proportional ist. Dieses Hochfrequenzsignal wird verstärkt und demoduliert und kann mit einem entsprechenden Meßgerät nachgewiesen werden. Zur kontinuierlichen Registrierung des gesamten Spektrums wird die Modulationsfrequenz des Elektronenstroms mit 50 Hz über den gesamten interessierenden Frequenz- und damit Massenbereich gewobbelt. Das hinter der Demodulationsstufe gewonnene niederfrequente Signal, das

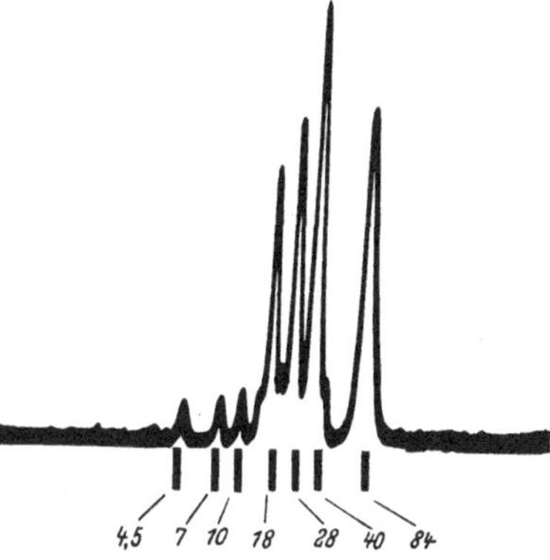

Abb. 1.9.4 Schirmbildaufnahme eines Spektrums der Zusammensetzung Wasserdampf (18), Stickstoff (28), Argon (40) und Krypton (84). Die den Massenzahlen 4,5, 7 und 10 entsprechenden Spitzen sind Harmonische zu 18, 28 und 40

das Massenspektrum darstellt, wird auf dem Schirm einer Kathodenstrahlröhre aufgezeichnet.

Abb. 1.9.4 zeigt ein Spektrum mit den Massen 18 (H_2O), 28 (N_2), 40 (A), 84 (Kr) und den Harmonischen.

1.9.3 Topatron

Meßbereich: $1 \cdot 10^{-7}$—$1 \cdot 10^{-3}$ Torr.
Trennprinzip: Hochfrequenz-Laufzeitanalyse.
Meßgröße: Ionenstrom.
Anzeigegeschwindigkeit: Gegeben durch die Zeitkonstante des Verstärkers.
Massenbereich: 2—100.
Auflösungsvermögen: $\frac{M}{\Delta M} = \text{const}$; $\Delta M = \text{const} \cdot M$; je nach eingestellter Empfindlichkeit zwischen 10 und 30.
Empfindlichkeit: $1 \cdot 10^{-9}$ A/$1 \cdot 10^{-4}$ Torr.
Emissionsstrom: 10 mA.
Vorteile: Exakte Druckproportionalität der Anzeige. Gleichzeitig Totaldruckmeßgerät. Hoher, zulässiger Totaldruck, keine Justierung.
Nachteile: Geringe Transmission, hohe notwendige Konstanz der elektrischen Daten.

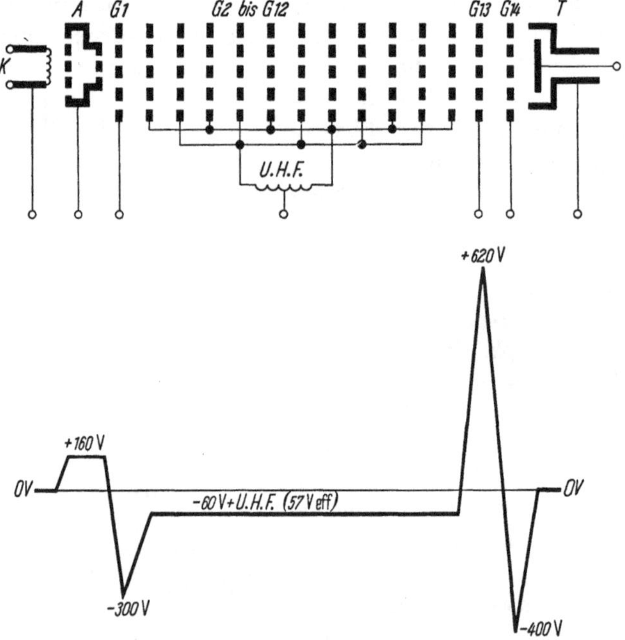

Abb. 1.9.5 Elektrodensystem und Potentialverlauf des Topatrons

Abb. 1.9.5 zeigt eine vereinfachte Skizze der Spektrometerröhre. Das Gasgemisch wird in der positiv geladenen Ionisierungskammer *A* ionisiert durch Elektronen, die von der Kathode *K* emittiert und durch A beschleunigt werden. Die positiven Ionen werden mit Hilfe des negativen Gitters G_1 aus der Ionenquelle herausgezogen. An den weiteren Gittern, die den sogenannten Analysatorteil der Röhre bilden, liegt eine relativ zur Kathode negative Spannung. Die Trennung erfolgt jetzt durch ein Hochfrequenzfeld, das zwischen den Gitter G_2 und G_{12} liegt, in der Weise, daß diejenigen Ionen, die sich in der richtigen Phase befinden und die das der Hochfrequenz entsprechende Verhältnis e/M aufweisen, jeweils zwischen zwei Gittern Energie aufnehmen. Dieser Prozeß der Beschleunigung spielt sich wiederholt zwischen den weiteren Stufen ab. Dabei wird durch ein am Ende des Analysatorteiles angeordnetes positives Gitter G_{13} die Energiezunahme der resonanten Ionen so weit gebremst, daß nur diese den Analysator durchfliegen können. Die durchtretenden Ionen können dann die Kollektorelektrode T erreichen und werden somit als Ionenstrom gemessen. Das zwischen dem Bremsgitter G_{13} und der Kollktorelektrode T angeordnete negative Gitter G_{14} dient zur Abschirmung der Elektrode T vor Sekundärteilchen, insbesondere vor Elektronen, die durch das Auftreffen schneller Ionen auf die letzten Gitter des Analysatorteiles ausgelöst werden können. Ein typisches Spektrum, das mit diesem Hochfrequenz-Spektrometer aufgenommen wurde, zeigt Abb. 1.9.6.

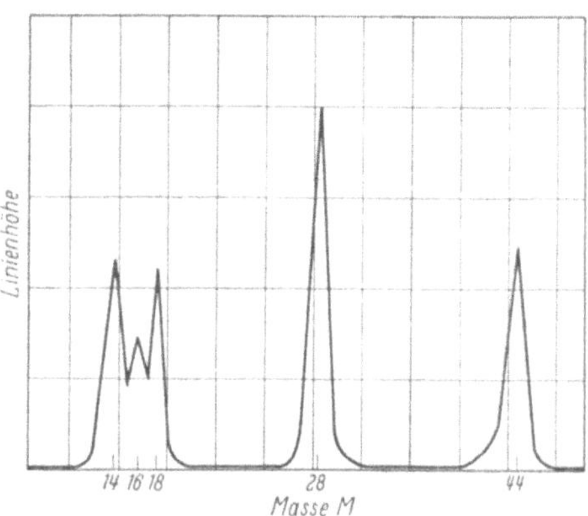

Abb. 1.9.6 Massenspektrum von H_2O, CO und CO_2

1.9.4 Massenfilter nach Paul und Steinwedel

Meßbereich: 10^{-8}—10^{-3} Torr.

Trennprinzip: Amplitudenbegrenzung der resonanten Ionen in einem 4-Pol-Feld.

Meßgröße: Ionenstrom.

Anzeigegeschwindigkeit: Abhängig von der Zeitkonstante des Verstärkers.

Massenbereich: 2—100.

Auflösungsvermögen: $\frac{M}{\Delta M} = \frac{\text{const}}{M}$; $\Delta M = \text{const} = 1$.

Empfindlichkeit: $1 \cdot 10^{-9}$ A/$1 \cdot 10^{-4}$ Torr.

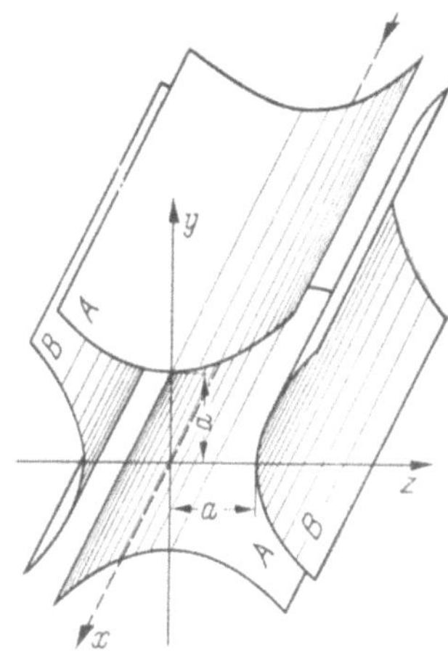

Abb. 1.9.7 Anordnung des 4-Pol-Feldes

Transmission: 0,2.
Vorteile: Großer Massenbereich, keine Justierung.
Nachteile: Extrem hohe Konstanz des Verhältnisses Hochfrequenz- zu Gleichspannung.

Abb. 1.9.7 zeigt den schematischen Aufbau des 4-Pol-Feldes, das dadurch ausgezeichnet ist, daß zwischen den Polen AA und BB eine Gleichspannung angelegt und mit einer Hochfrequenzspannung überlagert wird. Die in Pfeilrichtung eintretenden Ionen, die in einer dahinterliegenden Ionenquelle erzeugt worden sind, führen in diesem Feld Schwingungen aus, wobei die Trennung dadurch hervorgerufen wird, daß die Amplitude der stabilen Ionenbahnen begrenzt ist, wogegen die Amplitude der nicht stabilen Ionenbahnen so groß wird, daß diese auf die begrenzenden Elektroden treffen. In Pfeilrichtung ist der Ionenfänger angeordnet, auf den somit nur die stabilen Ionen treffen können. Die Stabilität einer Ionenbahn ist bei gegebenen elektrischen Werten nur durch das Verhältnis e/M der Ionen bestimmt.

1.10 Undichtigkeiten und Lecksuchgeräte

Es ist heute allgemein üblich, die Undichtigkeit einer Vakuumapparatur quantitativ in Torr l/sec anzugeben. Das ist diejenige Luftmenge, die in eine Vakuumapparatur einströmt, wenn außen Atmosphärendruck und innen Drücke kleiner 1 Torr herrschen. Dabei entspricht bei einer Temperatur von 20 °C 1 Torr l/sec gleich $3{,}27 \cdot 10^{19}$ Gasmoleküle/sec. Zur praktischen Bedeutung dieser Zahlenwerte für die Undichtigkeit diene noch folgender Hinweis:

Hat eine Apparatur eine Undichtigkeit von 10^{-5} Torr l/sec, so genügt zur Aufrechterhaltung eines Vakuums von 10^{-5} Torr in einer sonst sauberen Apparatur eine Pumpe mit einer Sauggeschwindigkeit von 1 l/sec. Mit einer Pumpe von 10 l/sec kann man dagegen Vakua von $1 \cdot 10^{-6}$ Torr aufrechterhalten.

Einteilung der für die verschiedenen Vakuumbereiche zulässigen Undichtigkeiten:

Grob- und Zwischenvakuum: 1 Torr l/sec,
Feinvakuum: 10^{-2} Torr l/sec.
Hochvakuum: 10^{-5} Torr l/sec.
Ultrahochvakuum: $\leqq 10^{-9}$ Torr l/sec.

Zur Messung der Undichtigkeit einer Vakuumapparatur bzw. zur Lokalisierung der undichten Stellen an der Apparatur sind die folgenden Verfahren gebräuchlich.

1.10.1 Abpressen unter Wasser

Dadurch, daß man den betreffenden Teil der Vakuumapparatur innen unter Überdruck setzt und als Ganzes unter Wasser taucht, kann man an dem Aufsteigen von feinen Gasbläschen im allgemeinen gröbere Undichtigkeiten feststellen.

Arbeitsbereich: Entfällt.
Nachweisempfindlichkeit: 1 Torr l/sec.
Prüfzeit: Minuten.
Vorteile: Einfaches Verfahren.
Nachteile: Geringe Nachweisempfindlichkeit.

1.10.2 Abpinseln mit Nekal oder Erkantol bzw. Seifenlösung

Bei diesem Verfahren wird die Vakuumapparatur ebenfalls innen unter Überdruck gesetzt und außen mit einem Schaummittel (Seifenlösung, Nekal, Erkantol) angepinselt. Undichtigkeiten zeigen sich an dem Auftreten von Blasen.

Arbeitsbereich: Entfällt.
Nachweisempfindlichkeit: 0,1 Torr l/sec.
Prüfzeit: Minuten.
Vorteile: Einfaches Verfahren, läßt sich sowohl an Teilen wie auch an zusammengebauten Vakuumapparaturen durchführen.
Nachteile: Geringe Nachweisempfindlichkeit.

1.10.3 Ammoniak plus Ozalidpapier

Setzt man die Vakuumapparatur von innen unter einen geringen Überdruck von Ammoniakgas und hüllt sie außen mit feuchtem Ozalidpapier ein, so zeigen sich undichte Stellen an dem Auftreten von schwarzen Flecken in dem Ozalidpapier.

Arbeitsbereich: Entfällt.
Nachweisempfindlichkeit: 10^{-11} Torr l/sec.
Prüfzeit: Stunden.
Vorteile: Sehr hohe Empfindlichkeit des Verfahrens.
Nachteile: Eventuell erforderliche lange Prüfzeit, Korrosionsgefährdung der Innenteile der Vakuumapparatur durch das feuchte Ammoniakgas.

1.10.4 Druckanstiegmethode

Man evakuiert eine Anlage zunächst soweit wie möglich mit einer Pumpe und mißt dann anschließend bei durch Ventil abgetrennter Pumpe den zeitlichen Verlauf des Druckanstieges. Aus der in der Zeit t [sec] erfolgten Druckänderung Δp [Torr] und dem Volumen V [l] der Anlage kann die Undichtigkeit U, d. h. die Menge der pro Sekunde eindringenden Luft, berechnet werden:

$$U = \frac{\Delta p\, V}{t} \quad \text{[Torr l/sec]}.$$

Arbeitsbereich: 760 Torr bis niedrigste Drücke.
Nachweisempfindlichkeit: Hängt von der Versuchsdauer und den Versuchsbedingungen ab. In extremen Fällen sind Werte von 10^{-13} Torr l/sec erzielbar.
Prüfzeit: Sekunden bis Monate.
Vorteile: Das Verfahren ist einfach und in sehr weiten Grenzen anwendbar.

Nachteile: Dem Druckanstieg durch den Gaseinlaß infolge des Lecks können Druckanstiege durch Gasabgabe, z. B. von Wänden und Einbauten und Verdampfung von Flüssigkeitsresten, überlagert sein und damit das aus dem Druckanstieg ermittelte Leck verfälschen.

1.10.5 Mit Vakuummeßinstrumenten

1.10.5.1 Wärmeleitungs- oder Reibungsvakuummeter

Diese beiden Vakuummeterarten sind in ihrer Druckanzeige abhängig von der Art des vorliegenden Gases. Besprüht man daher eine undichte Stelle einer evakuierten Apparatur mit einem Gas, dessen Zusammensetzung sich von der der atmosphärischen Luft unterscheidet, so wird sich die Anzeige dieser Instrumente plötzlich ändern und damit das Vorliegen einer undichten Stelle anzeigen. Als Testgase kommen z. B. Wasserstoff oder die Edelgase Helium und Neon in Frage. Die Methode kann auch in der Weise ausgeübt werden, daß an Stelle von Gasen die undichten Stellen mit leicht verdampfbaren Flüssigkeiten, z. B. Alkohol, Trichloräthylen oder Tetrachlorkohlenstoff bestrichen werden, die dann durch die Undichtigkeit in den Vakuumbehälter eindringen, dort verdampfen und die Anzeige des Vakuummeters verändern. Es ist möglich, die undichte Stelle mit einem Dichtungswachs oder einem Vakuumkitt abzudichten. Auch dieses Verfahren führt dann zu einer Änderung der Anzeige des Vakuummeters.

Arbeitsbereich: 20 bis etwa 10^{-3} Torr.
Nachweisempfindlichkeit: Etwa 10^{-4} Torr l/sec.
Prüfzeit: Sekunden.
Vorteile: Einfachheit und kurze Nachweiszeit.
Nachteile: Geringe Nachweisempfindlichkeit.

1.10.5.2 Vakuummeter nach Penning (Philips-Vakuummeter) oder Ionisationsvakuummeter (Triode) normaler Bauart

Das Verfahren wird in derselben Weise ausgeführt wie unter 1.10.5.1 beschrieben.

Arbeitsbereich: 10^{-2}—10^{-6} Torr.
Nachweisempfindlichkeit: 10^{-6} Torr l/sec.
Prüfzeit: Sekunden.

1.10.5.3 Ionisationsvakuummeter nach Bayard-Alpert

Auch dieses Verfahren wird in derselben Weise ausgeübt wie unter 1.10.5.1 beschrieben.

Arbeitsbereich: 10^{-4}—10^{-10} Torr.
Nachweisempfindlichkeit: 10^{-10} Torr l/sec.
Prüfzeit: Sekunden.
Vorteile: Mittlere Empfindlichkeit, mittlerer Aufwand.
Nachteile: Das Verfahren ist erst anwendbar, wenn in der Apparatur schon ein Druck von 10^{-4} Torr oder darunter erzielt worden ist.

1.10.6 Mit Vakuummeter nach Penning bzw. Ionisationsvakuummeter normaler Bauart mit Palladium-Trennwand und Testgas Wasserstoff

Das Verfahren wird in der Weise ausgeübt, daß die Vakuummeterröhre von der eigentlichen Vakuumapparatur durch eine heizbare Palladium-Trennwand abgeschlossen ist. Die zu prüfende Vakuumapparatur wird dann außen mit Testgas Wasserstoff abgesprüht. Nur wenn eine Undichtigkeit beim Absprühen mit Wasserstoff getroffen wird, dringt dieser in die Vakuumapparatur und dann anschließend durch die geheizte Palladiumwand in die Vakuummeterröhre ein und verändert damit die Anzeige.

Arbeitsbereich: 10^{-2}—10^{-6} Torr.

Nachweisempfindlichkeit: 10^{-7} Torr l/sec.

Prüfzeit: Minuten.

Vorteile: Geringer apparativer Aufwand, billiges Testgas.

Nachteile: Beschränkte Nachweisempfindlichkeit, außerdem Gefahr der Vergiftung der Palladiumwand durch Sauerstoff.

1.10.7 Halogenlecksucher

Bei diesem Verfahren besteht die Meßröhre aus einem geheizten Platindraht, der sich innerhalb eines Anodenzylinders befindet; durch eine angelegte elektrische Spannung werden Alkali-Ionen, die von dem Platindraht emittiert werden, zu dem Anodenzylinder geführt und ergeben so einen Strom durch diese Diode. Der Strom ist sehr empfindlich gegen das Vorhandensein von Halogen-Alkali-Atome. Durch Absprühen der Vakuumapparatur mit halogenhaltigen Gasen, z. B. Frigen, kann der Alkali-Ionenstrom geändert werden und die Stromänderung dann zur Leckanzeige bzw. Messung benutzt werden.

Arbeitsbereich: 760—10^{-6} Torr.

Nachweisempfindlichkeit: 10^{-7} Torr l/sec.

Prüfzeit: Sekunden.

Vorteile: Der Arbeitsbereich beginnt bereits bei 760 Torr.

Nachteile: Gefahr der Fehlanzeige bei Verschmutzung der Vakuumapparatur durch halogenhaltige Substanzen.

1.10.8 Mit Partialdruckmeßgeräten

Bei den im folgenden beschriebenen Verfahren kann als Testgas im Grunde jedes nicht in der Luft vorhandene Gas Verwendung finden. Insbesondere geeignet sind Wasserstoff sowie die Edelgase Helium, Neon und Argon. Besondere Beachtung verdient dabei das Helium. Als testgasempfindliche Indikatoren werden Massenspektrometer verwendet, die jeweils auf das benutzte Testgas eingestellt sind. Näheres hierüber siehe in dem Abschnitt über Partialdruckmeßgeräte (S. 108), in dem die Verwendung der Massenspektrometer als spezifische Indikatoren für spezielle Gase beschrieben wird.

1.10.8.1 Massenspektrometer der Bauart Omegatron

Arbeitsbereich: 10^{-5}—10^{-11} Torr.
Nachweisempfindlichkeit: 10^{-9} Torr l/sec.
Prüfzeit: Sekunden.

1.10.8.2 Massenspektrometer der Bauart Farvitron

Arbeitsbereich: 10^{-4}—10^{-9} Torr.
Nachweisempfindlichkeit: 10^{-7} Torr l/sec.
Prüfzeit: Sekunden.

1.10.8.3 Massenspektrometer der Bauart Topatron

Arbeitsbereich: $1 \cdot 10^{-7}$—$1 \cdot 10^{-3}$ Torr.
Nachweisempfindlichkeit: 10^{-7} Torr l/sec.
Prüfzeit: Sekunden.

1.10.8.4 Massenspektrometer der konventionellen Bauart

Arbeitsbereich: 10^{-4}—10^{-10} Torr.
Nachweisempfindlichkeit: 10^{-10} Torr l/sec.
Prüfzeit: Sekunden.

1.10.8.5 Massenfilter nach Paul und Steinwedel

Arbeitsbereich: 10^{-8}—10^{-3} Torr.
Nachweisempfindlichkeit: 10^{-9} Torr l/sec.
Prüfzeit: Sekunden.

Für die Verfahren gemeinsam:

Vorteile: Hohe Nachweisempfindlichkeit bei quantitativer Anzeige.
Nachteile: Hoher apparativer Aufwand und außerdem Beginn des Arbeitsbereiches erst bei niedrigen Drücken in der Vakuumapparatur.

Bei den mit Partialdruckmeßgeräten durchgeführten Verfahren liefert der Ausschlag A des Massenspektrometers unmittelbar ein Maß für die Größe der Undichtigkeit U.

Die Größe und der zeitliche Verlauf des Ausschlages hängen dabei außer von der Undichtigkeit

$$U = p_0 L\,, \qquad p_0 = 760\,\text{Torr}, \qquad L \text{ Leitwert der Undichtigkeit}$$

noch von dem Verhältnis

$$\frac{\text{Sauggeschwindigkeit der Pumpe}}{\text{Volumen des Prüflings}} = \frac{S}{V} \quad \text{ab.}$$

Dabei ist unmittelbar einleuchtend, daß die Zeit zwischen dem Besprühen eines Lecks bis zur Bereitschaft für einen neuen Test von dem Verhältnis S/V abhängt, da bei dem Überstreichen eines Lecks mit der Sprühdüse der Prüfling zunächst mit dem Testgas überflutet wird. Die Abhängigkeit des Partialdruckes p des Testgases im Massenspektrometer — und damit des Ausschlages — von der Zeit ergibt sich folgendermaßen: Der Zustrom an Testgas in den Prüfling mit dem Volumen V ist gegeben durch

$$d(p\,V) = (p_0\,L - p\,S)\,dt;$$

daraus folgt

$$\text{für}\quad t < T:\quad p_t = \frac{L}{S}\,p_0\left(1 - e^{-\frac{S}{V}t}\right),$$

$$t > T:\quad p_t = \frac{L}{S}\,p_0\left(1 - e^{-\frac{S}{V}t}\right)e^{-\frac{S}{V}(t-T)},$$

$$T \to \infty,\quad t \to T:\quad p_\infty = \frac{L}{S}\,p_0,$$

T = Zeit, während der das Leck besprüht wird.

In Abb. 1.10.1 ist der Massenspektrometerausschlag in Abhängigkeit von der Zeit für $T = 1$ sec und verschiedene Werte von S/V in Prozenten des Gleichgewichtsausschlages $p_\infty = \frac{L}{S}\,p_0$ aufgetragen. Für eine schnelle Testbereitschaft und große Ausschläge muß also die Größe S/V möglichst große Werte haben. Verwendet man außer dem Pumpsatz am Massenspektrometer noch eine Grobpumpe, so geht außer der Sauggeschwindigkeit S des Pumpsatzes auch noch das Verhältnis der Sauggeschwindigkeiten von Grobpumpe und Pumpsatz ein (in allen Fällen natürlich die effektive Sauggeschwindigkeit, die durch die Leitungs- und Ventilwiderstände mit bedingt ist).

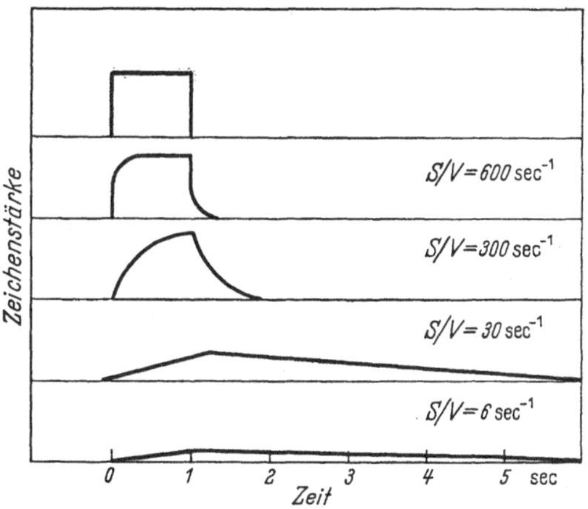

Abb. 1.10.1 Signalform im massenspektrometrischen Lecksucher in Abhängigkeit vom Verhältnis der Sauggeschwindigkeit S des Pumpsatzes zum Volumen V des Prüflings für den Fall, daß das Leck nur während der Zeit $T = 1$ sec besprüht wird

1.11 Ultrahochvakuumtechnik

Das Ultrahochvakuum wurde erschlossen, als es ALPERT 1953 gelang, mit dem nach ihm benannten Ionisationsvakuummeter Drücke bis herab zu etwa 10^{-11} Torr zu messen [*1*][1]. Obwohl derartig

[1] Die in Klammern [ ] gesetzten Ziffern beziehen sich auf das Literaturverzeichnis am Schluß dieses Kapitels (S. 137).

niedrige Drücke sicher auch schon früher erreicht worden waren, konnten sie jedoch nicht gemessen werden, denn die Meßgrenze der bis dahin allein benutzten Meßtrioden liegt bei 10^{-8} Torr[1].

1.11.1 Vorbedingungen für die Erzeugung von Ultrahochvakuum

Das Pumpsystem muß einen genügend niedrigen Druck aufweisen. Die Gasabgabe der Wände muß auf einen möglichst niedrigen Wert gebracht werden. Nach dem Ausheizen auf Temperaturen von 400 bis 500 °C sollten Werte von 10^{-7} Torr l/sec nicht überschritten werden. Die Undichtigkeit soll nicht größer als 10^{-10} bis 10^{-8} Torr l/sec sein. Bei Druckmessungen an bestimmten Stellen einer Hochvakuumapparatur ist dabei im Ultrahochvakuumgebiet noch folgendes zu beachten: Schon im Hochvakuumgebiet ist beim Vorliegen eines stationären Gleichgewichtes zwischen der Gasabgabe der Wände und der Sauggeschwindigkeit der Pumpe die Druckmessung vom Ort in der Vakuumapparatur wegen des Strömungswiderstandes der Leitungen abhängig. Im Ultrahochvakuumgebiet ist aber für das stationäre Gleichgewicht nicht nur die Gasabgabe von den Wänden und die Sauggeschwindigkeit der Pumpe, sondern darüber hinaus auch noch die Adsorption und Desorption von Gasen an Wänden und sogar die Löslichkeit von Gasen in festen Teilen der Vakuumapparatur maßgeblich der Art, daß die beiden letzteren Effekte also noch zusätzlich zu einem Druckabfall in der Vakuumapparatur beitragen. Diese machen sich besonders störend bemerkbar, wenn einige Zeit vorher eine Druckänderung in der Apparatur eingetreten ist (z. B. Beginn des Pumpvorganges). Aus diesem Grunde ist es im Ultrahochvakuumgebiet besonders wichtig, die Meßsysteme offen in dem Vakuumbehälter unterzubringen und nicht über röhrenförmige Leitungen an getrennte Vakuummeßgeräte anzuschließen. Diese Gesichtspunkte gelten sowohl für Glas- als auch für Metallapparaturen.

1.11.2 Druckmessung

1.11.2.1 Mit Bayard-Alpert-Röhre

Für die Druckmessung bis zu 10^{-10} Torr verwendet man die Ionisationsvakuummeter nach Bayard-Alpert [*2*, *3*] (s. Kap. 1.8, S. 107). Für Drücke unter 10^{-10} Torr gelten folgende Überlegungen: Sowohl durch Anwendung der Tiefkühlung als auch durch Ionenpumpen mit einer

[1] Es ist daher vorgeschlagen worden, diesen Wert als Grenze zwischen dem Hoch- und dem Ultrahochvakuum zu definieren. Wir halten jedoch die Einteilung des gesamten Vakuumbereiches in Teilbereiche gemäß Tab. 1.4.1 (S. 55) für zweckmäßiger. Danach reicht das Hochvakuum bis 10^{-7} Torr, und wir definieren diesen Wert als obere Grenze für das Ultrahochvakuum; die untere Grenze legen wir nicht fest.

BAYARD-ALPERT-Röhre oder auch mit Hilfe von Quecksilber-Diffusionspumpen lassen sich Drücke erreichen, die jenseits der Nachweisgrenze der BAYARD-ALPERT-Röhre liegen (10^{-11} Torr). Daher wurden auch für diese extrem niedrigen Drücke Meßmethoden entwickelt. Bekanntlich liegt die Begrenzung der Ionisationsvakuummeterröhre darin, daß durch weiche Röntgenstrahlung aus dem Ionenfänger Elektronen befreit werden, die einen Ionenstrom vortäuschen. Erreicht bei niedrigen Drücken der Ionenstrom die Größenordnung des druckunabhängigen Röntgen-

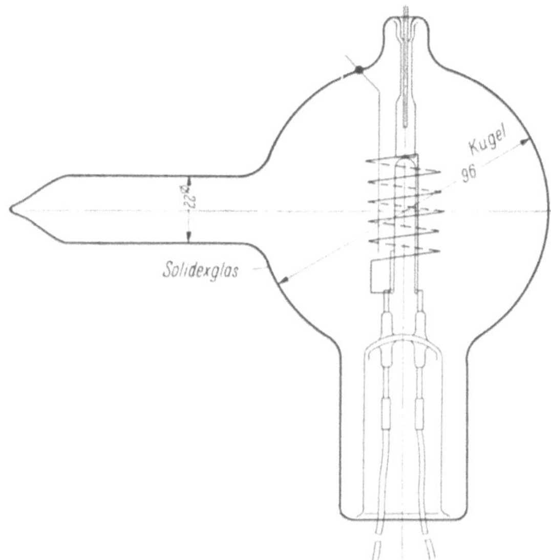

Abb. 1.11.1 Ionisationsvakuummeter-Röhre mit Hilfselektrode

effektes, so ist eine Druckmessung nur möglich, wenn der Röntgeneffekt ebenfalls bestimmt und im Resultat berücksichtigt wird. Man versuchte dies zunächst durch Variation der Spannung der positiven Elektroden zu erreichen, um den nahezu spannungsunabhängigen Ionenstrom von dem spannungsabhängigen Röntgeneffekt trennen zu können. Jedoch ist diese Methode umständlich und wenig genau. Einfacher und genauer ist dagegen das Verfahren, bei dem einer Hilfselektrode zeitweise eine stark negative Spannung gegeben wird, so daß die Ionen nicht mehr auf den Auffänger, sondern auf die Hilfselektrode fließen (Abb. 1.11.1). Der Auffängerstrom, der während dieser Zeit gemessen wird, stellt den Röntgeneffekt dar. Legt man dann an die Hilfselektrode eine Spannung, die positiver als die Auffängerspannung ist, so fließen die Ionen zum Auffänger. Von dem jetzt gemessenen Auffängerstrom zieht man den Röntgeneffekt ab, um auf den Ionenstrom und damit den Druck zu kommen.

1.11.2.2 Mit Magnetronvakuummeter

Ein Kaltkathodenionisationsrohr ist das neuerdings zur Messung sehr niedriger Drücke benutzte Magnetronvakuummeter [4] (Abb. 1.11.2).

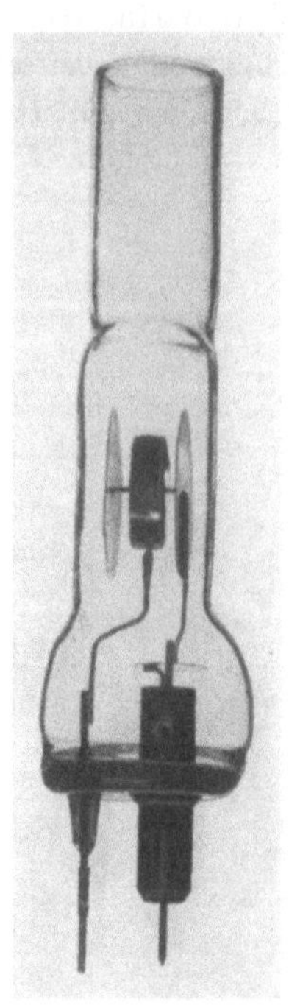

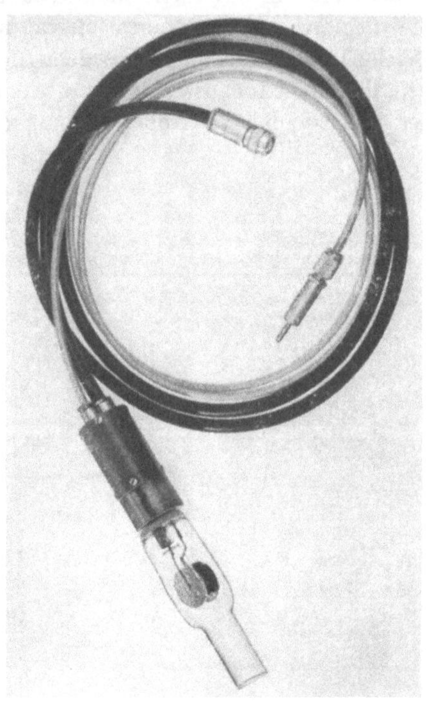

a b

Abb. 1.11.2a u. b Magnetronvakuummeter-Röhre

Es zündet bis zu den niedrigsten bisher erreichten Drücken und erreicht relativ hohe Ionenströme. Abb. 1.11.3 zeigt eine Eichkurve. Wegen des hohen Ionenstromes wirkt diese Röhre als Pumpe mit ziemlich hoher Sauggeschwindigkeit. Für Helium wurde ein Wert von 0,15 l/sec gemessen. Den Vorteilen dieser Röhre — nämlich hohe Empfindlichkeit, großer Meßbereich von 10^{-4}—10^{-12} Torr — stehen als Nachteile gegenüber: Die relativ schlechte Meßgenauigkeit, bedingt durch Pumpwirkung und Oberflächeneinflüsse, sowie die Notwendigkeit eines Magneten und die hohe Betriebsspannung.

1.11.2.3 Flash-filament-Methode

Eine gänzlich andere Methode zur Messung von sehr niedrigen Drücken ist die sogenannte Flash-filament-Methode [5]. Sie besteht darin, eine Metalloberfläche innerhalb der Vakuumapparatur zunächst durch

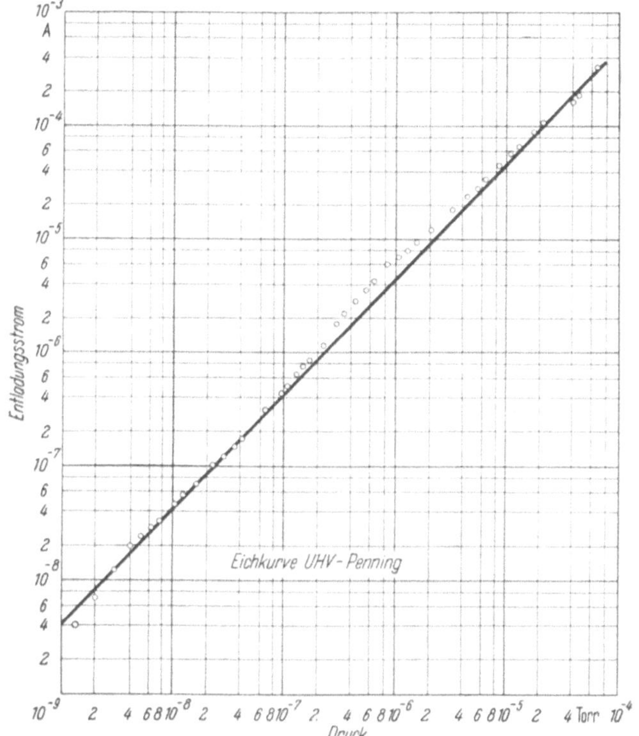

Abb. 1.11.3 Eichkurve eines Magnetronvakuummeters

Erhitzen auf etwa 2000 °C zu reinigen. Während einer anschließenden Kaltzeit adsorbieren Moleküle der anwesenden aktiven Gase. Ihre Menge ist ein Maß für den Druck. Die nicht adsorbierenden Gase (Edelgase) werden nicht mit erfaßt; ein Vorteil, wenn es darauf ankommt, die Reinheit von Oberflächen messend zu verfolgen.

Bei dem Flash-filament-Verfahren benutzt man einen Wolfram- oder Molybdänfaden, den man nach dem Ausheizen und der Kaltzeit wiederum ausheizt. Die desorbierten Gase erzeugen einen Druckanstieg, der ein Maß für den Druck der aktiven Gase darstellt. Abb. 1.11.4 zeigt den

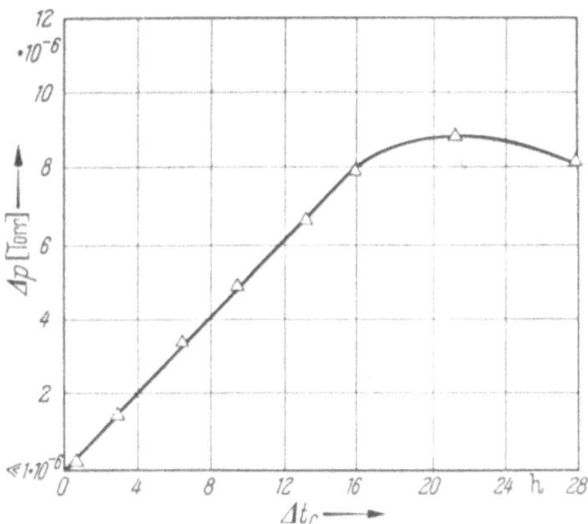

Abb. 1.11.4 Druckanstieg als Funktion der Kaltzeit

Druckanstieg als Funktion der Kaltzeit. Die Sättigung stellt sich bei Erreichen einer Monolage ein. Aus der Kaltzeit, die zur Erreichung einer Monolage benötigt wird, läßt sich auf den Druck der adsorbier-

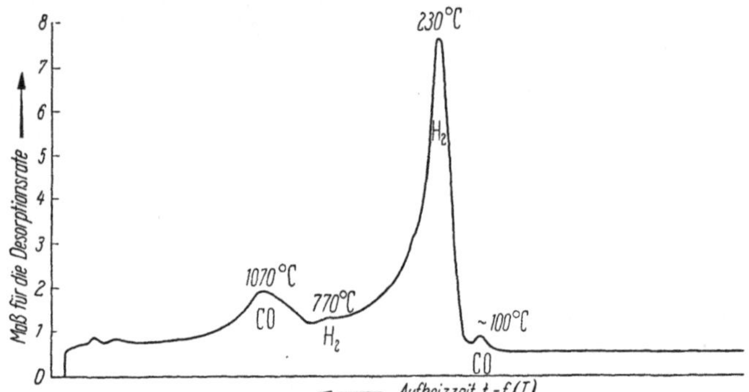

Abb. 1.11.5 Desorptionsspektrum einer CO- und H_2-haltigen Atmosphäre

baren Gase schließen. Zu genaueren Ergebnissen kommt man jedoch, wenn man bei kleineren Kaltzeiten und damit auch kleineren Druckanstiegen arbeitet und das Verfahren mit bekannten Gasen eicht.

Beim Ausbau dieses Verfahrens zum Desorptionsspektrometer lassen sich sogar verschiedene adsorbierte Gase unterscheiden.

Hierbei heizt man den Draht langsam auf und stellt fest, daß bei Erreichen von bestimmten Temperaturen Druckspitzen erscheinen. Die zweiatomigen Gase N_2, H_2 und CO zeigen je zwei charakteristische Desorptionstemperaturen, die zwei Adsorptionszuständen entsprechen. Abb. 1.11.5 zeigt das Desorptionsspektrum für eine CO- und H_2-haltige Atmosphäre.

1.11.3 Die Erzeugung von Ultrahochvakuum

1.11.3.1 In Glasapparaturen (Inhalt einige Liter)

Eine typische Anordnung zeigt Abb. 1.11.6 [*6*]. Zwei hintereinandergeschaltete Quecksilber-Diffusionspumpen D_1 und D_2 sind über die Fallen F_1 und F_2 und das Ventil V_2 mit dem Rezipienten verbunden. Für größere Apparaturen werden auch Öl-Diffusionspumpen benutzt; dann ist F_1 ein wassergekühltes Baffle.

Das Vorvakuum wird mit der rotierenden Pumpe R über das Ventil V_1 und den Vorvakuumbehälter B erzeugt. Zur Messung des Totaldruckes dient ein Bayard-Alpert-Ionisationsvakuummeter IV (s. Meßgeräte) und der Partialdrücke eine Omegatronmeßröhre O (s. Partialdruckmeßgeräte). In den Rezipienten kann über das Ventil V_3 zu Versuchszwecken Gas eingelassen werden. Die von der gestrichelten

Linie umgebenen Teile sind bis auf etwa 450 °C ausheizbar. Daher sind die Ventile V_2 und V_3 ganz aus Metall hergestellt. Bewährte Ausführungsbeispiele zeigen Abb. 1.11.16 und 1.11.17.

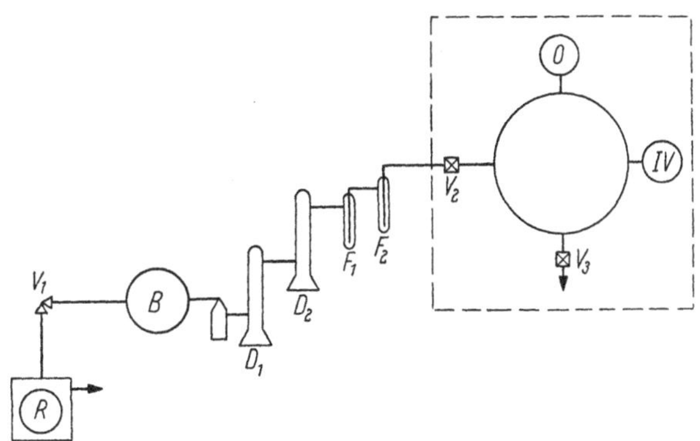

Abb. 1.11.6 Anordnung zur Erzeugung von Ultrahochvakuum

Pumpen, Kühlfallen und meist auch die übrige Apparatur sind aus Duran 50 oder äquivalenten Gläsern hergestellt (Borsilikatgläser). Der Arbeitsgang ist folgender:

1. Mit Vorpumpe und Diffusionspumpen wird die Apparatur auf etwa 10^{-6} Torr evakuiert. Dabei wird nur die Falle F_1 mit flüssigem Stickstoff gekühlt.
2. Die Apparatur wird etwa 15 Stunden bei 450 °C ausgeheizt.
3. Nach Entfernen des Ofens werden die Metallteile der Meßröhre *IV* bei etwa 1300 °C ausgeglüht.
4. Die Falle F_2 wird beschickt. Dann sinkt der Druck nach einigen Stunden auf Werte unter 10^{-9} Torr.

Es ist möglich, das Ventil V_2 zu schließen, ohne daß der Druck ansteigt, wenn die Meßröhre *IV* eingeschaltet ist und mit einem relativ hohen Elektronenstrom betrieben wird (10 mA). Dann wirkt die Röhre als Ionenpumpe mit einer Sauggeschwindigkeit von einigen cm³/sec. Diese Sauggeschwindigkeit reicht aus, um das durch die Glaswände eindringende atmosphärische Helium bei etwa 10^{-11} Torr abzupumpen.

1.11.3.2 In Metallapparaturen

Man benutzt Metallapparaturen, deren sämtliche Bauteile bis auf 400 bis 500 °C ausheizbar sind. Solche Metallapparaturen kommen vor allem für große Vakuumapparaturen in Frage. Die hauptsächliche Schwierigkeit über das bei Glasapparaturen Gesagte hinaus besteht in der starken Gasabgabe durch die großen Wandflächen der Apparaturen. Deshalb ist die Verwendung geeigneter Werkstoffe wesentlich. In Frage kommen nichtrostende Stähle, unter Umständen in Verwendung mit Teilen aus

Keramik. Darüber hinaus ist für diese Großapparaturen besonders bedeutungsvoll die Verwendung geeigneter Bauelemente für die Leitungen wie Flansche und Ventile. Sie sollen später noch behandelt werden.

Als Pumpen großer Sauggeschwindigkeit für solche Apparaturen eignen sich vor allem Diffusionspumpen mit geeigneten Fallen. Besonders hat sich die Öl-Diffusionspumpe mit einer Falle mit flüssigem Stick-

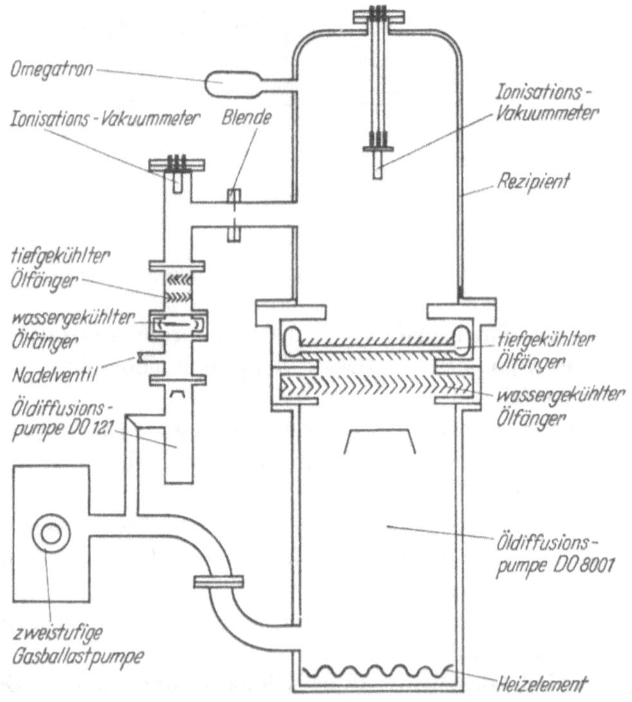

Abb. 1.11.7
Pumpen- und Ölfängersystem großer Sauggeschwindigkeit zur Erzeugung von Ultrahochvakuum

stoff bewährt. Abb. 1.11.7 zeigt als Beispiel eine Pumpe mit 8000 l/sec Sauggeschwindigkeit. Der Enddruck ist 10^{-9} Torr, die Sauggeschwindigkeit für Luft und Wasserstoff gibt Abb. 1.11.8 wieder. Die Messungen wurden bis 10^{-9} Torr durchgeführt, und es ist keine Verringerung der Sauggeschwindigkeit festzustellen [7]. Da das Öl der Diffusionspumpe bei Zimmertemperatur entlang den Gehäusewänden in den Rezipienten kriechen würde, muß dieser Weg durch ein Blech unterbrochen werden, das mit den tiefgekühlten Teilen der Falle in Verbindung steht (Abb. 1.11.9).

Metallapparaturen werden gelegentlich auch so ausgeführt, daß zwei Metallbehälter ineinanderstecken, wobei der äußere Behälter normale Flanschabdichtungen mit Metallzwischenlagen trägt, die aber nur auf Hochvakuumerfordernisse abgedichtet zu werden brauchen, während

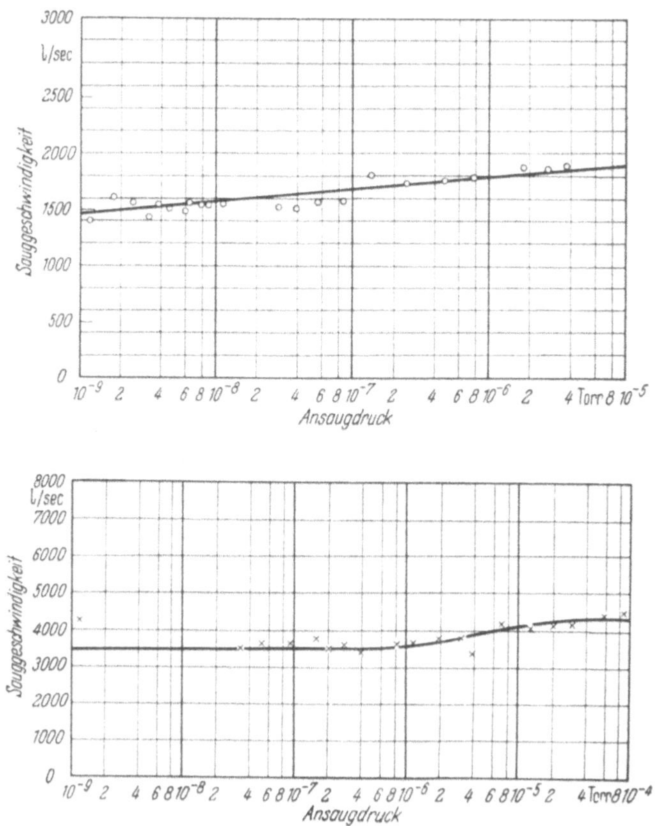

Abb. 1.11.8 Sauggeschwindigkeit für Luft (oben) und für Wasserstoff (unten) der Öl-Diffusionspumpe DO 8001 mit wasser- und tiefgekühlter Dampfsperre. Treibmittel: Diffelen ultra

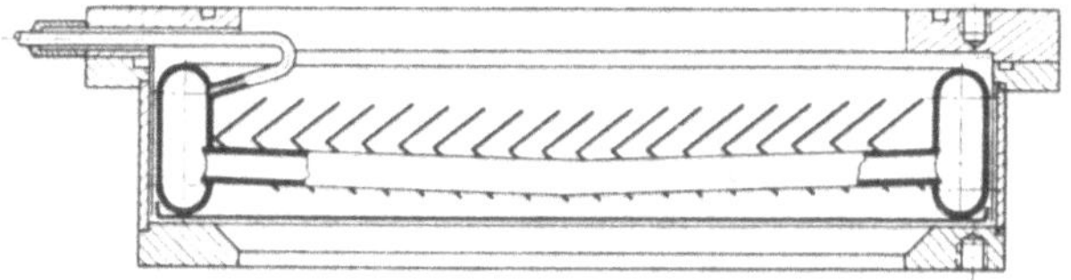

Abb. 1.11.9 Raster-Baffle mit Kriechbarriere

der innere Teil keine Flanschabdichtungen hat, sondern nur glatt aufeinanderliegende Flansche besitzt. Infolge der Evakuierung der Zwischenräume zwischen den beiden Apparaturen braucht die innere Apparatur auch nicht noch ein zweites Mal abgedichtet zu werden [*8*].

1.11.3.3 Adsorptionsfallen

Die oben beschriebenen Anordnungen werden gelegentlich dadurch variiert, daß an Stelle der Kühlfallen Adsorptionsfallen verwendet werden [*9*]. Wie bereits im Kap. 1.6.3 (S. 92) betont wurde, sind diese Fallen besonders wichtig in der Ultrahochvakuumtechnik. Sie kamen im Zusammenhang hiermit auch erst in allgemeinen Gebrauch.

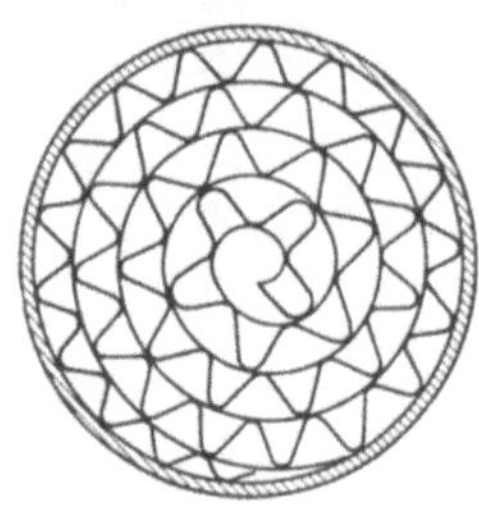

Abb. 1.11.10 Kupferfalle im Schnitt

ALPERT benutzte statt Quecksilber-Diffusionspumpen mit Kühlfallen Öl-Diffusionspumpen mit einer Kupferfalle (vgl. Abb. 1.6.9, S. 92), die im Schnitt in der Abb. 1.11.10 gezeigt ist. Man verwendet eine glatte und eine gewellte Folie aus sauerstofffreiem Kupfer (OFHC-Kupfer), die übereinandergelegt und zusammengerollt werden. Es ist darauf zu achten, daß die Oberfläche sauber, insbesondere fettfrei ist.

Um dies zu erreichen, empfiehlt es sich, die fertiggestellte Kupferblechrolle in einer Wasserstoffatmosphäre zu glühen. Als Pumpe benutzte ALPERT zunächst eine Glaspumpe, jedoch eignet sich eine Metallpumpe mit Baffle in gleicher Weise, vorausgesetzt, daß sie gute Fraktionier- und Entgasungseigenschaften besitzt. Oberhalb des Baffles geht man über ein Vaconrohr auf Glas über. Die Falle wird zusammen mit der übrigen Apparatur geheizt. Der Arbeitsgang ist folgender:

1. Mit Vorpumpe und Diffusionspumpe die Apparatur auf 10^{-6} Torr evakuieren,
2. 15 Stunden ausheizen bei 450 °C,
3. Nach Entfernen des Ofens Ausglühen der Metallteile der Meßröhren bei 1300 °C.

Der Druck sinkt nach einigen Stunden unter 10^{-9} Torr. Er steigt langsam wieder an und erreicht je nach Ausführung der Kupferfalle nach Tagen oder Wochen den Wert 10^{-9} Torr. Der Druckanstieg hört auf, wenn der Enddruck der Diffusionspumpe erreicht ist. Die Wirkungsweise der Kupferfalle beruht darauf, daß die aus der Pumpe kommenden Ölmoleküle sehr häufig gegen eine unbeladene Oberfläche stoßen müssen, bevor sie in den Rezipienten gelangen können. Ob hierbei außer einer Adsorption auch chemische Reaktionen erfolgen, ist noch nicht geklärt.

Durch Verwendung der Kupferfalle wird der Aufbau und auch die Bedienung einer Ultrahochvakuumapparatur sehr vereinfacht (kein flüssiger Stickstoff). Dafür muß man einen Druckanstieg in Kauf nehmen, wobei die Natur der ihn verursachenden Gase nicht mit Sicherheit während der Versuchsdauer vorherzusehen ist. Nach neueren Arbeiten muß mit dem Erscheinen von CO gerechnet werden.

An Stelle von Kupfer wird neuerdings die Verwendung von Keramik (Aluminiumoxyd oder sogenannte Molekularsiebe, Zeolith) vorgeschlagen. Als Vorteil wird die Möglichkeit angegeben, Fallen mit Leitwerten bis zu 100 l/sec und mehr zu bauen.

Die Verwendung von Adsorptionskohle, die jedoch im Gegensatz zu dem bisher beschriebenen Verfahren gekühlt wird, ist seit langem bekannt.

1.11.3.4 Getter

Ein weiteres Mittel zur Erzeugung von Ultrahochvakuum ist die Anwendung von Getterstoffen [*10*] (s. Kap. 2.4, S. 234). Hierbei ist jedoch besondere Vorsicht geboten, da sich nur mit einem extrem entgasten Getterstoff ein hinreichend niedriger Enddruck erreichen läßt. Es ist üblich, durch Verdampfen des Gettermaterials einen Metallspiegel herzustellen, an dessen frischer Oberfläche die aktiven Gase adsorbieren (s. Kap. 1.7, Ionen-Getterpumpen, S. 92). Hierzu benutzt man einen Wolframdraht, der durch Stromdurchgang erhitzt wird, und der von dem zu verdampfenden Draht aus Gettermaterial umwickelt ist.

Um zu entgasen, heizt man den Wolframdraht zunächst langsam so weit hoch, daß gerade noch keine Verdampfung erfolgt. Es empfiehlt sich, hierbei den Druckverlauf zu beobachten. Der Entgasungsvorgang ist beendet, wenn der Ausgangsdruck nahezu wieder erreicht ist. Dann wird durch weitere Temperatursteigerung verdampft, worauf der Druck schnell fällt. Titan verdampft schon unterhalb seines Schmelzpunktes relativ gut, jedoch ist die genaue Einstellung der Temperatur kritisch, und es besteht die Gefahr, daß der Schmelzpunkt überschritten wird. Daher wickelt man zweckmäßig einen zweiten Wolframdraht um den Heizdraht, der verhindert, daß das geschmolzene Titan zu einem Tropfen zusammenläuft. Titan benutzt man meistens als Getterstoff wegen seiner starken Aktivität gegenüber fast allen Gasen außer Edelgasen. Gelegentlich werden auch Zirkon, Molybdän sowie andere Stoffe, wie sie vom Röhrenbau bekannt sind, eingesetzt.

1.11.3.5 Tiefkühlung (Kryopumpen)

Schließlich wendet man auch sehr niedrige Temperaturen zur Erzeugung von Ultrahochvakuum an. Bringt man in den zu evakuierenden Rezipienten eine Fläche, die auf die Temperatur des siedenden Wasserstoffes (20,4 °K) oder des siedenden Heliums (4,2 °K) gekühlt wird, so kondensieren auf dieser Fläche neben den Dämpfen auch die sog. Permanentgase wie N_2, O_2, CO, CO_2 usw., d. h. die Kondensationsfläche wirkt als Pumpe (Kryopumpe). Wie aus der Abb. 1.11.11, welche die Dampfdruckkurven der leichten Gase bei tiefen Temperaturen darstellt,

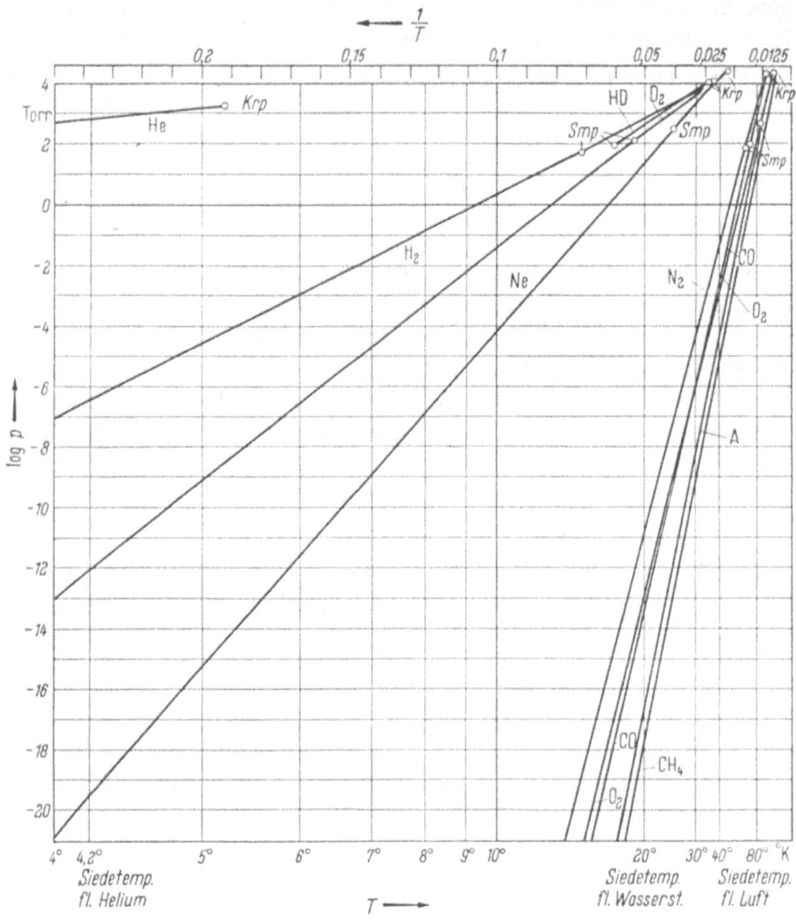

Abb. 1.11.11 Dampfdruckkurven der leichten Gase bei tiefen Temperaturen

zu ersehen ist, sind bei 20,4 °K die Gleichgewichtsdrücke von N_2, O_2, CO und A von der Größenordnung 10^{-11} bis 10^{-17} Torr. Bei Ne und H_2 betragen sie dagegen etwa 40 bzw. einige hundert Torr. Bei 4,2 °K ist kein Gas mehr meßbar vorhanden außer H_2 und He mit einem Gleichgewichtsdruck von einigen 10^{-7} Torr bzw. 760 Torr. Daraus folgt, daß allein durch Verwendung tiefgekühlter Flächen keine niedrigen Endvakua erzielt werden können. Denn in der normalen atmosphärischen

Luft, die vor Beginn des Pumpprozesses den Rezipienten ausfüllen wird, sind H_2, He und Ne mit Partialdrücken von $3{,}8 \cdot 10^{-4}$ Torr (H_2), $4 \cdot 10^{-3}$ Torr (He) und $1{,}4 \cdot 10^{-2}$ Torr (Ne) vorhanden. Diese Gase müssen also zunächst mit konventionellen Pumpen abgepumpt werden, wenn mit der Kryopumpe sehr niedrige Enddrücke erreicht werden sollen.

Die Sauggeschwindigkeit der Kryopumpen hängt von der Form und Größe des Kondensationselements (des sog. Pumpkondensators), dessen Orientierung zum Rezipienten und von dem Kondensationskoeffizienten des abzupumpenden Gases ab. Ist der Pumpkondensator eine ebene Fläche und befindet er sich direkt im Rezipienten, so ist die Sauggeschwindigkeit proportional der Oberfläche.

Aus der kinetischen Gastheorie ist bekannt, daß das Volumen V (l) eines Gases im Hochvakuum, das in der Zeit t (sec) durch eine Fläche F (cm²) hindurchtritt oder auf eine Fläche auftrifft, gegeben ist durch die Beziehung

$$\frac{V}{t} = 10^{-3} F \frac{\bar{w}}{4} \quad \text{(l/sec)},$$

$$\bar{w} = \text{mittlere Molekulargeschwindigkeit} = \sqrt{\frac{8kT}{\pi m}} \quad \text{(cm/sec)}.$$

Wird die Fläche tiefgekühlt und kondensieren alle auftreffenden Moleküle, d. h. ist der Kondensationskoeffizient $\alpha = 1$, so ist

$$\frac{V}{t} = S, \quad S \text{ Sauggeschwindigkeit des Pumpkondensators.}$$

Bei einer Temperatur der Rezipientenwandung von 20 °C ist

für Luft $\bar{w} = 4{,}64 \cdot 10^4$ cm/sec

und

für Wasserstoff $\bar{w} = 17{,}54 \cdot 10^4$ cm/sec.

Damit ergibt sich für die Sauggeschwindigkeit

für Luft $S = 11{,}6 \cdot F$ (l/sec)

und

für Wasserstoff $S = 43{,}8 \cdot F$ (l/sec).

Für die Ausführung und die Art der Kühlung des Pumpkondensators gibt es verschiedene Möglichkeiten. Bei kleineren Pumpen kann man eine gut isolierte Kühlfalle (Kryostat), die mit dem Kühlmittel (fl. H_2 oder fl. He) gefüllt wird, verwenden. Bei größeren Pumpen, die zudem über längere Zeit arbeiten sollen, besteht der Pumpkondensator aus einer Kupferrohrspirale, durch die das Kühlmittel mit Hilfe einer rotierenden Pumpe hindurchgesaugt wird [*11*]. In der Spirale verdampft das Kühlmittel und bewirkt dadurch die Abkühlung. Durch geeignete Regelung des Kühlmittelstromes mit von der Temperatur gesteuerten Regelventilen läßt sich die einmal eingestellte Temperatur des Pumpkondensators auf 1/10 bis 1/100° konstant halten.

Der erreichbare Enddruck liegt bei einigen 10^{-11} bis 10^{-12} Torr.

1.11.4 Bauelemente

1.11.4.1 Flanschverbindungen [*12*]

Die Anforderungen, die an eine Ultrahochvakuum-Flanschverbindung gestellt werden, ihre Dichtigkeit und die Zulässigkeit einer Ausheiztemperatur bis zu 450 °C bei einer großen Zahl von Ausheizzyklen (bis zu 100), führte zu einer ganzen Reihe von Vorschlägen. Entscheidend ist, daß diese Bedingungen nicht mit federelastischen Dichtungsmaterialien, wie Gummi oder Kunststoff, erreicht werden können. Man ist also gezwungen, Dichtelemente aus Metall zu verwenden. Dabei stellen sich weitere Forderungen. Der Flansch darf nicht zu schwierig herzustellen sein, die Dichtfläche muß gegen mechanische Beschädigung geschützt sein, die Verbindung muß auch bei der höchst zulässigen Ausheiztemperatur dicht bleiben. Ein grundsätzlicher Nachteil aller Metalldichtungen liegt naturgemäß darin, daß die Dichtelemente nur wenige Male verwendet werden können. Daraus ergibt sich weiter die Forderung, daß die Dichtungen nicht zu kostspielig sein dürfen.

Aus der großen Anzahl an Vorschlägen, die in den letzten Jahren in der Literatur erschienen sind, soll hier ein kleiner Teil, der typisch ist, herausgegriffen werden. Welche der verschiedenen Typen sich letzten Endes durchsetzen werden, ist nicht abzusehen, da alle Forderungen nicht in optimaler Weise durch ein einziges System erfüllt werden können.

Auch gehen die Ansichten über das günstigste Dichtungsmaterial weit auseinander. Nur um einige Beispiele zu nennen: Indium, Kupfer, Gold, Weicheisen, rostfreier Stahl, Silber, Platin, Nickel, Aluminium wurden diskutiert.

Im nachstehenden sollen folgende Systeme etwas eingehender behandelt werden:

1. Einheitsflanschdichtung (Aluminium bzw. Kupfer oder Gold),
2. Schneidendichtung (Kupfer oder Silber),
3. Stufendichtung (Kupfer),
4. Eckendichtung (Gold).

Das sicher einfachste Verfahren wird das sein, bei dem ein normalerweise verwendeter Gummiring durch einen Metallring ersetzt wird. Ein Vorschlag, der sich durchaus bewährt hat, stellt die Verwendung von

Aluminiumringen an Stelle von Gummiringen bei dem Einheitsflanschsystem dar (Abb. 1.11.12a). Dieses Verfahren hat den erheblichen Vorteil, daß normale Bauteile ohne weiteres mit Metalldichtungen versehen werden können, jedoch die Nachteile, daß für das Anziehen

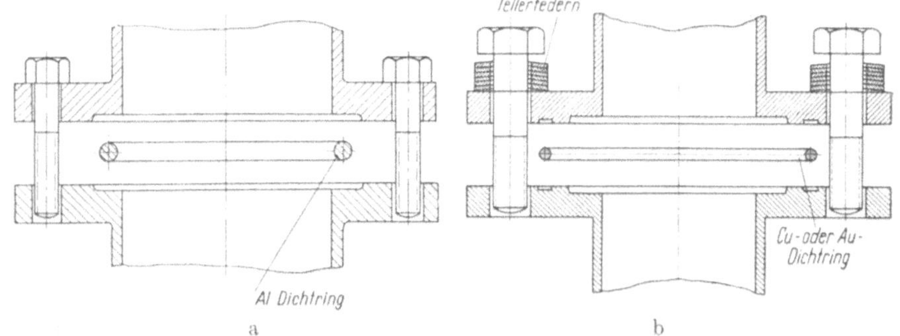

Abb. 1.11.12a u. b Einheitsflanschdichtung
a Normalflansch mit Aluminiumring; b Normalflansch mit zusätzlicher Nut und Kupfer- oder Goldring

der Flansche erhebliche Kräfte benötigt werden, wodurch sich u. U. die Flanschkragen verziehen können, und daß die Ausheiztemperatur 200 °C nicht überschreiten darf. Diese Nachteile lassen sich vermeiden, wenn der Dichtring so weit vergrößert wird, daß er nahe den Schraubenlöchern in einer besonderen, fein bearbeiteten Nut dichtet (Abbildung 1.11.12b). Durch hitzebeständige Tellerfedern unter den Schraubenköpfen bleibt auch nach dem Ausheizen auf etwa 400 °C die erforderliche Dichtkraft erhalten.

Die bekannte Schneidendichtung, wie sie in Abb. 1.11.13 dargestellt ist, hat sich grundsätzlich bewährt, hat jedoch den großen Nachteil,

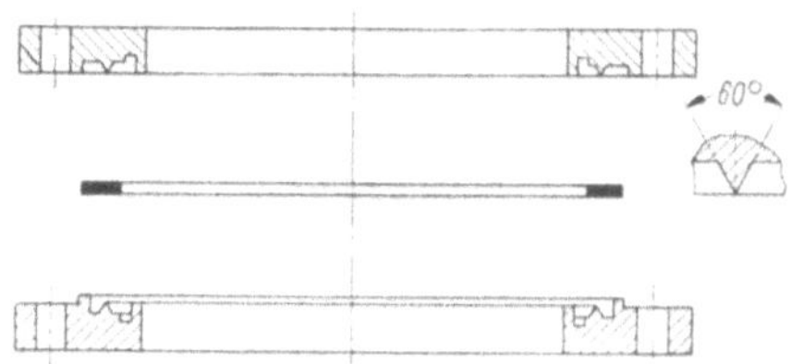

Abb. 1.11.13 Schneidendichtung mit Kupferringscheibe

daß die Bearbeitung der Schneiden sehr sorgfältig durchgeführt werden muß und daß die empfindlichen Schneiden gegen mechanische Beschädigung nicht geschützt sind. Als Dichtungsmaterial für diesen Dichtungstyp werden sehr viele Metalle vorgeschlagen, vor allem Kupfer und Silber.

Die Stufendichtung, dargestellt in Abb. 1.11.14, hat eine Dichtscheibe aus Kupfer (es muß sich um eine sauerstofffreie Kupferqualität handeln), die in eine Stufe eingeklemmt wird. Der Kupferring muß nach der Herstellung bei Temperaturen zwischen 850 und 900 °C getempert werden, was insbesondere bei größeren Querschnitten unbequem sein kann.

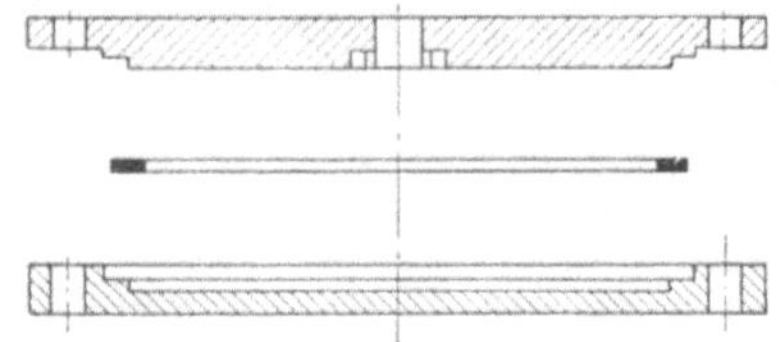

Abb. 1.11.14 Stufendichtung mit Kupferringscheibe

Die inzwischen am häufigsten verwendete Dichtung ist die Eckendichtung mit einem Goldring als Dichtelement, dargestellt in Abbildung 1.11.15.

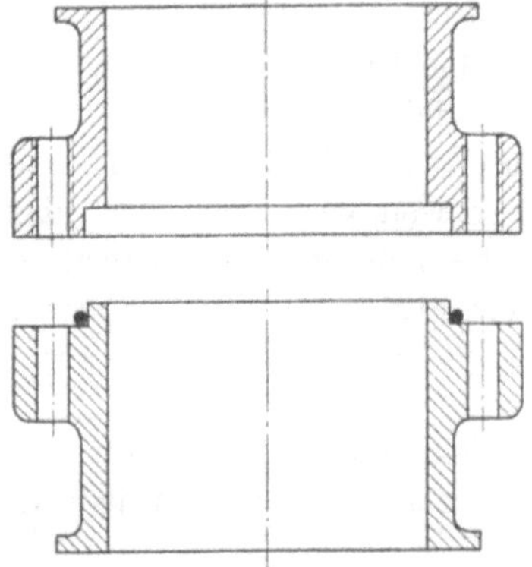

Abb. 1.11.15 Eckendichtung mit Goldring

Da der Goldring Querschnitte zwischen 0,5 und 1 mm² haben kann, ist der Materialaufwand nicht besonders hoch, zumal der Materialwert im wesentlichen erhalten bleibt.

Alle diese Flanschsysteme, ausgenommen die Einheitsflanschdichtung, haben den erheblichen Nachteil, daß unsymmetrische Flansche verwendet werden müssen, was bei dem Aufbau einer Anlage zu Schwierigkeiten führen kann.

Ein weiter häufig diskutierter Typ der Ultrahochvakuum-Flanschverbindungen ist der Lötflansch. Hier wird die Verbindung durch Verlöten der beiden Flanschenden mit einem Lot vorgenommen, das einerseits erst bei Temperaturen über der Ausheiztemperatur fließt und das andererseits einen hinreichend niedrigen Dampfdruck hat. Hierfür werden im allgemeinen Indiumlegierungen vorgeschlagen.

Eine wenn auch etwas unbefriedigende, auf jeden Fall aber sichere Verbindung, insbesondere bei großen Querschnitten, stellt der Schweißflansch dar. Hierbei werden an beiden Flanschenden dünne Metallringe angebracht, deren Durchmesser größer als der des Flansches ist. Diese beiden Scheiben werden nach der Montage sorgfältig verschweißt. Zur Lösung der Verbindung muß die Schweißnaht abgeschliffen werden; bei entsprechender Ausführung kann eine solche Verbindung bis zu fünfmal benutzt werden.

1.11.4.2 Ventile [*13*]

Die gleichen Anforderungen, die an ausheizbare Flanschverbindungen gestellt werden, werden auch an ausheizbare Ventile gestellt. Hierbei

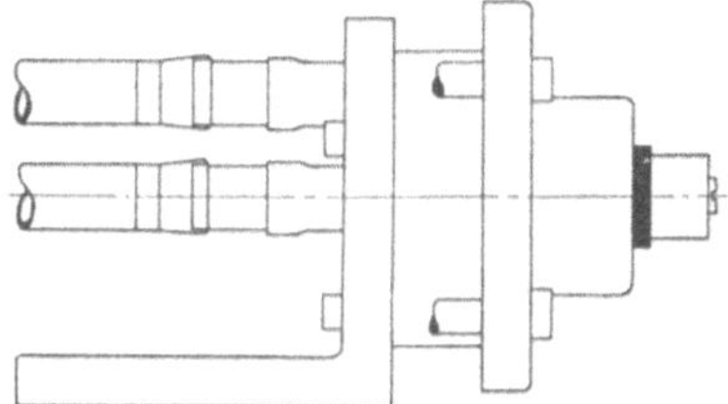

Abb. 1.11.16 Granville-Phillips-Ventil

handelt es sich in erster Linie darum, eine hinreichende Dichtung zwischen dem Ventilteller und dem Ventilsitz zu erreichen. Das bekannteste

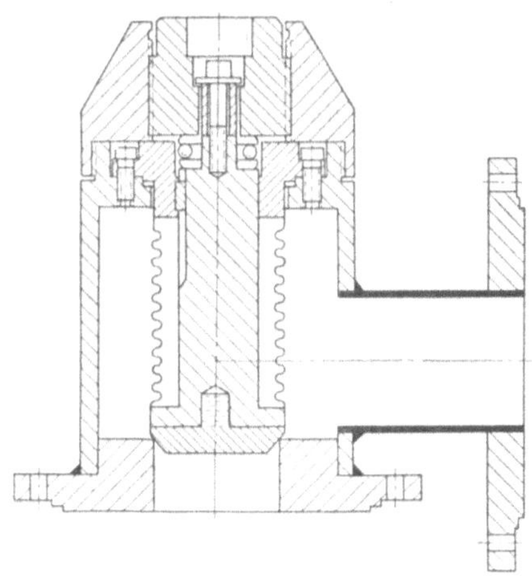

Abb. 1.11.17 Westinghouse-Ventil NW 25

Verfahren beruht darauf, daß Ventilteller und Ventilsitz — im allgemeinen aus verschiedenem Material — mit großer Kraft aneinandergedrückt werden. Ausheizbare Ventile, die auch nach etwa 100 bis 1000 Betätigungen noch sicher schließen, gibt es bisher nur für kleine Durchmesser. Zwei typische Beispiele zeigen die Abb. 1.11.16 und 1.11.17.

Der Ventilsitz besteht im allgemeinen aus dem härteren Material, wie rostfreier Stahl, der Ventilteller aus Kupfer, Monel oder Silber. Ein Charakteristikum für derartige Ventile ist die Kurve für das zulässige bzw. notwendige Drehmoment beim Schließen in Abhängigkeit von der erreichten Dichtigkeit und die maximal zulässige Ausheiztemperatur. Wichtig ist, daß diese Ventile im allgemeinen nicht oder nur wenige Male in geschlossenem Zustand ausgeheizt werden können. Die Schwierigkeit bei größeren Abmessungen ergibt sich daraus, daß die Ventilklappe den Sitz immer wieder exakt an der gleichen Stelle treffen muß, um zu dichten.

Für Glasapparaturen verwendet man gelegentlich Ventile, die ganz aus Glas bestehen, wobei die Abdichtung durch Aufeinanderdrücken von zwei kugeligen oder planen Flächen, die nicht gefettet sein dürfen, erfolgt. Diese Ventile dichten aber nur das Ultrahochvakuum gegen Drücke bis zu 10^{-4} Torr ab. Sie haben den Vorteil, mit Glasapparaturen verschmolzen werden zu können und ausheizbar zu sein.

Nach dem gleichen Prinzip der oben beschriebenen Lötflansche können natürlich auch Lötventile aufgebaut werden. Dabei befindet sich das Lötmetall im allgemeinen in einer heizbaren Rinne, in die der Ventilteller hineingetaucht wird.

1.11.4.3 Beobachtungsfenster

Fenster für Beobachtungen innerhalb der Vakuumapparatur können durch Verschmelzung von Planglasscheiben an Vaconrohr her-

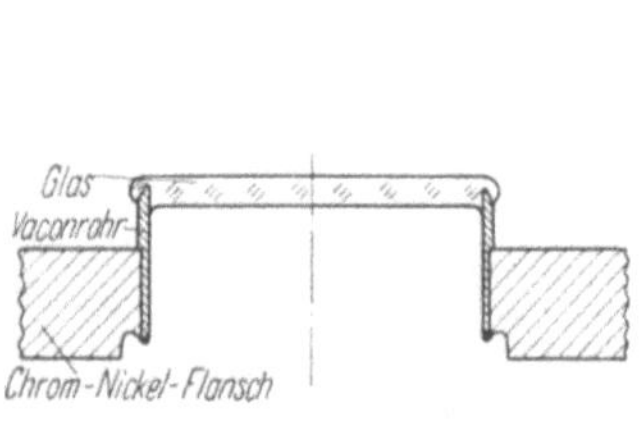

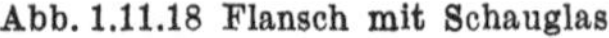

Abb. 1.11.18 Flansch mit Schauglas

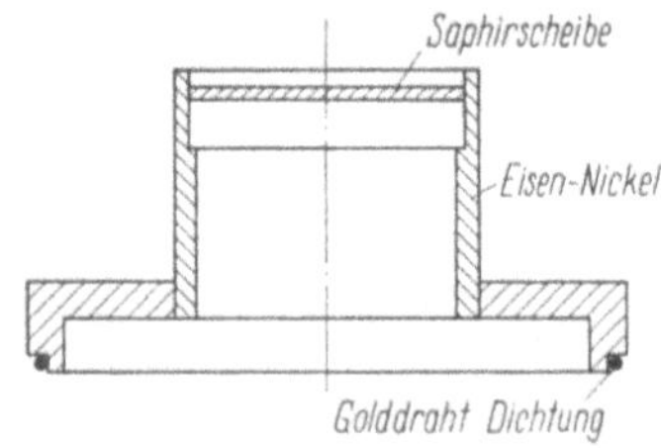

Abb. 1.11.19 Saphirfenster

gestellt werden, wobei das Metallrohr wiederum von einem Flansch getragen wird (Abb. 1.11.18).

Für Beobachtungen im ultravioletten Spektralgebiet benutzt man auch Saphirfenster [*14*] (Abb. 1.11.19). Diese werden mit Titanhydrid metallisiert und an ein Eisen-Nickel-Rohr gelötet.

Literatur

[1] ALPERT, D.: New development in the production and measurement of ultrahigh vacuum. J. appl. Physics 24 (1953) 860.
[2] CARTER, G.: Brit. J. appl. Physics 10 (1959) 364.
[3] MIZUSHIMA, Y., u. Z. ODA: Rev. sci. Instrum. 30 (1959) H. 12, S. 1037—1041.
[4] HOPSON, J. P., u. P. A. REDHEAD: Canad. J. Physics 36 (1958) H. 3, S. 271 bis 288.
[5] BAKER, F. A., u. J. YARWOOD: Vakuum-Technik 6 (1957) 147.
[6] HOPSON, J. P., u. P. A. REDHEAD: Namur-Bericht 1958, S. 384—388.
[7] NÖLLER, H. G., G. REICH u. W. BÄCHLER: Vac. Symp. Trans. 1960, S. 72 bis 74.
[8] MOLL, J., u. H. EHLERS: Z. angew. Phys. 7 (1960) 324—328.
[9] CARMICHAEL, J. H., u. W. J. LANGE: Vac. Symp. Trans. 1958, S. 137—139.
[10] MILLERON, N., u. E. C. POPP: Vac. Symp. Trans. 1958, S. 153—159.
[11] KLIPPING, G.: Kältetechnik 13 (1961) 250—252.
[12] HENRY, R. P., u. J. C. BLAIVE: Namur-Bericht 1958, S. 345—348.
[13] LANGE, W. J.: Rev. sci. Instrum. 30 (1959) 602.
[14] GREENBLATT, M. H.: Rev. sci. Instrum. 29 (1958) 738.

2 Vakuum-

2.1 Vakuum-

(Maße

Bezeichnung		Abb. Nr. (s. S. 140 u. 141)	Maß
2.1.1 Rohrleitungen	Präzisionsrohr aus Stahl		Außen-∅ Wand-dicke
2.1.2 Starre Verbindungen	Tragring mit Rundschnurring	2.1.3	
2.1.2.1 Bauelemente mit Einheitsflanschen (s. a. Tab. „Flansche nach DIN 2572“, S. 140, Abb. 2.1.1 und 2.1.2)	Flansch mit Rohransatz	2.1.4	Rohr-∅ d H
	Flansch mit Kernschliff	2.1.5	Rohr-∅ H NS
	Flansch mit Hülsenschliff NS 14,5/35	2.1.6	D H
	Flansch mit Hülsenschliff NS 19/38	2.1.6	D H
	Rohrbogen	2.1.7	E
	Federungskörper	2.1.8	H
	T-Stück	2.1.9	E
	Reduzierstück 20—10	2.1.10	H
	32—20	2.1.10	H
	50—32	2.1.10	H
	65—50	2.1.10	H
	100—65	2.1.10	H
	100—50	2.1.10	H
	Kreuzstück mit zwei seitlichen Einheitsflanschen NW 10, 180° versetzt	2.1.11	H_1 H_2 D
	Kreuzstück mit zwei seitlichen Kleinflanschen NW 10, 180° versetzt	2.1.12	H_1 H_2 D
	Kreuzstück mit zwei seitlichen Kleinflanschen NW 10, 90° versetzt,	2.1.13	H_1 H_2
	Kreuzstück mit einem Kleinflansch NW 10 und einem Kleinflansch NW 32, 90° versetzt	2.1.14	H_1 H_2
	Blindflansch	2.1.15	

technik

zubehör

in mm)

NW 10	NW 20	NW 32	NW 50	NW 65	NW 100	NW 150	NW 250		
15	25	38	55	75	108	159	255		
2,5	2,5	3	2,5	2,5	4	4,5	3		
			für NW 10 bis NW 250 vorhanden						
15	25	38	55	75	108	159	255		
2,5	2,5	3	2,5	2,5	4	4,5	3		
110	110	110	112	112	114	114	115		
	30	30	60						
	130	100	87						
	29/42	29/42	60/46						
20									
100									
20									
155									
50	60	77	85	105	130	170	290		
			120	120	120	200			
50	60	77	85	105	130	170	290		
	100								
		100							
			100						
				100					
					100				
					100				
40	50	50							
50	60	70							
10	10	10							
40	50	50							
50	60	70							
10	10	10							
			50						
			85						
				50	50				
				95	120				
			für NW 10 bis NW 250 vorhanden						

Flansche (EF) nach DIN 2572

(Abmessungen in mm)

Innerer Durchmesser NW	D	D_1	D_2	Anzahl von D_2	a	Dazu Schrauben DIN 933
10	75	50	11,5	4	10	M 10 × 30
20	90	65	11,5	4	10	M 10 × 30
32	120	90	14	4	10	M 12 × 35
50	140	110	14	4	12	M 12 × 35
65	160	130	14	4	12	M 12 × 35
100	210	170	18	8	14	M 16 × 45
150	265	225	18	8	14	M 16 × 45
250	375	335	18	12	15	M 16 × 45
350	490	445	23	12	22	M 20 × 60
500	645	600	23	20	22	M 20 × 60

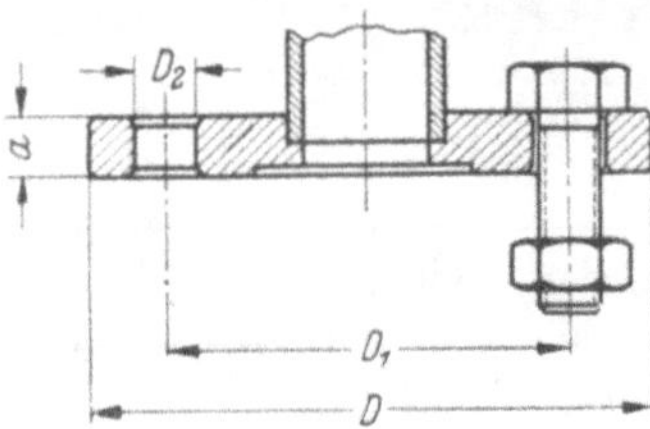

Abb. 2.1.1 Flansch (EF) nach DIN 2572

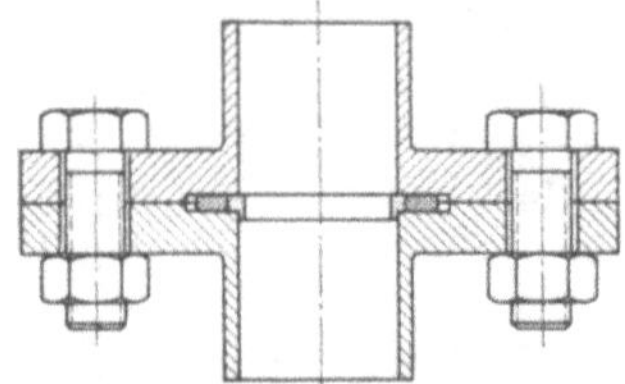

Abb. 2.1.2 Einheitsflanschverbindung (2 Flansche mit Rohransatz und Tragring mit Rundschnurring)

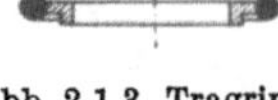

Abb. 2.1.3 Tragring

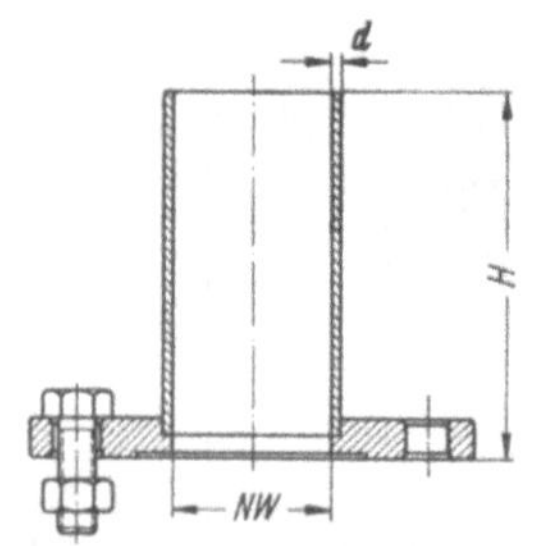

Abb. 2.1.4 Flansch mit Rohransatz

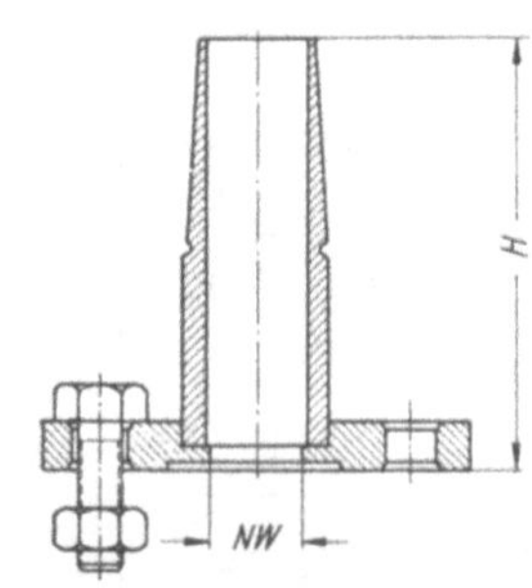

Abb. 2.1.5 Flansch mit Kernschliff

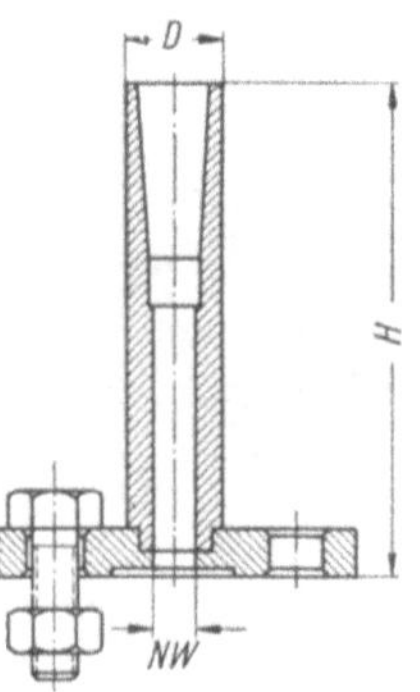

Abb. 2.1.6 Flansch mit Hülsenschliff

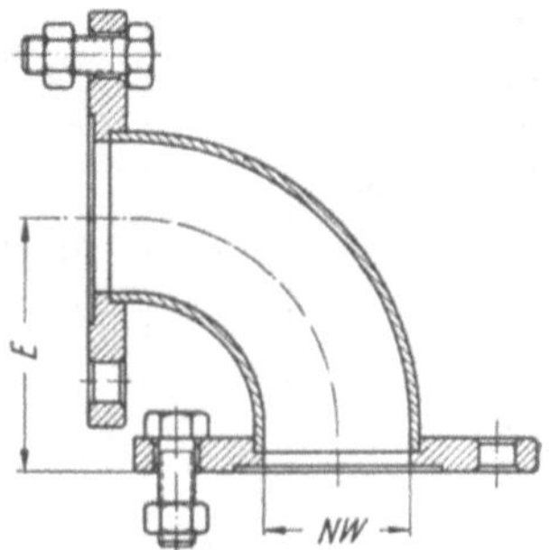

Abb. 2.1.7 Rohrbogen

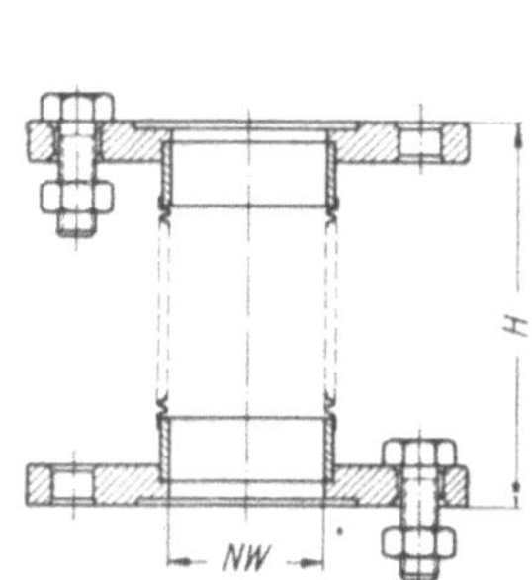

Abb. 2.1.8 Federungskörper

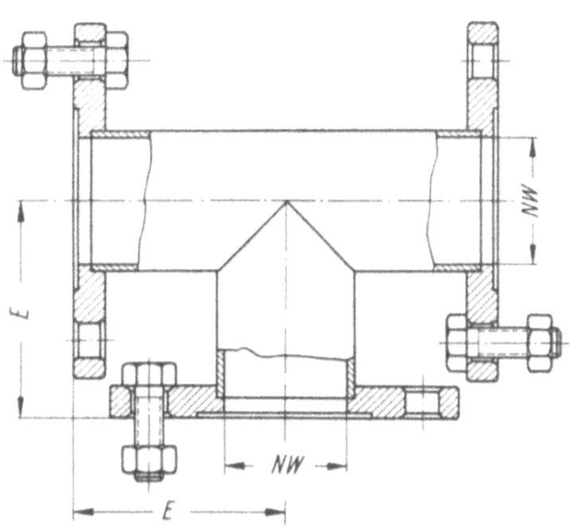

Abb. 2.1.9 T-Stück

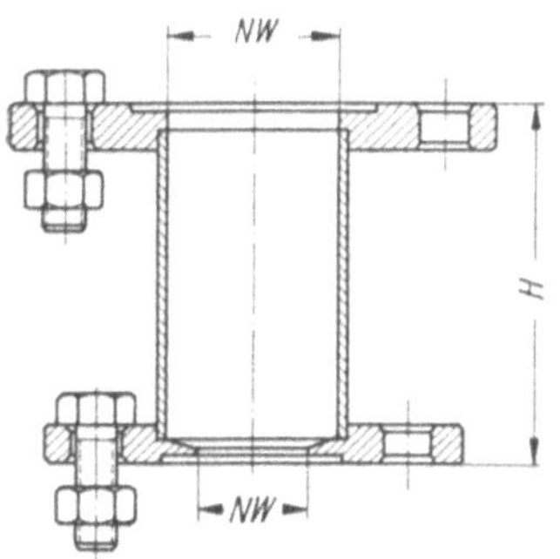

Abb. 2.1.10 Reduzierstück

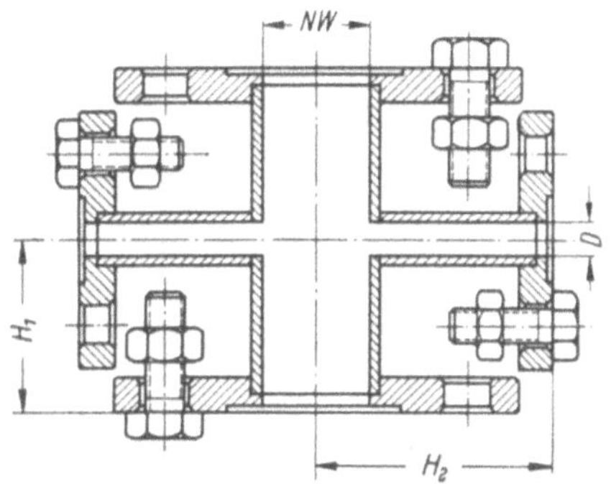

Abb. 2.1.11 Kreuzstück mit zwei seitlichen DIN-Flanschen NW 10 (EF)

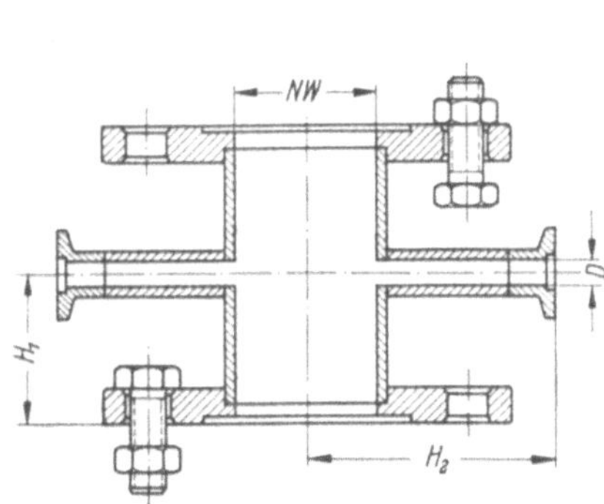

Abb. 2.1.12 und 2.1.13 Kreuzstück mit zwei seitlichen Kleinflanschen NW 10

Abb. 2.1.12 180° versetzt

Abb. 2.1.13 90° versetzt

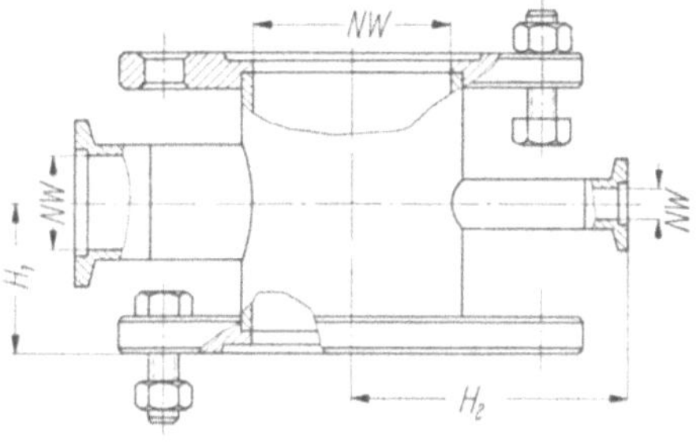

Abb. 2.1.14
Kreuzstück mit einem Kleinflansch NW 10 und einem Kleinflansch NW 32, 90° versetzt

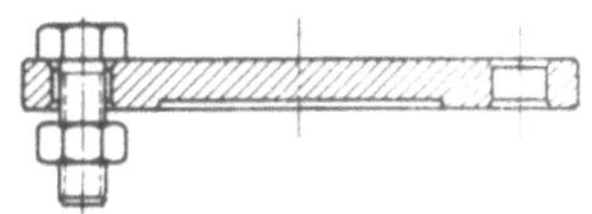

Abb. 2.1.15 Blindflansch

Bezeichnung		Abb. Nr. (s. S. 144 u. 145)	Maß
2.1.2.2 Bauelemente mit Kleinflanschen	Zentrierring	2.1.16	D h
	Spannring	2.1.17	D B H
	Kleinflansch mit Rohransatz	2.1.18	D_1 D_2 H
	Kleinflansch mit Schlauchwelle	2.1.19	D_1 D_2 H
	Kleinflansch mit Kernschliff	2.1.20	D_1 D_2 H NS
	Kleinflansch mit Hülsenschliff NS 14,5/35	2.1.21	D_1 D_2 H
	Kleinflansch mit Hülsenschliff NS 19/38	2.1.21	D_1 D_2 H
	Rohrbogen	2.1.22	D H
	Federungskörper	2.1.23	D_1 H
	T-Stück	2.1.24	D H, H_1 L
	Reduzierstück 20—10	2.1.25	D_1 D_2 D_3 H
	Reduzierstück 32—20	2.1.25	D_1 D_2 D_3 H
	Kreuzstück mit zwei seitlichen Kleinflanschen NW 10, 180° versetzt	2.1.26	D_1 D_2 D_3 H_1 H_2
	Übergangsflansch Kleinflansch auf Einheitsflansch NW 10, NW 20, NW 32	2.1.27	A/B C/D E/F
	Blindflansch	2.1.28	D S

NW 10	NW 20	NW 32	NW 50	NW 65	NW 100				
30	40	55							
3,9	3,9	3,9							
44	55	70							
62	73	80							
16	16	16							
30	40	55							
15	25	38							
16	20	25							
30	40	55							
7	7	7							
40	40	40							
30	40	55							
12,2	22	34							
50	55	65							
19/38	29/42	45/50							
30									
18									
65									
30									
22									
65									
30	40	55							
30	50	50							
30	40	55							
70	80	100							
30	40	55							
30	50	50							
60	100	100							
30									
10									
40									
40									
	40								
	20								
	55								
	40								
30	40	55							
30	30	30							
10	10	10							
25	30	35							
35	35	35							
30/12,2	26/ 75	30/10							
40/22,2	36/ 90	30/10							
55/34,2	52/120	30/10							
30	40	55							
5	5	5							

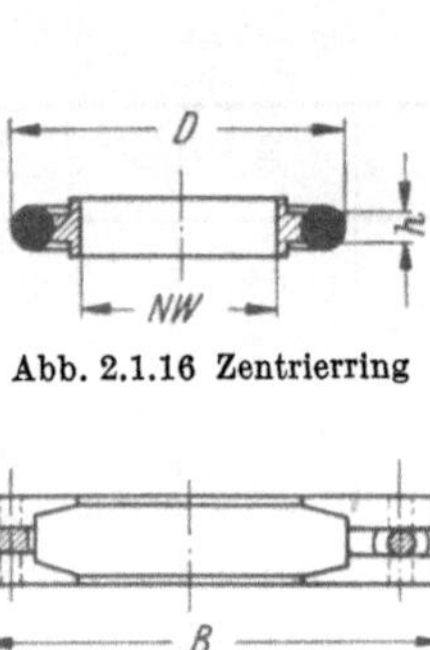

Abb. 2.1.16 Zentrierring

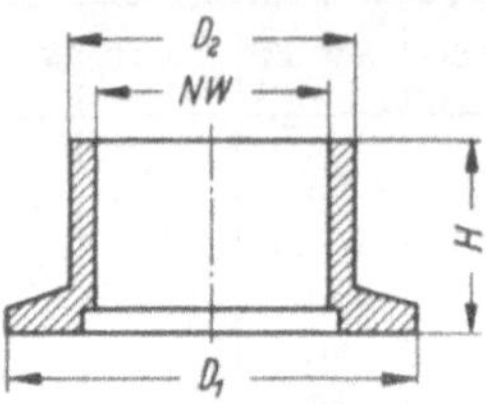

Abb. 2.1.18 Kleinflansch mit Rohransatz

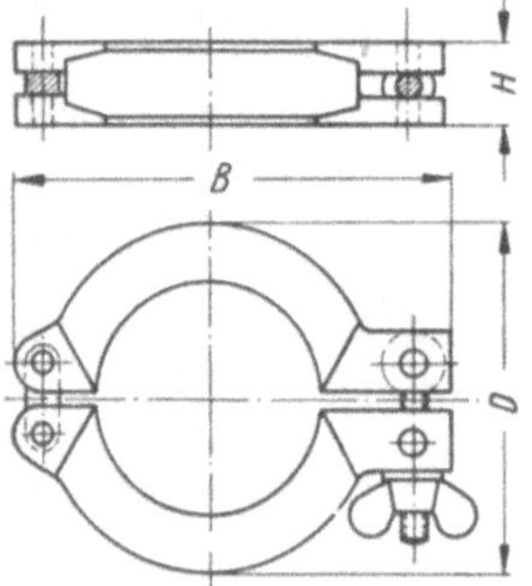

Abb. 2.1.17 Spannring

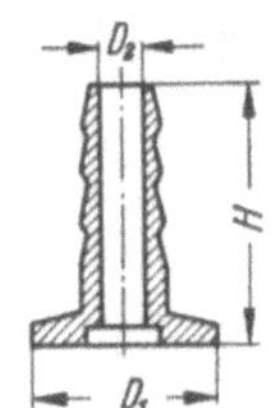

Abb. 2.1.19 Kleinflansch mit Schlauchwelle

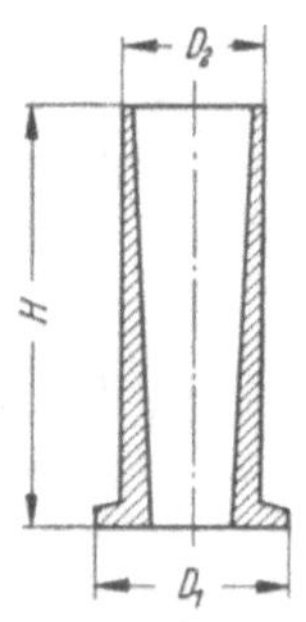
Abb. 2.1.20 Kleinflansch mit Kernschliff

Abb. 2.1.21 Kleinflansch mit Hülsenschliff

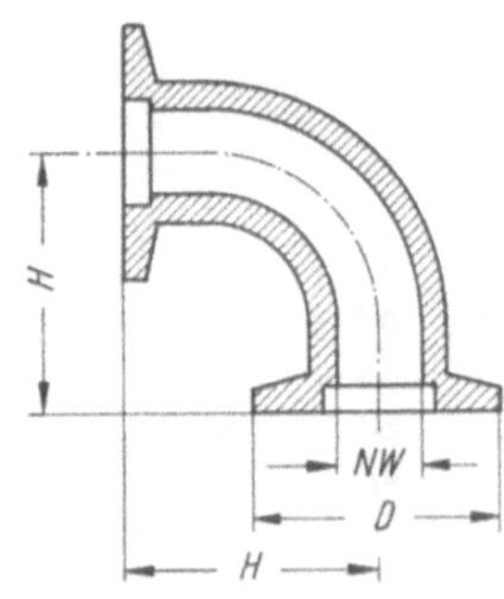

Abb. 2.1.22 Rohrbogen

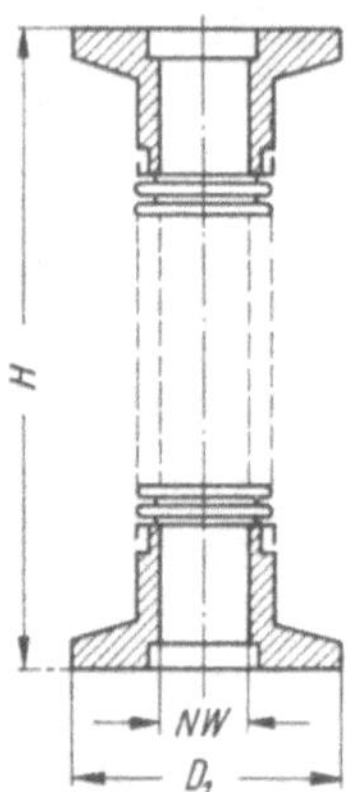

Abb. 2.1.23 Federungskörper

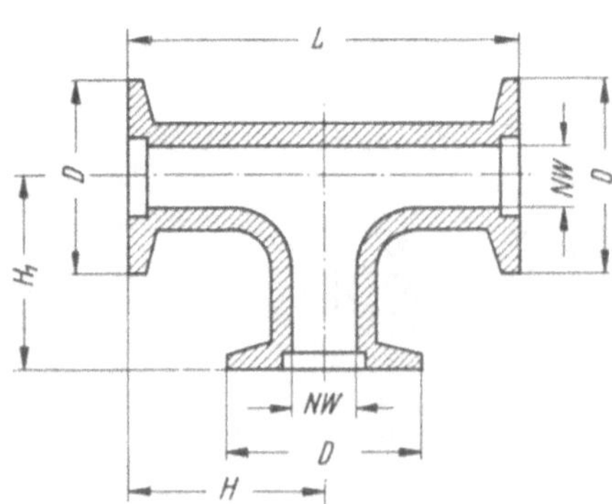

Abb. 2.1.24 T-Stück

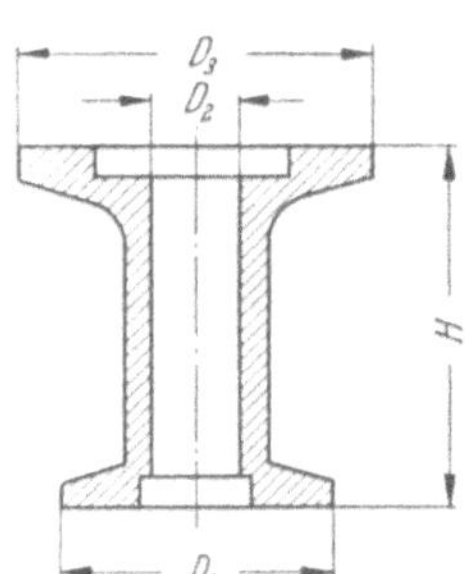

Abb. 2.1.25 Reduzierstück

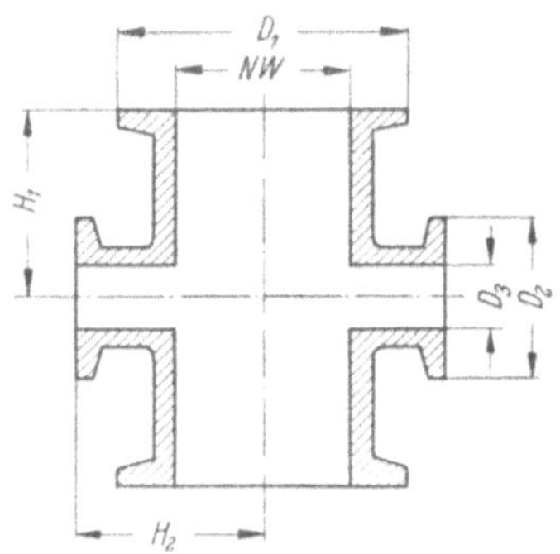

Abb. 2.1.26 Kreuzstück

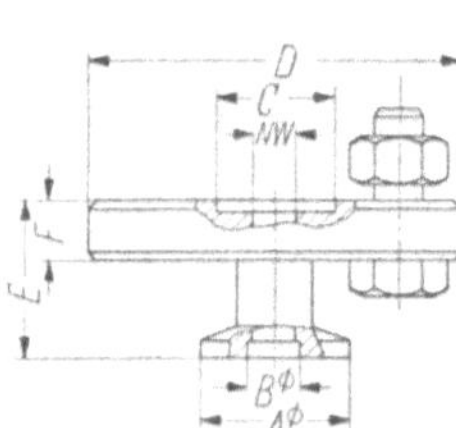

Abb. 2.1.27 Übergangsflansch Kleinflansch auf Einheitsflansch NW 10, NW 20, NW 32

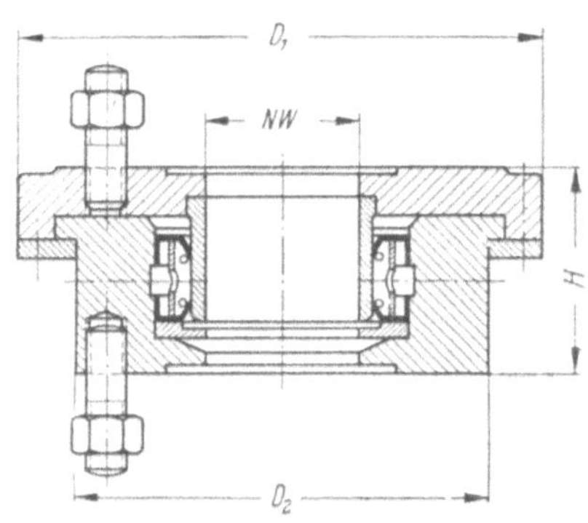

Abb. 2.1.29 Drehflansch

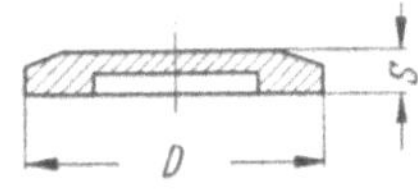

Abb. 2.1.28 Blindflansch

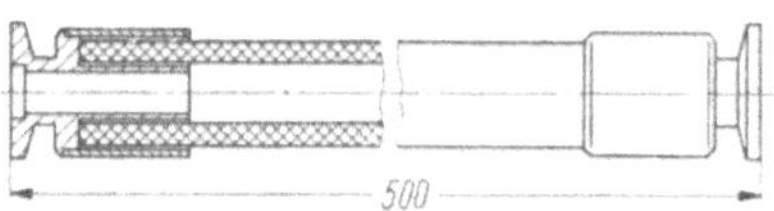

Abb. 2.1.30 PVC-Schlauch

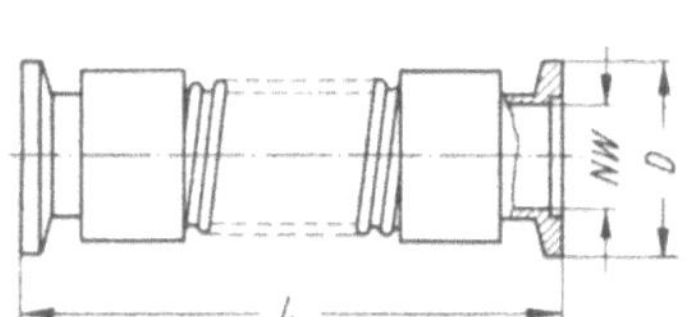

Abb. 2.1.31 a Verbindung aus Tombak mit Kleinflanschen

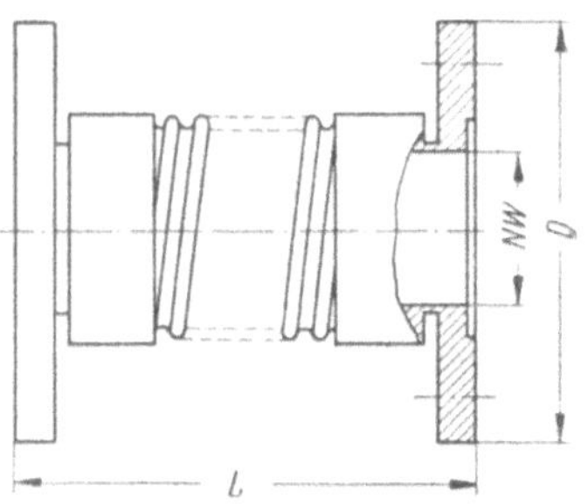

Abb. 2.1.31 b Verbindung aus Tombak mit Einheitsflanschen

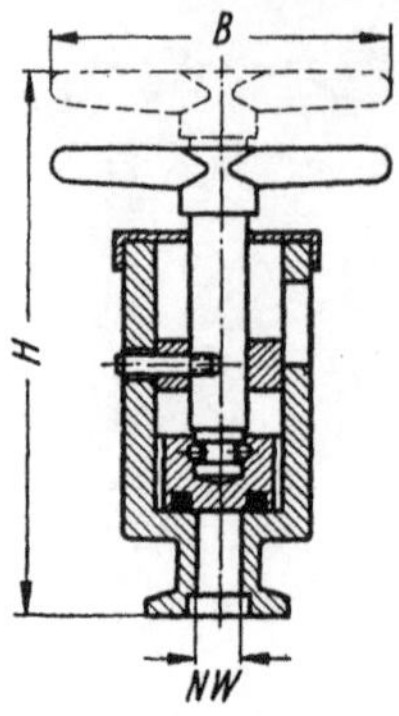

Abb. 2.1.32 Lufteinlaß-ventil NW 10

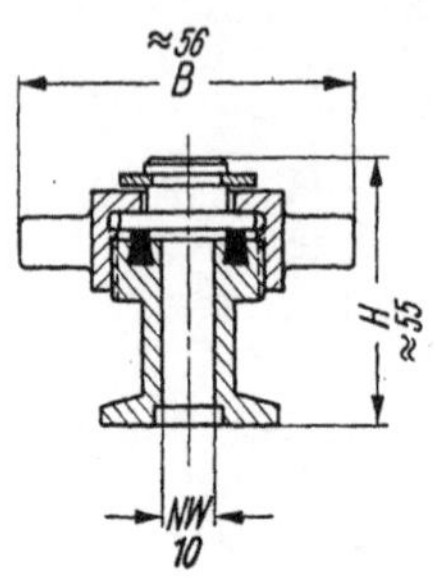

Abb. 2.1.33 Belüftungsventil einfacher Ausführung

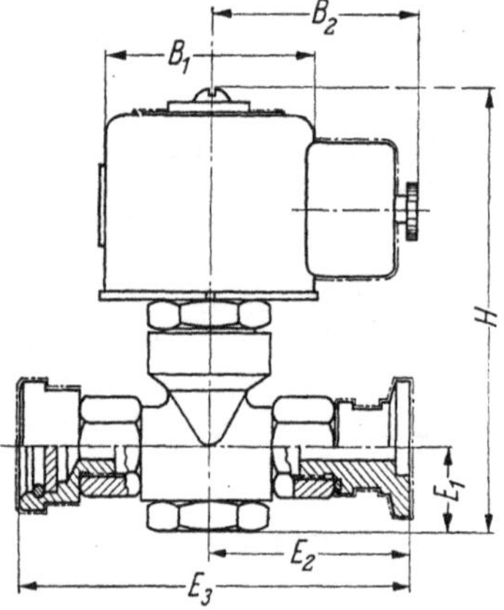

Abb. 2.1.34
Elektromagnetisches Belüftungsventil

B_1 48 mm	E_1 20 mm	E_3 86 mm
B_2 48 mm	E_2 45 mm	H 95 mm

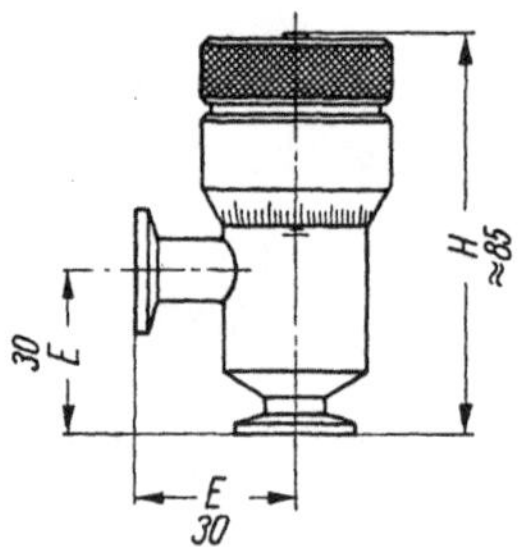

Abb. 2.1.35 Dosierventil

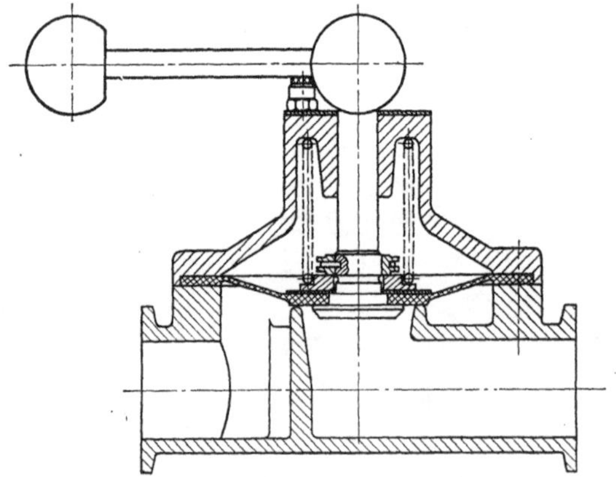

Abb. 2.1.36 Stopfbuchsloses Membranventil

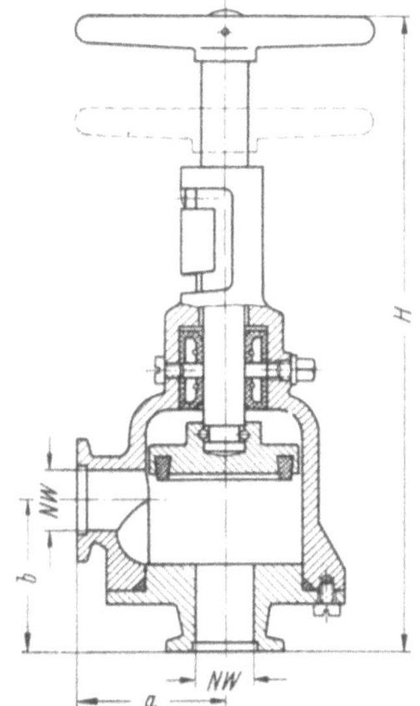

Abb. 2.1.37 a Eckventil mit Kleinflanschen

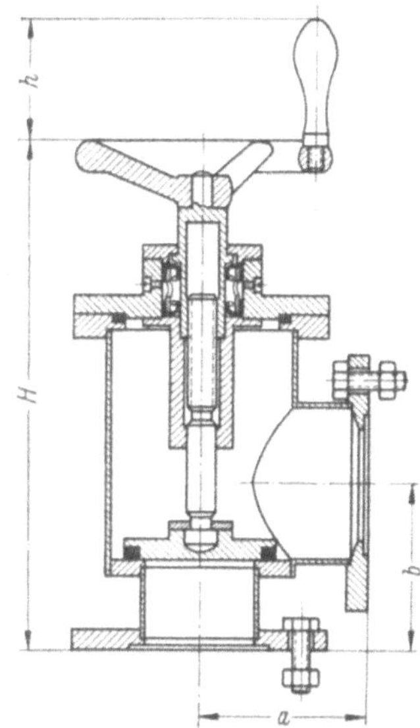

Abb. 2.1.37 b Eckventil mit Einheitsflanschen

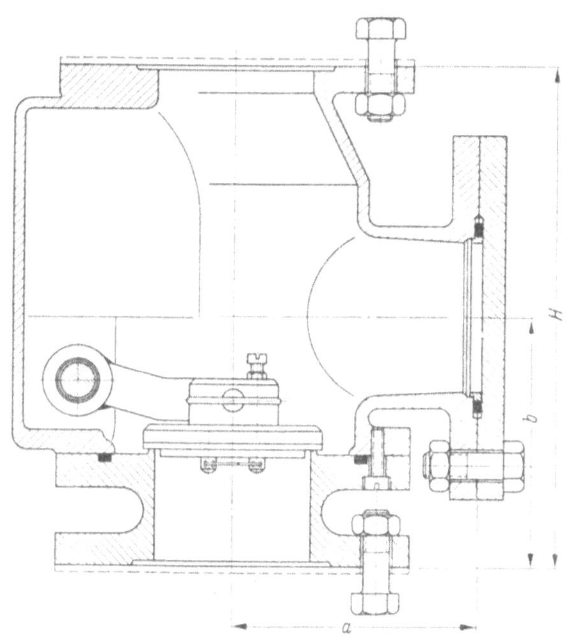

Abb. 2.1.38 Klappventil

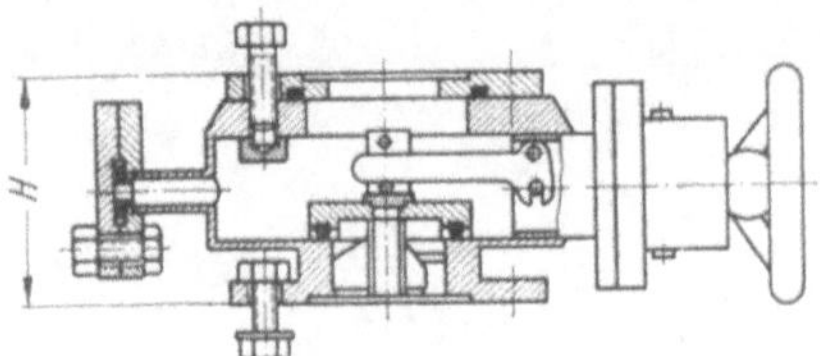

Abb. 2.1.39 Plattenventil mit geringer Bauhöhe

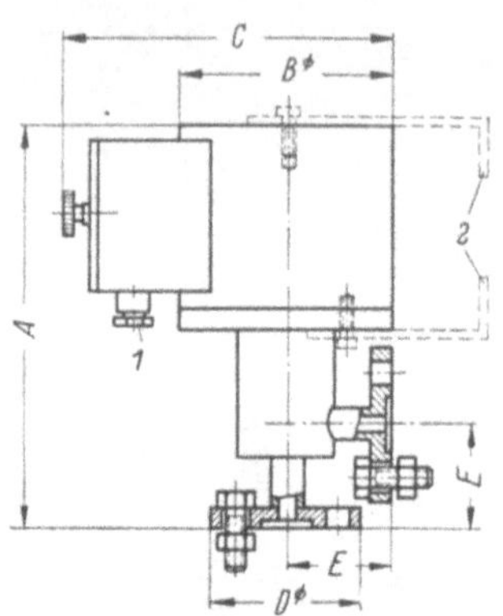

Abb. 2.1.42 Elektromagnetische Eckventile NW 10 (EF) und NW 20 (EF)

1 Kabeldurchführung 7 mm (für 220 V ~, 50 Hz)
2 Zwei Möglichkeiten für das Anbringen von Haltewinkeln

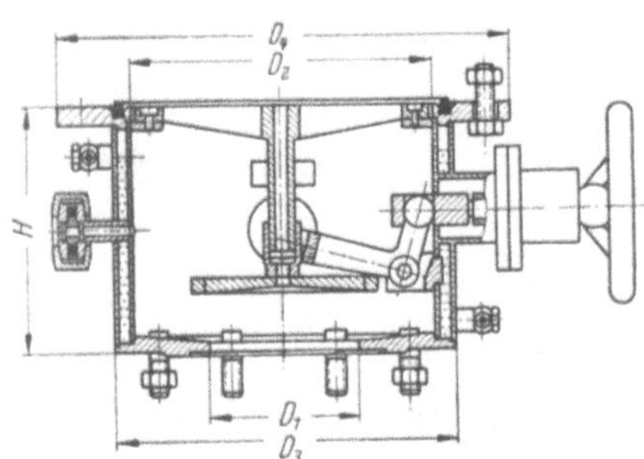

Abb. 2.1.40 Plattenventil mit geringer Drosselung

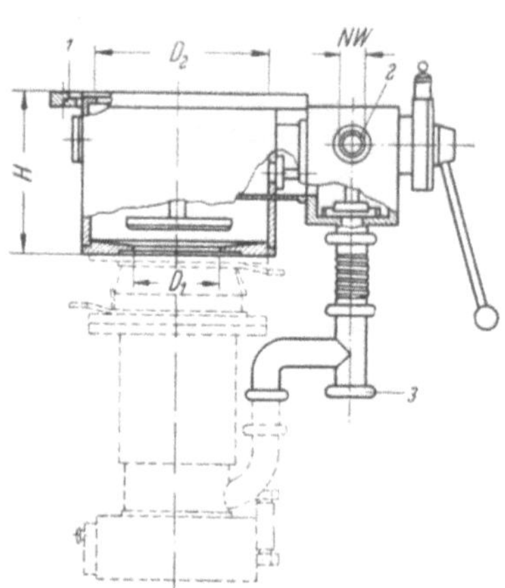

Abb. 2.1.41 Ventilblock mit Baffle und Diffusionspumpe

1 Hochvakuum-Anschluß
2 Vorvakuum-Anschluß
3 Anschluß für Haltepumpe

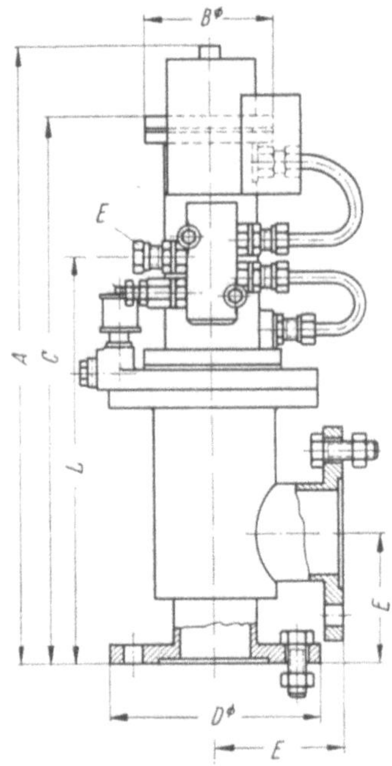

Abb. 2.1.44 Elektropneumatisches Eckventil

E Einschraubverschraubung DL 8 DIN 2353 für Preßluftanschluß

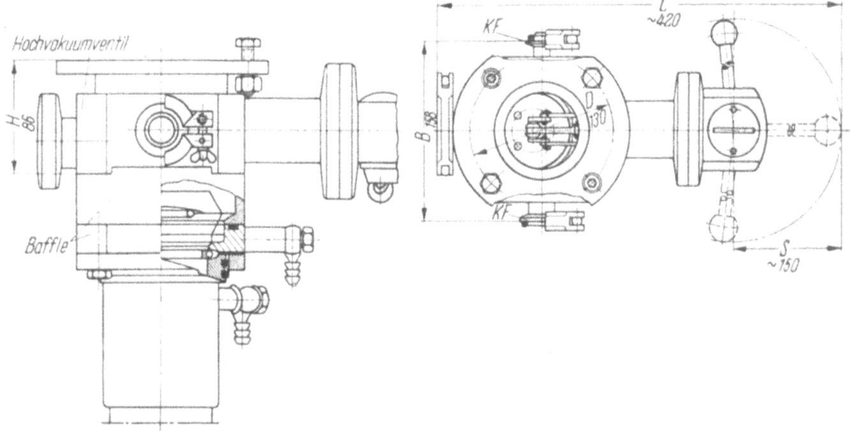

Abb. 2.1.43 a Federbalgventil NW 65, montiert

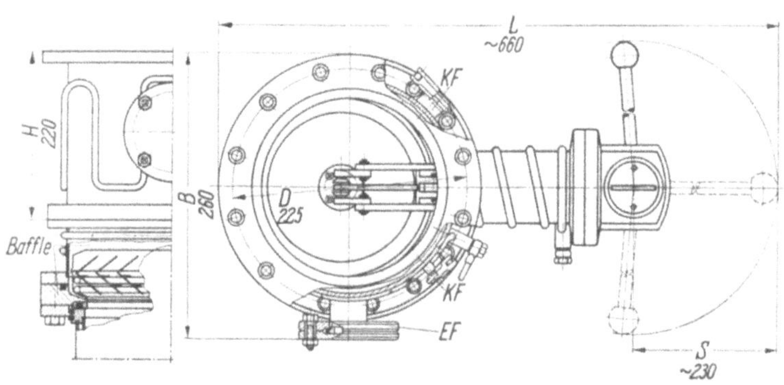

Abb. 2.1.43 b Federbalgventil NW 150, montiert

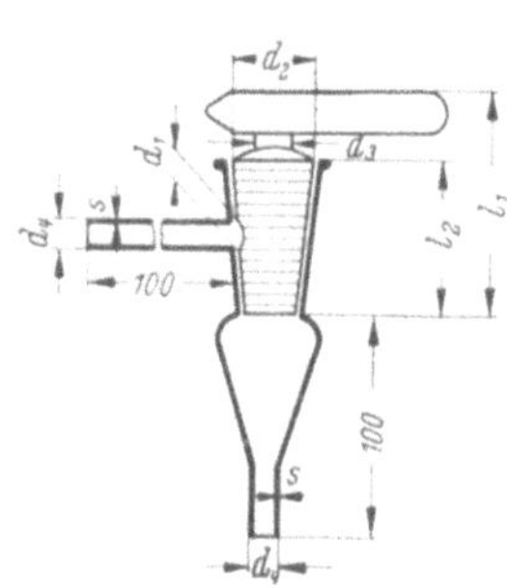

Abb. 2.1.45 Konus-Eckhahn aus Glas

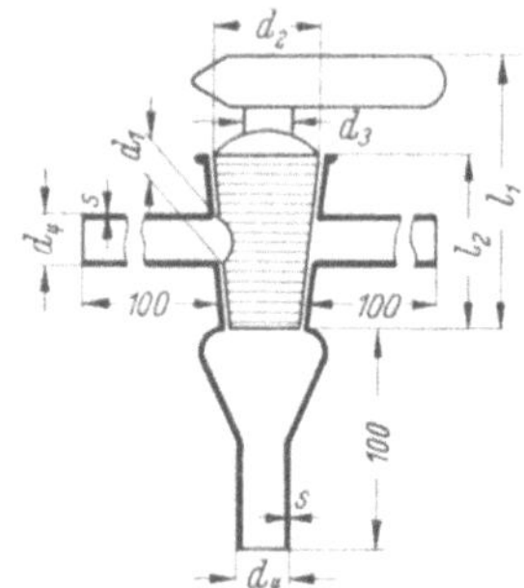

Abb. 2.1.46 Zweiweghahn aus Glas

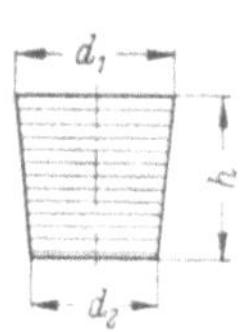

Abb. 2.1.47 Normschliff

	Bezeichnung	Abb. Nr. (s. S. 145—148)	Maß
2.1.3 Bewegliche Verbindungen	Drehflansch (Einheitsflansch)	2.1.29	D_1 D_2 H
	Verbindung aus Tombak mit Kleinflanschen L = 25, 50, 100 cm	2.1.31 a	D kleinster Biegeradius
	Verbindung aus Tombak mit Einheitsflanschen L = 50, 100 cm	2.1.31 b	D kleinster Biegeradius
	PVC-Schläuche mit Kleinflanschen L = 50, 100 cm	2.1.30	D kleinster Biegeradius
2.1.4 Ventile	Lufteinlaßventil mit Kleinflansch NW 10	2.1.32	H B
	Lufteinlaßventil einfacher Ausführung mit Kleinflansch NW 10	2.1.33	B H
	Elektromagnetisches Belüftungsventil mit KF NW 10 (bei Stromausfall öffnend)	2.1.34	
	Dosierventil mit Kleinflanschen NW 10	2.1.35	E H
	Stopfbuchsloses Membranventil	2.1.36	Länge
	Eckventil mit Kleinflanschen	2.1.37a	a, b H
	Eckventil mit Einheitsflanschen	2.1.37b	a b H h
	Klappventil mit Einheitsflanschen	2.1.38	a, b H
	Plattenventil geringer Bauhöhe mit Einheitsflanschen	2.1.39	H
	Plattenventil geringer Drosselung mit Einheitsflanschen (auf der Pumpenseite ist die NW um eine Stufe niedriger als nebenstehend angegeben)	2.1.40	D_1 D_2 D_3 D_4 H
	Ventilblock *1* Hochvakuumanschluß Pumpenanschluß *2* Vorvakuumanschluß *3* Haltepumpenanschluß	2.1.41	 NW NW NW NW D_1 D_2 H

NW 10	NW 20	NW 32	NW 50	NW 65	NW 100	NW 150	NW 250	NW 350	NW 500
		142	164						
		110	130						
		65	65						
30	40	55							
60	125	200							
			140	160	210				
			450	600	800				
30	40								
25	50								
110									
70									
56									
zu: 42									
auf: 55									
30									
auf: 85									
100	120	150							
30	50	50							
144	210	210							
50	60	77	85	105	130	170			370
50	60	77	85	105	130	170			270
150	190	250	275	319	390	460			720
—	—	64	64	80	80	80			—
				110	135	170			
				220	270	340			
		105	105						
								250	
					70		125	350	
					110		250	400	
					210		280	490	
					210		375	260	
					150		200		
					100 (EF)		250 (EF)		
					65 (EF)		150 (EF)		
					20 (KF)		32 (KF)		
					20 (KF)		20 (KF)		
					70		125		
					100		250		
					210		230		

	Bezeichnung	Abb. Nr. (s. S. 148/149 u. 154/155)	Maß
2.1.4 Ventile	Elektromagnetisches Eckventil mit Einheitsflanschen	2.1.42	A B C D E
	Elektropneumatisches Eckventil mit Einheitsflanschen	2.1.44	A B C D E L
	Federbalgventil	2.1.43 a, b	
2.1.5 Hähne und Schliffe			
a) *Konushähne aus Glas*	Eckhahn	2.1.45	d_1 l_1 l_2 d_2 d_3 d_4 s
	Zweiweghahn	2.1.46	
b) *Normschliffe*	aus Ruhrglas (Kern und Hülsenschliff) aus Jenaer Glas (Hülsenschliff) aus Stahl (Kern- und Hülsenschliff)	2.1.47	NS d_1 h d_2
c) *Kugelschliffe*	aus Glas	2.1.48	Bezeichnung Kugel-∅ Rohr-Innen-∅
	Kapillarschliffe		Bezeichnung Kugel-∅ Rohr-Innen-∅
	Gabelklemme		Bezeichnung für Kugelschliff
d) *Planschliffe*		2.1.49	Flansch-∅ Rohr-∅
e) *Schliffkette*		2.1.50	

NW 10	NW 20	NW 32	NW 50	NW 65	NW 100	NW 150	NW 250	NW 350	NW 500
195	260	300							
105	125	125							
160	190	—							
75	90	120							
50	60	77							
		405	425	455	515	595			
		75	95	118	165	65			
		312	345	400	510	505			
		120	140	160	210	265			
		77	85	105	130	170			
		240	260	292	352	25			

Ausführungen

NW 10	NW 20	NW 32	NW 50	NW 65	NW 100	NW 150	NW 250	NW 350	NW 500
6	8	12	20	35					
60	80	100	125	165					
40	50	70	80	100					
20	30	40	50	75					
10	14	20	25	35					
9,25	11	15,2	25	40					
1,25	1,5	2	2,5	2,5					
14,5/35	19/38	29/42	45/50	60/46	75/72				
14,5	19	29	45	60	75				
35	38	42	50	46	52				
11	15,2	24,8	40	50,8	64,6				
12/5	18/7	18/9	28/12	28/15	35/20	35/25	40/25	50/30	65/45
12	18	18	28	28	35	35	40	50	65
5	7	9	12	15	20	25	25	30	45
12/1	12/2	12/3							
12	12	12							
1	2	3							
1	2	3	4	5	6	7			
12/1—12/5	18/7, 18/9	28/12, 28/15	35/20, 35/25	40/25	50/30	65/45			
28	50	65							
13	26	40							

Bezeichnung		Abb. Nr. (s. S. 156)	Maß
2.1.6 Durchführungen			
2.1.6.1 Drehdurchführungen		2.1.51 2.1.52	Bezeichnung Anschluß Bohrung Wellen-∅ zul. Drehzahl [U/min] zul. Drehmoment [mkg]
2.1.6.2 Stromdurchführungen (s. a. Abb. 2.1.59 bis 2.1.64, S. 157 bis 158)	Gießharz, 4 polig	2.1.53	
	Gießharz, 2 polig	2.1.54	
	Glas-Metall-Einschmelzung	2.1.55	
	Glas-Metall-Einschmelzung	2.1.56	
	Perbunanisolierte Durchführung (mit Wasserkühlung)	2.1.57	
	Porzellan-Metall-Durchführung (mit Wasserkühlung)	2.1.58	

[1] Maximalwert für die Stromdurchführung bei Atmosphärendruck. Naturgemäß Spannungen Entladungen.

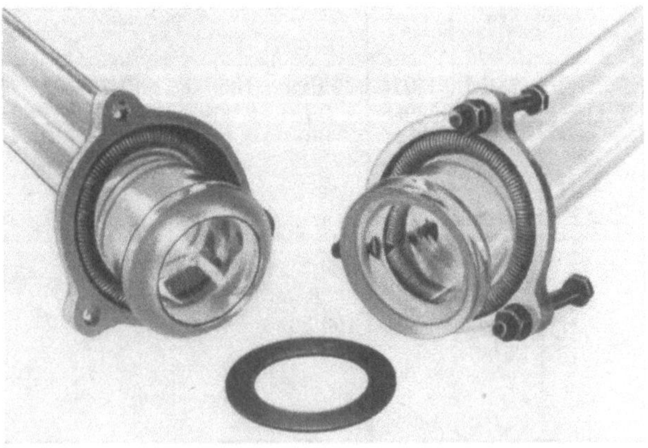

Abb. 2.1.48 Kugelschliff (Schott)

Ausführungen				
G 27 Gewinde M 26 × 1 27 8 100 0,2	G 27 K Gewinde M 26 × 1 27 8 3000 0,2	F 45 Flansch mit Nut 45 12 100 1	F 45 K Flansch mit Nut 45 10 3000 0,5	F 65 K Einheits- flansch NW 65 70 24 3000 10

Belastbar bis zu		Hochvakuumanschluß	Bohrung
A	V		
4 × 1	220[1]	Verschraubung	27
2 × 15	220[1]	Verschraubung	27
35	3000[1]	Flansch mit Nut	45
120	3000[1]	Verschraubung	46
250	40[1]	Verschraubung	27
800	500[1]	Flansch mit Nut	70

erfolgen im Druckbereich zwischen 100 und 10^{-2} Torr schon bei erheblich niedrigeren

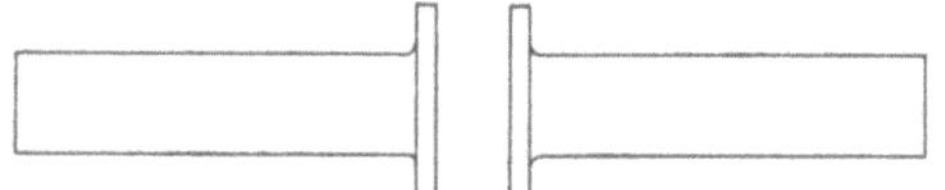

Abb. 2.1.49 Planschliff

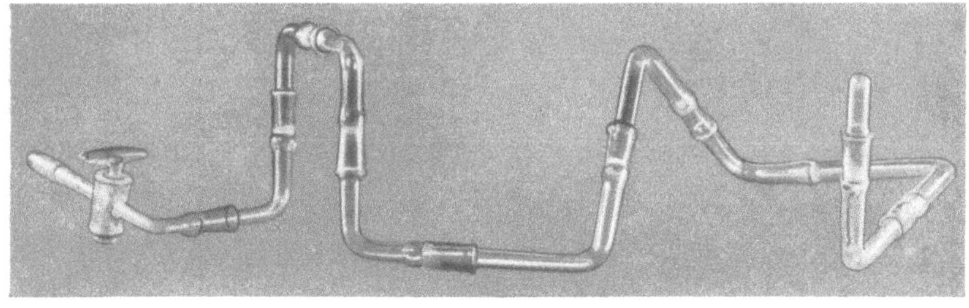

Abb. 2.1.50 Schliffkette

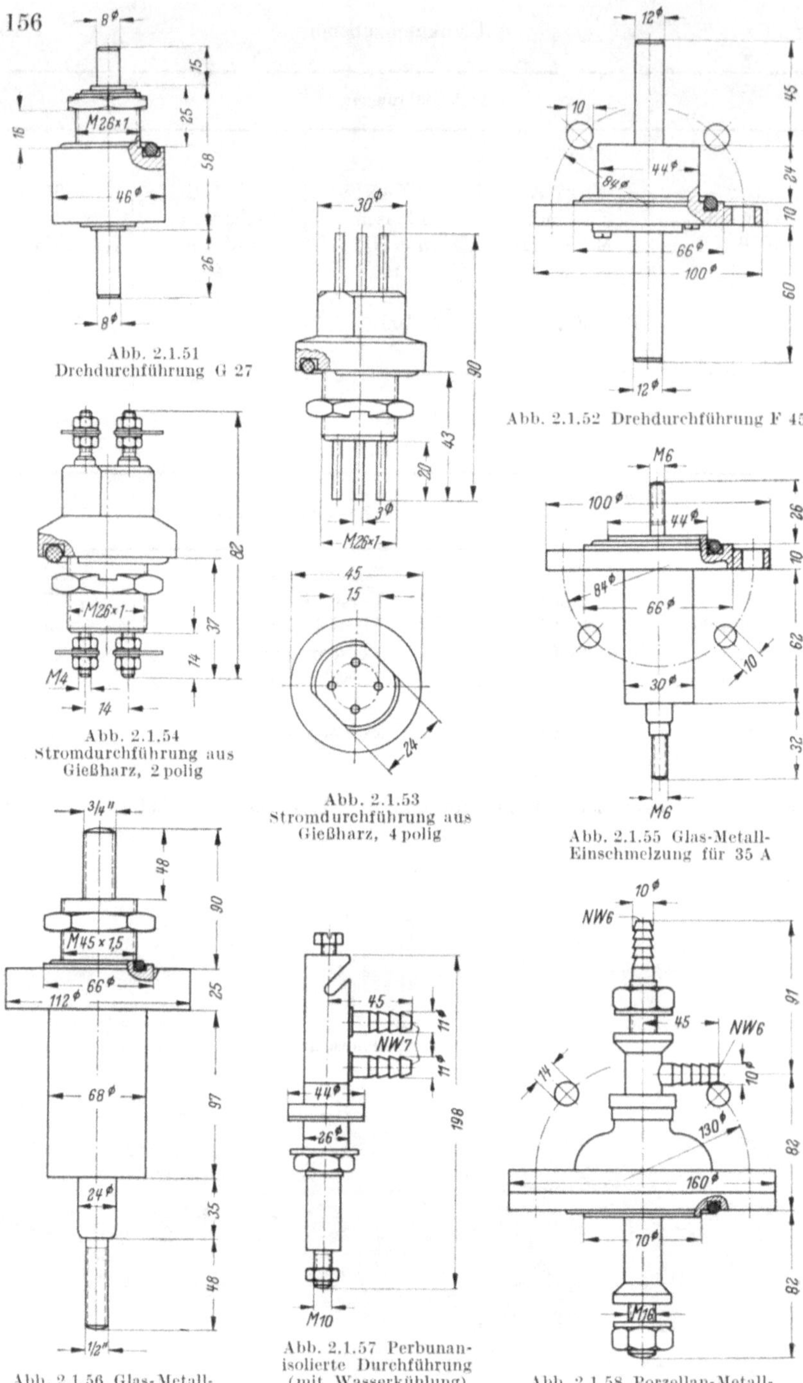

Abb. 2.1.51 Drehdurchführung G 27

Abb. 2.1.52 Drehdurchführung F 45

Abb. 2.1.53 Stromdurchführung aus Gießharz, 4 polig

Abb. 2.1.54 Stromdurchführung aus Gießharz, 2 polig

Abb. 2.1.55 Glas-Metall-Einschmelzung für 35 A

Abb. 2.1.56 Glas-Metall-Einschmelzung für 120 A

Abb. 2.1.57 Perbunan-isolierte Durchführung (mit Wasserkühlung) für 250 A

Abb. 2.1.58 Porzellan-Metall-Durchführung (mit Wasserkühlung)

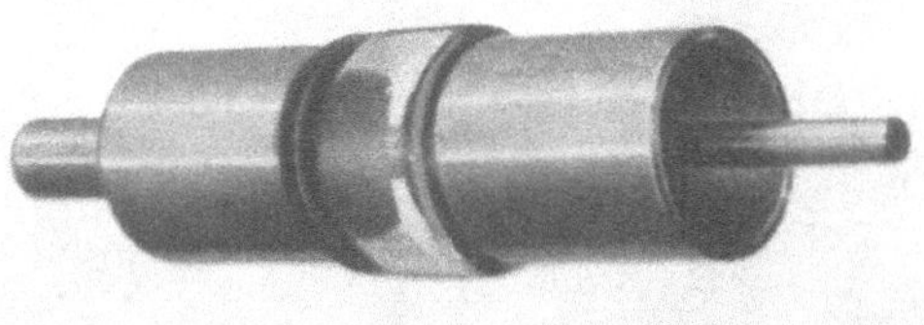

Abb. 2.1.59 Metall-Glas-Elektrodendurchführung (Glaspfropfeneinschmelzung)

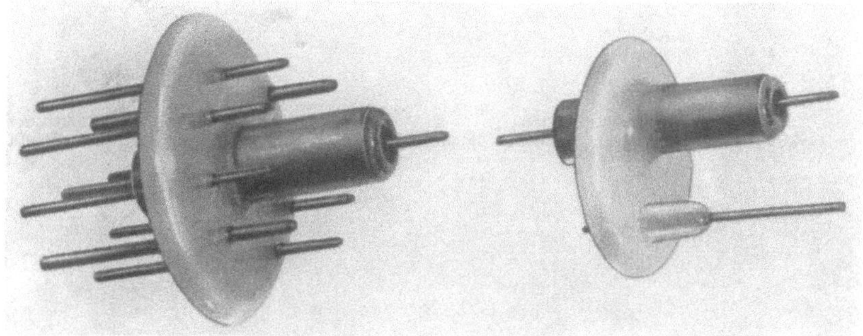

Abb. 2.1.60 Hochvakuumdichte ausheizbare Elektrodendurchführungen in Sinterglas

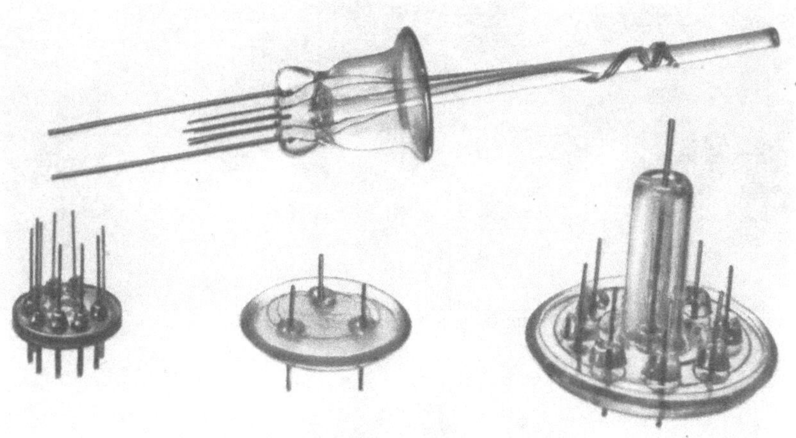

Abb. 2.1.61 Glasquetschfuß (oben) und Glaspreßteller in verschiedenen Ausführungen

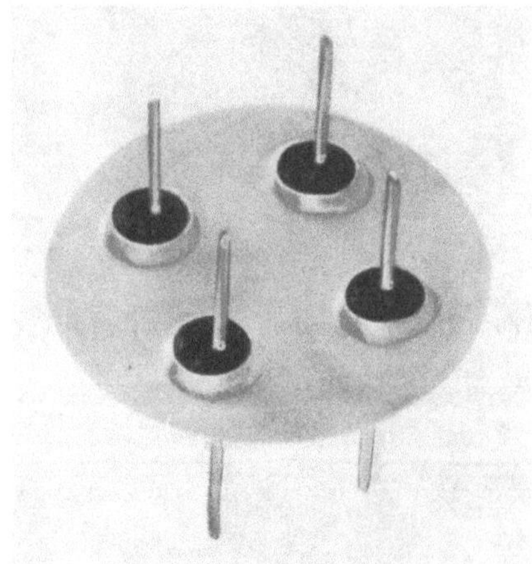

Abb. 2.1.62 Metallboden mit vier glasisolierten Elektrodendurchführungen

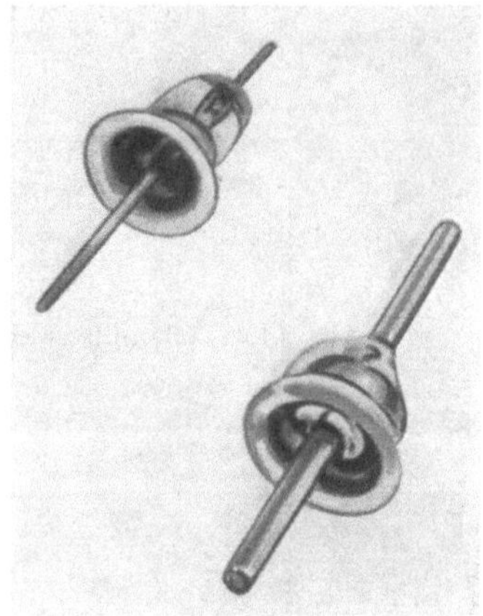

Abb. 2.1.63 Glasisolierte Elektrodendurchführungen zum Einlöten in Metall

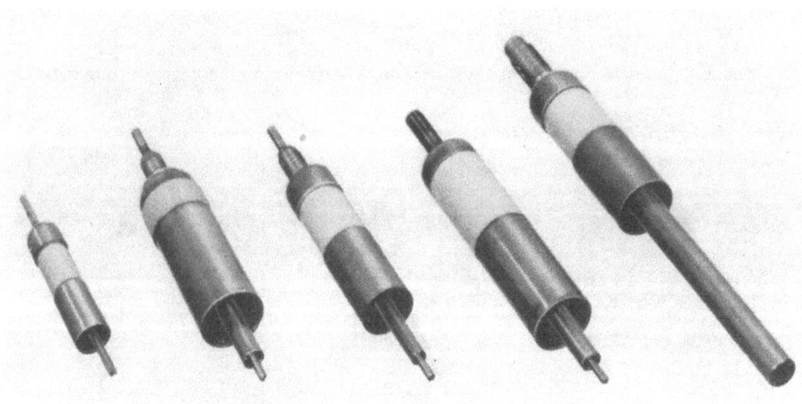

Abb. 2.1.64 Metall-Keramik-Elektrodendurchführungen mit hohem Isolationswiderstand (20 °C: $\geqq 10^{14}\,\Omega$, 400 °C: $\geqq 10^{10}\,\Omega$)

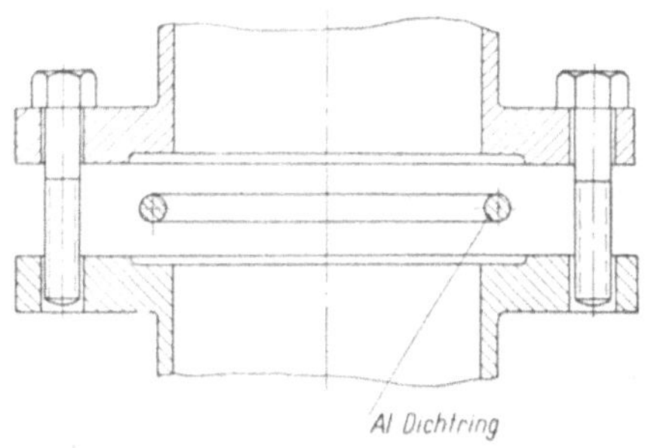

Abb. 2.1.65 Einheitsflanschdichtung. Normalflansch mit Aluminiumring

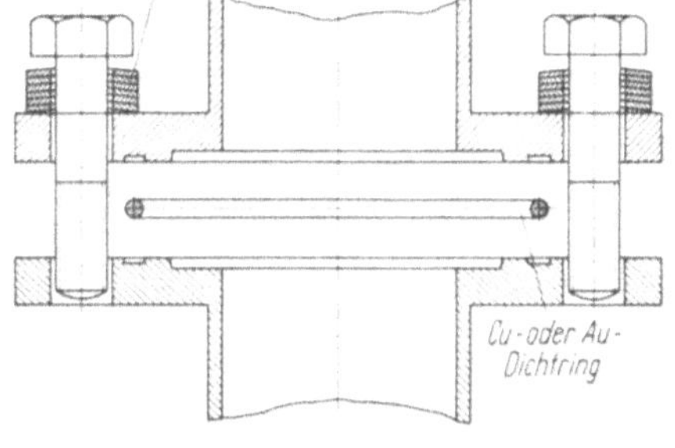

Abb. 2.1.66 Einheitsflanschdichtung. Normalflansch mit zusätzlicher Nut und Kupfer- bzw. Goldring

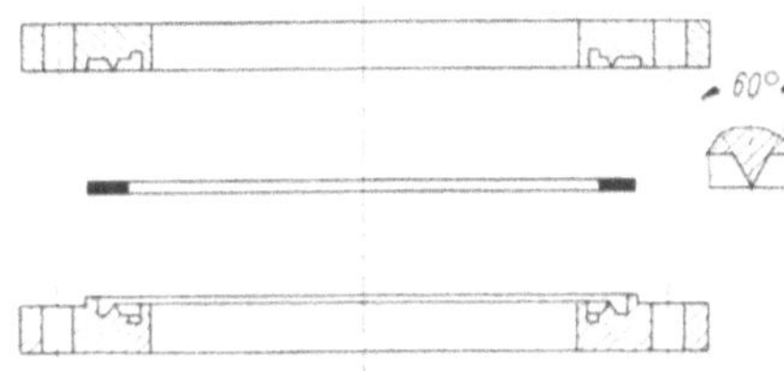

Abb. 2.1.67 Schneidendichtung mit Kupferringscheibe

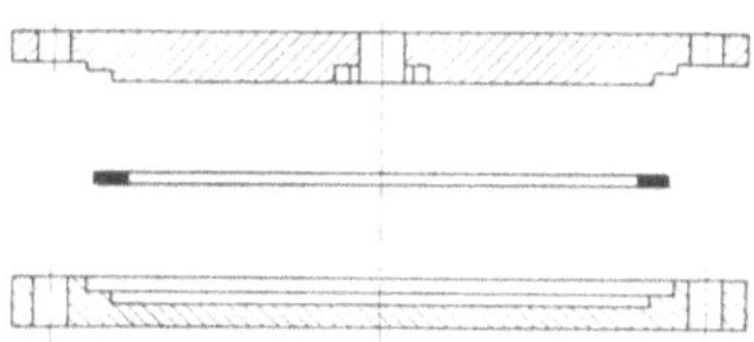

Abb. 2.1.68 Stufendichtung mit Kupferringscheibe

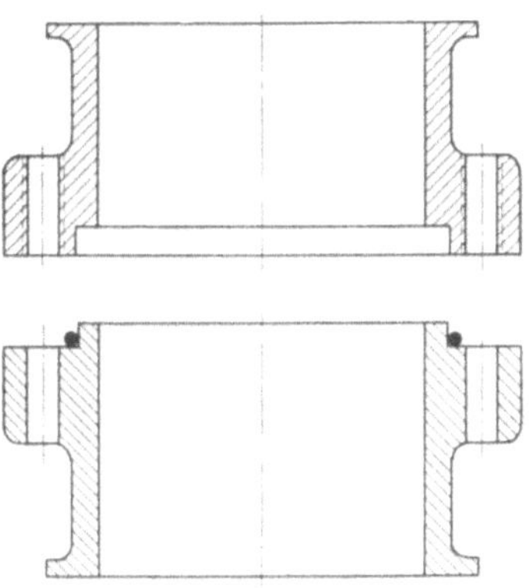

Abb. 2.1.69 Eckendichtung mit Goldring

Bezeichnung	Abb. Nr.
2.1.7 Dichtungsringe	
2.1.7.1 Metalldichtungen (s. a. Kap. 1.11.4.1, S. 132)	2.1.65–2.1.69 (s. S. 159)
2.1.7.2 Gummidichtungen *Rundschnurringe* *für Normverbindungen*	2.1.70
D S Abb. 2.1.70 Rundschnurring im Schnitt	
Trapezringe	2.1.71
D B Abb. 2.1.71 Trapezring im Schnitt	

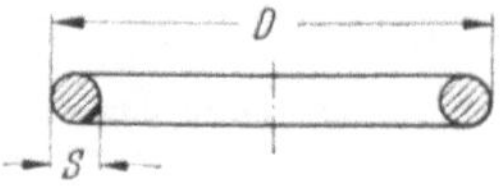

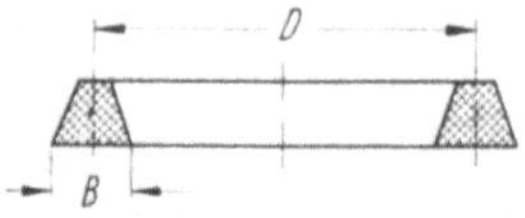

D×S	Für Zentrierringe an Kleinflanschen NW	Für Tragringe an Einheitsflanschen NW	Für Nut an DIN-Flanschen NW
16 × 3		10	
26 × 3		20	
25 × 5	10		
30 × 5			10
35 × 5	20		
40 × 5			20
45 × 5		32	
50 × 5	32		
60 × 5			32
63 × 5		50	
78 × 5		65	
85 × 5			50
95 × 5			65
107 × 5		100	
130 × 5			100
175 × 5			150
160 × 6		150	
266 × 8		250	
275 × 8			250

D×B	Für Flansche NW
16 × 4	10
26 × 4	20
32 × 4	25
42 × 6	32
50 × 7	40
60 × 7	50
85 × 8	65
105 × 9,5	90
115 × 9,5	100
140 × 9,5	125
165 × 9,5	150
220 × 10	200
270 × 10	250
330 × 10	300
380 × 10	350
416 × 10	400
550 × 10	500
640 × 10	600
820 × 12	800

Nutabmessungen für DIN-Flansche mit Rundschnurringen (s. Abb. 2.1.72)

NW		DA	S	DI	B	D	DM	T
DIN-Fl.	Kleinfl.							
	10	25	5	15	6	14	20	3,6
10		30	5	20	6	19	25	3,6
	20	35	5	25	6	24	30	3,6
20		40	5	30	6	29	35	3,6
	32	50	5	40	6	39	45	3,6
32		60	5	50	6	49	55	3,6
50		85	5	75	6	74	80	3,6
65		95	5	85	6	84	90	3,6
100		130	5	120	6	119	125	3,6
150		175	5	165	6	164	170	3,6
250		275	8	259	9,5	257,5	267	5,9

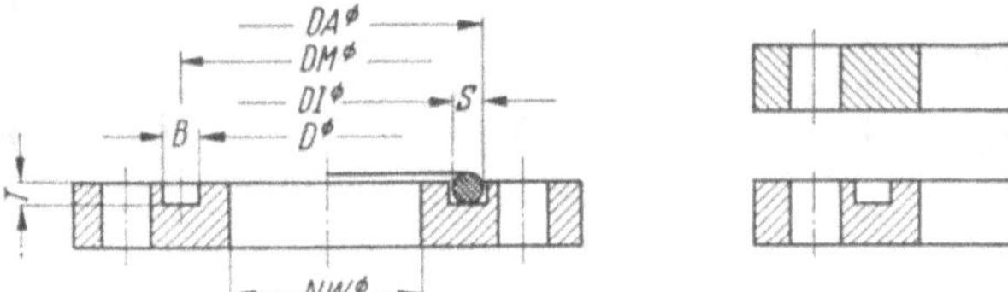

Abb. 2.1.72 Nut für Rundschnurring

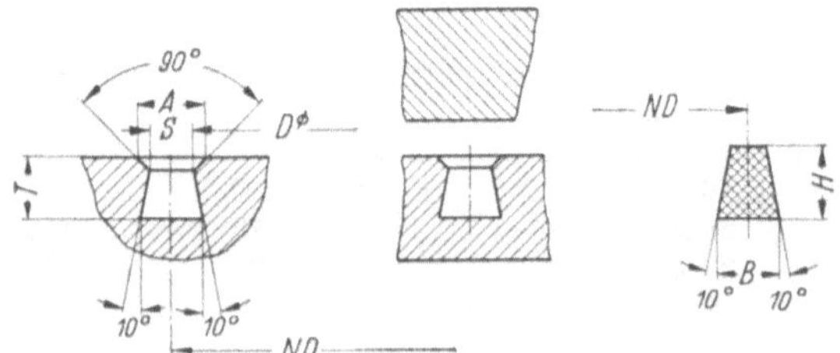

Abb. 2.1.73 Nut für Trapezring

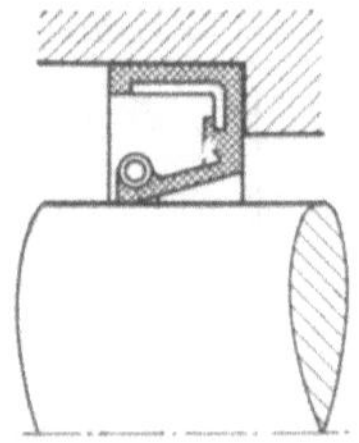

Abb. 2.1.74 Radialdichtring für Wellen (Simmerring)

Nutabmessungen für DIN-Flansche mit Trapezringen (s. Abb. 2.1.73)

NW	ND	Nut				Ring	
		A	D	S	T	H	B
10	16	5	13	3	4	4,8	4
20	26	5	23	3	4	4,8	4
25	32	5	29	3	4	4,8	4
32	42	7,5	37,6	4,4	6	7,2	6
40	50	9,5	44,7	5,3	7	9	7
50	60	9,5	54,7	5,3	7	9	7
65	85	10	79	6	8	9,6	8
90	105	11	97,7	7,3	8	10	9,5
100	115	11	107,7	7,3	8	10	9,5
125	140	11	132,7	7,3	8	10	9,5
150	165	11	157,7	7,3	8	10	9,5
200	220	13	212,5	7,5	10	12	10
250	270	13	262,5	7,5	10	12	10
300	330	13	322,5	7,5	10	12	10
350	380	13	372,5	7,5	10	12	10
400	416	13	408,5	7,5	10	12	10
500	550	13	542,5	7,5	10	12	10
600	640	13	632,5	7,5	10	12	10
800	820	14,5	811,2	8,8	12	14,5	12

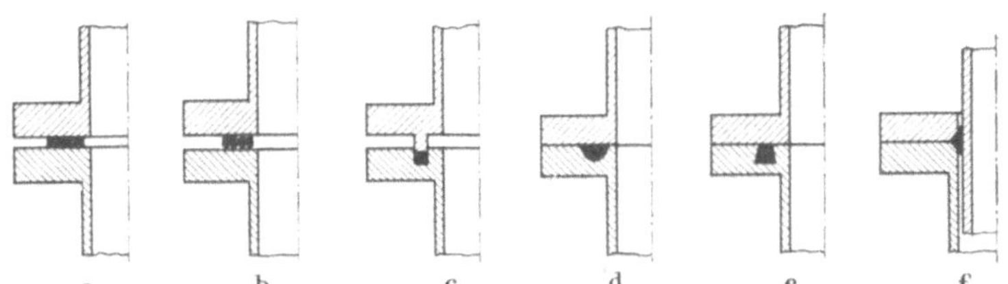

Abb. 2.1.75a—f Verschiedene Flanschdichtungen
a Flachdichtung, b Sicromaldichtung, c Dichtung mit Rechtecknut, d Dichtung mit Halbrundnut, e Dichtung mit Trapeznut, f Dichtung mit Dreiecknut

2.2 Hochvakuumverfahrenstechnik

(Siehe Literaturverzeichnis)

2.3 Werkstoffe, Dampfdrücke, Siedepunkte, Schmelzpunkte, Gasdurchlässigkeit usw.

2.3.1 Werkstoffe

2.3.1.1 Werkstoffprüfung

(Siehe Literaturverzeichnis)

2.3.1.2 Metalle

Tabelle 2.3.1 *Verwendbarkeit verschiedener Werkstoffe für Vakuumanlagen*
Temperaturbereich: -30 bis $+100$ °C
Werkstoffe der Spalten 1—5 sind für Behälterbau angegeben; als nicht vakuumdichte Innenteile können Metalle im allgemeinen bis einige 10^{-5} Torr verwandt werden

Druckgebiet	Baustoffe			
	Walz-, Schmiedeeisen, leg. Stähle, kein Guß, nichtrostende Stähle 1	Grauguß 2	Kupfer, Kupferlegierungen, gewalzt, gezogen 3	Buntmetallguß 4
Grobvakuum	+	+	+	+
Feinvakuum	+	+	+	+
Hochvakuum bis einige 10^{-5} Torr	+	+	+	—
Hoch- und Ultrahochvakuum ($\leq 10^{-6}$ Torr)	nur unter besonderen Entgasungsbedingungen	nur bei ganz besonderen Maßnahmen	nur unter besonderen Entgasungsbedingungen	—

Druckgebiet	Baustoffe						
	Aluminium 5	Quarzglas 6	Keramik 7	Kunstharze 8	Gummi und gummiartige Dichtmittel 9	Holz bzw. Iporka bei Innenteilen 10	Graphit bei Innenteilen 11
Grobvakuum	+	+	+	+	+	+ —	+
Feinvakuum	zu Innen-einbauten, als Behälterbaustoff mit besonderer Schweißung	+	+	+	+	—	+
Hochvakuum bis einige 10^{-5} Torr		Schliffverbindung mit Apiezonfett	auf dichten Scherben achten	—	gasarme Sondersorten	—	nur bei sorgfältiger Entgasung
Hoch- und Ultrahochvakuum ($\leq 10^{-6}$ Torr)	besondere Entgasungsbedingungen	fest verschmolzen	angesintert	—		—	—

Tabelle 2.3.2 *Gasgehalt in handelsüblichen Metallen (Beispiele reinster Proben)*

	H_2	CO	CO_2	N_2	SO_2	Gesamtmenge in cm^3/100 g Metall (bei 760 Torr und 0° C)
	in % der Gesamtgasmenge					
„Mond"-Nickel[1]	24,7	72,4	2,9	—	—	113
Würfel-Nickel[1]	3,5	90	2,3	4,2	—	482
Elektrolyt-Nickel[1]	78,9	21	0,00	—	—	7,9
Elektrolyt-Kupfer[1]	39,5	49,7	—	—	10,9	8,0
Elektrolyt-Zink[2]	100	—	—	—	—	20—60[4]
Wolfram[3]	geringe Menge	30—40	—	50—60	—	0,05
Molybdän[3]	geringe Menge	30—40	—	50—60	—	0,5
Zinn[1]	47	45	8	—	—	5—12
Aluminium[1]	71,7	15,4	2,5	10,4	—	7,03

[1] Nach W. HESSENBRUCH: Z. Metallkde. 21 (1929) 46.

[2] Nach RÖNTGEN u. MÖLLER: Metallwirtsch. 11 (1932) 685. — BURMEISTER u. SCHLOETTER: Metallwirtsch. 13 (1934) 115.

[3] NORTON u. MARSHALL: Trans. Amer. Inst. min. metallurg. Engrs. Februar 1932.

[4] Der Gehalt von Wasserstoff im Elektrolyt-Zink ist der Wurzel aus der Stromstärke der Elektrolyse proportional.

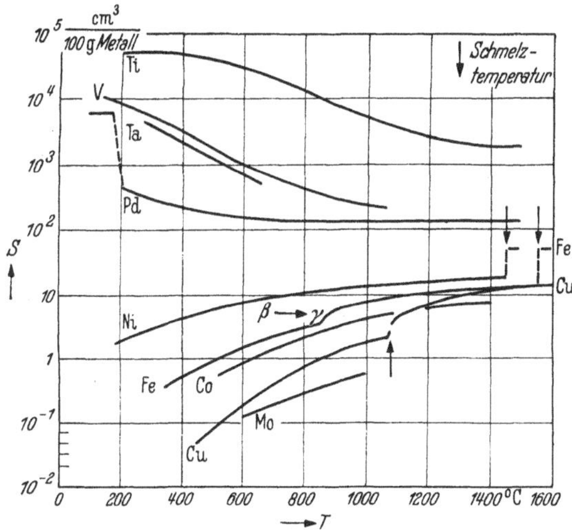

Abb. 2.3.1 Wasserstoffaufnahme von Metallen in Abhängigkeit von der Temperatur bei Atmosphärendruck (Gasmenge S in cm^3, bezogen auf 760 Torr bei 0 °C)

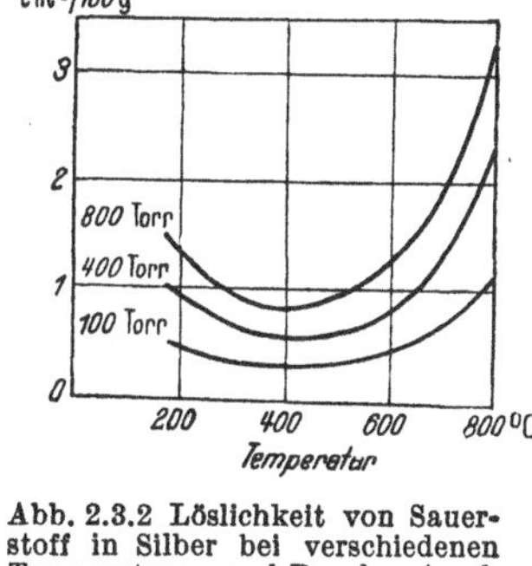

Abb. 2.3.2 Löslichkeit von Sauerstoff in Silber bei verschiedenen Temperaturen und Drucken (nach STEACIE und JOHNSON)

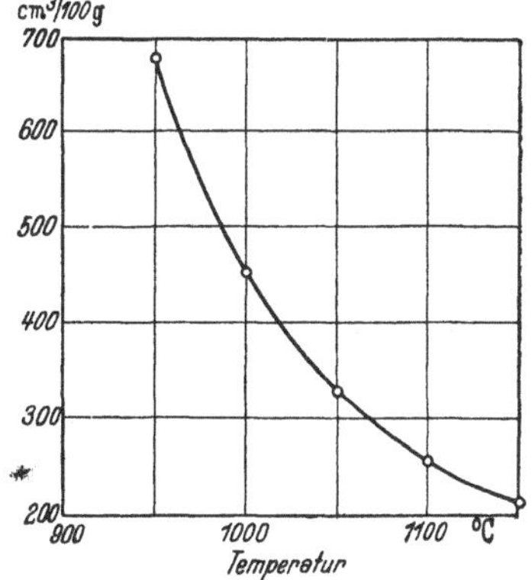

Abb. 2.3.3 Löslichkeit von Stickstoff in Molybdän bei 760 Torr in Abhängigkeit von der Temperatur (nach SIEVERTS und BRUNING)

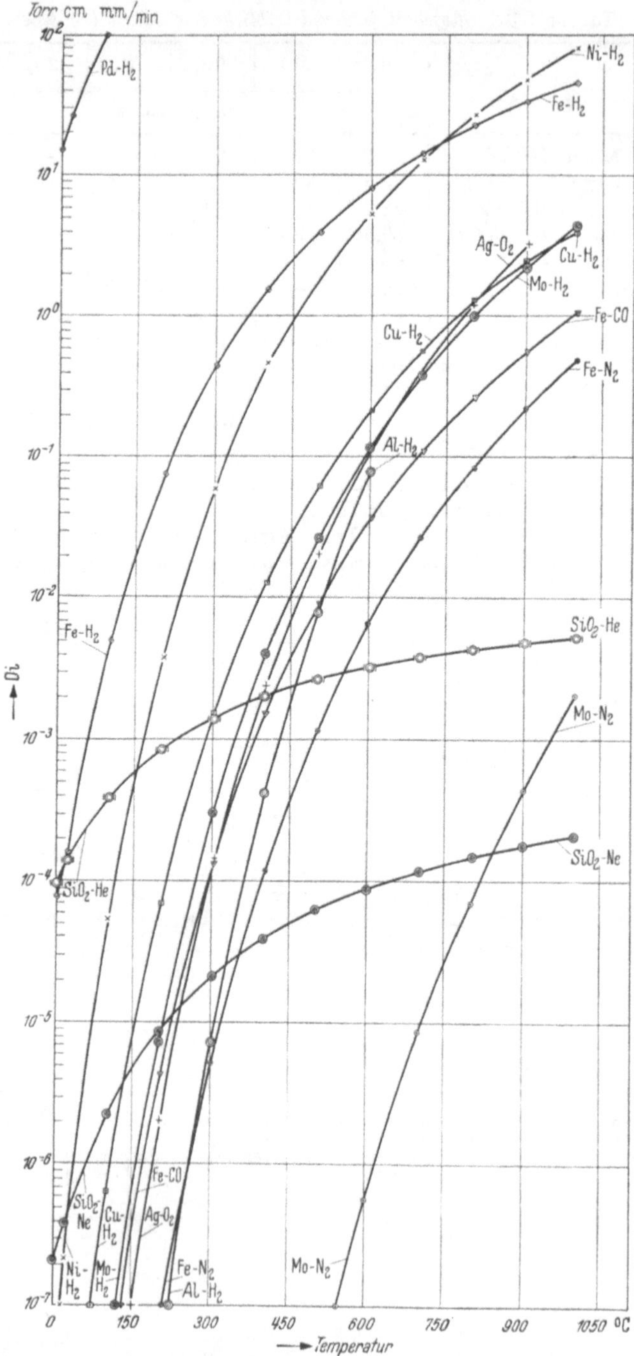

Abb. 2.3.4 Gasdurchlässigkeit von Wänden aus verschiedenen Materialien in Abhängigkeit von der Temperatur, dargestellt durch die Funktion $D_i = f(T)$, wobei D_i den Druckanstieg in einem Gefäß von 1 cm³ bei einem Gaseintritt durch 1 cm² der 1 mm starken Wand bedeutet (nach H. SCHWARZ)

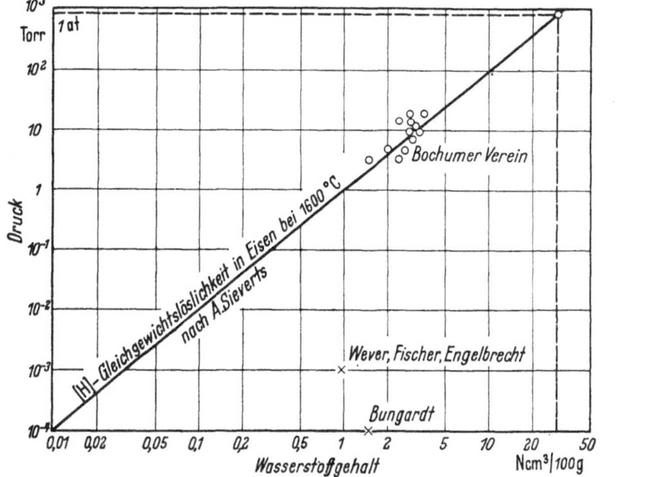

Abb. 2.3.5 Wasserstoffgehalt in Eisen nach Vakuumbehandlung in Abhängigkeit vom Druck (nach den Ergebnissen von verschiedenen Autoren, entnommen einer Zusammenstellung von TIX)

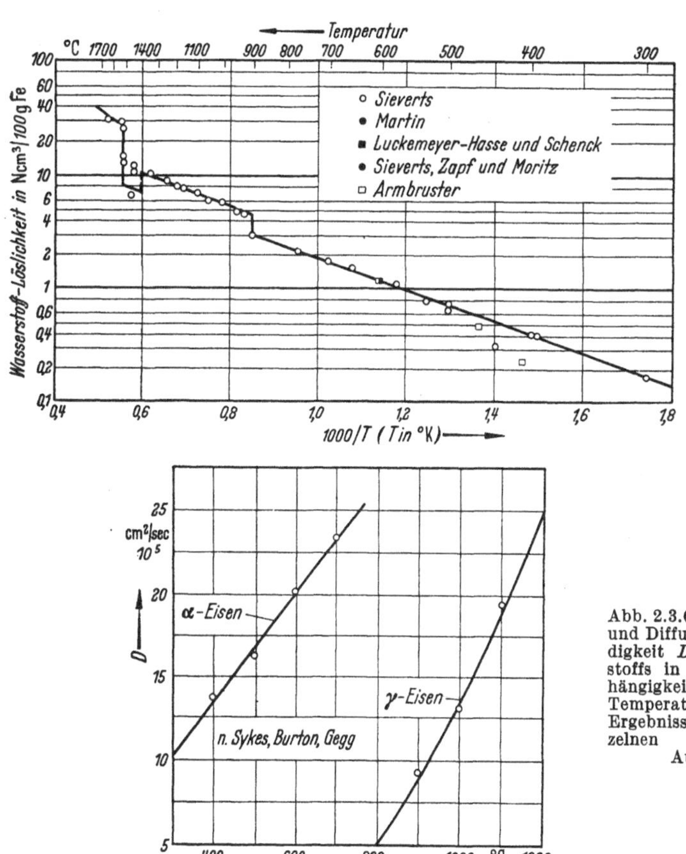

Abb. 2.3.6 Löslichkeit und Diffusionsgeschwindigkeit D des Wasserstoffs in Eisen in Abhängigkeit von der Temperatur (nach den Ergebnissen der im einzelnen angegebenen Autoren)

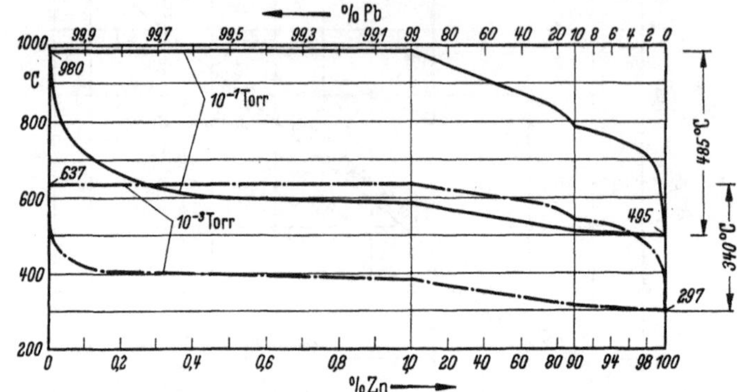

Abb. 2.3.7 Verdampfungs- und Taupunktskurve für Blei-Zink-Legierungen (nach A. LANGE und L. MÜLLER)

Die untere Kurve zeigt jeweils die Zusammensetzung der Schmelze, die obere Kurve die Zusammensetzung im Dampfraum bei den beiden angegebenen Drucken von 10^{-3} Torr und 10^{-1} Torr an. Man entnimmt daraus, daß beispielsweise beim Druck von 10^{-1} Torr und 700 °C einem Bleigehalt im flüssigen Zustand von 99,9% ein Bleigehalt im Dampfzustand von etwa 1% entspricht, während bei einem Druck von 10^{-3} Torr und einer Temperatur von 400 °C Bleigehalte in der Flüssigkeit zwischen 99,8 und 99,5% unmeßbar kleine Bleigehalte in der Dampfphase entsprechen, so daß man also auf diese Weise praktisch reines Zink abdampfen kann.

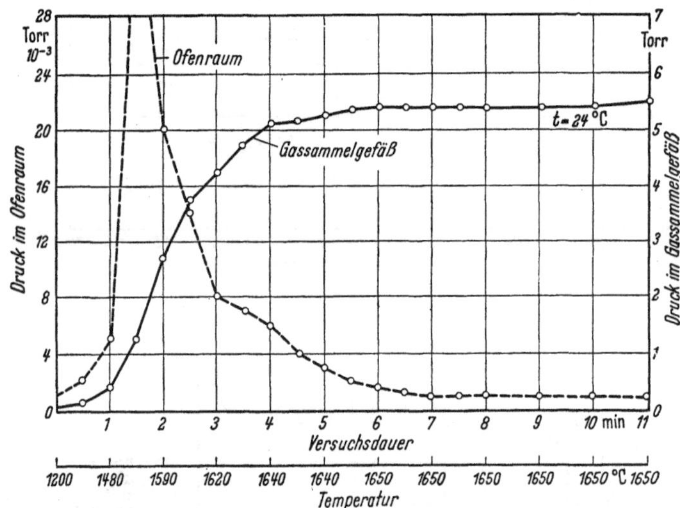

Abb. 2.3.8 Temperatur und Abgabe der Gase (nach KORDON und SCHMID)

Zur Bestimmung der in Metall gelösten Gasmengen wird vielfach das sogenannte Heißextraktionsverfahren angewendet, d. h., die Metalle werden in einem Vakuumraum erschmolzen; dadurch steigt der Gaspartialdruck im Ofenraum zunächst an. Die abgegebenen Gase werden dann von einer Diffusionspumpe dort abgepumpt und in ein Gassammelgefäß gedrückt, in dem dann der Gasdruck ansteigt und die gesammelten Gase im einzelnen analysiert werden können. Die Abbildung zeigt Druck und Temperaturverlauf im Ofen und im Gassammelgefäß bei einem solchen Heißextraktionsprozeß.

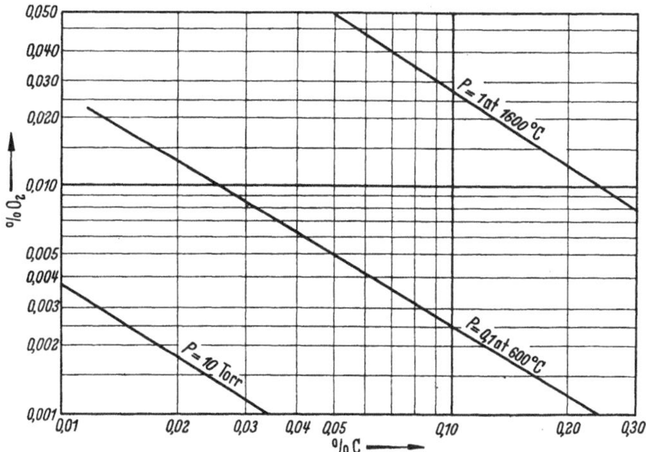

Abb. 2.3.9 Kohlenstoff-Sauerstoff-Gleichgewicht in Stahl (nach WINKLER)

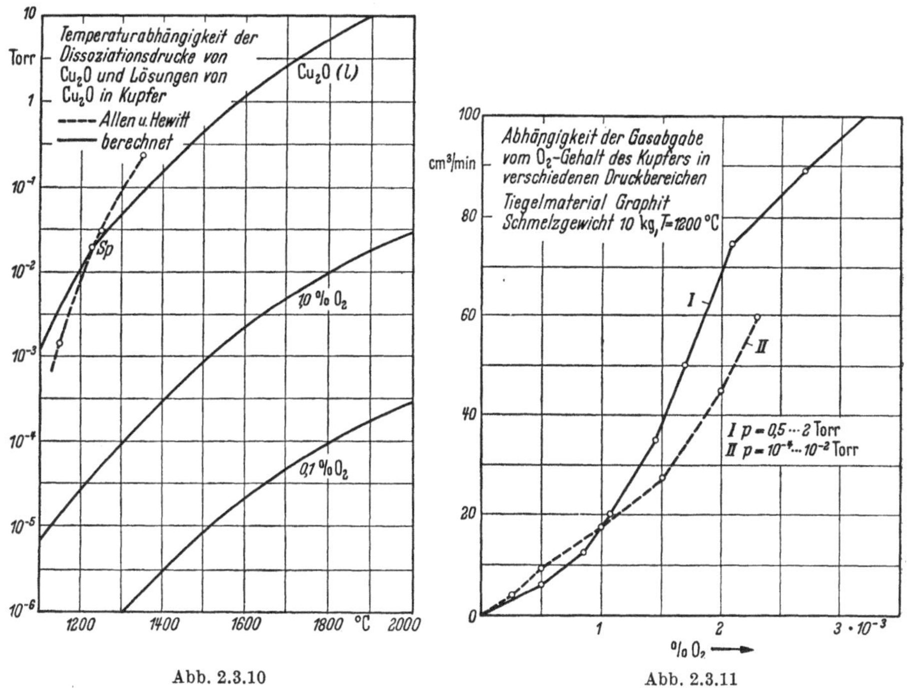

Abb. 2.3.10 Temperaturabhängigkeit der Dissoziationsdrücke von Cu_2O und Lösungen von Cu_2O in Kupfer (nach WINKLER)

Abb. 2.3.11 Abhängigkeit der Gasabgabe vom O_2-Gehalt des Kupfers in verschiedenen Druckbereichen (nach WINKLER)

Metall	Art bzw. Zusammensetzung in Gew.-%	Entgasungs-temperatur [°C]	Ungefährer Gasgehalt[1] $\left[\frac{cm^3\,[NTP]}{100\,g\,Metall}\right]$
Al	97,6 Al; 1,2 Fe; 1,2 Si	1200	4,6
	99 Al; 0,65 Fe; 0,07 Si	1200	12—17
C	Graphit, unentgast	2150[4]	> 27
	Graphit in H_2 bei 1500 °C, dann im Vakuum bei 1800 °C vorentgast	bis 1300 1300—1600 1600—1900 1900—2110 2150	0,15—1,23
Cu	raffiniertes Cu	1250	0,7—2,7
	Elektrolyt-Cu	1250	7,9
	Elektrodenteile	mit HF entgast	0,4—2,2
	OFHC-Kupfer[6]		O_2: 0,35 H_2: 1,3
	vakuumgeschmolzenes Cu		O_2: 0,27 H_2: 0,11
Fe	Elektrolyt- 0,02 C; 0,02 Mn; 0,02 Si	1550	21
	Armco- 0,02 C; 0,05 Mn; — Si	1550	54
	schwedisches Fe 0,02 C; — Mn; — Si	1550	122
	schwedisches Eisen	1380	23
	Gußeisen (0,17 C; 0,37 Si; 0,47 Mn; 1,74 Cr; 0,69 Mo)	1370	15,5
	New Iron (0,05 C; 0,008 Si; 0,18 Mn)[2]	1370	8,2
	Ingot-Eisen mit geringem C-Gehalt		O_2: 56—84
	Ingot-Eisen nach H_2-Entgasung bei 1500 °C		O_2: 2,8
	Elektrolyteisen		O_2: 25—34
	Carbonyleisen		O_2: etwa 17
	vakuumgeschmolzenes Rein-Fe		O_2: 4,2—8,4
	Fe mit 0,25 % Al		O_2: 2,8
	Fe mit 0,5 % Al		O_2: Spur
Mo	Blech, entgast in H_2 oder Vakuum bei 1150 °C		1,5
	Blech, nicht entgast		6,0
	Chemisch gereinigte Elektrodenteile	< 1000 1000—1200 ≧ 1200	
		1760[4]	0,09—0,8
Ni	Würfel, kommerzieller	1470	482
	Mond-Ni	1470	113
	Elektrolyt-Ni	1470	7,9
	Elektrolyt-Ni	1090 (7 h)	0,028
		1100 (15 h) +1200 (4 h)	1,93
	Elektrodenteile	mit HF entgast[5]	4—10
	kommerzielles „A"-Nickel		O_2: 1,4—2,8
Sn	—	—	5—12
W		2300—2430[4]	0,03

[1] Totaler Gasgehalt (bezogen auf 760 Torr und 0 °C [NTP]), soweit nicht anders vermerkt. [2] Durch eine vollständige Entgasung eintritt. [5] Max. Entgasungstemperatur im Vakuum

Ungefährer Gasgehalt[1] $\left[\frac{cm^3\,[NTP]}{cm^3\ Metall}\right]$	Ungefähre Gaszusammensetzung [Vol.-%] H_2	CO	N_2	O_2	CO_2	Autor
0,13	72[3]	12	11	1	5	HESSENBRUCH
0,34—0,46	77—88[3]	8—17	—	—	3—6	
>0,6						NORTON
	52	44	—	—	4	
	30	48	—		6	
	11	13	71		5	
		9	87		4	
0,003—0,027	meist H_2, CO, N_2			—	wenig CO_2	
0,07—0,24	7—29	20—38	5—14	SO_2: 33—61	—	HESSENBRUCH
0,7(—1,2)	39,5	49,7	—	SO_2: 10,9	—	
0,04—0,2	62—100				0—38	ANDREWS
						MORSE
						MORSE
1,7	0,0010[1]		0,0037[1]	0,01[1]		HESSENBRUCH
4,3	0,0007[1]		0,0035[1]	0,06[1]		
9,6	0,0012[1]		0,0029[1]	0,15[1]		
1,8	wenig H_2	meist CO und N_2			wenig CO_2	NORTON
1,3	wenig H_2	meist CO und N_2			wenig CO_2	
0,65	wenig H_2	meist CO und N_2			wenig CO_2	
						WISE
						LARSEN
						WISE
	etwa 73				27	ANDREWS
	etwa 86				14	
	meist H_2	meist CO	meist N_2			NORTON [ ] = meist vorkommende Werte
0,01—0,1	0—17 [0]	0—76 [15—36]	22—98 [>60]		0—9 [3—6]	
43	3,5	90	4,2		2,3	HESSENBRUCH
10	24,7	72,4	—		2,9	
0,7	78,9	21	—	—	0,00	
—	2—40	—	6—11		60—90	NORTON
0,03—0,18						
0,3—0,9	88—94				6—12	ANDREWS, SMITHELLS
						WISE
—	47	45	8	—		HESSENBRUCH
0,004—0,008	3	30	67			NORTON

HF geschmolzen. [3] Meist als Folge der Einwirkung von H_2O auf Al. [4] Temperatur, bei der praktisch ohne wesentliche Verdampfung (Gettereffekt): 1050 °C. [6] Sauerstofffreies Kupfer.

Tabelle 2.3.4 *Vorentgasungstemperaturen und -zeiten der wichtigsten Elektrodenmetalle im Hochvakuum und im Wasserstoff*

Material	Form	Verwendet für	Hochvakuum (Glühdauer 8 Std.) [°C]	Wasserstoff normal [°C]	Wasserstoff normal [min]	vollständige Entgasung[4] bei [°C]
W	Formstücke[1]	Antikathodenronden (vor dem Einschmelzen in Cu!)	etwa 1800	—	—	2300—2430 (Hochvak.)
	Draht	Federn, Glühkathoden und Gitter	nicht vorentgasen			
Mo	Blech	Anoden	950	1200	30[8]	1760[2]
	Draht	Gitter	900	1000	30[8]	1900[9]
		Federn	nicht vorentgasen			
Ta	Blech Draht	Anoden Gitter	>1800 ($<10^{-3}$ Torr)	H_2-Entgasung unzulässig		>2000[6,10] (Hochvak.)
	Draht	Federn	nicht vorentgasen			
Pt	Blech	—	900—1000	950	5—10	
(Pt-Ir, Pt-Ni)	Draht	Oxydkathoden	nicht vorentgasen			
Ni u. Ni-Legierungen ohne Cu-Gehalt		alle Elektrodenteile (außer Halterungsstäben für niedrige Betriebstemp.)	750—950[5]	950—1050	10—15	
Fe u. Fe-Legierungen ohne Cu-Gehalt		wie oben	950—1000	950[3,8]	5—10	
		bei dichter Packung (Gefahr des Aneinanderklebens)		750	5—10	
Fe, Kovar		Glaseinschmelzungen	850	800—900 •900—1000	127 37 [7]	
Cu u. Cu-Legierungen ohne Zn- oder Sn-Gehalt		Elektrodenteile außer Halterungen u. Cu-Außenanodenrohren	500—550	bei normalem Cu vermeiden (zulässig bei OFHC-Kupfer)		

Tabelle 2.3.4 (*Fortsetzung*)

Material	Verwendet für	Hochvakuum (Glühdauer 8 Std.)	Wasserstoff normal		Vollständige Entgasung[4] bei
		[°C]	[°C]	[min]	[°C]
Cu, Konstantan	Zuleitungen	bis 600	bis 900	15	
Cu-Legierungen mit niedrigschmelzenden Komponenten (Zn, Sn)	nicht abgeschmolzene Gefäße an der Vakuumpumpe	nicht vorentgasen			
Al	kalte Kathoden	nicht vorentgasen			
karbonisiertes Nickel	Anoden	950	H_2 vermeiden (Kohlenwasserstoffbildung)		
P2-Blech (Al-bedecktes Fe)	Anoden, Kühlflügel	nicht vorentgasen			
chromoxydierte Metalle (W, Ni)	Gitter und Anoden	—	950	15	
Graphit	Anoden	1500—1800	H_2 vermeiden		2150

[1] Unverkupferte W-Ronden dürfen bei Anwesenheit von C (z. B. im Graphit-Kupferguß-Ofen) nicht entgast werden (Karbidbildung!).

[2] $^1/_2$—1 Std. in extrem reinem H_2 oder längere Zeit im Hochvakuum.

[3] Einzelteile bis 1370 °C.

[4] Nach Norton.

[5] Maximal-Entgasungstemperatur von Ni im Vakuum 1050 °C, sonst zu große Verdampfung des Ni selbst.

[6] Alle Ta-Teile auf gleicher Temperatur halten!

[7] In feuchtem H_2, danach Entgasen im Vakuum kurz vor dem Verschmelzen mit Glas.

[8] In reinem, trockenem H_2.

[9] Für extrem reine Elektroden in Glimmstabilisatoren mit reinster Edelgasfüllung (und absichtlicher Zerstäubung der Elektroden zu Getterzwecken) ist das Mo-Material durch Induktionserhitzung auf 1900 °C in einem Hochvakuum von $< 5 \cdot 10^{-5}$ Torr 6 Std. lang zu entgasen (Todd).

[10] Nach Mamula, Vacek:

Ausscheiden von H_2 bei 600—1200 °C,
Ausscheiden von CO bei 1700—2000 °C,
Ausscheiden von N_2 bei 1900—2400 °C.

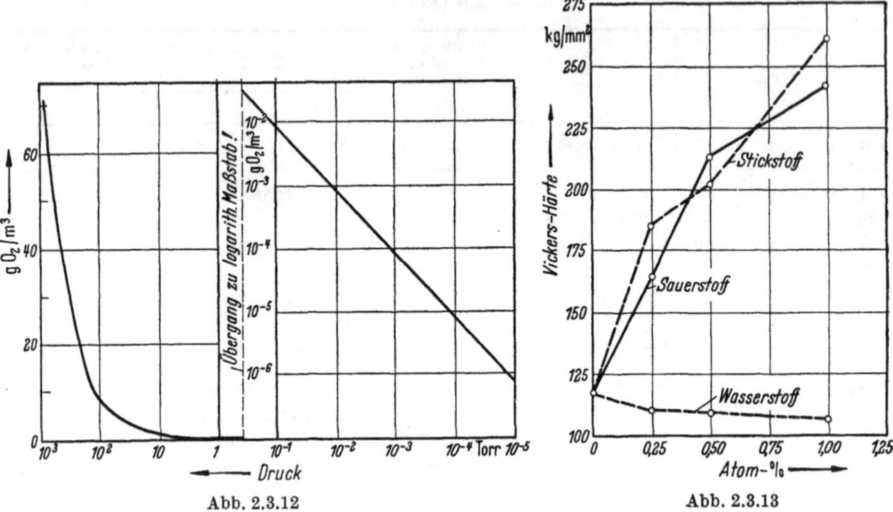

Abb. 2.3.12 Abb. 2.3.13

Abb. 2.3.12 Abhängigkeit der reaktionsfähigen O_2-Menge vom Druck bei 1000°C im Ofenraum (nach DEISINGER)

Für die Frage des Schutzes von Metallen vor unerwünschten Oxydationsprozessen durch Temperaturbehandlung im Vakuum ist die für störende Oxydationsprozesse zur Verfügung stehende Sauerstoffmenge wesentlich.

Abb. 2.3.13 Einfluß des Sauerstoff-, Stickstoff- und Wasserstoff-Gehalts auf die Härte von Titan (nach R. J. JAFFEE und I. E. CAMPBELL)

Tabelle 2.3.5 *Reinigung von Metallen durch Vakuumverdampfung* (nach CRITES)

Art und Grad der Trennung	Grundmetall	Entfernte Verunreinigungen
a) Trennung nahezu vollständig. Verunreinigungen im Destillat	Be	Ca, Ba, Mg
	Fe	S, P, Cu, Mn
	Cu	Ag. Bi, Pb, Zn. Co
	Al	Mn, Ag, Mg, Na
b) Trennung nahezu vollständig, aber Verunreinigungen im Rückstand	Fe	W
	Be	C, Fe, Ni
	Cu	Au
	Al	Fe, Ti, Cu
c) Trennung unvollständig. Verunreinigungen im Destillat	Ni	Cu
	Fe	Cr
	Cr	Al, S
	Cu	S, Sb
d) Trennung unvollständig. Verunreinigungen im Rückstand	Ni	Cr
	Fe	Ni, Co, C, Si
	Be	
	Al	Si
	Cr	Fe
	Cu	Ni, O_2

Tabelle 2.3.6 *Sauerstoff-Partialdrücke über Metalloxyden* (nach CRITES)

$2\,MnO_2 = Mn_2O_3 + {}^1/_2\,O_2$			$NiO = Ni + {}^1/_2\,O_2$		
655 °K	22,8	Torr	1273 °K	2	Torr
751	200		1373	5,5	
1213	760		1473	13	

$3\,Mn_2O_3 = Mn_3O_4 + {}^1/_2\,O_2$			$SiO_2 = Si + O_2$	
1213 °K	159	Torr	2000 °K	10^{-12} Torr
1363	760			

$3\,Fe_2O_3 = 2\,Fe_3O_4 + {}^1/_2\,O_2$				
1373 °K	5	Torr		
1473	9			
1573	59			
1673	353			
1773	454			

$TiO_2 = Ti + O_2$	
2000 °K	10^{-18} Torr

$Al_2O_3 = Al + {}^3/_2\,O_2$	
2000 °K	10^{-50} Torr

Tabelle 2.3.7 *Gasaufnahme von vakuumgeschmolzenem Nickel bei verschiedenen Gasdrücken*

O_2-Druck (Torr)	O_2 (%)	N_2-Druck (Torr)	N_2 (%)	H_2-Druck (Torr)	H_2 (%)
0,001	$1,5 \times 10^{-3}$	27	$1,7 \times 10^{-4}$	2,2	7×10^{-5}
0,02	4,0	50	3,0	6,7	22
0,10	15,0	760	8,0	33,2	34

2.3.1.3 Glas und Quarz

Die Geräte und Anlagen der modernen Vakuumtechnik sind vor allem aus Gründen der mechanischen Festigkeit, der bei den großen Abmessungen der einzelnen Bauteile besondere Aufmerksamkeit zu schenken ist, praktisch nur aus metallischen Bauelementen aufgebaut. Glas (und andere Isolierstoffe) wird für vakuumdichte, isolierende Durchführungen oder Halterungen verwendet. Auch wird es benutzt beim Bau von Druckmeßgeräten (McLEOD-Vakuummeter, Ionisationsvakuummeter u. ä.), die selbst mittels geeigneter Glas-Metall-Verschmelzungen mit den Metallteilen der Vakuumanlage verbunden sind. Neuerdings freilich, insbesondere im Zusammenhang mit der Erzeugung der extrem niedrigen Drücke des Ultrahochvakuums und ihrer Messung, treten ganz aus Glas aufgebaute Apparaturen kleinerer Abmessungen, die keine lösbaren Verbindungen aufweisen, wieder stärker in den Vordergrund.

Den eben aufgezählten Anwendungen entsprechend kommt die Vakuumtechnik, im Gegensatz zu anderen Glasverbrauchern (wie z. B. der Elektronenröhren- und der Lampenindustrie), mit einer relativ geringen Anzahl von Gläsern aus und wird sich natürlich bemühen, dazu handelsübliche Gläser zu verwenden und auf Spezialgläser soweit wie möglich zu verzichten.

Die Liste der in Tab. 2.3.8 aufgeführten vakuumtechnisch interessanten Gläser erhebt keinen Anspruch auf Vollständigkeit.

Tabelle 2.3.8 *Vakuumtechnisch wichtige Gläser*

	Typenbezeichnung	Kurzbezeichnung Glas-Nr.	Hersteller	$\alpha \cdot 10^7$ grad^{-1} (Temperaturbereich in °C)	Transformationstemperatur °C	Erweichungspunkt[1] °C	Verarbeitungspunkt[2] °C
Geräte- und Kolbenglas	Duran 50	8330	Schott	32 (20–300)	530	815	1260
	Supremax	2955	Schott	37 (20–300)	715	938	1220
Im wesentlichen W-Verschmelzgläser	Suprax	3891	Schott	40 (20–300)	553	793	1195
	Supremax 56	8409	Schott	41 (20–300)	745	960	1245
	W-Glas (Pb-haltig)	8212	Schott	41 (20–300)	495	742	1138
	Wolframglas	1646	Schott	42 (20–300)	515	754	1095
	W-Einschmelzglas	362 a	Osram	42 (0–300)	480	850	1230
	Kolbenglas	742 c	Osram	44 (0–300)	770	1027	1260
	W-Einschmelzglas	712 b	Osram	44 (0–300)	530	875	1240
Im wesentlichen Einschmelzgläser für Mo- und Fe-Ni-Co-Legierungen	Einschmelzglas	EW	Wertheim	44 (20–400)	505	565	
	Übergangsglas[4]	8447	Schott	48 (20–300)	465	720	1031
	Geräteglas 20	2877	Schott	49 (20–300)	560	794	1190
	Mo-Einschmelzglas	906 c	Osram	49 (0–300)	510	810	1100
	Molybdänglas	1639	Schott	50 (20–300)	531	736	1025
	Mo- und Fe-Ni-Co-Glas	1447	Schott	51 (20-300)	528	725	1080
	Einschmelzglas	8482	Schott	51,5 (20–300)	488	738	1058
	Mo- und Fe-Ni-Co-Glas	8243	Schott	52 (20–300)	485	715	1040
	Kovar-Einschmelzglas	911 b	Osram	53 (0–300)	500	766	1060

[1] $\eta = 10^{7,6}$ P. [2] $\eta = 10^4$ P.
[3] TWB = Temperaturwechselbeständigkeit.

(*geordnet nach steigendem mittleren linearen Ausdehnungskoeffizienten* α)

$T_{\varkappa 100}$[5] °C	Chemische Haltbarkeit hydrol. Klasse (DIN 12111)	Säureklasse (DIN 12116)	Laugenklasse (DIN 52322)	Dichte g/cm³	Besonderheiten und chemische Zusammensetzung	Verwendung und besondere Eigenschaften
248	1	1	2	2,23	reines Borosilikatglas	Für dickwandige Gefäße, hohe TWB[3]. Betriebstemperatur bis 490 °C
517	1	—	3	2,47		Im Dauerbetrieb bis 700 °C. Zur Verarbeitung oxydierende Flamme verwenden
245	1	1	2	2,31		Zur Verschmelzung mit Wolfram und bestimmten keramischen Massen geeignet
616	1	3	3	2,59		Zur Verschmelzung mit Wolfram; $T_{\varkappa 100}$ hoch!
401	2	1	3	2,31	Blei-Borosilikatglas	Wickelglas für W-Einschmelzungen. Hohes Isolationsvermögen
252	3	2	3	2,27		Wickelglas für W-Einschmelzungen, aber $T_{\varkappa 100}$ ist niedrig
380	1	3	3	2,33	Blei-Borosilikatglas	
580	1	3	3	2,67	Borophosphatglas	Thermisch hoch belastbar
306	1	2	3	2,29	Borosilikatglas	
320	1					Einschmelzglas für Mo, Fernico, Kovar, für Gefäße zur Aufbewahrung von flüssigem He
264	—	3	3	2,26		
195	1	1	2	2,40	Borosilikatglas	Hohe chemische Resistenz, hohe TWB, Universalglas, Arbeitstemperatur bis 500 °C
274	1	3	3	2,56	Pb-haltig	
232	4	2	3	2,30		(Weiches) Wickelglas für Molybdän
197	1	1	3	2,48		Nur für geringe elektrische Isolation
416	4	3	3	2,34		Zum Einschmelzen von Mo, Nilo-K, Vacon 10/12, $T_{\varkappa 100}$ hoch, aber chemische Resistenz mäßig
342	—	—	—	2,26		Hohes Isolationsvermögen
360	5	3	3	2,31	Pb-frei	Vacon-Einschmelzglas, hohes Isolationsvermögen

[4] Zwischen Schottglas 2877 und Fe-Ni-Co-Legierungen.

[5] $T_{\varkappa 100}$ Temperatur für $\varrho = 10^8\ \Omega$ cm.

Tabelle 2.3.8

	Typenbezeichnung	Kurzbezeichnung Glas-Nr.	Hersteller	$\alpha \cdot 10^7$ $grad^{-1}$ (Temperaturbereich in °C)	Transformationstemperatur °C	Erweichungspunkt[1] °C	Verarbeitungspunkt[2] °C
Weichgläser für Geräte und zum Verschmelzen mit Metallen und Keramiken	Geräteglas	R	Wertheim	63 (20–400)	570	620	
	Thermometer-Normalglas	NW	Wertheim	89 (20–400)	540	600	
	Normalglas	16^{III}	Schott	90 (20–300)	543	712	1000
	Apparateglas	AR	Ruhrglas	91 (20–300)	512	716	
	Bleiglas	8095	Schott	95 (20–300)	425	628	974
	Geräteglas	GW	Wertheim	95 (20–400)	525	580	
	Röhrenglas	AW	Wertheim	95 (20–400)	525	580	
	Einschmelzglas	LW	Wertheim	97 (20–400)	520	570	
	Bleiglas 28%	123a	Osram	97 (20–300)	410	670	970
	Einschmelzglas	MW	Wertheim	99 (20–400)	420	460	
	Thüringer Kolbenglas	584d	Osram	102 (0–300)	512	743	1020
	Normalglas	905c	Osram	102 (0–300)	500	730	1012
		MGR	Ruhrglas	106 (20–300)	481	671	
	Röhrenglas	LR-weiß	Ruhrglas	109 (20–300)	487	669	

[1] $\eta = 10^{7,6}$ P. [2] $\eta = 10^4$ P.

(*Fortsetzung*)

$T_{\varkappa 100}$ [3] °C	Chemische Haltbarkeit hydrol. Klasse (DIN 12111)	Säureklasse (DIN 12116)	Laugenklasse (DIN 52322)	Dichte g/cm³	Besonderheiten und chemische Zusammensetzung	Verwendung und besondere Eigenschaften
256	1	—	—			Einschmelzglas für Vacon 10, 12, 20, Frequenta 221 (Steatit)
165	3	—	—			Thermometer-Normalglas, ferner Einschmelzglas für Pt, Vacovit 501 und Steatit Gl 9
165	3	1	2	2,58		Für Thermometer und zum Verschmelzen mit Pt, Ni-Fe-Legierungen und Keramik
—	3	1	2			
311	3	3	3	3,02		Einschmelzglas für Pt und Vacovit-Legierungen 485, 426
205	3	—	—			Einschmelzglas für CR 25, Vacovit 501, 511, Steatit Gl 9
230	3	—	—			Allgemeines Geräteglas, Röhrenglas
250	3	1	1		Pb-frei	Glasgeräte, Einschmelzglas für CR 25, Vacovit 426, 511, 025, 540
322	1	3	3	3,03		Einschmelzglas für Kupfermanteldraht, hoch isolierend
280	3	—	—		Pb-haltig	Einschmelzglas für Pt, Pt-Ersatz, Ni-Fe-Legierungen, Kupfermanteldraht
230	3	2	2	2,56		Natronkalkglas für Röhren
175	4	2	2	2,54		
169	4	1	2			
165	(5)	2	2			

[3] $T_{\varkappa 100}$ Temperatur für $\varrho = 10^8\ \Omega$ cm.

Tabelle 2.3.9 *Kennwerte von Gläsern der Röhrentechnik*

Bezeichnung	Weichglas		Hartglas a) Borsilikatglas b) Alumoborsilikatglas	Quarz
	Bleiglas	a) Natronglas b) Thüringer Glas		
SiO_2-Gehalt	55—60%	~ 70%	~ 70—80%	100%
wesentlicher Zusatz	bis zu 30% PbO	a) Alkali- und Erdalkalioxyde (~ 20%) b) wie a) + 4% Al_2O_3	a) bis zu 20% B_2O_3 b) wie a) + Al_2O_3	
Verwendung	Füße	Kolben Apparaturen	Füße Kolben	
$\alpha \cdot 10^7$ in $grad^{-1}$ (20—300 °C)	80—90		30— 50	6
Transformationstemperatur in °C	400—450	500—600	450—750	1050
$T_{\varkappa 100}$ in °C	300—350	150—250	200—600	600
Dielektrizitätskonstante (20 °C)	7— 16	7— 8	~ 5	3,8
$\operatorname{tg} \delta \cdot 10^4$ bei 1 MHz (20 °C)	5—120			2
λ in cal/(grad cm sec) (20 °C)	0,0016—0,0030			0,0033
Zugfestigkeit in kg/mm^2 (20 °C)	3,5—8,5			7—12
Druckfestigkeit in kg/mm^2 (20 °C)	60—120			160—200
Durchschlagfestigkeit in kV/mm (20 °C)	16—40			25—40

Tabelle 2.3.10 *Einige Glaslote*

Lieferant	Lot-Nr.	Zusammensetzung in %						$\alpha \cdot 10^7$ in $grad^{-1}$	Löttemperatur in °C
		PbO	B_2O_3	ZnO	Al_2O_3	SiO_2	Na_2O		
Telefunken	T 209	78	14,8	—	1	5	1,2	90	410
Gen. El. Co.	GSS 38	80	20	2,5	—	—	—	96	475
Wembley	GSS 34	70	30	2,5	—	—	—	80	525
England	GSS 1	84	16	8	—	2	—	92	500
Fischer	F 3	73,8	11,2	—	0,2	14,3	0,5	90	540
Schott	8435	Lithium- und bleioxydhaltiges Alumoborosilikatglas						58 (20—300 °C)	549[1]
	8461	Kieselsäurehaltiges Bleiboratglas						83 (20—300 °C)	485[1]
	8468	Zinkoxydhaltiges Bleiboratglas						124 (20—300 °C)	330[1]

[1] Erweichungspunkt ($\eta = 10^{7,6}$ P) in °C.

Tabelle 2.3.11 *Einschmelzmetalle*

Glas	Weichglas						Hartglas				
Metall	Pt	Pt-Mantel Kern: Ni 48 Fe 52	Cu-Mantel[1] Kern: Ni 42 Fe 58	Ni 47—54 Rest Fe	Cr 6 Ni 42 Rest Fe	Cr 23—30 Rest Fe	Rein-, Ommet-eisen	Cu	W	Mo	Kovar Fe 54 Ni 28 Co 18
Einschmelzdrähte ⌀ in mm	<1	<3	<1	<5	ja	<12	<3	—	<12	<15	<15
Ringeinschmelzungen	—	—	—	alle Dim.	alle Dim., ev. dünne Kante	alle Dim., ev. dünne Kante	ja	alle Dim., Kante 0,05 mm	—	—	alle Dim.
$\alpha \cdot 10^7$ in $grad^{-1}$ bei 20—100 °C	90	≈ 90	80—100 rad. 60—65 achs.	80—110	80—100	95—100	125	165	40—45	48—52	48—60 je nach Leg.
ϱ in $\frac{\Omega\, mm^2}{m}$ (20 °C)	0,11	0,5	0,04—0,06	0,50—0.35	0,34	0,72	0,11	0,017	0,06	0,06	0,49
λ in $\frac{cal}{grad\ cm\ sec}$	0,17	0,03	≈ 0,4	0,03—0,05	0,03	90,0	0,18	0,92	0.38	0,35	0,09
Knickpunkt in °C	—	Kern: 450	Kern: 340—370	425—500	—	—	—	—	—	—	~ 425
Bemerkungen	glastechn. leicht			Oxyd blättert leicht ab bei reinem NiFe. Abhilfe: Leg.-Zusätze. Cu-Belag gegen Pb-Reduktion im Glas	Oxyd haftet gut, vor dem Löten vernickeln (10 µ)	glastechn. leicht, Löten und Schweißen schwierig; versilbern		gute elektr., schlechte mechan. Eigenschaften, glastechn. schwierig	gute Anglasung: strohgelbe bis orangegelbe Farbe	gute Anglasung: schokoladebraune Farbe	gute Anglasung: mausgraue Farbe: (schwarz, ev. porös)

[1] Sog. CuFeNi-Draht, Fink-Draht, Dumet-Draht

Tabelle 2.3.12 *Quarz* (nach W. ESPE)

Spez. Gewicht	g/cm³	kristall. .... 2,65 Quarzglas .... 2,2 Quarzgut.................. 2,1 bis 2,2
Zugfestigkeit	kg/mm²	Glas: 7—9
Druckfestigkeit	kg/mm²	Glas: 160—200
Elastizitätsmodul	kg/mm²	Glas: 6200—7200
Torsionsmodul	kg/mm²	Glas: 2400—3150
Wärme-ausdehnungs-koeffizient	1/grad	kristall. (0—567 °C) ‖ zur Achse: $140 \cdot 10^{-7}$ ⊥ zur Achse: $240 \cdot 10^{-7}$ Quarzglas: 0—100 °C: $5{,}2 \cdot 10^{-7}$; 0—1000 °C: $5{,}6 \cdot 10^{-7}$
Wärme-leitfähigkeit	$\frac{\text{cal}}{\text{grad cm sec}}$	kristall. (20 °C) ‖ zur Achse: $32 \cdot 10^{-3}$ ⊥ zur Achse: $17 \cdot 17^{-3}$ Glas: 20 °C: $3{,}5 \cdot 10^{-3}$; 350 °C: $6{,}4 \cdot 10^{-3}$
Transformations-temperatur	°C	Glas: 1220—1250
Spez.elektr.Wider-stand bei 20 °C	Ωcm	kristall.: ‖ 10^{13}—10^{15}; ⊥ 10^{18}—10^{20} Glas: 10^{17}—10^{18}
$T_{\varkappa\,100}$	°C	kristall. (sehr rein): ≈ 800 Glas: 600—700
Dielektrizitäts-konstante		kristall.: ⊥ 4,3—4,4; ‖ 4,6—4,7 Quarzglas, rein: 3,5—3,8
Verlustfaktor tg δ ($\lambda = 300$ m bis 60 cm)		kristall.: $1 \cdot 10^{-4}$; Quarzgut: 5—$10 \cdot 10^{-4}$ Glas (20 °C): 2—$3 \cdot 10^{-4}$; (400 °C): 5—$6 \cdot 10^{-4}$
Durchschlag-festigkeit	$\frac{\text{kV}}{\text{cm}}$	20 °C: 250—400 | 500 °C: 40—50

A n w e n d u n g s b e i s p i e l e: Für *amorphen Quarz* (Quarzglas): thermisch hochbelastete Isolierstücke (Streben) in Senderöhren, auch Kolben für Senderöhren, Elektrodenhalterungen in Kurzwellenröhren, Einsätze in Schaltröhren; Kathodeneinsätze in Quecksilbergleichrichtern; Diffusionspumpen, UV-Lampen.

Für *kristallinen Quarz*: Schwingquarze.

Literatur

a) Über Quarzglas und Quarzgut:

ESPE, W., u. M. KNOLL: Werkstoffkunde der Hochvakuumtechnik, Berlin 1936, S. 193 (Quarzglas und Quarzgut).

SINGER, F.: Geschmolzener Quarz in M. PIRANI: Elektrothermie, Berlin 1930.

b) Über Schwingquarze:

BECKERAT, H. V., u. W. ARENS: Der Schwingquarz in der Nachrichtentechnik; Elektr. Nachr.-Techn. 19 (1942) H. 3/4 und 12.

SCHEIBE, A.: Die Piezoelektrizität des Quarzes, Berlin 1938.

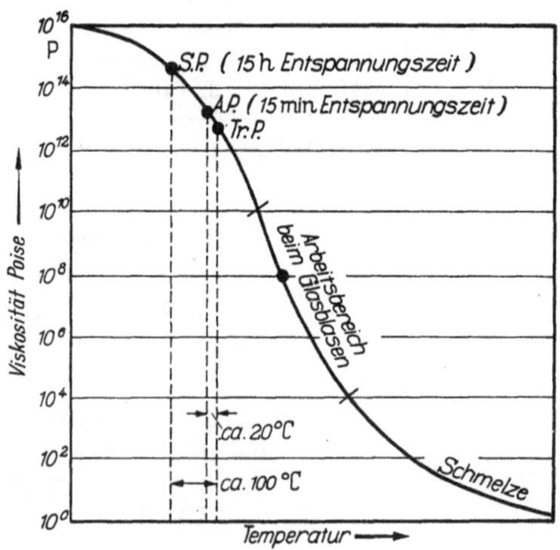

Abb. 2.3.14 Abhängigkeit der Viskosität von Gläsern von der Temperatur

2.3.1.4 Glimmer

Tabelle 2.3.13 *Glimmer* (nach W. ESPE)

Spez. Gewicht	g/cm³	Grenzwerte ... 2,15—3,2 Muskowit ... 2,65—3,2		
Elastizitätsmodul	kg/mm²	16000—21000		
Streckgrenze	kg/mm²	Muskowit: 35—39	Amber: 20—28	
Zugfestigkeit	kg/mm²	Stärke 0,07 mm: 40—75		
Scherfestigkeit	kg/mm²	Muskowit: 23,5—26,5	Amber: 10—13	
Wärmeausdehnungs-koeffizient (0—100 °C)	1/grad	Muskowit: $85 \cdot 10^{-7}$	Phlogopit: $135 \cdot 10^{-7}$	
Wärmeleitfähigkeit	$\frac{\text{cal}}{\text{grad cm sec}}$	$0{,}8—1{,}4 \cdot 10^{-3}$		
Kalzinationstemperatur	°C	Muskowit: 550—600	Amber: 750—900	
Schmelztemperatur	°C	Muskowit: 1130	Amber: 1030	
Spez. elektr. Widerstand	Ωcm	Grenzwerte (20 °C): $10^{15}—10^{17}$	Einzelmessung: 20 °C: $3 \cdot 10^{17}$ 100 °C: $3 \cdot 10^{16}$	
Dielektrizitätskonstante		6—8		
Dielektr. Verlustfaktor $\operatorname{tg}\delta$ bei 50—10^7 Hz		20 °C: $1{,}6—2 \cdot 10^{-4}$ 120 °C: $20—200 \cdot 10^{-4}$ Micanit (20 °C): $2—10 \cdot 10^{-4}$		
Durchschlagfestigkeit	$\frac{\text{kV}}{\text{cm}}$	0,1 mm dick: 1000—2000	1 mm dick: 250—720	Micanit 1 mm: 350

Anwendungsbeispiele: Als Dielektrikum für Kondensatoren, insbesondere bei Forderung hoher Kapazitätskonstanz und kleinster Verluste; federnde Isolierscheiben für Vakuumröhrenaufbauten.

Literatur

EBINGER, A., u. L. LINDER: Glimmer für Kondensatoren. Elektrotechn. u. Masch.-Bau 59 (1941) 286.

ESPE, W., u. M. KNOLL: Werkstoffkunde der Hochvakuumtechnik, S. 216. Berlin: Springer 1936.

SCHRÖDER, K., in H. SCHEERING: Die Isolierstoffe der Elektrotechnik. Berlin 1924.

STÄGER, H.: Elektrotechnische Isoliermaterialien. Stuttgart 1931.

Normen: DIN 40612-1942; VDE 0332-IX, 38; VDE 614-1939; ČSN ESČ 127-1947.

2.3.1.5 Keramische

Tabelle 2.3.14 *Keramische Werkstoffe.*

Gruppe nach DIN 40685	Handelsnamen		Rohdichte g/cm³	Wasseraufnahmevermögen Gew.-%	Zugfestigkeit kg/mm²	Druckfestigkeit kg/mm²	Biegefestigkeit kg/mm²	Lineare Wärmeausdehnung $10^{-7}\cdot\frac{1}{grad}$	Wärmeleitfähigkeit $\frac{cal}{grad\ cm\ sec}$
IA1 **Hochbrandporzellan, gedreht, gegossen, stranggepreßt**	Hescho Hart-porz.	glas.	2,4	0	3–5	45–55	9–10	35–45	3,6 bis $3{,}9\cdot10^{-3}$
		unglas.	2,4	0	2,5–3,5	40–45	5–7		
	Melalith	glas.	2,3–2,5	0	3–5	45–55	6–10	35–45	3,6 bis $3{,}9\cdot10^{-3}$
		unglas.			2,5–3,5 [2.3.15][1]	40–45 [2.3.15]	4–7 [2.3.15]		
IA2 Hochbrandporzellan, feuchtgepreßt	Hescho Hart-porz.	glas.	2,4	—	—	30–40	—	35–45	3,6 bis $3{,}9\cdot10^{-3}$
		unglas.	2,4	0,1–0,5	—	30–45	3–6		
IB Steinzeugartige Massen, gepreßt	100 F Ardorit VI		2,5	0,4–0,8	—	25–35	4–7	47	$3{,}9\cdot10^{-3}$
IIA Mg-Silikat-haltige Massen, niedriggebrannt	Ardorit XII		2,8	0,1–0,8	—	80–90	10–12	68	$4{,}5\cdot10^{-3}$
IIB1 Steatite, normale	Steatit	glas.	2,6–2,8	0	6–9,5	85–95	12–14	70–90	$5{,}4\cdot10^{-3}$
		unglas.			4,5–6	85–95	12–14	60–65	5,3 bis $6{,}1\cdot10^{-3}$
IIB2 Steatite, Sondermassen	Calit		2,7–2,8	0	glas. 6,5–9,5 unglas. 4,5–6	glas. 95–100 unglas. 90–100	14–16	60–80	5,3 bis $6{,}1\cdot10^{-3}$
	Frequenta		2,6–2,8	0	glas. 6–10 unglas. 4,5–6	90–100	14–16	60–80	5,3 bis $6{,}1\cdot10^{-3}$
Poröse Werkstoffe	Ergan		1,9–2,1	≈20	—	10–20	3,5–6	85–95	$3{,}9\cdot10^{-3}$
	Q 5		1,9–2	10–15	1–1,5	20–25	4–5	60–70	$2{,}8\cdot10^{-3}$
Mineralischer Werkstoff	Natur-Speckstein		2,6–2,8	≈3	—	40–80	≈10	90–100	—
IIIA1 Rutilhaltige Massen $\varepsilon > 50$	Condensa C		3,9	0	—	—	—	75–85	8,3 bis $9{,}7\cdot10^{-3}$
	Condensa F		3,9	0	—	—	—	75–85	8,3 bis $9{,}7\cdot10^{-3}$
	Kerafar U		3,5–3,9	0	3–8	30–90	9–15	60–80	8,3 bis $9{,}7\cdot10^{-3}$

[1] Die zwischen eckigen Klammern stehenden Ziffern sind Abb.-Nummern.

Werkstoffe

Eigenschaften nach DIN und VDE-Normen[2]

Spez. Widerstand Ω cm bei 20 °C	Spez. Widerstand Ω cm bei 600 °C	Diel.-Konstante ε	Temperaturkoeffizient der Diel.-Konstante bei 10^6 Hz 10^{-6} 1/grad	tg δ · 10^4 bei 50 Hz {800 Hz}	tg δ · 10^4 bei 10^6 bis 10^7 Hz	Durchschlagfestigkeit kV/mm	Kennzeichnende Eigenschaften	Anwendungen
10^{11}	10^4–10^5	5,5–6	(bei 50 Hz: +550 bis 600)	170–250	70–85	30–35	Gute mechanische, thermische und elektrische Eigenschaften, in sehr großen Stärken herstellbar	Hoch- und Niederspannungsisolatoren, Vakuumbehälter, z. B. für Hg-Schalter, Kathodenbehälter für Hg-Großgleichrichter, Rohre für Karbowid-Widerstände
10^{11} [2.3.17]	10^4–10^5 [2.3.16]	≈6 [2.3.19]	(bei 50 Hz: +550 bis 600)	170–250 100 °C: 1200 [2.3.20]	60–120 [2.3.20]	30–35 [2.3.13 bis 15]		
10^{11}	10^4–10^5	—	—	—	—	—	Mittlere mechanische und thermische Eigenschaften	Niederspannungsisolatoren
200 °C: 10^7	10^4 [2.3.17]	—	—	—	—	—		
200 °C: 10^9	10^5 [2.3.17]	—	—	—	—	—	Gute Maßhaltigkeit, große mechanische Festigkeit	Niederspannungsisolierteile
10^{12} [2.3.16]	10^5–10^6 [2.3.17]	≈6 [2.3.19]	+500 bis +600	25–30 100 °C: 650	15–20 25–30 [2.3.20]	20–30 30–35 [2.3.12 u. 13]	Kleiner Verlustfaktor, gute Maßhaltigkeit, große mechanische Festigkeit	Hoch- und Niederspannungsisolatoren besonders für Hochfrequenz (auch für Induktivitäten)
10^{12} bis 10^{13}	10^7–10^8 [2.3.17]	6,5 [2.3.19]	+ 90 bis +180	8–15	3–5 [2.3.20/21]	30–45		
10^{12} bis 10^{13}	10^7–10^8	≈6	+120 bis +160	10–15 100 °C: 150	3–5 100 °C: 6–8 [2.3.21]	30–45		
400 °C: 10^8	10^7	≈4,5	—	—	2–4 100 °C: 3–6	—	Im gebrannten Zustand bearbeitbar; kleiner Verlustfaktor	Isolierteile im Vakuum, Formteile (Modellteile großer Maßhaltigkeit)
—	—	4	—	—	30	—	Gute Maßhaltigheit	Isolierteile (Scheiben und Rohre) im Vakuum (statt Glimmer)
200 °C: 10^{11}	10^7	≈6	—	—	20–30	—	Bearbeitbar wie Metall, danach sintern	Modellteile
200 °C: $7 \cdot 10^8$	$2 \cdot 10^5$	80 [2.3.19]	−680 bis −860	{30–120}	5–10 [2.3.21]	10–20	Große Diel.-Konstante, kleiner Verlustfaktor	Kondensatoren, besonders für Hochfrequenz
200 °C: $4 \cdot 10^9$	$3 \cdot 10^5$ [2.3.17]	80 [2.3.19]	−680 bis −860	{4–15}	1,5–5 [2.3.20]	10–20		
10^{11} bis 10^{12}	10^5	64	−650 bis −750	{3–10}	3–5 100 °C: 3–8 [2.3.20]	10–20		

[2] Aus ESPE, W.: „Werkstoffe der Elektrotechnik“.

Gruppe nach DIN 40685	Handelsnamen	Rohdichte g/cm³	Wasseraufnahmevermögen Gew.-%	Zugfestigkeit kg/mm²	Druckfestigkeit kg/mm²	Biegefestigkeit kg/mm²	Lineare Wärmeausdehnung $10^{-7} \cdot \frac{1}{\text{grad}}$	Wärmeleitfähigkeit $\frac{\text{cal}}{\text{grad cm sec}}$
IIIA2 Rutilhaltige Massen $\varepsilon < 50$	Condensa N	3,7	0	—	—	—	65–70	7 bis $8{,}3 \cdot 10^{-3}$
	Kerafar W	3,5–3,9	0	3–8	30–90	9–15	60–80	7 bis $8{,}3 \cdot 10^{-3}$
IIIB	Tempa S	3,1	0	—	—	—	77–82	$8{,}9 \cdot 10^{-3}$
Magnesiumtitanathaltige Massen	Diacond	3,1–3,2	0	6–7	50–60	8–11	60–100	$8{,}9 \cdot 10^{-3}$
IVA Tonsubstanzhaltige Massen, dichte	Ardostan	2,2	0	2,5–3,5	30–50	5–11	100–140	4,7 bis $5{,}6 \cdot 10^{-3}$
	Sipa H	2,1–2,2	0	2,5–3,5	30–50	5–8,5	110	4,7 bis $6{,}1 \cdot 10^{-3}$
IVB Tonsubstanzhaltige Massen, nicht vollkommen dichte	Sipa 14	2,1	1–5	1,5–2,5	30–50	5–6,5	120–170	$4{,}5 \cdot 10^{-3}$
V Poröse Erzeugnisse, tonsubstanzhaltige	Thermisol	1,5–1,7	14–18	1,5–2,5	8–10	2,5–3	25–30	2 bis $3{,}6 \cdot 10^{-3}$
	Calodur	2,4	10–14	1–1,5	6–7	1,5–2	40–45	3,1 bis $5 \cdot 10^{-3}$
	St G	1,8–1,9	15–20	0,9–1	5–8	1,5–2	30–40	2,5 bis $2{,}8 \cdot 10^{-3}$
	Sipalox	2,0–2,1	10–15	1–1,5	25–30	4–5	35–45	$3{,}6 \cdot 10^{-3}$
IX Reines Aluminiumoxyd, porös	—	3–3,9	—	—	—	—	15–1000 °C: 62	1,6 bis $8 \cdot 10^{-3}$
Reines Aluminiumoxyd, hochgesintert	Sinterkorund	3,9	—	3,5	51–62	12	20–100 °C: 46 20–400 °C: 68	20 °C: $47 \cdot 10^{-3}$ 400 °C: $19 \cdot 10^{-3}$

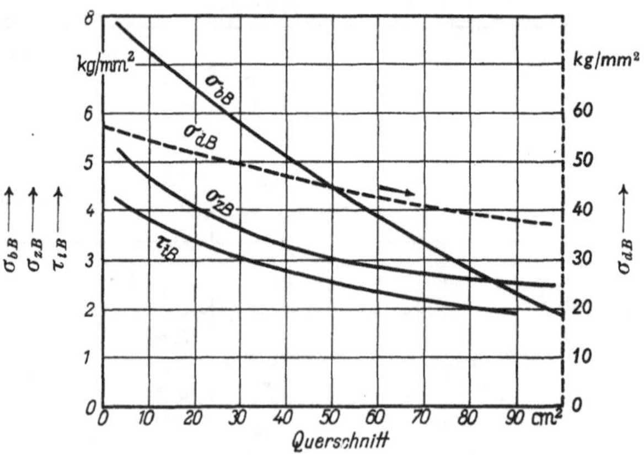

Abb. 2.3.15 Zug (σ_{zB})-, Druck (σ_{dB})-, Biege (σ_{bB})- und Torsions (τ_{tB})-Festigkeit von Porzellan, abhängig vom Probenquerschnitt Q (——— linke, – – – rechte Skala.) Man beachte: *Druck*festigkeit etwa 10mal größer als *Zug*festigkeit!

Spez. Widerstand Ω cm		Diel.-Konstante ε	Temperaturkoeffizient der Diel.-Konstante bei 10^6 Hz $10^{-6}\cdot$1/grad	tg δ · 10^4 bei 50 Hz {800 Hz}	tg δ · 10^4 bei 10^6 bis 10^7 Hz	Durchschlagfestigkeit kV/mm	Kennzeichnende Eigenschaften	Anwendungen
bei 20 °C	bei 600 °C							
—	[2.3.17]	40 [2.3.19]	−360 bis −480	{30–65}	5–20 [2.3.20]	10–20	Große Diel.-Konstante, kleiner Verlustfaktor	Kondensatoren, besonders für Hochfrequenz
10^{11} bis 10^{12}	10^5	32	−350 bis −450	{3–10}	3–5 100 °C: 3–8	10–20		
200 °C: $2\cdot 10^{10}$	$3\cdot 10^7$ [2.3.17]	14 [2.3.19]	+30 bis +90	{3–50}	0,5–1 [2.3.20/21]	10–20	Mittlere temperaturunabhängige Diel.-Konstante, sehr kleiner Verlustfaktor	Kondensatoren, besonders für Hochfrequenz
10^{12} bis 10^{13}	10^6–10^7	16	+30 bis +50	{3–20}	0,5–3 100 °C: 1–5 [2.3.21]	10–20		
$3\cdot 10^{11}$	$1\cdot 10^6$ [2.3.17]	5,5 [2.3.19]	+500 bis +600	150–200	80–100	10–20	Kleine Wärmeausdehnung, hohe Temperaturwechselbeständigkeit	Lichtbogenschutzteile, temp.-wechselbeständige Isolatoren
10^{11}	10^4–10^5	≈5	+500 bis +600	200	40–70	10–20		
200 °C: 10^{10}	10^6 [2.3.17]	—	—	—	—	—		Heizleiterträger
300 °C: 10^8–10^9	10^5–10^6	—	—	—	—	—	Große Temperaturwechsel- und Hitze-Beständigkeit	
300 °C: 10^8–10^9	10^5–10^6	—	—	—	—	—		
300 °C: 10^8	10^5 [2.3.17]	—	—	—	—	—		
300 °C: 10^8	10^6 [2.3.17]	—	—	—	—	—		
bei 1000 °C: 5–8 · 10^6	bei 1600 °C: 4–5 · 10[illegible]	[2.3.18]	—	—	[2.3.18]	—	Leichte Entgasbarkeit, hohe Schmelztemperatur	Isolierröhrchen für indirekt geheizte Kathoden
$1{,}3\cdot 10^{11}$	10^{10}	9,5	—	32–77	—	15 (20 °C) 6 (400 °C)	Hohe thermische und elektr. Belastbarkeit	Zündkerzen, heiße Isolierteile für Hochspannung

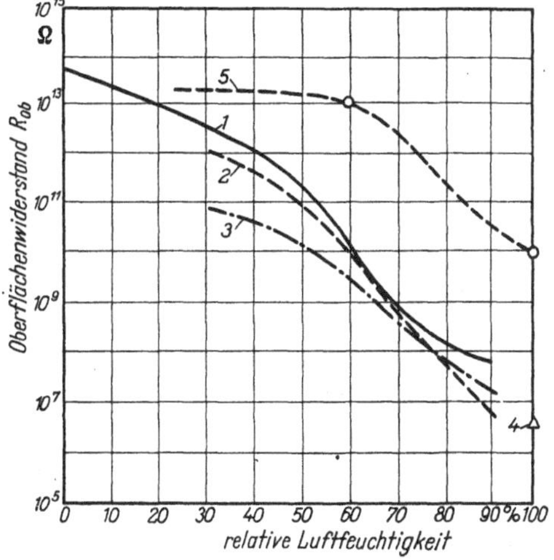

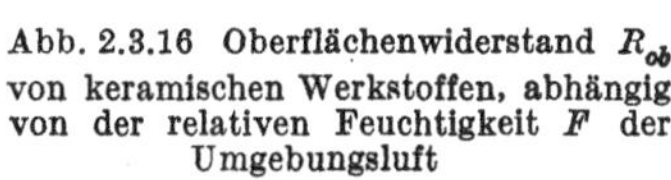

Abb. 2.3.16 Oberflächenwiderstand R_{ob} von keramischen Werkstoffen, abhängig von der relativen Feuchtigkeit F der Umgebungsluft

1 Glasiertes Porzellan,
2 unglasiertes Porzellan,
3 Lavite (Steingut),
4 unglasiertes Steatit,
5 unglasiertes Steatit, aber mit silikonbedeckter Oberfläche: „dry film“

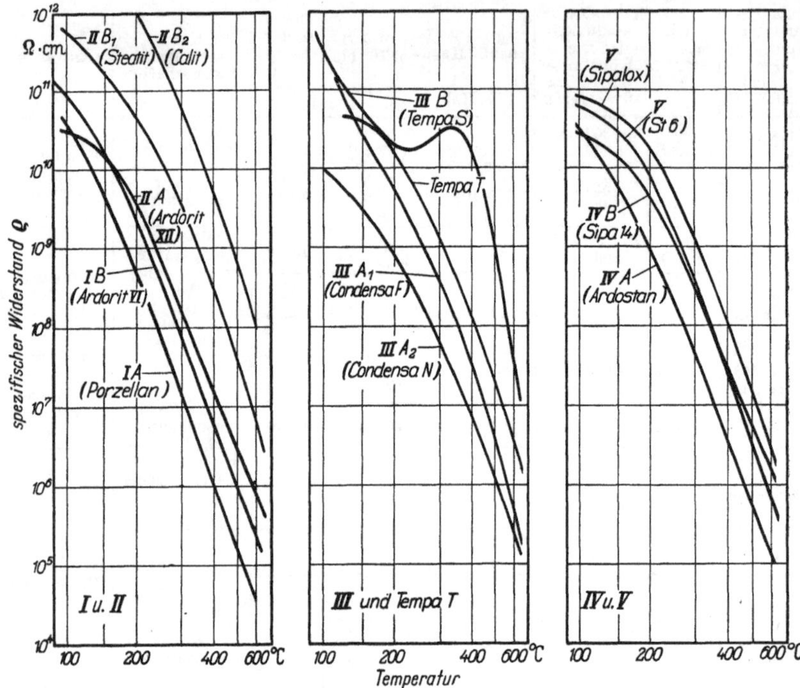

Abb. 2.3.17 Spezifischer elektrischer Widerstand ϱ von keramischen Werkstoffen der DIN Gruppe I—V, abhängig von der Temperatur (ermittelt mit 100 V Wechselspannung, 50 Hz)

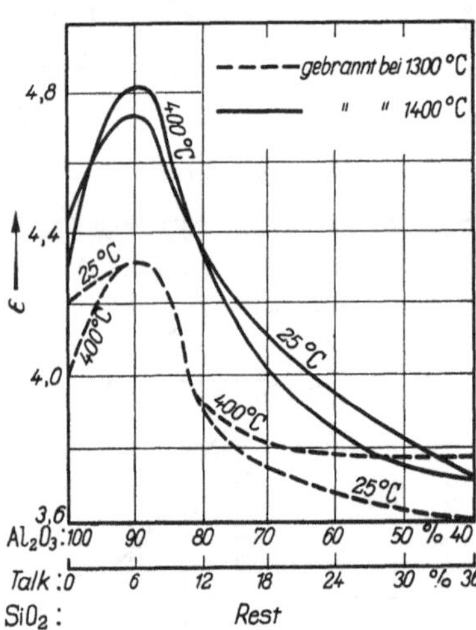

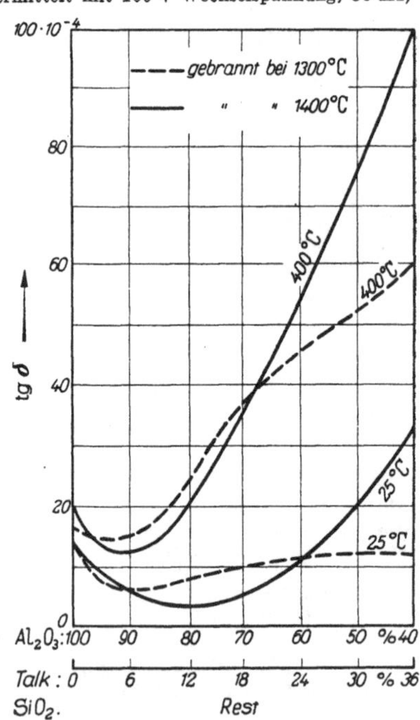

Abb. 2.3.18 (links und rechts) Dielektrizitätskonstante ε und dielektrischer Verlustfaktor tg δ von keramischen Körpern, gemessen bei $6 \cdot 10^7$ Hz und 25 °C bzw. 400 °C, abhängig von der Zusammensetzung (Gew.-%)

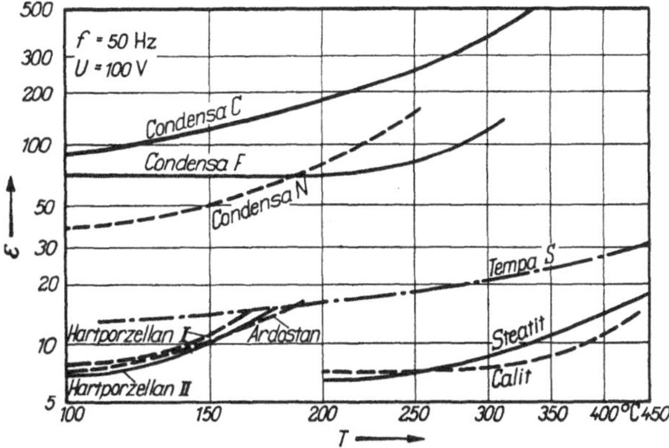

Abb. 2.3.19 Dielektrizitätskonstante ε von handelsüblichen dichten keramischen Werkstoffen, abhängig von der Temperatur T (Meßfrequenz: 50 Hz; Meßspannung: 100 V)

Werkstoff	Kurve Nr.
Calit	3
Condensa C	8
Condensa F	4
Condensa N	6
Hartporzellan (Mittelwerte)	7
Steatit, normal (Mittelwerte)	5
Tempa S	2
Titanoxyd, keram. gebunden	9
Zirkonoxyd + Titanoxyd, keram. gebunden (z. B. Kerafar U)	1

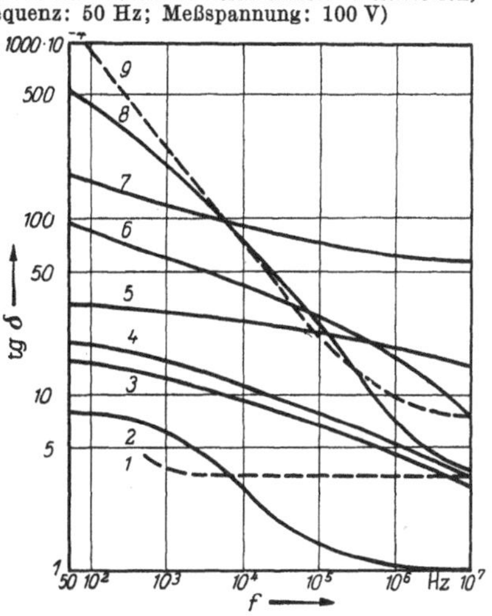

Abb. 2.3.20 Dielektrischer Verlustfaktor tg δ handelsüblicher keramischer Isolierstoffe bei Raumtemperatur, abhängig von der Frequenz f

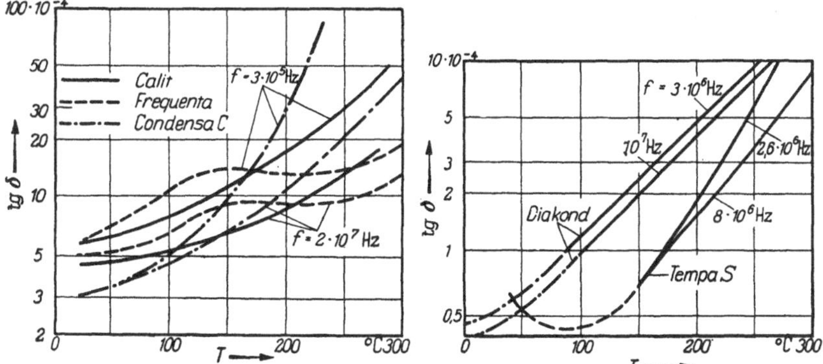

Abb. 2.3.21 Dielektrischer Verlustfaktor tg δ handelsüblicher keramischer Isolierstoffe für verschiedene Frequenzen f, abhängig von der Temperatur T

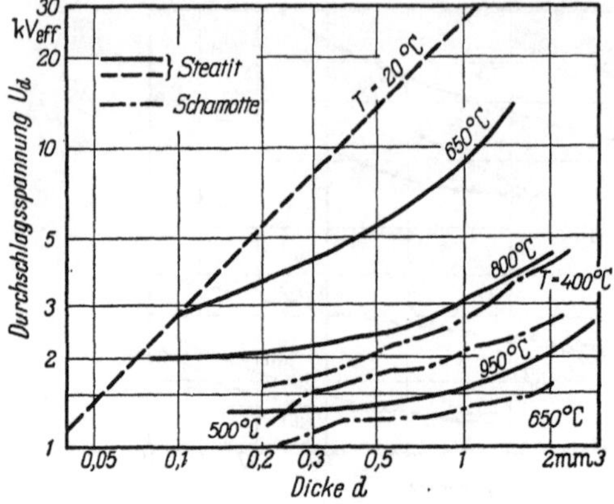

Abb. 2.3.22 Durchschlagspannung U_d von Steatit (——, - - - -) und von Kaolinschamotte mit 12 Vol.-% Porigkeit und 1% K_2O (—·—·—), abhängig von der Dicke d für verschiedene Temperaturen T

Die gestrichelte Kurve für Steatit (20 °C) ist näherungsweise berechnet aus $U_d = 27$ kV für $d = 1$ mm

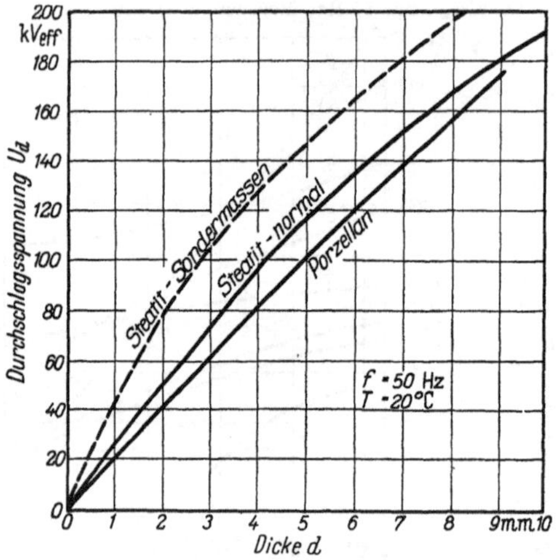

Abb. 2.3.23 Durchschlagspannung U_d von Porzellan und Steatiten, abhängig von der Wandstärke d

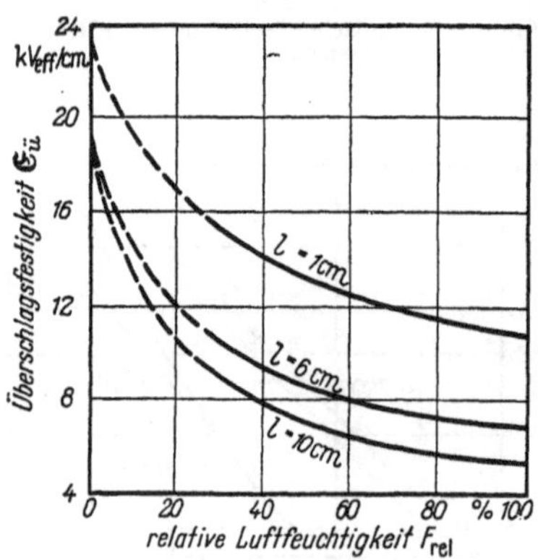

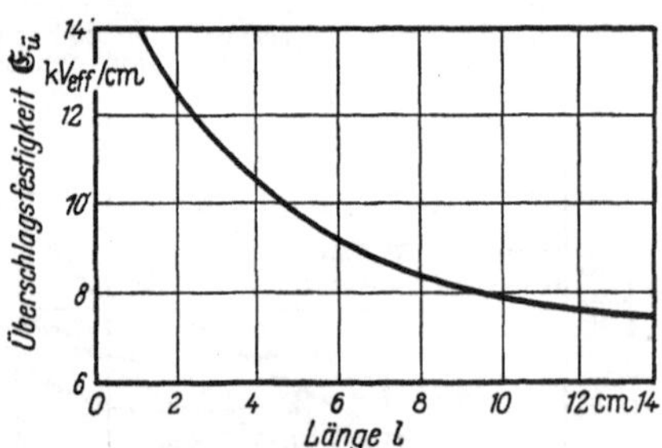

Abb. 2.3.25 Überschlagsfestigkeit $\mathfrak{E}_ü$ von Porzellanzylindern bei etwa 40% relativer Luftfeuchte, abhängig von der Isolatorlänge l

Abb. 2.3.24 Überschlagsfestigkeit $\mathfrak{E}_ü$ von zylindrischen Porzellanisolatoren verschiedener Längen l, abhängig von der relativen Feuchtigkeit F_{rel} der den Isolator umgebenden atmosphärischen Luft (im Hochvakuum $\mathfrak{E}_ü = 100$ kV/cm für Porzellan und Calit)

Tabelle 2.3.15 *Materialkonstanten keramischer Werkstoffe*

zu „Sinterkorund" °C a 46 (20–100) b 68 (20–400) c 80 (20–800) d 0,23 (0–300) e 0,28 (0–1500) f 0,047 (20) g 0,019 (400) h 0,013 (900)	Spez. Gewicht (g · cm⁻³)	Mohshärte	Mikrohärte	Schmelzpunkt (°C)	Erweichungstemp. unter 2 kg/cm² Belastung (°C)	Mittlerer linearer Ausdehnungskoeffizient $\alpha \cdot 10^7$ (grad⁻¹)	Spez. Wärme (cal g⁻¹ grad⁻¹)	Wärmeleitfähigkeit (cal · grad⁻¹ cm⁻¹ sec⁻¹)	Spez. elektr. Widerstand (Ω cm) bei 20 °C	(Ω cm) bei 800 °C	(Ω cm) bei 1200 °C	(Ω cm) bei 1600 °C	Elektr. Durchschlagfestigkeit (kV/mm) (20 °C)	Dielektrizitätskonstante	max. Arbeitstemp. (°C)
Glimmer	2,15 bis 3,2				975	85—135			> 10^{15}				25–70	6—8	
unglasiert Hartporzellan glasiert	2,3 bis 2,5	7		1670 bis 1730	1410 bis 1550	25 bis 55	0,2–0,25 (20 bis 100 °C) 0,3 (1000 °C)	0,0019 bis 0,0037	10^{13}				30 bis 35	5,4 bis 6,4	
Naturspeckstein, gebrannt	2,6 bis 2,8	7–8			1500	90 bis 100		0,0033 bis 0,0067	10^{14} bis 10^{15}				5–10		
Steatit	2,65	7–8			1440	76 (20 bis 100 °C) 85 (20 bis 800 °C)	0,19 bis 0,20	0,0054	10^{14} bis 10^{15}				20 bis 30	5,5 bis 6,5	
Calit					1310	78							35–45	6,5	
Frequenta	2,6 bis 2,8	7 bis 8			1440	70–80	0,194	0,0061	10^{14} bis 10^{15}				35–45	≈ 5,6	
Calan	2,6 bis 2,8	7–8			1250	76							35–45	6,5	
Ergan					1460	85 bis 95			> 10^{12}				10–20	4,5	
MgO	3,2 bis 3,7			2800		127 (15 bis 1000 °C)	0,26	0,00145 bis 0,0030		$3 \cdot 10^6$	$5 \cdot 10^4$	10^3			
Al_2O_3	3,03 bis 3,9	9		2050		62 (15 bis 1000 °C)	0,2	0,00160 bis 0,0084			10^5	$5 \cdot 10^3$			
Sinterkorund	3,9	9		2050	1730	a b c	d e	f g h					15	9,5 bis 9,9	
BeO	2,8 bis 2,9	9		2530		6	0,24								
ZrO_2	3,4 bis 4,1			2700		unregelmäßig	0,3								
ThO_2	9,2			3000		87	0,0614								
Titankarbid	4,9 bis 5,1		3000	> 3000		80			$9 \cdot 10^{-5}$	$1,2 \cdot 10^{-4}$	$1,5 \cdot 10^{-4}$	$1,8 \cdot 10^{-4}$			2000
Zirkoniumborid	5,3 bis 5,5		2300	ca. 3000		60			$3 \cdot 10^{-5}$	$7 \cdot 10^{-5}$	$9 \cdot 10^{-5}$	$1,2 \cdot 10^{-4}$			2000

Tabelle 2.3.16 *Reaktionstemperaturen (in °C) einiger Werkstoffe im Vakuum* (nach STEYSKAL)

	W	Mo	ThO_2	ZrO_2	MgO	BeO
BeO	2000	1900	2100	1900	1800	—
ZrO_2	1600	2200	2200	—	—	—
MgO	2000	1600	2200	2000	—	—
ThO_2	2200	1900	—	—	—	—
C	1500	1500	2000	1600	1800	2300

Tabelle 2.3.17 *Zusammensetzung und kennzeichnende Daten von Zirkontalkeramik und Erdalkaliporzellan*

Bezeichnung	Zirkontalkeramik 2618	Zirkontalkeramik	Erdalkaliporzellan
Zusammensetzung der Ausgangsmasse (Gew.-%)	Zr_2SiO_2 (53), Talk (32), BaF_2 (5) Ton (7), Betonit (3)	Zr_2SiO_2(55), ZrO_2(10) Talk (22), Ton (4) $BaCO_3$ (6), Borosilikat-Glasfritte (3)	Florida Kaolin (40), $MgCO_3$ (15), $CaCO_3$ (15), $SrCO_3$ (15), $BaCO_3$ (15)
Brenntemperatur °C	1325 (2 Std.)	1370—1400	1200—1250 (mindestens 3 Std.)
Ausdehnungskoeffizient 10^{-7}/grad (Temperaturintervall)	55,4 (25—300 °C) 58,7 (25—300 °C)	56 (25—500 °C)	33 (25—300 °C) 41 (25—600 °C)
Spez. elektr. Widerstand Ω cm (Temperatur)			10^{14} (125 °C) 10^{13} (175 °C) 10^{12} (225 °C) 10^{11} (275 °C)
Dielektrischer Verlustwinkel $\mathrm{tg}\delta \cdot 10^4$	26 (10^{10} Hz)	5,9—7,6 (10^6 Hz)	5,4 (25 °C), 62,5 (250 °C), 250 (350 °C) (10^5 Hz) 4,6 (25 °C), 33,4 (250 °C), 111 (350 °C) (10^6 Hz)
Dielektrizitätskonstante ε	7,51 (10^{10} Hz)	7,4—7,8 (10^6 Hz)	

Tabelle 2.3.18 *Materialkonstanten von hoch-Al_2O_3-haltigen Keramiken mit verschiedenem Al_2O_3-Gehalt*

Al_2O_3-Gehalt		Gew.-%	85%	95%	99,5%	99,5%	100%
Struktur		—	dicht	dicht	dicht	porös	dicht
Spezifisches Gewicht		g/cm³	3,40—3,53	3,61—3,75	3,7 (—3,97)	2,4—3,4	3,79—3,87
Porosität		%	< 1	< 1	< 1	7,2	—
Wasserabsorption		%	0,00—0,02	0,00	0,00	7—1,8	—
Mohshärte		—	8,5—9	9	9	—	—
Maximale Gebrauchstemperatur (T_{werk})		°C	1300—1400	1600—1700	1950	1400—1800	1800
Zugfestigkeit		kg/mm²	12—16	17,5—24,5	26,3—27	—	26,5
Druckfestigkeit		kg/mm²	98—280	175—280	300	7—87	300
Biegefestigkeit		kg/mm²	21—32	32—35	30—33	7—15	33
Elastizitätsmodul		kg/mm²	21700—24500	27300—30000	36400	—	34800—38500
Spezifische Wärme		$\frac{cal}{g\,grad}$	0,18	0,188—0,190	0,22	—	0,26 (1000 °C)
Wärmeleitfähigkeit	100 °C	$10^{-3}\,\frac{cal}{grad\,cm\,sec}$	31—40	45—52	47	40	47—90
	870 °C		(79)	(107)	—	—	≈ 12 (1000 °C)
Wärmeausdehnungskoeffizient	25—200 °C	10^{-7}/grad	54—57	57—67	—	51	(54)
	25—700 °C	10^{-7}/grad	76—79	81	77	—	76
	25—1000 °C	10^{-7}/grad	77—79	85—91	84	—	85

Tabelle 2.3.18 (*Fortsetzung*)

Al_2O_3-Gehalt		Gew.-%	85%	95%	99,5%	99,5%	100%
Elektrische Durchschlagfestigkeit	25 °C	kV/cm	82—140	100—160	152	20	≈ 150
	500 °C	kV/cm	—	40—48	—	—	—
	1000 °C	kV/cm	—	8—12	—	—	—
Spezifischer elektrischer Widerstand	300 °C	Ω cm	(1—5) · 10^{10}	5,3 · 10^{12}	1,2 · 10^{13}	10^{10}—10^{11}	10^{12}—10^{13}
	500 °C	Ω cm	10^{8}—7,5 · 10^{9}	(1,2—4,5) · 10^{10}	1,3 · 10^{11}	7,5 · 10^{7}—10^{9}	2 · 10^{10}—3 · 10^{11}
	700 °C	Ω cm	3,7 · 10^{6}	6 · 10^{8}	—	3,6 · 10^{6} bis 3,0 · 10^{7}	3 · 10^{8}—5 · 10^{9}
	900 °C	Ω cm	4.5 · 10^{5}	—	—	5,6 · 10^{5}	10^{7}—2 · 10^{8}
Te-Value (10^{6} Ω cm)		°C	750—1000	800—1100	1100	835—1100	1000—1200
Dielektrizitätskonstante ε	10^{6} Hz, 25 °C	—	7,4—8,95	8,81—9,6	—	5,5	9,5—12
	10^{6} Hz, 500 °C	—	8,87	9,03	—	—	—
	10^{10}Hz, 25 °C	—	8,08—8.77	8,4—9,36	—	7,07	—
	10^{10}Hz, 500 °C	—	8,26	9,03	—	—	—
Dielektrischer Verlustwinkel tg $\delta \cdot 10^{4}$	10^{6} Hz, 25 °C	—	7—12	2,5—3,5	—	5	—
	10^{6} Hz, 500 °C	—	240	120	—	—	—
	10^{10}Hz, 25 °C	—	27	8—15	—	—	(5 · 10^{7} Hz) 10—20
	10^{10}Hz, 500 °C	—	33	21	—	(1,1)	—

Tabelle 2.3.19 *Wasserstoffdurchlässigkeit von Röhren aus keramischen Werkstoffen* (Innendurchmesser 3 mm, Glühzonenlänge 180 mm, Überdruck 300 Torr; vgl. BAUKLOH)

Temperatur °C	Durchlässigkeit [cm³ (NTP)/h] Unglasiertes Porzellan Wandstärke 0,11 mm	Glasiertes Porzellan Wandstärke 0,15 mm	K-Masse[1] 16 mm	Sinterkorund[2] 1,6 mm
22	0,00	0,00	0,00	23,5
500	0,27	0,31	0,86	18,2
1000	0,33	0,23	1,18	—
1100	0,37	0,30	0,83	10,27
1200	0,33	0,36	1,07	—
1300	0,43	0,33	0,92	—

[1] Hersteller: Staatliche Porzellan-Manufaktur, DIN-Typ 610, hoch-Al_2O_3-haltige Keramik mit wenig Glasphase.

[2] DIN-Typ 710, praktisch reines gesintertes Al_2O_3 ohne Glasphase.

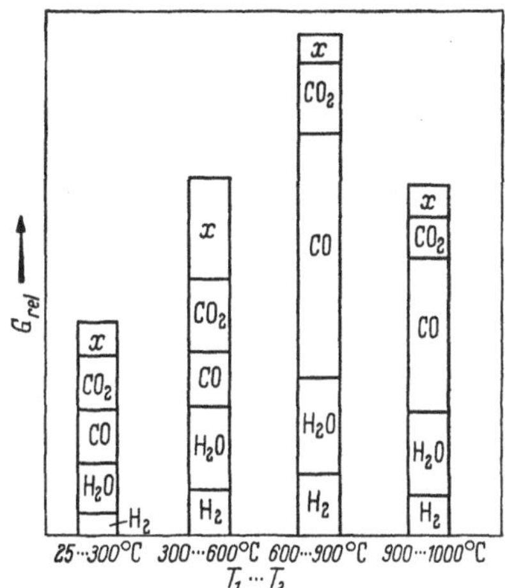

Abb. 2.3.26 Relative Gasabgabe G_{rel} einer für Vakuumröhrenwandungen benutzten Forsteritkeramik in verschiedenen Entgasungstemperaturbereichen $T_1 \cdots T_2$, getrennt nach verschiedenen, massenspektroskopisch festgestellten Gasarten (x = sonstige Gasarten) (nach GRIESSEL)

Literatur

[1] ESPE, W.: Werkstoffkunde der Hochvakuumtechnik, Bd. II, Silikatwerkstoffe. Berlin: VEB Deutscher Verlag der Wissenschaften 1960.

[2] ESPE, W.: Werkstoffe der Elektrotechnik in Tabellen und Diagrammen. Berlin: Akademie-Verlag 1954.

[3] STEYSKAL, H.: Arbeitsverfahren und Stoffkunde der Hochvakuumtechnik. Mosbach: Physik-Verlag 1955.

[4] VON HIPPEL, A. R.: Dielectric Materials and Applications. New York 1954.

[5] SALMANG, H.: Die physikalischen und chemischen Grundlagen der Keramik, 4. Aufl., Berlin/Göttingen/Heidelberg: Springer 1958.

[6] American Lava, Corp. Techn. Inform. Chart No. 501 Mechanical and electrical Properties of Alsimag-Ceramics. Chattanooga, Tenn. (USA) 1954.

[7] LEBEDINSKY, M. A.: Elektrovakuumnye materialy. Moskva 1956.

[8] NAVIAS, L. J.: Amer. ceram. Soc. Bull. 37 (1954) S. 329—350.

[9] BAUKLOH, W., u. A. HOFFMANN: Ber. dtsch. keram. Ges. 15 (1934) 424.

[10] GRIESSEL, R. W., in ASTM — Techn. Publ. No. 246, S. 91, Philadelphia 1959.

2.3.1.6 Kunst-

Tabelle 2.3.20 *Mechanische und*

Kunststoff (Handelsname)	Zugfestigkeit [kg cm⁻²]	Bruchdehnung [%]	Druckfestigkeit [kg cm⁻²]	Elastizitätsmodul [kg cm⁻²]	Wärmeausdehnung $\alpha \cdot 10^6$ [grad⁻¹]	Wärmeleitfähigkeit $\lambda \cdot 10^4$ $\left[\frac{cal}{grad\ cm\ sec}\right]$	Formbeständigkeit nach MARTENS [°C]
Zelluloseäther (Trolit) Bc (α)	300–500	5–20	400–500	20000–25000	80–150	4–6	50–55
Zelluloseester (Cellit T3d 25% Weichm.)	150–500	35–45	100–1000	—	120–180	4–6	50–70
Polyäthylen (Lupolen, Alkathene, Polythene)	100–200	50–500	—	1000–2000	150–250	6–8	50
Polyisobutylen (Oppanol 3, Vistanex)	20–50	800–1000	—	5–15	200	6–8	—
Polytetrafluoräthylen (Teflon, Fluon, Gaflon)	100–200	50–150	50–150	4000–4500	60–120	5–6	100–150
Polymonochlortrifluoräthylen (Hostaflon, Kel-F, Fluorothene)	400–550	10–50	1500	10000–20000	70–90	4–6	—
Polyvinylchlorid (PVC, Igelit PCU, Koroseal)	500–700	10–50	700–900	15000–35000	60–80	4–5	60–70
Polyvinylchlorid-Vinylacetat (Igelit MP, Vinylite VY)	500–700	20–100	700–800	25000	60–70	4	—
Polyvinylidenchlorid (Saran A)	300–400	<10	400–500	35000–45000	160–170	3	—
Polyvinylbenzol (Polystyrol, Trolitul, Polystyrene, Styron)	400–700	1–4	800–1200	10000–30000	60–80	2–4	65–75
Polystyrol (schlagfest)	250–500	10–90	—	10000–30000	50–200	3–4	70
Polydichlorstyrol, Styramaic HT	300–600	—	—	35000–60000	—	—	—
Polyvinylcarbazol (Luvican, Polectron)	200–400	<1	—	30000–45000	40–80	6	125–175
Polymethylmethacrylat (Plexiglas D, Perspex)	400–800	1–10	600–1200	30000–35000	70–110	4–6	70–90
Polyacrylnitril-methylmethacrylat (Plexiglas)	900–100	30–50	—	45000	—	—	70–80
Polyamide (Durethan BK)	650–750	50–100	1000	10000–25000	110	7–9	55–65
Polyurethan (Durethan U)	550	15	640	—	110–130	11	50
Polymethan (Vulkollan)	300–600	700	—	—	—	—	—
Anilinharz (Iganil, Cibanit)	600–800	1–2	1200–1600	20000–50000	50–60	3	110–115
Phenolharz (rein) (Bakelit, Dekorit, Trolon)	300–800	0,5–2	800–2000	25000–90000	20–100	3–6	75–150

stoffe

elektrische Daten von Kunststoffen

Dauerwärme [°C]	Wasseraufnahme in 24 Std. [Gew.-%]	Spez. Widerstand [Ω cm]	Dielektrizitätskonstante ε 10^2 Hz	Dielektrizitätskonstante ε 10^6 Hz	tg δ · 10^4 10^2 Hz	tg δ · 10^4 10^6 Hz	Durchschlagfestigkeit [kV cm^{-1}]	Oberflächenwiderstand [Ω] a) trocken	Oberflächenwiderstand [Ω] b) nach 24 Std. Wasserlagerung
45–75	0,2–0,4	10^{14}–10^{15}	3–3,5	3–3,5	50–100	50–100	150–350	10^{13}	10^{9}
60–75	1–2	10^{12}–10^{15}	3,5–4	3,3–3,6	50–150	100–300	150–200	10^{13}	10^{9}
70–100	< 0,05	10^{15}–10^{18}	2,2–2,3	2,2–2,3	2–5		150–250	> 10^{14}	> 10^{14}
100	< 0,01	10^{16}	2,2–2,3		4–10		250	> 10^{14}	> 10^{14}
200–250	< 0,01	10^{15}–10^{16}	2		1–5		150–200	—	—
150–200	< 0,01	10^{15}–10^{18}	2,8–2,9	2,5	50–200	100	200–250	—	—
50–80	0,1–0,5	10^{14}–10^{16}	3,4	3,1	200	150	200	> 10^{13}	> 10^{13}
50–65	< 0,1	10^{13}–10^{16}	3,2–3,3	3,0–3,1	50–100	150–200	150–200	> 10^{13}	> 10^{13}
80	< 0,1	10^{14}–10^{16}	6	4	300–800	500–1000	100–150	> 10^{13}	> 10^{13}
70–85	< 0,05	10^{17}–10^{20}	2,5–2,7		1–5		200–300	> 10^{14}	> 10^{14}
60–80	—	10^{13}–10^{17}	2,5–4,8	2,4–3,8	3–200	4–200	120–240	> 10^{13}	> 10^{13}
100–110	< 0,05	—	2,65	2,6	3–10	2	150–200	—	—
125–175	< 0,1	10^{15}–10^{17}	3,0–3,1		2–10		300	—	—
60–80	< 0,5	10^{14}–10^{18}	3,5–4,5	2,7–3,5	500–700	200–400	200	> 10^{15}	> 10^{15}
75	—	—	4,5		500–1000		200	—	—
80–120	2–3	10^{12}–10^{15}	—	3,5–5	—	200–1000	200–250	10^{14}	10^{11}
(180)	2	10^{14}	—	3,4	—	470	380	10^{14}	10^{12}
—	—	10^{10}	—	—	—	—	100–150	10^{14}	10^{12}
80–90	< 0,1	10^{15}–10^{17}	3,5–3,8	3,4–3,6	20–200	500–1000	200–250	—	—
100–150	0,1–0,2	10^{10}–10^{12}	5–6,5	4,5–5	500–1000	100–300	100–200	10^{12}	10^{12}

Tabelle 2.3.20

Kunststoff (Handelsname)		Zugfestigkeit [kg cm^{-2}]	Bruchdehnung [%]	Druckfestigkeit [kg cm^{-2}]	Elastizitätsmodul [kg cm^{-2}]	Wärmeausdehnung $\alpha \cdot 10^6$ [grad^{-1}]	Wärmeleitfähigkeit $\lambda \cdot 10^4$ $\left[\frac{\text{cal}}{\text{grad cm sec}}\right]$	Formbeständigkeit nach MARTENS [°C]
Phenolharz + Glimmer		300–500	—	—	—	20–30	10–15	—
Phenolharz + Asbest		250–750	0,2–0,5	1000–2000	130000–170000	15–30	10–15	150–175
Melaminharz (Ultrapas, Melmac)		400–800	0,5–1	2000–3000	70000–110000	20–60	7–10	> 150
Melaminharz + Glasfaser		1500	—	2000–7000	—	—	—	—
Harnstoff- bzw. Carbamidharz (Pollopas, Resopal, Beetel, Cibanoid)		250–800	0,4–0,8	1500–2500	50000–100000	25–50	7–10	100–125
Silikongummi	DC 120	35	150	—	—	—	—	—
	DC 150	28	300	—	—	—	—	—
	DC 160	42	200	—	—	—	—	—
	DC 180	49	75	—	—	—	—	—
Silikongummi	R 20	65–75	200–280	—	—	—	3,5	—
	R 30	70–85	250–300	—	—	—	4,1	—
	R 40	55–65	190–220	—	—	—	4,2	—
	R 50	45–55	130–170	—	—	—	4,4	—
	R 60	55–60	110–130	—	—	—	4,6	—

(*Fortsetzung*)

Dauerwärme	Wasseraufnahme in 24 Std.	Spez. Widerstand	Dielektrizitätskonstante ε		$tg\,\delta \cdot 10^4$		Durchschlagfestigkeit	Oberflächenwiderstand [Ω]	
[°C]	[Gew.-%]	[Ω cm]	10^2 Hz	10^6 Hz	10^2 Hz	10^6 Hz	[kV cm^{-1}]	a) trocken	b) nach 24 Std. Wasserlagerung
120–150	0,01–0,1	10^{11}–10^{15}	4,5–7,5	4–5,5	100–500	50–300	150–300	10^{12}	10^{12}
150–200	0,1–0,3	10^{9}–10^{12}	6–50	5–10	1000–5000	500–2000	50–150	—	—
100–150	0,1–1	10^{8}–10^{13}	6–10	4–8	300–1000	200–600	100–200	$> 10^{10}$	$> 10^{10}$
130	1–3	—	—	6–8	—	100	150	—	—
70–90	0,2–2	10^{12}–10^{14}	7–10	5–7,5	300–1000	200–400	100–200	10^{11}	10^{11}
—	nach 7 Tagen 1,4	—	5,78	7,5(–5,7)	51	10–(8)	190	—	—
—	nach 7 Tagen 2,6	—	5,87	5,4	43	270	200	—	—
—	nach 7 Tagen 0,9	—	8,8	9	50	300	150	—	—
—	nach 7 Tagen 0,5	—	4,60	4,6	67	30	260	—	—
—	—	$5 \cdot 10^{14}$	2,5	—	4	—	> 200	—	—
—	—	$5 \cdot 10^{14}$	2,8	—	9	—	> 200	—	—
—	—	—	3,2	—	25	—	> 200	—	—
—	—	—	4,2	—	210	—	> 200	—	—
—	—	—	3,15	—	230	—	> 200	—	—

Tabelle 2.3.21 *Mechanische und elektrische*

Kunststoff (Gießmassen)	Hersteller	Zugfestigkeit [kg cm^{-2}]	Bruchdehnung [%]	Druckfestigkeit [kg cm^{-2}]	Elastizitätsmodul [kg cm^{-2}]	Wärmeausdehnung $\alpha \cdot 10^6$ [grad^{-1}]	Wärmeleitfähigkeit $\lambda \cdot 10^4$ $\left[\frac{\text{cal}}{\text{grad cm sec}}\right]$	Formbeständigkeit nach Martens [°C]
Äthoxylinharz (rein)		600–800	—	1 000–1 500	25 000–40 000	60–65	5	105–120
Araldit B	Ciba	650–800	—	—	30 000–40 000	60–65	—	110–120
Araldit F	Ciba	500–800	—	1 300–1 400	40 000–45 000	60	—	115–125
Araldit D	Ciba	550–800	—	900–1 000	30 000–35 000	90–95	—	50–60
Lekutherm × 50	Bayer	700	—	—	—	57	7	120
Lekutherm × 60	Bayer	700	—	—	—	56	6	120
Hortacoll	Farbwerke Hoechst	500–600	—	—	—	—	—	40
Polyesterharze		250–700	—	700–2 000	10 000–60 000	50–150	4–6	400–700
P_3	BASF	400	—	>1 800	29 000	-	—	45
P_4	BASF	400	—	>1 800	33 500	-	—	54
P_5	BASF	400	—	>1 500	31 800	-	—	45
Leguval N 30	Bayer	840	6	1 400	30 000–37 000	106	6,1	60
Leguval W 30	Bayer	200	2	1 900	33 000–42 000	73	5,8	130
Leguval W 50	Bayer	650	3,5	1 280	34 000–41 000	90	4,7	74
Leguval F 10	Bayer	300	2,5	1 475	40 000–33 000	81	4,7	85
Leguval K 25 R	Bayer	500	3,8	1 560	29 000–36 000	122	5,4	58
Allylester-Harze (Kriston)	B. F. Goodrich	350–450	—	1 300–1 600	20 000–45 000	50–100	4–5	-
Polyätherzykloazetalharze		750–800	—	800–1 100	25 000–35 000	75–140	5	45–90
Ultralon T	Bayer	≈ 750	—	800	26 000–28 000	75	5	45–55
Ultralon S	Bayer	≈ 750	—	1 100	32 000–33 000	140	5	70–90
Phenolharz		400–650	—	1 000–2 000	20 000–35 000	50–150	3–5	40–80
Polymethylmethacrylat (Plexiglas)	Röhm & Haas	400	—	700–1 000	20 000–40 000	70–90	4–6	70
Polystyrol		600–700	—	800–1 200	35 000–45 000	60–80	2–4	60–80

Daten von gießbaren Harzen

Dauerwärme [°C]	Wasseraufnahme in 24 Std. [Gew.-%]	Spez. Widerstand [Ω cm]	Dielektrizitätskonstante ε 10^2 Hz	Dielektrizitätskonstante ε 10^6 Hz	tg δ · 10^4 10^2 Hz	tg δ · 10^4 10^6 Hz	Durchschlagfestigkeit [kV cm^{-1}] 50–60 Hz	Oberflächenwiderstand [Ω]
—	0,1–0,5	5· 10^{14} bis 10^{17}	3,7	3,6	10	200–300	150–360	—
—	7×24 Std. 0,1–0,14	10^{16}–10^{17}	3,7	3,5	7–9	260–270	0,5 mm: 700	10^{12}–10^{13}
—	10×24 Std. 0,3–0,35	> 3 · 10^{15}	3,5	—	35–45	—	≈ 2 mm: 200	> 10^{11}
—	10×24 Std. 0,3–0,5	10^{12}	4	—	100	—	≈ 2 mm: 200	—
—	0,1–0,14	10^{16}	—	3	—	100	800	10^{10}–10^{14}
—	0,1–0,14	10^{16}	—	3	—	100	700	10^{10}–10^{14}
—	7×24 Std. 0,2	10^{10}	3,6	—	1,00	—	—	—
—	0,1–0,6	10^{13}–5 · 10^{15}	3,0–4,5	2,8–3,7	70–300	100–300	150–300	—
—	—	10^{14} (10^{13})	3,5 (8,3)		110 (1140)		—	—
—	—	1,8 · 10^{14} (1,4 · 10^{13})	3,5 (4,5)		200 (300)		—	—
—	—	1,6 · 10^{14} (1 · 10^{12})	3,8 (5,5)		170 (550)		—	—
—	0,8	5 · 10^{15}	—	3,4	—	310	285	9 · 10^{13} (n. 24 Std. Wasser)
—	1,6	6 · 10^{15}	—	3,1	—	170	330	3 · 10^{14} (n. 24 Std. Wasser)
—	0,5	3 · 10^{16}	—	3,2	—	140	420	2 · 10^{13} (n. 24 Std. Wasser)
—	0,55	> 10^{16}	—	2,9	—	120	310	1 · 10^{14} (n. 24 Std. Wasser)
—	0,7	3 · 10^{15}	—	3,1	—	170	310	4 · 10^{13}
—	0,5	> 10^{14}	3,4–5	3,2–4,5	50–200	200–600	150–200	—
—	7×24 Std. 0,2–2	> 10^{15}	3,5–4,0		30	300	150–200	—
—	7×24 Std. 0,3–0,55	> 10^{15}	3,8	3,5	30	300	160	73 · 10^{13} (nach 24 Std. Wasser): 2 · 10^{11}
—	7×24 Std. 0,3–0,7	> 10^{15}	4,0	3,7	30	300	180	> 10^{13} (nach 24 Std. Wasser): 2 · 10^{11}
—	0,4	10^{10}–10^{13}	5–10	4–7	500–5000	300–1000	100–150	—
—	0,2–0,5	> 10^{15}	3,5–4,5	2,7–3,3	200–600	200–300	150–200	—
—	< 0,1	10^{15}–10^{19}	2,5–2,7		5–10		150–250	—

Tabelle 2.3.22 *Elektrische Werte für Desmodur-Desmophen-Lackfilme*[1] *bei 20 °C*

Nr.	Lacksystem, in ( ): Mischungsverhältnis	Trocknungstemperatur der Filme[2] °C	Probe wurde gelagert[3]	Spezifischer Widerstand ϱ Ω cm	Oberflächenwiderstand R_0[4] Vergleichszahl	Dielektrizitätskonstante ε bei 50 Hz	Dielektrischer Verlustfaktor tg δ bei 50 Hz	Durchschlagfestigkeit E_d[5] kV/cm
1	Desmophen 800 + Desmodur T (100:60)	180	im Zimmer	$2-3 \cdot 10^{15}$	13	4,4—4,5	0,01	1270
			feucht	$2-3 \cdot 10^{15}$	13	4,4—4,5	0,01	1100
2	Desmophen 800 + Desmodur T (100:45)	180	im Zimmer	$1 \cdot 10^{16}$	13	4	0,01	1410
			feucht	$1 \cdot 10^{16}$	13	4	0,01	1220
3	Desmophen 800 + Desmodur T (100:60)	24 Std. an Luft	im Zimmer	$3 \cdot 10^{15}$	13	4,6—5,0	0,012	1300
		5 Std. 50	feucht	$2 \cdot 10^{15}$	13	4,7—5,1	0,015	1030
4	Desmophen 800 + Desmodur TH (0%) (100:300)	180	im Zimmer	$1 \cdot 10^{15}-1 \cdot 10^{16}$	13	3,7—3,9	0,012—0,014	1370
			feucht	$1 \cdot 10^{15}$	13	3,9—4,2	0,015—0,02	1300
5	Desmophen 1100 + Desmodur TH (50%) (100:225)	80	im Zimmer	$3 \cdot 10^{15}$	13	4,0—4,3	0,013—0,015	1220
			feucht	$2 \cdot 10^{13}$	13	4,0—4,4	0,014	1090
6	Desmophen 1100 + Desmodur TH (50%) (100:170)	80	im Zimmer	$2 \cdot 10^{15}$	13	4,0—4,3	0,013	1200
			feucht	$3 \cdot 10^{15}$	13	4,4	0,014	1040
7	Desmophen 1100 + Desmodur TH (50%) (100:225)	24 Std. an Luft	im Zimmer	$2-4 \cdot 10^{15}$	13	4,0	0,013	1040
		5 Std. 50	feucht	$4 \cdot 10^{14}$	13	4,1—4,3	0,017	1040

[1] Desmodur und Desmophen sind Handelsbezeichnungen der Farbenfabriken Bayer AG, Leverkusen, für die zur Herstellung von Lacken auf Polyurethanbasis gelieferten Vorprodukte. Bei den Polyurethanen handelt es sich um Polyadditionsprodukte, die man durch chemische Reaktion von zwei Komponenten erhält. Durch geeignete Kombinationen ergeben sich Lacke mit vielseitigen Eigenschaften bei großer Variationsmöglichkeit.

[2] Der Lackfilm (dreifacher Lackauftrag) wurde bei der angegebenen Temperatur eingebrannt; soweit Zeitangaben fehlen, wurden der erste und der zweite Auftrag je $1/4$ Std., der dritte 1 Std. eingebrannt.

[3] Im Zimmer bedeutet: Messung erfolgte nach Lagerung unter normalen Bedingungen im Zimmer (d.h. ohne Vortrocknung). Feucht bedeutet: ϱ, ε und tg δ wurden an Proben nach 48 Std. Lagerung in 80% relativer Luftfeuchtigkeit, R_0 und E_d an Proben nach 24 Std. Lagerung in Wasser gemessen.

[4] Messung nach VDE 0303. Vergleichszahl 13 für R_0 bedeutet $\geqq 10^{13}$ bis $< 10^{14}$ Ω.

[5] Messung nach VDE 0303 in der Anordnung Kugel—Platte.

Tabelle 2.3.23

Permeabilität $P = D\,h$ verschiedener Gase durch Kunststoffe und Naturgummi

Durchgelassene Menge: $G = D\,h\,F\,\frac{p_1 - p_2}{d}\,t.$

D Diffusionskonstante [$cm^2\,sec^{-1}$]	h Löslichkeit [Torr l/cm^3 Torr] oder [Ncm^3/cm^3 Atm.]	F Fläche der Membran [cm^2]
d Membrandicke [cm]	t Zeit [sec]	p Druck [Torr]
G [Torr l] oder [Ncm^3]		

Permeabilität $P = D\,h$ [$10^{-8}\,cm^2\,sec^{-1}$] und Diffusionskonstante D [$10^{-7}\,cm^2\,sec^{-1}$]

Werkstoff Temp. °C	H_2		O_2		N_2		CO_2		He	
	$D\,h$	D	$D\,h$	D	$D\,h$	D	$D\,h$	D	$D\,h$	D
Naturgummi										
17	28	79	12	12,5	4,1	8,0	72	6,7	16,5	—
25	39	105	18	17,5	6,6	11,5	102	10,5	23	—
35	58,5	140	28,5	27	11,0	20	145	17	33	—
43	77	185	39	36	16	28	185	25	44	—
50	97	220	49,5	49	22,5	37	220	32	—	—
Buna S										
17	22,5	80	9,0	9,6	3,0	7,2	71	6,8	13	—
25	30,5	100	13	14	4,8	10	94	10	17,5	—
35	44	135	20	20	7,8	14,5	130	15,5	25	—
43	59,5	165	27,5	28	11,5	21	165	23	33	—
50	74	200	34,5	34	14,5	28	195	29	42	—
Perbunan										
17	7,6	31	2,0	2,4	0,50	1,45	15	1,0	5,8	—
25	11,5	42	3,2	3,6	0,89	2,3	23	1,7	8,7	—
35	17,5	64	5,3	6,3	1,65	4,1	37	3,1	12,5	—
43	25,5	86	7,7	9,1	2,5	6,2	52	4,7	16,5	—
50	31,5	110	10,5	13	3,7	8,6	66	7,0	21	—
Neoprene G										
17	6,8	29	1,75	2,5	0,53	1,55	12,4	1,3	—	—
25	10,3	38	3,0	3,8	0,89	2,4	19,5	2,3	—	—
35	16	56	5,1	6,2	1,65	4,4	31	4,2	—	—
43	23	74	7,7	10,0	2,55	7,2	43,5	6,8	—	—
50	28,5	94	10,1	13	3,55	9,4	56,5	9,1	—	—
Oppanol B 200										
17	3,0	10	0,54	0,50	0,11	0,27	2,3	0,32	3,8	—
25	4,9	14	0,90	0,78	0,22	0,43	3,8	0,54	5,6	—
35	8,3	21	1,6	1,55	0,44	0,84	6,6	1,05	8,5	—
43	12	31	2,6	2,4	0,78	1,5	10,0	1,8	12	—
50	16,5	38	3,7	3,4	1,15	2,1	14	2,5	15,5	—
Butadiene rubber										
17	23	75	10,1	11	3,4	8,1	80	7,6	—	—
25	32	96	14,5	15	4,9	11	105	10,5	—	—
35	46	125	21	22	7,8	16	140	16	—	—
43	60	160	28	30	11	22	175	22	—	—
50	77	180	36	37	14,5	29	200	28	—	—
Methyl-Gummi										
17	9,0	27	0,93	0,88	0,20	0,46	3,0	0,36	8,1	—
25	13	39	1,6	1,4	0,36	0,79	5,7	0,63	11	—
35	20	61	3,1	2,5	0,78	1,7	10,5	1,3	16	—
43	29	80	5,0	4,1	1,3	2,8	17	2,2	22	—
50	38	105	7,1	6,1	2,2	4,1	24	3,6	27	—
Mipolam MP										
17	2,9	15	0,41	0,90	—	—	2,3	0,23	—	—
25	4,4	20	0,70	1,3	0,2	—	4,0	0,44	—	—
35	7,3	30	1,4	2,4	0,4	—	7,6	0,83	—	—
43	10,5	39	2,1	3,9	0,7	—	11,5	1,4	—	—
50	14	50	3,2	5,2	—	—	15	1,9	—	—
Thiokol B										
17	0,71	7,8	0,11	—	—	—	1,3	0,43	—	—
25	1,2	10,5	0,22	—	—	—	2,4	0,81	—	—
35	2,2	18	0,49	—	—	—	4,8	1,7	—	—
43	3,3	26	0,85	—	—	—	7,7	2,8	—	—
50	4,6	35	1,3	—	—	—	11,0	4,0	—	—

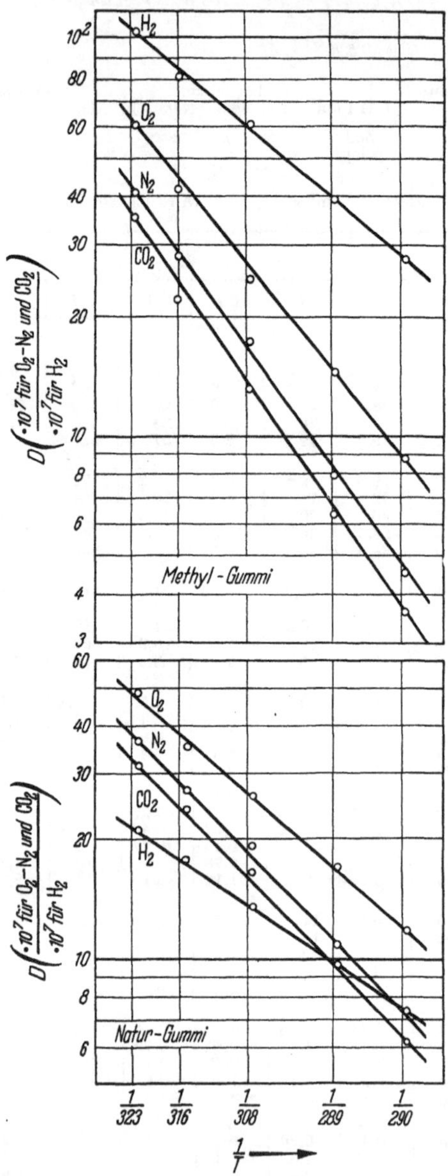

Abb. 2.3.27 **Temperaturabhängigkeit** der Diffusionskonstante verschiedener Gase in Methyl- und Naturgummi

Tabelle 2.3.24 *Relative Permeabilität, bezogen auf Naturgummi*

	H_2	O_2	N_2	CO_2	CH_4	He
Naturgummi	100	100	100	100	100	100
Butadiene rubber	82	80	74	103	—	—
Buna S	78	72	73	92	73	76
Methyl-Gummi	33	9	5,5	5,6	2,7	48
Perbunan	29	18	14	23	11	38
Neoprene G	26	17	14	19	11	—
Oppanol B 200	12	5	3,3	3,7	2,5	24
Mipolam MP	11	4	3	3,9	—	—
Thiokol B	3	1,2	—	2,4	—	—

Relative Permeabilität für verschiedene Gase (H_2 = 100)

	H_2	O_2	N_2	CO_2	CH_4	He
Naturgummi	100	46	17	260	56	59
Butadiene rubber	100	45	15	330	—	—
Buna S	100	43	16	310	52	57
Methyl-Gummi	100	12	2,8	44	4,6	85
Perbunan	100	28	7,7	200	21	76
Neoprene G	100	29	8,6	190	24	—
Oppanol B 200	100	18	4,5	77	11	114
Mipolam MP	100	16	4,5	91	—	—
Thiokol B	100	18	—	200	—	—

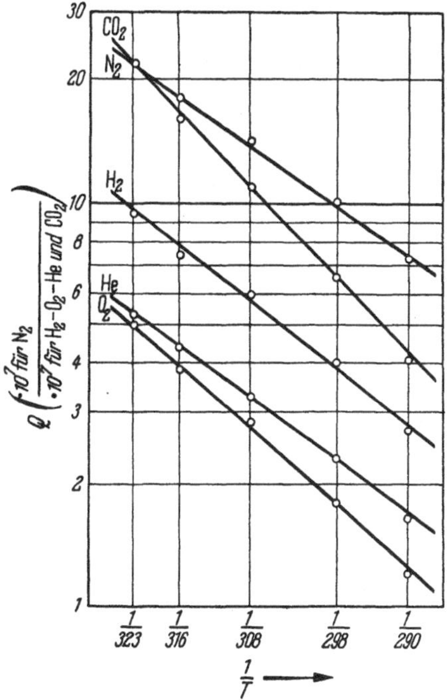

Abb. 2.3.28 Temperaturabhängigkeit der Permeabilität verschiedener Gase durch Naturgummi

Tabelle 2.3.25 *Wasserdampfpermeabilität verschiedener Kunststoffe, gemessen bei 25 °C. Dampfdruckdifferenz: 23,8 Torr*

	Permeabilität $g\,h^{-1}\,cm^{-1}\,Torr^{-1}$
Polyisobutylen-Rußmischung	0,006—0,08 · 10^{-8}
Paraffin	0,02 · 10^{-8}
Polyäthylen $s = 0{,}96$	0,06 · 10^{-8}
Polyisobutylen	0,14 · 10^{-8}
Polyäthylen $s = 0{,}92$	0,22 · 10^{-8}
Polyvinylchlorid	0,8 · 10^{-8}
Bitumenvergußmassen	1,1 · 10^{-8}
Cellophan wetterfest	1,5 · 10^{-8}
Ebonit (Hartgummi)	1,5 · 10^{-8}
Polystyrol	3,3 · 10^{-8}
Polycarbonat (Makrolon)	2,6 · 10^{-8}
Phenol-Gießharz	4,7 · 10^{-8}
Polymethacrylat	5,7 · 10^{-8}
Polyvinylchlorid mit Weichmacher	2—10 · 10^{-8}

Tabelle 2.3.26 *Verwendung von Epoxyd- oder*

Bezeichnung	Heißhärtend			Kalthärtend
	I	VIII	XV	101
Lieferform	Stangen und Pulver (tablettierfähig) bernstein- und silberfarbig	bernsteinfarbige thixotrope Paste	bernsteinfarbige Harzlösung mit flüssigem Härter XV	bernsteinfarbiges Flüssigharz mit flüssigen Härtern 951, 930 oder 936
Topfzeit im Gebrauchszustand	2 Jahre	1 Jahr	1 Monat	1—6 Std.
Auftragsart	als Pulver aufstreuen, als Stange auf warmen Werkteil aufstreichen, Flammspritzen	mit Spatel oder mit Druckspritze	Aufpinseln, Spritzen oder Tauchen, Vortrocknen	mit Spatel
Härtung	130 °C: 10 Std. 200 °C: 30 Min.	130 °C: 10 Std. 200 °C: 30 Min.	130 °C: 14 Std. 200 °C: 30 Min.	je nach Härter 20 °C: 24 Std. 100 °C: 30 Min. oder 60 °C: 2 Std.
Anwendungsgebiet	Verbinden von Metallen und nichtmetallischen Werkstoffen	Verbinden von Metallen und nichtmetallischen Werkstoffen, besonders bei Fugen unterschiedlicher Stärke, Ausfüllen von Hohlräumen	großflächige Verbindungen entsprechend Bindemittel I, Folien- und Blechpakete, Niederdruckschichtstoffe, Dichten von Poren in Gußteilen	Verbinden kleiner Metallflächen

Tabelle 2.3.25 (*Fortsetzung*)

	Permeabilität g h^{-1} cm^{-1} $Torr^{-1}$
Benzylcellulose	$16 \cdot 10^{-8}$
Cellulosetriacetat	80—$100 \cdot 10^{-8}$
Cellulosehydratfolie	80—$100 \cdot 10^{-8}$
Novodur W	$6 \cdot 10^{-8}$
Leguval	1—$4 \cdot 10^{-8}$
Lekutherm	$0{,}2$—$0{,}6 \cdot 10^{-8}$

$$G' = D' h F \frac{p_1 - p_2}{d} t'.$$

$$G' = P' F \frac{p_1 - p_2}{d} t'.$$

Die Dimensionen entsprechen denen der Gleichung auf S. 205, außer
$P' = D'h$: [g h^{-1} cm^{-1} $Torr^{-1}$]
t' = Zeit: [h]
G' = Menge: [g]

Äthoxylinharzen als Bindemittel (*Araldit*)

Kalthärtend			
102	103	121	123
bernsteinfarbige Harzlösung mit flüssigen Härtern 951 oder 936	bernsteinfarbiges Flüssigharz mit flüssigen Härtern 951 und 930 und pastenförmigen Härtern 953 und 954	pastenförmiges Harz, schwarz, weiß, braun oder grau. Mit flüssigen Härtern 951 und 930 und pastenförmigen Härtern 953 und 954	pastenförmiges Harz, weiß. Mit flüssigen Härtern 951 und 930 und pastenförmigen Härtern 953 und 954
$1^1/_2$—7 Std. je nach Härte und Verdünnung	1—2 Std.	1—2 Std.	1—2 Std.
Aufpinseln, Spritzen oder Tauchen, Vortrocknen	Pinseln, Spritzen, Tauchen, mit Spatel je nach Härter	mit Spatel	mit Spatel
je nach Härter 20 °C: 24 Std. oder 60 °C: 2 Std.	20 °C: 24—36 Std. 100 °C: 30 Min. 200 °C: 5 Min.	20 °C: 24 Std. 100 °C: 30 Min. 200 °C: 5 Min.	20 °C: 24 Std. 100 °C: 30 Min. 200 °C: 5 Min.
Verbinden von Werkstoffen, von denen einer porös sein muß, von feinkörnigen Materialien, Imprägnieren von Papier, Karton und porösen Gußteilen	Verbinden von Metallen und Nichtmetallen mit dünner Verbindungsfuge Je nach Härter harte bis flexible Verbindungsfuge	Verbinden von Metall, Keramik und gehärteten Kunststoffen mit dicker Fuge. Ausfüllen von Hohlräumen, Dichten von Lunkern in Gußteilen Je nach Härter harte bis flexible Verbindungsfuge	Verbinden von Metall, Glas, Keramik und gehärteten Kunststoffen mit großer oder stark unterschiedlicher Fugendicke, Ausfüllen von Hohlräumen zur Erzielung glatter Oberflächen

2.3.1.7 Naturgummi

Tabelle 2.3.27 *Naturgummi (Grundwerte)*

Spez. Gewicht	g/cm³	leicht vulkanisiert		0,92—0,93
		vulkan. mit Füllmittel		0,95—2,0
		Hartgummi (DIN 7711)		1,2 —1,7
Spez. Rohgewicht	g/cm³	Schaumgummi		0,06—0,09
Zerreißfestigkeit	kg/mm²	Naturgummi 0,8—2,5	Hartgummi 2—8	—
Bruchdehnung	%	350—1000	2—8	—
Biegefestigkeit	kg/mm²	—	>7—10^2	—
Schlagzähigkeit	cm kg/cm²	—	>4—10^2	—
Elastizitätsmodul	kg/mm²	0,1—0,7	200—500	—
Wasseraufnahme nach 7 Tagen in Wasser bei 20 °C	Gew.-%	Weichgummi je nach Füllstoffgehalt		0,6—5%
		Hartgummi ohne Füllstoff		0,11—0,16%
		Hartgummi mit viel Füllstoff		0,16—0,27%
Mittl. lin. Wärmeausdehnungskoeff., gemessen bei 20—120°C	1/grad	Naturkautschuk: 1400—1950 · 10^{-7}		
Kubischer Wärmeausdehnungskoeffizient	1/grad	Gummi mit 3% S-Gehalt: $\approx 7000 \cdot 10^{-7}$ Gummi mit 31% S-Gehalt: $\approx 2000 \cdot 10^{-7}$		
Wärmeleitfähigkeit	$\frac{\text{cal}}{\text{grad cm sec}}$	3 bis 5 · 10^{-4}		
Formbeständigkeit nach Martens		Naturkautschuk		67—68
		Gummi, vulkan.		55—80
Glutfestigkeit (Vergleichszahl)		1		
Spez. elektr. Widerstand	Ωcm	Gummi: 10^{13}—10^{16}		—
		Hartgummi: 10^{12}—10^{18}		
Dielektrizitätskonstante		Gummi: 2,4—3		—
		Hartgummi: 3		
		Kautschuk: 2—3		
Verlustfaktor tg $\delta \cdot 10^4$		Gummi: 60—150 (10^3 Hz)		—
		Kautschuk: 90—200 (10^3 Hz)		
		Hartgummi: 65—110 (10^6 Hz)		
Durchschlagfestigkeit	kV/cm	1 mm: 400	4 mm: 150—200	Hartgummi je nach Reinheit: 100 bis 1200

Tabelle 2.3.28 *Naturgummi* (*Belastbarkeit in der Technik* [$T = 20\,°C$])

Last — Art	Zulässige Belastung	kg/mm²	Zulässige Verformung bei Höchstlast %
Drucklast (allseitig mit Metall begrenzter Puffergummi)	ruhend bis selten wechselnd	0,5	max. 50; normal 20—30
	langsam bewegt (Federpuffer)	0,2	
	langsame Dauerbewegung	0,1	
	Schwingungen >100 Hz	0,05	
Schublast	bei Weichgummi	0,1	
	bei Federn, Kupplungen	0,05[1]	
Zuglast	ruhende Dauerlast	[2]	100
	dauernd wechselnd	0,1	

[1] Bezogen auf die Fläche, an der das größte Moment auftritt.
[2] Hängt bei größeren Querschnitten ab von Randspannungen (Oberflächenbeschaffenheit), kaum von der Zerreißfestigkeit.

Anwendungsbeispiele: Dichtungsringe, Kühlwasserleitungen, Pufferkörper aller Art, Schutzkappen, Kabelmäntel.

Literatur

EHLERS, G.: Gummi als Konstruktionswerkstoff, Kunststoffe 31 (1941) 422.
ESPE, W., u. M. KNOLL: Werkstoffkunde der Hochvakuumtechnik, Berlin: Springer 1936, S. 221.
LUFF-SCHMELKES: Chemie des Kautschuks, Berlin 1925.
MEMMLER, K.: Handbuch der Kautschukwissenschaft, Leipzig 1930.

2.3.1.8 Öle und Fette

(Siehe Literaturverzeichnis)

2.3.2 Dampfdrücke, Schmelz- und Siedepunkte

Tabelle 2.3.29 *Dampfdrücke von Pumpentreibmitteln*

Diffusionspumpen-treibmittel	Chemische Zusammensetzung	M	B	A	T_{-5} in °C[1]	T_{-2} in °C[1]	p bei 25 °C [Torr][2]	Quelle
Butylphthalat	Di-n-butylphthalat	278	11,215	4680	18	81	$3,3^{-5}$	[*1*]
Octylphthalat	Di-n-octylphthalat	391	12,94	6035	65	128	$4,0^{-8}$	[*5*]
Nonylphthalat	Di-n-nonylphthalat	419	13,41	5690	73	146	$1,0^{-8}$	[*5*]
Octoil (35/*9*)[3]	Di-2-äthylhexylphthalat	390	12,116	5590	54	128	$2,3^{-7}$	[*1*]
			12,90	6157	67	134	$3,3^{-8}$	[*5*]
Narcoil 40	Di-(3,5,5-trimethylhexyl)-phthalat	418	12,88	5936	57	124	$6,0^{-8}$	[*5*]
Amoil (35/*3*)	Di-iso-amylphthalat	306	10,60	4610	22	93	$1,3^{-5}$	[*1*]
Amoil S (32/*1*)	Di-iso-amylsebacat	343	11,40	5190	25	114	$1,0^{-6}$	[*4*]
Octoil S	Di-2-äthylhexylsebacat	426	11,26	5514	50	142	$2,0^{-8}$	[*3*]
m-Cr (32/*4, 5*)	Tri-m-cresylphosphat	368	10,982	5373	50	141	$9,0^{-8}$	[*2*]
p-Cr	Tri-p-cresylphosphat	368	12,223	5926	52	144	$2,0^{-8}$	[*2*]
b-S (32/*9*)	Di-Benzylsebacat	—	12,775	6320	64	155	$4,0^{-9}$	[*2*]
Apiezon A (35/*4*)	Gemisch aus Kohlenwasserstoffen	350	—	—	37	110	$2,0^{-6}$	[*3*]
Apiezon B (32/*2*)	Gemisch aus Kohlenwasserstoffen	350	—	—	50	127	$4,0^{-7}$	[*3*]
Apiezon C (35/*11*)	Gemisch aus Kohlenwasserstoffen	450	11,67	5925	77	160	$1,0^{-8}$	[*6*]

Arochlor (35/*2*)	ähnlich Pentachlordiphenyl	326	—	—	27	93	8,0⁻⁶	[*3*]
Littonoil (32/*3*)	gerade Kohlenwasserstoffketten C_nH_{2n}	—	—	—	57	132	1,4⁻⁷	[*3*]
Chlophen A 40 (35/*1*)	chloriertes Benzol	205	10,15	4135	0	67	2,0⁻⁴	[*6*]
Silikon DC 703 (35/*12*)	halborganische Verbindung des Siliciums	570	12,32	6165	83	153	5,0⁻⁹	[*6*]
Silikolen normal (35/*5*)	durch Trimethylsiloxygruppen verzweigte Siloxane mit Phenylgruppen an den verzweigenden Siliciumatomen	—	4,01	6410	64	127	3,2⁻⁸	[7]
Silikolen ultra (35/*6*)	(wie oben)	730	4,49	6667	69	131	1,3⁻⁸	[7]
Diffelen L (35/*7*)	Gemisch von gesättigten Kohlenwasserstoffen	335	12,70	6098	71	142	1,8⁻⁸	[7]
Diffelen N (35/*8*)	(wie oben)	435	13,15	6329	76	145	8,5⁻⁹	[7]
Diffelen U (35/*10*)	(wie oben)	450	12,92	6410	85	156	2,6⁻⁹	[7]

[1] Angegeben sind die Konstanten der Dampfdruckformel $\lg p = B - A/T$, wobei p den Dampfdruck in Torr und T die absolute Temperatur bedeuten. T_{-5} bzw. T_{-2} gibt die Temperatur in °C an, bei der ein Dampfdruck von 10^{-5} bzw. 10^{-2} Torr herrscht. Außerdem werden noch die Dampfdrücke bei Zimmertemperatur (25 °C) in Torr aufgeführt.

[2] Abkürzung x^{-n} entspricht $x \cdot 10^{-n}$, also $3{,}3^{-5}$ entspricht $3{,}3 \cdot 10^{-5}$; der Faktor 10 ist jeweils weggelassen worden.

[3] Diese Ziffern verweisen auf die Dampfdruckkurven auf den Seiten 217—220. (35/*9*) bedeutet: Abb. 2.3.35, Kurve *9*.

Literatur

[*1*] HICKMAN, K. C. D., J. C. HACKER u. N. D. EMBREE: Industr. Engng. Chem. 9 (1937) 264.
[*2*] VERHOEK, F. H., u. A. L. MARSHALL: J. Amer. chem. Soc. 61 (1939) 2737.
[*3*] Metropolitan Vickers (1946).
[*4*] Values of constants dedueed by S. F. KAPFF of Distillation Products, Inc.
[*5*] PEPERLE, W., u. H. HOYER: Z. Elektrochem. 62 (1958) 61.
[*6*] HERLET, A., u. G. REICH: Z. angew. Phys. 9 (1957) 14.
[*7*] STRUCK, B. D.: Noch nicht veröffentlicht.

Tabelle 2.3.30 *Silikonöle*

Formel: $[(CH_3)_3 SiO_{1/2}] [(CH_3)_{x-2}] [(CH_3) SiO_{1/2}]$

Dampfdrücke von linearen Siliziumpolymeren[1] (*vgl. Abb. 2.3.32*)

x	B	A	T_{-5} (°C)[2]	T_{-1} (°C)[2]	p bei 25 °C (Torr)
12	11,60	5350	49	152	$4{,}4 \cdot 10^{-7}$
13	12,06	5710	62	165	$7{,}6 \cdot 10^{-8}$
14	12,48	6070	74	177	$1{,}3 \cdot 10^{-8}$
15	12,93	6430	86	189	$2{,}2 \cdot 10^{-9}$
16	13,37	6790	97	200	$3{,}8 \cdot 10^{-10}$
17	13,81	7150	107	210	$6{,}5 \cdot 10^{-11}$
18	14,25	7510	117	294	$1{,}2 \cdot 10^{-11}$

[1] Wilcock, D. F.: J. Amer. chem. Soc. 68 (1946) 691.

[2] Siehe Fußnote 1 von Tab. 2.3.29.

Tabelle 2.3.31 *Vakuum-Dichtungsfette und -Kitte*[1,2]

Material	Dampfdruck (Torr)	
	bei 20 °C	bei 90 °C
Ramsay-Fett	10^{-4}—10^{-5}	
Apiezon-Fett M, frisch	10^{-5}	
Apiezon-Fett M, entgast	10^{-8}—10^{-9}	$6 \cdot 10^{-6}$
Apiezon-Fett L, frisch	$5 \cdot 10^{-6}$	
Apiezon-Fett L, entgast	etwa 10^{-10}	10^{-7}
Apiezon-Fett P	etwa 10^{-10}	10^{-7}
Apiezon-Fett R	etwa 10^{-10}	10^{-7}
Apiezon-Fett S	etwa 10^{-10}	10^{-7}
Apiezon, weiches Wachs	10^{-4}	
Apiezon-Wachs Q	10^{-4}	$2 \cdot 10^{-4}$ (70 °C)
Siegellack, weiß	10^{-3}	
Silikon-Fett	$<10^{-10}$	10^{-8}
Picein	3—$4 \cdot 10^{-4}$	

[1] Espe, W.: Werkstoffe der Elektrotechnik in Tabellen und Diagrammen, Berlin: Akademie-Verlag 1954.

[2] Herlet, A., u. G. Reich: Z. angew. Phys. 9 (1957) 14.

Tabelle 2.3.32 *Verschiedene organische Stoffe*

Phthalsäureester		$\lg p_{fl} = B - A/T$ (Torr)
Dimethylphthalat ..... (33/*6*)[1]	$C_6H_4(CO_2CH_3)_2$	11,50—4122/T
Diäthylphthalat ...... (33/*11*)	$C_6H_4(CO_2C_2H_5)_2$	12,51—4614/T
Dibutylphthalat	$C_6H_4(CO_2C_4H_9)_2$	13,83—5204/T
Di-n-Octylphthalat	$C_6H_4(CO_2C_8H_{17})_2$	12,94—6035/T
Di-2-äthylhexylphthalat	$C_6H_4(CO_2C_8H_{17})_2$	12,90—6157/T
Di-n-nonylphthalat	$C_6H_4(CO_2C_9H_{19})_2$	11,41—5690/T
Di-(3,5,5-trimethylhexyl)-phthalat	$C_6H_4(CO_2C_9H_{19})_2$	12,88—5936/T
Butylbenzylphthalat... (33/*13*)	$C_6H_4CO_2C_6H_5$ $CO_2C_4H_9$	11,12—4745/T

[1] Siehe Fußnote 3 von Tab. 2.3.29

Tabelle 2.3.32 (*Fortsetzung*)

Isozyklische Kohlenwasserstoffe		$\lg p_{fest} = B - A/T$ (Torr)
Naphthalin .... (33/*1*)	$C_{10}H_8$	10,75—3616/T
Azulen .... (33/*5*)	$C_{10}H_8$	11,00—3958/T
Acenaphthen .... (33/*8*)	$C_{12}H_{10}$	11,50—4264/T
Anthracen............ (30/*11*)	$C_{14}H_{10}$	11,15—5401/T
Phenantren........... (30/*3*)	$C_{14}H_{10}$	16,00—5008/T
9,10-Dihydroanthracen........	$C_{14}H_{12}$	12,73—4878/T
9,10-Dephenylanthracen	$C_{14}H_8(C_6H_5)_2$	14,57—7500/T
Fluoranthen .... (34/*5*)	$C_{16}H_{10}$	12,67—5357/T
Chrysen .... (31/*7*)	$C_{18}H_{12}$	13,07—6340/T
Pyren .... (30/*9*)	$C_{16}H_{10}$	12,00—5248/T
5,12-Benzanthracen ... (30/*14*)	$C_{18}H_{12}$	13,68—6250/T
Triphenylen .... (30/*15*)	$C_{18}H_{12}$	12,89—6154/T
5,12-Dihydrotetracen .. (30/*16*)	$C_{18}H_{14}$	12,35—6060/T
1,4-Diphenylbenzol ... (34/*11*)	$C_6H_4(C_6H_5)_2$	13,65—6298/T

Azyklische Kohlenwasserstoffe		$\lg p_{fest} = B - A/T$ (Torr)
n-Tetradecan .... (33/*3*)	$CH_3(CH_2)_{12}CH_3$	16,82—5401/T
n-Hexadecan .... (33/*10*)	$CH_3(CH_2)_{14}CH_3$	18,13—6154/T
n-Tetradecen-1 .... (33/*2*)	$CH_3CH:CH(CH_2)_{10}CH_3$	14,40—4636/T
n-Octadecen-1 .... (34/*1*)	$CH_3CH:CH(CH_2)_{14}CH_3$	15,33—5648/T

Alkohole		$\lg p_{fest} = B - A/T$ (Torr)
Laurylalkohol .... (33/*12*)	$CH_3(CH_2)_{10}CH_2OH$	21,29—7205/T
Myristylalkohol .... (34/*3*)	$CH_3(CH_2)_{12}CH_2OH$	24,08—8484/T
Cetylalkohol.......... (34/*6*)	$CH_3(CH_2)_{14}CH_2OH$	23,47—8681/T
Stearylalkohol .... (34/*10*)	$CH_3(CH_2)_{16}CH_2OH$	23,63—9075/T

Carbonsäuren		$\lg p_{fest} = B - A/T$ (Torr)
Laurinsäure .... (34/*4*)	$CH_3(CH_2)_{10}CO_2H$	19,98—7369/T
Myristinsäure.......... (34/*7*)	$CH_3(CH_2)_{12}CO_2H$	20,35—7828/T
Palmitinsäure.......... (34/*9*)	$CH_3(CH_2)_{14}CO_2H$	22,65—8878/T

Benzolderivate		$\lg p_{fest} = B - A/T$ (Torr)
1,4-Diphenylbenzol ... (31/*3*)	$C_6H_4(C_6H_5)_2$	13,65—6298/T
1,3-Diphenylbenzol ... (31/*1*)	$C_6H_4(C_6H_5)_2$	15,01—6213/T
1,3,5-Triphenylbenzol.. (34/*12*)	$C_6H_3(C_6H_5)_3$	15,40—7500/T
o-Nitranilin........... (30/*1*)	$O_2NC_6H_4NH_2$	12,50—4701/T

Tabelle 2.3.32 (*Fortsetzung*)

Benzolderivate			$\lg p_{fest} = B - A/T$ (Torr)
m-Nitranilin	(30/*6*)	$O_2NC_6H_4NH_2$	13,00—5095/T
p-Nitranilin	(30/*10*)	$O_2NC_6H_4NH_2$	13,69—5707/T
2,3-Dinitrophenol	(30/*8*)	$(O_2N)_2C_6H_3OH$	12,58—5171/T
2,4-Dinitrophenol	(30/*7*)	$(O_2N)_2C_6H_3OH$	13,95—5466/T
2,5-Dinitrophenol	(30/*4*)	$(O_2N)_2C_6H_3OH$	12,45—4876/T
2,6-Dinitrophenol	(30/*5*)	$(O_2N)_2C_6H_3OH$	15,38—5860/T
3,4-Dinitrophenol	(30/*13*)	$(O_2N)_2C_6H_3OH$	14,25—6451/T
Resorcin	(30/*2*)	$C_6H_4(OH)_2$	12,30—4876/T
2-Nitroresorcin	(33/*4*)	$O_2NC_6H_3(OH)_2$	11,05—3892/T
Perylen	(31/*11*)	$C_{20}H_{12}$	13,95—7260/T
Coronen..............	(29/*4*)	$C_{24}H_{12}$	12,62—7675/T
Rubren	(29/*5*)	$(C_6H_5)_2C_9H_4:C_9H_4(C_6H_5)_2$	13,71—8397/T
9,9′-Biantryl	(29/*3*)	$C_{28}H_{18}$	11,42—6679/T
Phenantrenchinon.....	(31/*8*)	$C_{14}H_8O_2$	14,37—6895/T
4-Oxybenzaldehydanil .	(30/*17*)	$C_6H_5N:CHC_6H_4OH$	14,03—6679/T
Salizylaldehydanil.....	(34/*2*)	$C_6H_5N:CHC_6H_4OH$	16,20—6057/T
Fluorol 5 G		$C_{23}H_{10}O$	14,61—7219/T
1,5-Dipiperidylanthrachinon, rot	(31/*13*)		17,13—9053/T
Triglykol-önanthsäureester..............	(30/*12*)	$C_{13}H_{26}O_5$	10,60—4876/T
Trikresylphosphat...........		$PO_4(C_6H_4CH_3)_3$	13,28—6278/T

Oxyanthrachinone			$\lg p_{fest} = B - A/T$ (Torr)
Anthrachinon	(31/*5*)	$C_{14}H_8O_2$	14,31—6604/T
1-Oxyanthrachinon....	(31/*2*)	$C_6H_4{}^{CO}_{CO}CH_3OH$	13,84—6298/T
2-Oxyanthrachinon....	(31/*12*)	$C_6H_4{}^{CO}_{CO}CH_3OH$	15,23—7999/T
1,2-Dioxyanthrachinon.	(31/*10*)	$C_6H_4{}^{CO}_{CO}CH_2(OH)_2$	12,57—6473/T
1,4-Dioxyanthrachinon.	(31/*6*)	$C_6H_4{}^{CO}_{CO}CH_2(OH)_2$	13,70—6451/T
1,5-Dioxyanthrachinon.	(31/*9*)	$HOC_6H_3{}^{CO}_{CO}C_6H_3OH$	13,10—6619/T
1,8-Dioxyanthrachinon.	(31/*4*)	$HOC_6H_3{}^{CO}_{CO}C_6H_3OH$	13,82—6422/T
2,6-Dioxyanthrachinon.	(29/*6*)	$HOC_6H_3{}^{CO}_{CO}C_6H_3OH$	14,74—9075/T
1,4,5,8-Tetraoxyanthrachinon..	(31/*14*)	$(HO)_2C_6H_2{}^{CO}_{CO}C_6H_2(OH)_2$	14,42—7916/T

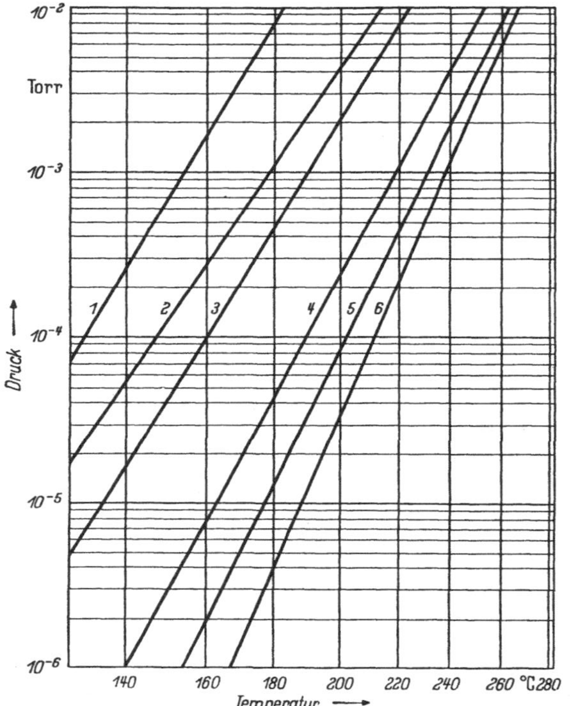

Abb. 2.3.29 Dampfdruckkurven von *1* 9,10-Diphenylanthrachinon, *2* Lithiumfett, *3* 9,9′-Biantryl, *4* Coronen, *5* Rubren, *6* 2,6-Dioxyanthrachinon

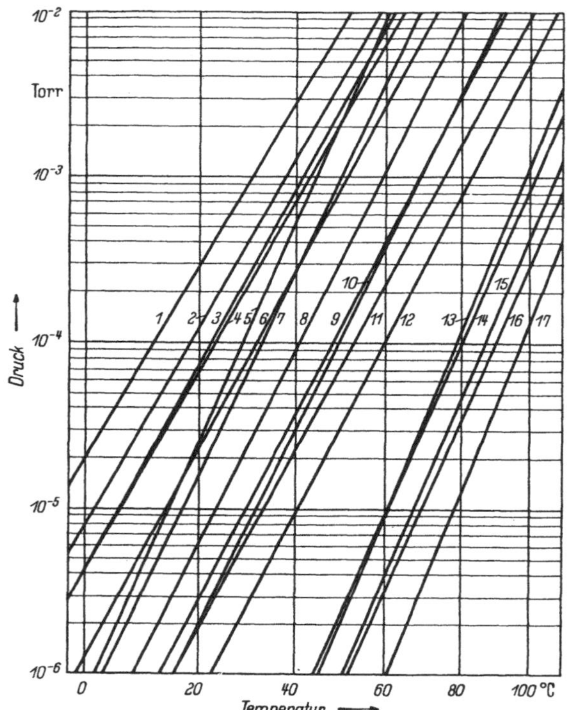

Abb. 2.3.30 Dampfdruckkurven von *1* o-Nitranilin, *2* Resorcin, *3* Phenantren, *4* 2,5-Dinitrophenol, *5* 2,6-Dinitrophenol, *6* m-Nitranilin, *7* 2,4-Dinitrophenol, *8* 2,3-Dinitrophenol, *9* Pyren, *10* p-Nitranilin, *11* Anthracen, *12* Triglykol-önanthsäureester, *13* 3,4-Dinitrophenol, *14* 1,2-Benzanthracen, *15* Triphenylen, *16* 5,12-Dihydrotetracen, *17* 4-Oxybenzaldehydanil

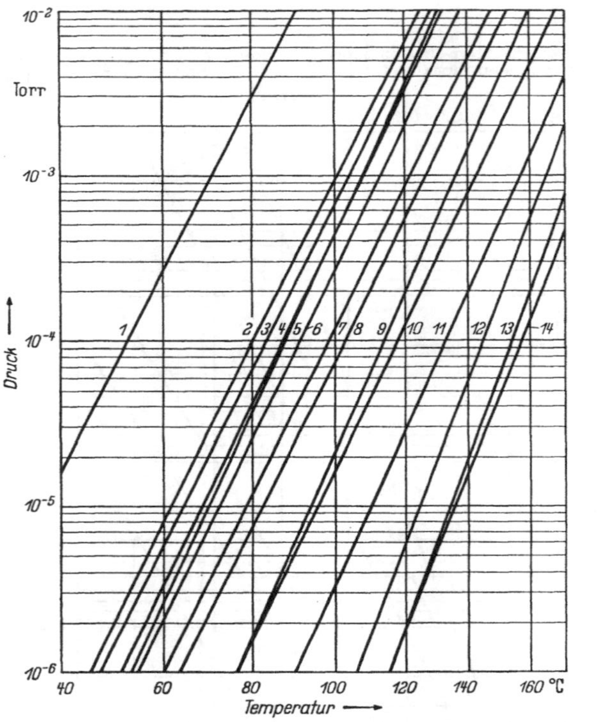

Abb. 2.3.31 Dampfdruckkurven von *1* 1,3-Diphenylbenzol, *2* 1-Oxyanthrachinon, *3* 1,4-Diphenylbenzol, *4* 1,8-Dioxyanthrachinon, *5* Anthrachinon, *6* 1,4-Dioxyanthrachinon, *7* Chrysen, *8* Phenantrenchinon, *9* 1,5-Dioxyanthrachinon, *10* Alizarin, *11* Perylen, *12* 2-Oxyanthrachinon, *13* 1,5-Dipiperidylanthrachinon, *14* 1,4,5,8-Tetraoxyanthrachinon

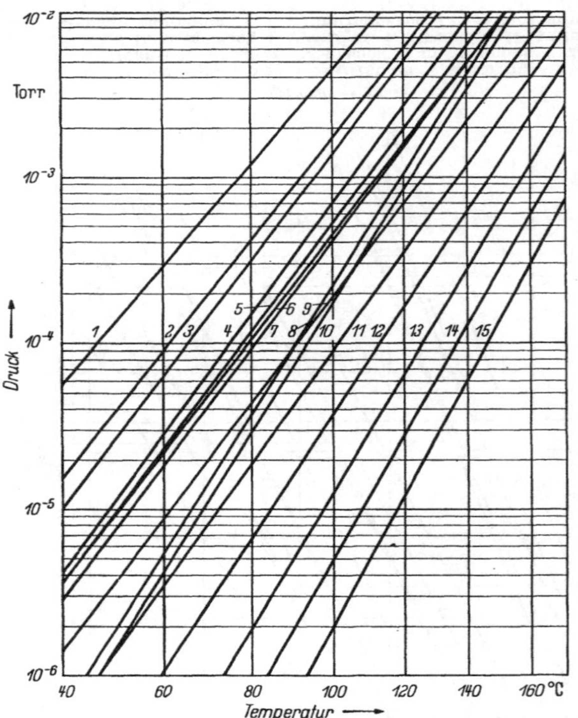

Abb. 2.3.32 Dampfdruckkurven von *1* Amoil-S, *2* Apiezon-B, *3* Litton-oil, *4* m-Cr(1), *5* m-Cr(2), *6* Silikonöl $[(CH_3)SiO_{1/2}](CH_3)_{10}$, *7* Octoil, *8* Silikonöl $[(CH_3)SiO_{1/2}](CH_3)_{11}$, *9* b-S, *10* Di-n-äthylphthalat, *11* Silikonöl $[(CH_3)SiO_{1/2}](CH_3)_{12}$, *12* Silikonöl $[(CH_3)SiO_{1/2}](CH_3)_{13}$, *13* Silikonöl $[(CH_3)SiO_{1/2}](CH_3)_{14}$, *14* Silikonöl $[(CH_3)SiO_{1/2}](CH_3)_{15}$, *15* Silikonöl $[(CH_3)SiO_{1/2}](CH_3)_{16}$

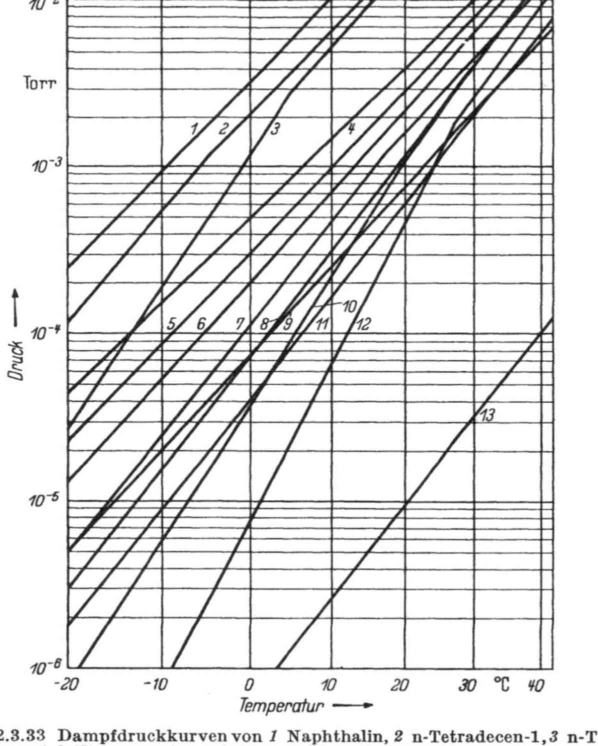

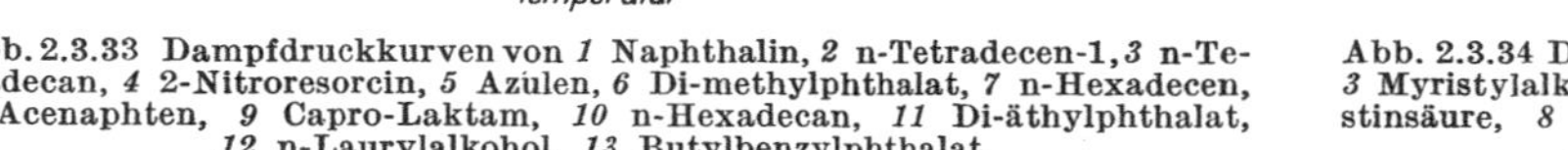
Abb. 2.3.33 Dampfdruckkurven von *1* Naphthalin, *2* n-Tetradecen-1, *3* n-Tetradecan, *4* 2-Nitroresorcin, *5* Azulen, *6* Di-methylphthalat, *7* n-Hexadecen, *8* Acenaphten, *9* Capro-Laktam, *10* n-Hexadecan, *11* Di-äthylphthalat, *12* n-Laurylalkohol, *13* Butylbenzylphthalat

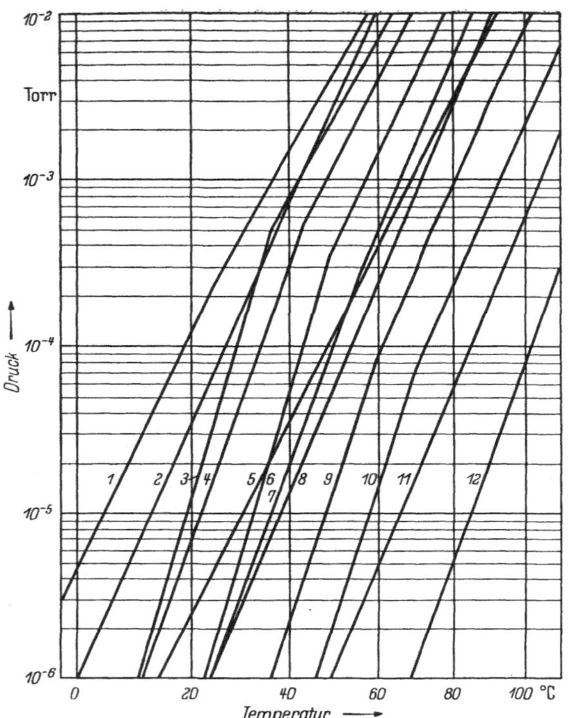

Abb. 2.3.34 Dampfdruckkurven von *1* n-Octadecen-1, *2* Salizylaldehydanil, *3* Myristylalkohol, *4* Laurinsäure, *5* Fluoranthen, *6* n-Cetylalkohol, *7* Myristinsäure, *8* 1,3-Diphenylbenzol, *9* Palmitinsäure, *10* Stearylalkohol, *11* 1,4-Diphenylbenzol, *12* 1,3,5-Triphenylbenzol

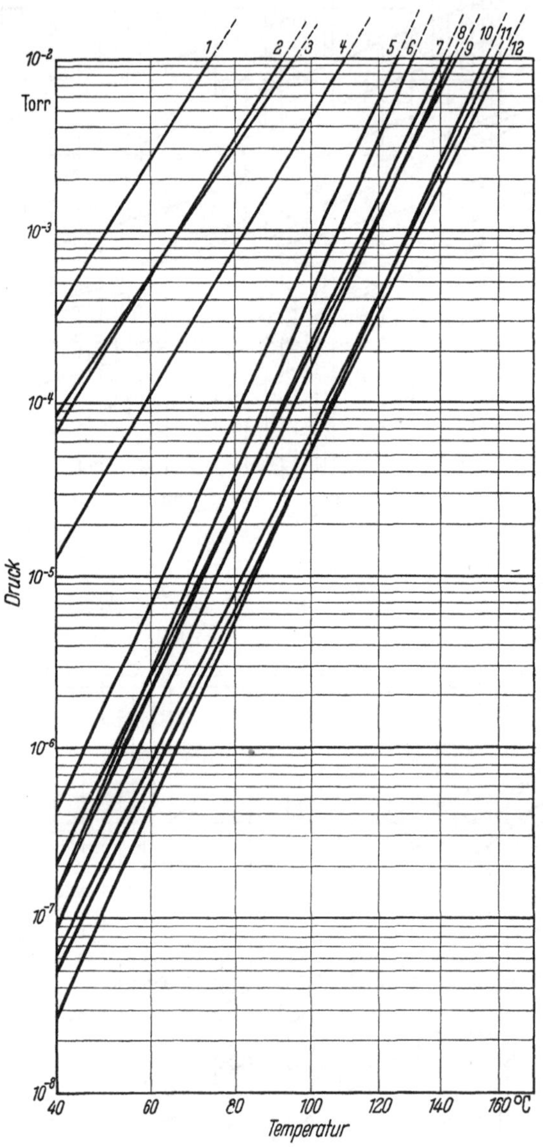

Abb. 2.3.35 Dampfdruckkurven von *1* Clophen A 40, *2* Arochlor, *3* Amoil, *4* Apiezon A, *5* Silikolen normal, *6* Silikolen ultra, *7* Diffelen L, *8* Diffelen N, *9* Octoil, *10* Diffelen U, *11* Apiezon C, *12* Silikonöl DC 703

Tabelle 2.3.33 *Metalle*[1]

Es sind die Schmelz- und Siedetemperaturen angegeben.

Außerdem sind die Temperaturen angeführt, bei denen ein Dampfdruck von 10^{-8}, 10^{-5}, 10^{-2} und 10 Torr auftritt.

Element	Schmelzpunkt °C	Siedepunkt °C	Temperatur T (°K) für den Dampfdruck p_s (Torr)			
			10^{-8}	10^{-5}	10^{-2}	10
Ag	960,8	2210	852	1030	1305	1830
Al	659	2300	950	1155	1480	2050
Au	1063	2970	1045	1260	1605	2240
B	2300	2600	1650	1960	2430	3300
Ba	704	1640	560	690	900	1310
Be	1284	2510	972	1175	1485	2060
Bi	271	1630	590	723	934	1330
Graphit	≈3700	$1{,}8 \cdot 10^{10}$	1950	2250	2700	3420
Ca	849	1450	555	675	865	1240
Cd	321	765	346	422	540	759
Ce	775	2400	1080	1280	1680	2070
Co	1495	3000	1200	1435	1790	2440
Cr	1890	2500	1125	1335	1665	2240
Cs	28	690	256	319	425	646
Cu	1083	2600	1005	1215	1545	2140
Fe	1535	2740	1150	1380	1740	2370
Ga	29,8	2070	845	1030	1330	1870
Ge	959	(2700)	1085	1310	1680	2350
Hg	−38,87	357	199	245	318	456
In	156	≈2000	770	943	1220	1730
Ir	2454	≈5300	1720	2070	2580	3440
K	63	762	294	364	481	715
La	866	4340	1260	1535	1970	2730
Li	186	1370	505	621	806	1155
Mg	650	1110	462	560	715	1000
Mn	1244	≈2150	807	970	1220	1700
Mo	2622	4800	1855	2260	2900	4040
Na	97,7	890	350	431	563	818
Nb	2500	≈5000	2080	2470	3010	3900
Ni	1453	2730	1185	1415	1770	2400
Os	≈2700	≈5500	1980	2370	2930	3860
Pb	327,4	1740	617	760	992	1435
Pd	1555	≈3000	1180	1430	1820	2560
Pt	1773	4400	1560	1875	2350	3210
Rb	39	≈ 690	270	337	449	665
Re	3176	5900	2200	2640	3330	
Rh	1966	>4000	1550	1860	2300	3120
Ru	2500	≈4900	(1840)	2190	2700	3540
Sb	630	1620	550	655	815	1250
Se	220	680	357	417	505	702
Si	1414	2480	1200	1450	1820	2430
Sn	231,9	2270	937	1155	1500	2160

(*Fortsetzung S. 225*)

[1] Nach W. ESPE: Werkstoffkunde der Hochvakuumtechnik I, Berlin 1959.

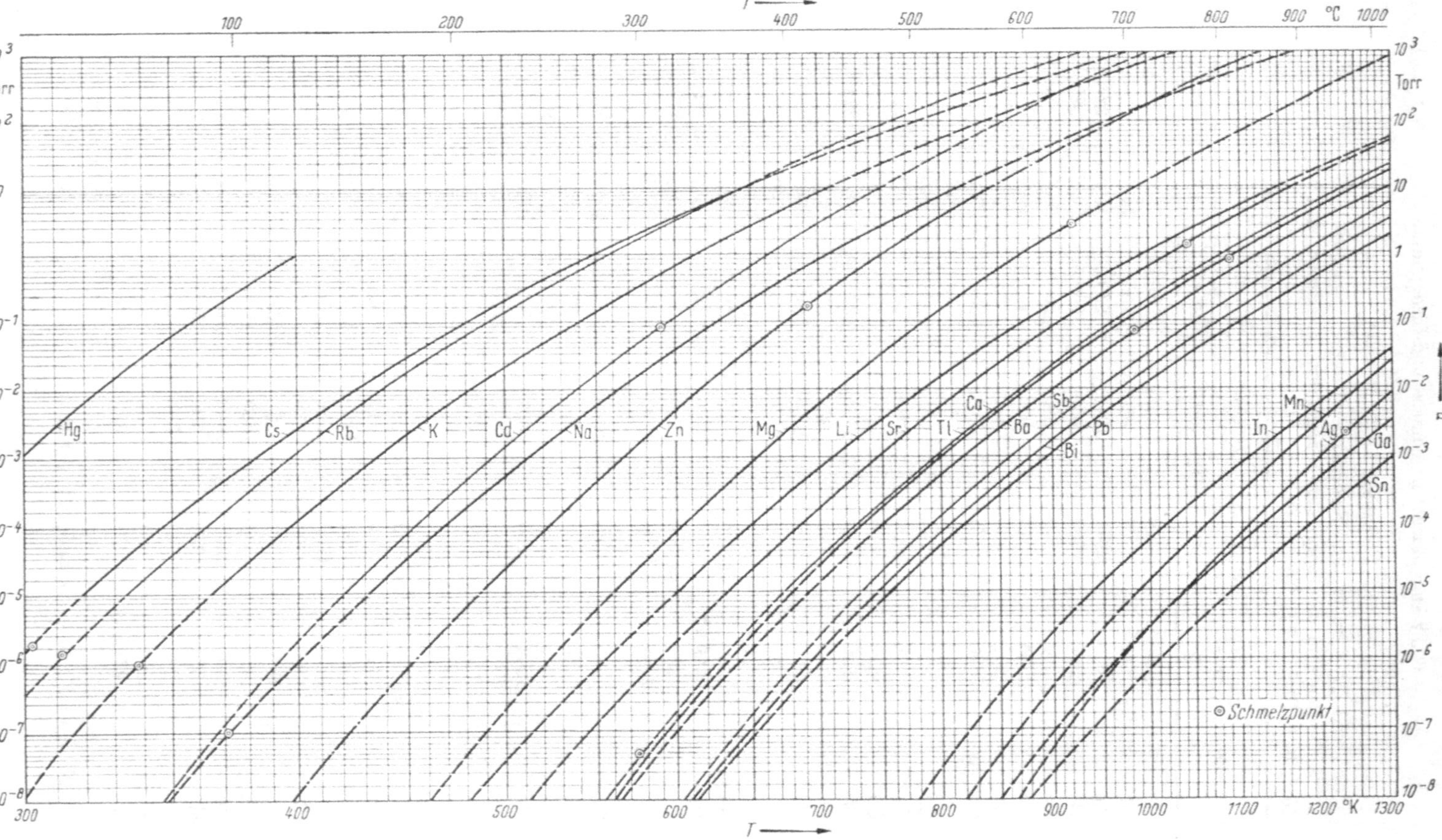

Abb. 2.3.36a

Sättigungsdampfdrücke p_s von Metallen im Temperaturgebiet von 300 bis 1300 °K (nach ESPE: Werkstoffkunde der Hochvakuumtechnik I, Berlin 1959)

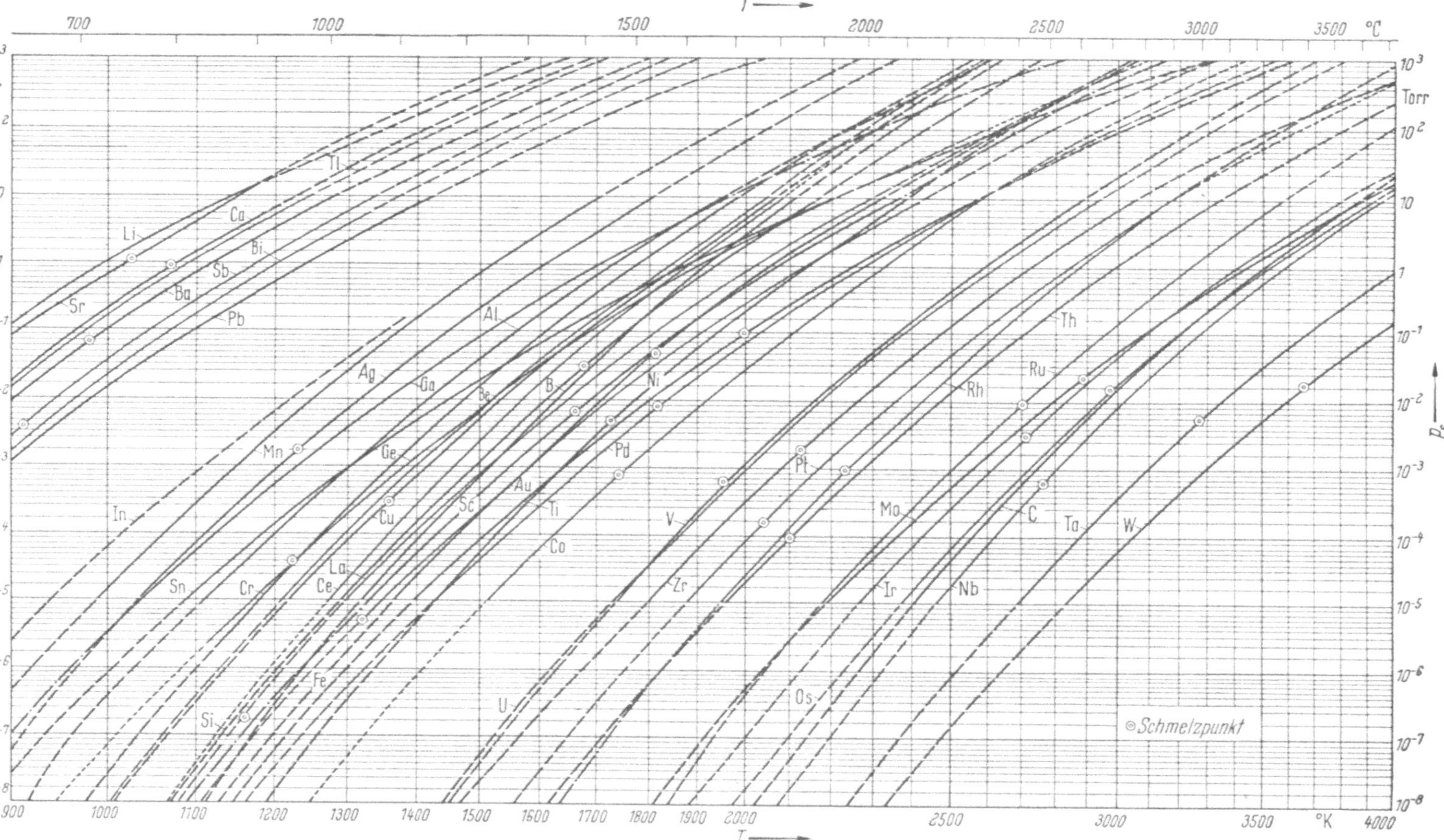

Abb. 2.3.36b

Sättigungsdampfdrücke p_s von Metallen im Temperaturgebiet von 900 bis 4000 °K (nach ESPE: Werkstoffkunde der Hochvakuumtechnik I, Berlin 1959)

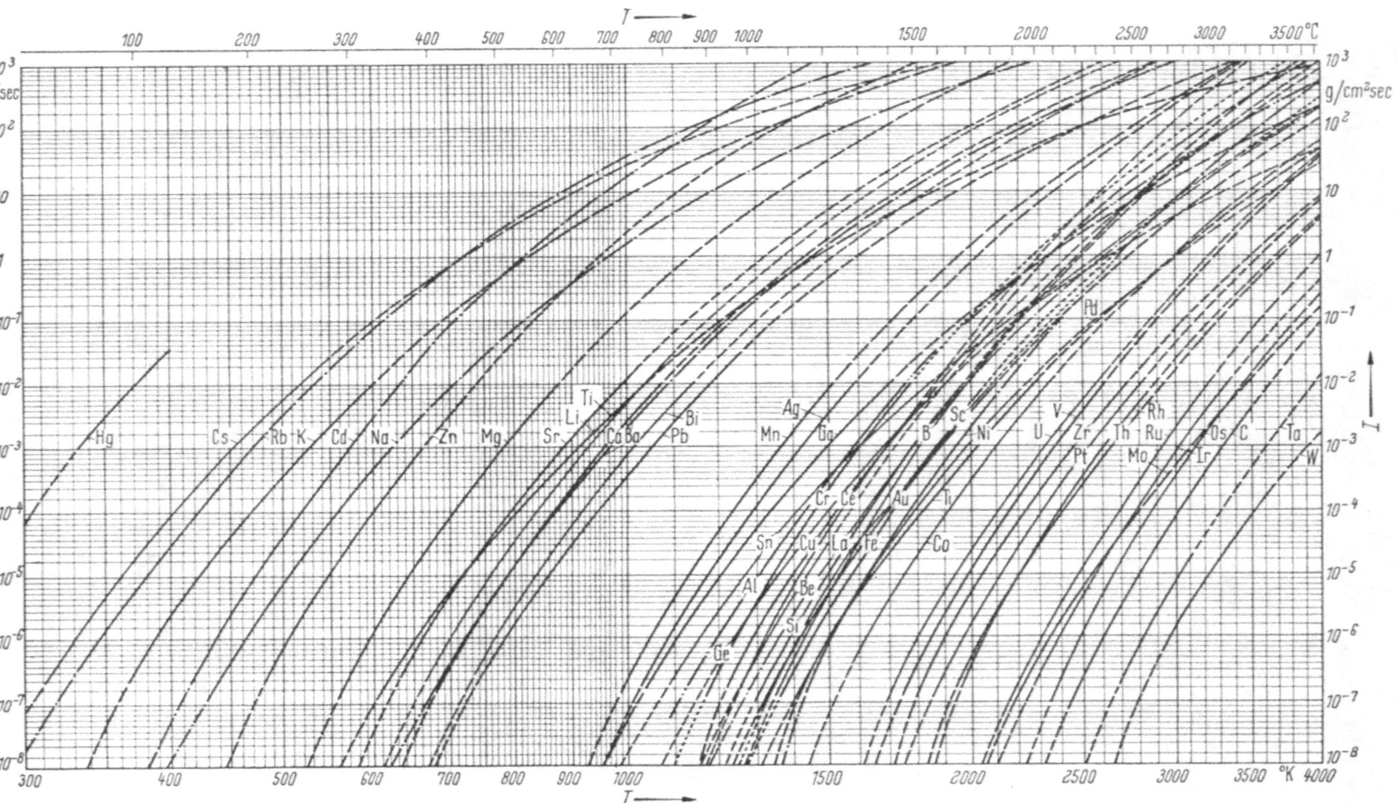

Abb. 2.3.37
Verdampfungsgeschwindigkeit I von Metallen im Temperaturgebiet von 300 bis 4000 °K (nach ESPE: Werkstoffkunde der Hochvakuumtechnik I, Berlin 1959)

Tabelle 2.3.33 (*Fortsetzung*)

Element	Schmelzpunkt °C	Siedepunkt °C	Temperatur T (°K) für den Dampfdruck p_s (Torr)			
			10^{-8}	10^{-5}	10^{-2}	10
Sr	771	1380	499	615	804	1170
Ta	2996	(4100)	2230	2670	3340	
Te	452	1390	451	534	656	906
Th	1690	≈4200	1620	1960	2470	3330
Ti	1690	3535	1330	1600	2000	2750
Tl	300	1460	558	685	888	1270
U	≈1133	3900	1405	1715	2200	3070
V	1900	≈3400	1428	1705	2120	2840
W	3382	5900	2340	2820	3570	
Zn	419,4	907	396	481	615	864
Zr	1857	3700	1745	2110	2670	3620

2.3.3 Gasdurchlässigkeit und Diffusion bei Quarz und Glas

Die Durchlässigkeit von Quarzglas und verschiedenen Glasarten für Gase ist seit ihrer ersten Entdeckung von Villard [*1*][1] 1910 in einer Reihe von Arbeiten untersucht worden. Eine zusammenfassende Übersicht, in der die Meßmethoden und -ergebnisse bis 1938 berücksichtigt werden, findet man bei Barrer [*2*]. Neuere Untersuchungen sind im Literaturverzeichnis unter [*14*] bis [*27*] aufgeführt.

Die hauptsächlichen Charakteristiken des Gasdurchganges durch eine Membran sind:

a) Für den stationären Fall gilt das erste Ficksche Gesetz [*3, 4, 6*]

$$j = -D \operatorname{grad} n, \tag{2.3.1}$$

j Dichte des Gasstromes,
D Diffusionskoeffizient,
n Konzentration des Gases im Innern der Diffusionsmembran.

b) Die Durchlässigkeitsraten sind proportional dem Druck (d. h. Gasmoleküle werden nicht dissoziiert) und umgekehrt proportional der Dicke der Membran [*7*].

c) Es wurden bisher für Glasmembranen keine Aktivierungsenergien für den Absorptions- oder den Desorptionsprozeß festgestellt. Der geschwindigkeitsbestimmende Anteil für die Gasdurchlässigkeit ist die Diffusion des Gases in der Glasmembran.

d) Für die Löslichkeit von Gasen in Quarz und Glas gilt in weiten Bereichen das Henrysche Gesetz.

[1] Die in Klammern [ ] gesetzten Ziffern beziehen sich auf das Literaturverzeichnis am Schluß dieses Kapitels (S. 233).

Die meisten Messungen wurden an zylinder- oder kugelsymmetrischen Membranen vorgenommen. Eine mögliche Anordnung zeigt schematisch die Abb. 2.3.38. Die Druckmessungen wurden in den älteren Arbeiten

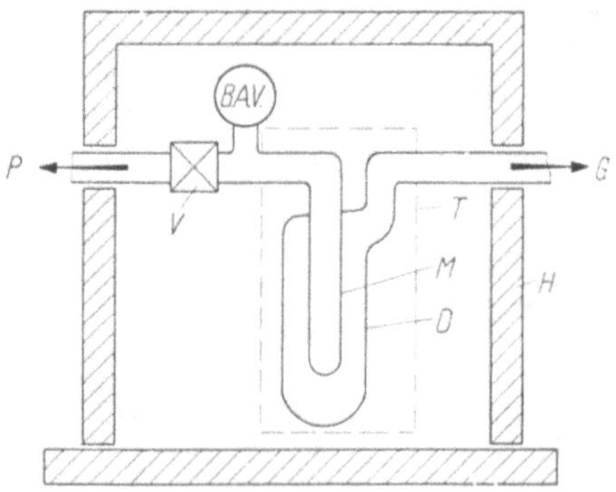

Abb. 2.3.38 Meßanordnung zur Messung von Diffusionskoeffizienten von Gasen in Glas
D Diffusionszelle, *M* Diffusionsmembran, *T* Thermostat zur Messung bei verschiedenen Temperaturen, *G* Gaseinlaß, *BAV* BAYARD-ALPERT-Vakuummeter, *V* Ausheizbares Metallventil, *P* Anschluß an die Diffusionspumpe, *H* Ausheizofen

meist mit einem Vakuummeter nach MCLEOD oder mit einem PIRANI-Vakuummeter ausgeführt. Bei den neueren Arbeiten, die weitgehend die Methoden der UHV-Technik verwenden, werden die Drücke entweder mit einer BAYARD-ALPERT-Röhre gemessen [*20*, *23*, *24*] oder mit einem Massenspektrometer bestimmt [*17*, *18*, *19*, *21*, *22*].

Für den Fall, daß keine Dissoziation stattfindet, und für Edelgase gilt für die gesamte Gasmenge G, die durch eine Membran dringt [*14*]:

$$G = K\,F\,t(p_1 - p_2)/d \quad [\mathrm{cm^3\,(NTP)}], \tag{2.3.2}$$

K Permeabilitätskonstante,
F Fläche der Membran [$\mathrm{cm^2}$],
t Zeit [sec],
p_1, p_2 Drücke beiderseits der Membran [Torr],
d Dicke der Membran [mm].

Die Konstante K gibt an, wieviel $\mathrm{cm^3}$ Gas bei Normalbedingungen (0 °C, 760 Torr: NTP) je $\mathrm{cm^2}$ Membranoberfläche und Sekunde bei einer Druckdifferenz von 1 Torr durch eine Membran von 1 mm Dicke hindurchtreten. Die Dimension von K ist demnach:

$$[K] = [\mathrm{cm^3\,(NTP)\,mm\,cm^{-2}\,sec^{-1}\,Torr^{-1}}].$$

Die Permeabilitätskonstanten für Helium, Neon, Argon, Wasserstoff und Stickstoff in Quarzglas sind in den Tab. 2.3.34 und 2.3.35 aufgeführt.

Tabelle 2.3.34

Permeabilitätskonstante K für den Durchgang von Helium durch Quarzglas

Temperatur [°C]	$K \cdot 10^{10}$ [cm³(NTP) mm cm⁻² sec⁻¹ Torr⁻¹]			
	BRAATEN u. CLARK [7]			BURTON, BRAATEN u. WILHELM [8]
–200	—	—	—	0,0028
–180	—	—	—	0,0035
–160	—	—	—	0,0038
–140	—	—	—	0,0044
–120	—	—	—	0,0053
–100	—	—	—	0,0066
– 80	0,00070	—	—	0,0084
– 70	0,00176	—	—	0,0101
– 60	0,00315	—	—	0,0121
– 50	0,0052	—	—	0,0145
– 40	0,0077	—	—	0,0179
– 30	0,0109	—	—	0,0224
– 20	0,0174	—	—	0,028
– 10	0,022	—	—	0,037
0	0,035	0,029	0,028	0,050
10	0,051	0,046	0,040	0,073
20	0,070	0,062	0,055	0,104
30	0,090	0,080	0,073	—
40	0,114	0,106	0,095	—
50	0,135	0,132	0,119	—
70	0,205	0,198	0,176	—
90	0,304	0,29	0,264	0,274
110	0,44	0,42	0,39	0,45
130	0,62	0,59	0,52	0,55
150	0,79	—	—	0,55

Tabelle 2.3.35 *Permeabilitätskonstante K für den Durchgang von verschiedenen Gasen durch Quarzglas*

Temperatur [°C]	$K \cdot 10^{10}$ [cm³(NTP) mm cm⁻² sec⁻¹ Torr⁻¹]								
	Ne T'SAI u. HOGNESS [*9*]	A BARRER [*10*], JOHNSON u. BURT [*11*]	H_2 BARRER [*10*]	H_2 WILLIAMS u. FERGUSON [*4*]	H_2 WILLIAMS u. FERGUSON [*4*]	H_2 WÜSTNER [*3*]	H_2 JOHNSON u. BURT [*11*]	N_2 JOHNSON u. BURT [*11*]	N_2 JOHNSON u. BURT [*11*]
200	—	—	0,022	—	—	—	—	—	—
300	—	—	0,099	—	—	—	0,051	—	—
400	—	—	0,366	0,48	0,44	—	0,275	—	—
500	0,139	—	0,70	0,92	0,84	—	0,58	—	—
600	0,282	—	1,43	1,75	1,54	2,0	0,81	—	—
650	—	—	—	—	—	—	—	0,065	0,066
700	0,50	—	2,52	3,1	2,7	2,76	1,7	0,137	0,146
750	—	—	—	—	—	—	—	0,286	0,271
800	0,81	—	4,25	4,8	4,4	4,5	2,53	0,43	0,39
850	—	0,0161 [*10*]	—	—	—	—	—	0,80	0,64
900	1,18	0,58 [*11*]	6,4	—	7,0	—	3,6	1,19	0,95
950	0,062 } [*10*] 0,031 }	—	—	—	—	—	—	—	1,44
1000	1,63	—	10,0	—	—	—	5,1	—	—

Die Tab. 2.3.36 und 2.3.37 geben Beispiele für die Durchlässigkeit von Pyrexglas für Helium.

Tabelle 2.3.36
Permeabilitätskonstante K für den Durchgang von Helium durch Pyrexglas

Temperatur	$K \cdot 10^{10}$ [cm³ (NTP) mm cm⁻² sec⁻¹ Torr⁻¹]	
[°C]	URRY [*6*]	VAN VOORHIS [*12*]
0	0,0037	—
20	0,0064	—
50	0,0128	—
100	0,0264	—
150	0,058	—
200	0,124	0,69
250	0,229	—
300	0,38	2,43
400	—	7,0
500	—	15,7

Tabelle 2.3.37 *Permeabilitätskonstante K für den Durchgang von Helium durch Pyrexglas* (nach NORTON [*17, 18, 19*])

$K \cdot 10^{10}$ [cm³ (NTP) mm cm⁻² sec⁻¹ Torr⁻¹]			
Temperatur [°C]	$K \cdot 10^{10}$	Temperatur [°C]	$K \cdot 10^{10}$
−78	0,000049	110	0,14
−23	0,0016	160	0,35
0	0,004	205	0,71
25	0,0091	230	1,1
25	0,015	260	1,9
100	0,084	265	1,7
107	0,10		

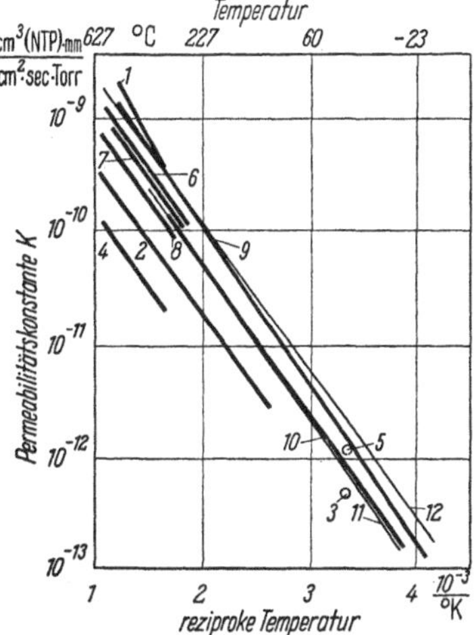

Abb. 2.3.39
Temperaturabhängigkeit der Durchlässigkeit von Hartgläsern für Helium nach Messungen verschiedener Autoren

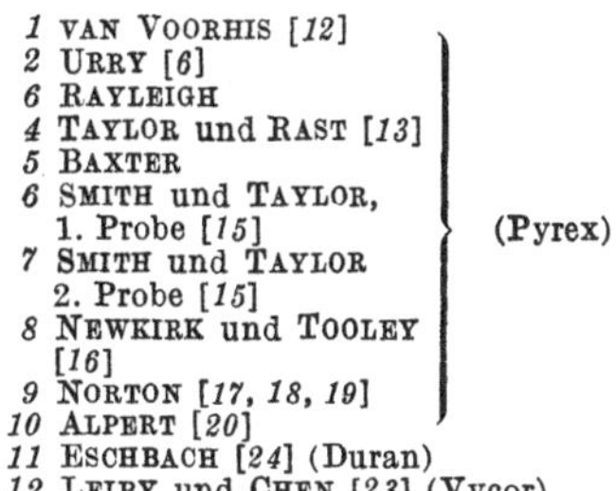

Eine Zusammenstellung der Ergebnisse verschiedener Autoren für die Durchlässigkeit von Pyrex-Glas für Helium wurde in Abb. 2.3.39 gemacht. Zugleich sind darin noch die Permeabilitäten von Duran-Glas [*24*] und Vycor [*23*] für Helium eingetragen. Die Zusammensetzung dieser beiden Glassorten weicht von der des Pyrex-Glases nicht sehr ab (s. Tab. 2.3.39).

Für die Durchlässigkeit von Quarzglas für verschiedene Gase hat NORTON [*18*] eine deutliche Abhängigkeit vom Atom- bzw. Moleküldurchmesser festgestellt. Dies ist aus Tab. 2.3.38 ersichtlich.

Tabelle 2.3.38 *Permeabilitätskonstante K für den Durchgang von verschiedenen Gasen durch Quarzglas* (nach NORTON [*18*])

	K [cm^3 (NTP) mm cm^{-2} sec^{-1} Torr^{-1}]	
	bei 700 °C	bei 600 °C
Helium	$2{,}1 \cdot 10^{-9}$	—
Wasserstoff........	$2{,}1 \cdot 10^{-10}$	$1{,}25 \cdot 10^{-10}$
Deuterium	$1{,}7 \cdot 10^{-10}$	—
Neon	$4{,}2 \cdot 10^{-11}$	$2{,}8 \cdot 10^{-11}$
Argon	unter 10^{-16}	—
Sauerstoff	unter 10^{-16}	—
Stickstoff	unter 10^{-16}	—

Es wurden ferner die Zusammenhänge zwischen Glaszusammensetzung und Gasdurchlässigkeit untersucht [*12, 15, 16, 17, 18, 19, 24*].

In der Tab. 2.3.39 sind die Zusammensetzungen einiger Gläser eingetragen.

Tabelle 2.3.39 *Prozentuale Zusammensetzung einiger Gläser, deren Durchlässigkeit für Helium bei verschiedenen Temperaturen gemessen wurde* (vgl. Abb. 2.3.40)

Glas	1	2	3	4	5	6	7 (Pyrex)	8 (Vycor)	9 (Quarz)	10 (Duran)
SiO_2	—	31	62	72	—	90	81	96	100	76,1
B_2O_3	22	—	5	—	5	—	13	3	—	16,0
P_2O_5	—	—	—	—	77	—	—	—	—	—
Al_2O_2	—	—	18	1	11	3	2	1	—	1,75
CaO / MgO	—	—	15	10	—	—	—	—	—	—
BaO	—	8	—	—	—	—	—	—	—	—
PbO	78	61	—	—	—	—	—	—	—	—
ZnO	—	—	—	—	7	—	—	—	—	—
Na_2O / K_2O	—	—	—	17	—	7	4	—	—	5,5 / 0,6
SiO_2 + B_2O_3 + P_2O_5	22	31	67	72	82	90	94	99	100	92,1

Für die Gläser 1—9 wurde von NORTON [*17, 18, 19*] die Durchlässigkeit für Helium in Abhängigkeit von der Temperatur gemessen. Die Ergebnisse sind in Abb. 2.3.40 aufgetragen. Man erkennt, daß die Durchlässigkeit mit abnehmenden Anteilen von Netzwerkbildnern ($SiO_2 + B_2O_3 + P_2O_5$) um Größenordnungen kleiner wird.

Die Temperaturabhängigkeit der Gasdurchlässigkeit wird beschrieben durch die Gleichung:

$$K = K_0 \exp(-E/RT), \tag{2.3.3}$$

K_0 Konstante, E Aktivierungsenergie,
R Gaskonstante, T absolute Temperatur.

Die Aktivierungsenergien können aus den Steigungen der Geraden in Abb. 2.3.40 gewonnen werden. Abb. 2.3.41 zeigt, wie die Aktivierungsenergien von der Glaszusammensetzung abhängen.

Sehr ähnliche Ergebnisse, wie sie in Abb. 2.3.40 für die Permeabilitäten aufgetragen sind, wurden von ESCHBACH *[24]* für die Diffusionskoeffizienten direkt gewonnen. Die dabei erhaltenen Aktivierungswärmen sind in Abb. 2.3.41 gleichfalls eingezeichnet. Die Aktivierungsenergien,

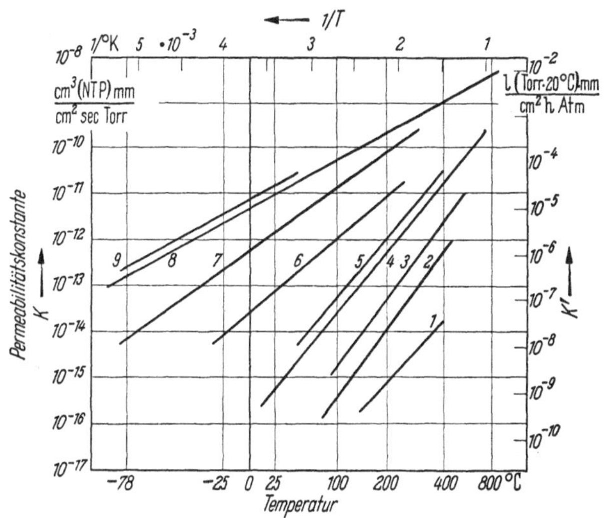

Abb. 2.3.40
Temperaturabhängigkeit der Durchlässigkeit verschiedener Gläser für Helium (nach NORTON)
Die Ziffern beziehen sich auf die in der Tab. 2.3.39 aufgeführten Gläser

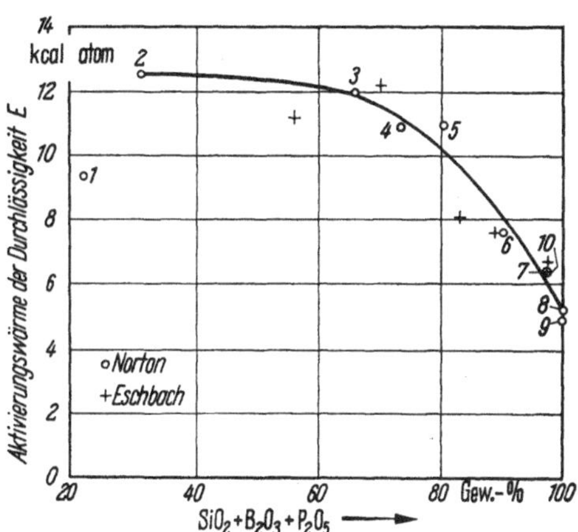

Abb. 2.3.41 Aktivierungswärme für die Durchlässigkeit von Helium durch verschiedene Gläser (○ NORTON, + ESCHBACH)
Die Ziffern beziehen sich auf die in der Tab. 2.3.39 aufgeführten Gläser

die für den Durchgang von Gasen durch Gläser von verschiedenen Autoren ermittelt wurden, sind in Tab. 2.3.40 zusammengestellt.

Tabelle 2.3.40 *Aktivierungsenergien für den Durchgang von Gasen durch Gläser*

Gas	Glas	E [cal/mol]	Autor
Helium	Quarz	5390	BRAATEN u. CLARK [*7*]
Helium	Quarz	5600	T'SAI u. HOGNESS [*9*]
Helium	Quarz	5700	BARRER [*10*]
Helium	Pyrex	8700	VAN VOORHIS [*12*]
Helium	Pyrex	7150 6920 6480	TAYLOR u. RAST [*13*]
Helium	Pyrex	6500 6200	ROGERS, BURITZ u. ALPERT [*20*]
Helium	Pyrex	7100	SMITH u. TAYLOR [*15*]
Helium	Pyrex	6400	NORTON [*17*]
Helium	Vycor	4900	NORTON [*17*]
Helium	Vycor	5900	LEIBY u. CHEN [*23*]
Helium	Duran	6400	ESCHBACH [*24*]
Neon	Quarz	9500	T'SAI u. HOGNESS [*9*]
Wasserstoff	Quarz	9300 10000 10800	WILLIAMS u. FERGUSON [*4*]
Wasserstoff	Quarz	10900	BARRER [*10*]
Wasserstoff	Quarz	12000	WÜSTNER [*3*]
Wasserstoff	Quarz	9200	JOHNSON u. BURT [*1*]
Wasserstoff	Duran	13700	ESCHBACH [*24*]
Stickstoff	Quarz	26000	JOHNSON u. BURT [*1*]
Stickstoff	Quarz	22000 29900	BARRER [*10*]
Sauerstoff	Quarz	31200	BARRER [*10*]

Für den nicht stationären Fall des Gasdurchganges durch eine Membran gilt das zweite FICKsche Gesetz:

$$\frac{\partial c}{\partial t} = D \Delta c. \tag{2.3.4}$$

Kennt man die Rand- und Anfangsbedingungen, so läßt sich diese Gleichung lösen [*20*]. Man kann zwei Näherungen gewinnen, von denen die eine für große Zeiten gilt und den stationären Zustand beschreibt. Durch Extrapolation der Druckanstiegskurve kann man den Diffusionskoeffizienten des Gases in der Membran direkt bestimmen [*2*].

Die zweite Näherung gilt für kleine Zeiten (ROGERS, BURITZ und ALPERT [*20*]) und beschreibt den Anlaufprozeß des Gasdurchganges. Auch hier läßt sich der Diffusionskoeffizient direkt ermitteln. Ferner erhält man die Löslichkeit der Gase im Glas [*20, 23, 24*]. Die von verschiedenen Autoren ermittelte Löslichkeit von Gasen in Gläsern ist in Tab. 2.3.41 zusammengestellt.

Tabelle 2.3.41 *Löslichkeit S verschiedener Gase in Gläsern*

Gas	Glasart	$S \cdot 10^3 \left[\frac{cm^3 (NTP)}{cm^3_{glas} (760\ Torr)}\right]$	Autor
Helium	Pyrex	8,0	WILLIAMS u. FERGUSON [5]
Helium	Pyrex	7,9 6,5	ROGERS, BURITZ u. ALPERT [20]
Helium	Pyrex	5,3	MCAFEE [21]
Helium	Vycor	4,3 4,6 } bei 26 °C	CHEN u. LEIBY [23]
Helium	Vycor	9,4 bei 100 °C	CHEN u. LEIBY [23]
Helium	Duran	6,9	ESCHBACH [24]
Wasserstoff	Duran	4,3	ESCHBACH [24]
Wasserstoff	Vycor	7,0	CHEN u. LEIBY [23]
Neon	Vycor	6,0	CHEN u. LEIBY [23]
Stickstoff	Vycor	0,01—0,1	CHEN u. LEIBY [23]

Für die Löslichkeit von Helium in Pyrex [*20*] und von Wasserstoff und Helium in Duran [*24*] wurde keine Abhängigkeit von der Temperatur festgestellt.

Die gute Durchlässigkeit von Gläsern und Quarz für Helium kann man zur Säuberung und zur Anreicherung von Helium ausnutzen [*23*, *26*, *27*]. Außerdem gestattet es die Temperaturabhängigkeit der Permeabilität, fein dosierbare Lecks für den Einlaß von Helium herzustellen [*25*].

Literatur

[*1*] VILLARD, P.: C. R. Acad. Sci., Paris 130 (1900) 1752.
[*2*] BARRER, R. M.: "Diffusion in and through solids". Cambridge: At the University Press 1951.
[*3*] WÜSTNER, H.: Ann. Phys. 46 (1915) 1095.
[*4*] WILLIAMS, G. A., u. J. B. FERGUSON: J. Amer. chem. Soc. 44 (1922) 2160.
[*5*] WILLIAMS, G. A., u. J. B. FERGUSON: J. Amer. chem. Soc. 46 (1924) 635.
[*6*] URRY, W.: J. Amer. chem. Soc. 54 (1932) 3887.
[*7*] BRAATEN, E. O., u. C. G. CLARK: J. Amer. chem. Soc. 57 (1935) 2714.
[*8*] BURTON, E. E., E. O. BRAATEN u. J. O. WILHELM: Canad. J. Res. 21 (1933) 497.
[*9*] T'SAI, L. S., u. T. HOGNESS: J. phys. Chem. 36 (1932) 2595.
[*10*] BARRER, R. M.: J. chem. Soc. (1934) 378.
[*11*] JOHNSON, J., u. R. BURT: J. opt. Soc. Amer. 6 (1922) 734.
[*12*] VAN VOORHIS, C. C.: Phys. Rev. 23 (1924) 557.
[*13*] TAYLOR, N. W., u. W. RAST: J. chem. Phys. 6 (1938) 612.
[*14*] VAN AMERONGEN, G. J.: J. appl. Phys. 17 (1946) 972.
[*15*] SMITH, P. L., u. N. W. TAYLOR: J. Amer. ceram. Soc. 23 (1940) 139.
[*16*] NEWKIRK, T. F., u. F. V. TOOLEY: J. Amer. ceram. Soc. 32 (1949) 272.
[*17*] NORTON, F. J.: J. Amer. ceram. Soc. 36 (1953) 90.
[*18*] NORTON, F. J.: Vacuum Symp. Trans. (1954) 47.
[*19*] NORTON, F. J.: J. appl. Phys. 28 (1957) 34.

[20] ROGERS, W. A., R. S. BURITZ u. D. ALPERT: J. appl. Phys. 25 (1954) 868.
[21] MCAFEE, K. B. JR.: J. chem. Phys. 28 (1958) 218.
[22] MCAFEE, K. B. JR.: J. chem. Phys. 28 (1958) 226.
[23] LEIBY, C. C., u. C. L. CHEN: J. appl. Phys. 31 (1960) 268.
[24] ESCHBACH, H. L.: Advances in Vacuum Science and Technology, Pergamon Press Vol. I (1960) 373.
[25] WORK, R. H.: Vacuum Symp. Trans (1958) 126.
[26] Oil Gas J. 20 (1958) 107.
[27] Chem. Engng. News 36 (1958) 64.

2.4 Gasabgabe und Getterung

2.4.1 Gasabgabe von festen Stoffen

Bei der Evakuierung eines Rezipienten unterscheidet man zwischen der Entfernung der freien Gasmenge, die bereits vor Beginn des Evakuierungsvorganges den Rezipienten ausfüllt, und der Gasmenge, die erst nach Erreichen niedriger Drücke von den Oberflächen im Rezi-

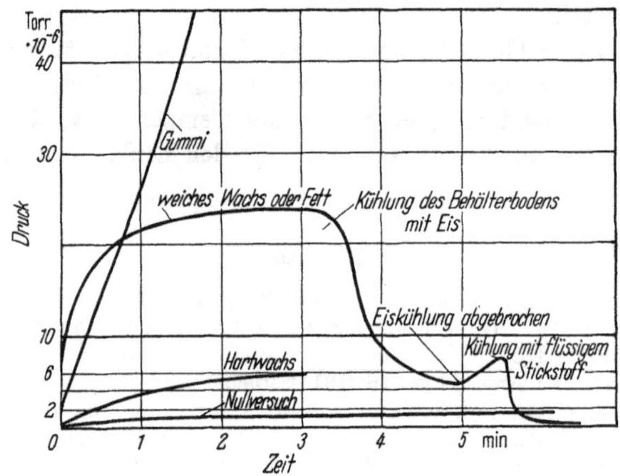

Abb. 2.4.1 Druckanstieg in einem abgeschlossenen System bei Anwesenheit verschiedener Stoffe

pienten frei wird (Abb. 2.4.1). Diese Desorption begrenzt bei vorgegebenem Pumpensystem das innerhalb eincr bestimmten Zeit erreichbare Vakuum der jeweiligen Anlage.

Die Oberflächenabgabe setzt sich zusammen aus Gasen, die

a) vor Beginn der Evakuierung schon an der Oberfläche hafteten,
b) aus dem Innern an die Oberfläche nachgeliefert werden,
c) von außen durch den Werkstoff an die innere Oberfläche gelangen.

Werkstoffeigenschaften und Beschaffenheit der Oberflächen bestimmen die Adsorption von Gasen und Dämpfen. Rauhe und korrodierte

Flächen können mehr anlagern als glatte. Bei ungünstigen Oberflächenüberzügen, z. B. bei unter normalem Druck aufgespritzten Kupferschichten, konnte man eine 20fache Gasabgabe gegenüber dem reinen Metall messen. Hygroskopische Oberflächen haben viel Wasser angelagert, das sich bei normalen Temperaturen nur schlecht entfernen läßt.

Gaseinschlüsse oder in Werkstoffen gelöste gasende chemische Verbindungen, wie etwa bei gestreckten oder mit verdampfbaren Substanzen weichgestellte Kunststoffe, verursachen eine erhöhte Gasabgabe. Schlecht sind auch solche Stoffe, die aus der immer vorhandenen Luftfeuchtigkeit Wasser in ihrem Innern anlagern. Poröse Werkstoffe sollte man — ausgenommen zu speziellen Adsorptionszwecken — in Vakuumanlagen nicht verwenden.

Neben der Verschlechterung des Vakuums einer Anlage kann die Gasabgabe von Werkstoffen auch auf diese selbst unerwünschte Rückwirkungen haben. So werden sich die mechanischen Eigenschaften eines Stoffes ändern, wenn eine Komponente unter Vakuum stärker verdampft oder wenn sich die Struktur ändert.

Das hat bei Dichtungsmaterialien mit Weichmachern den Nachteil, daß die abdichtende Eigenschaft meist verlorengeht, wenn der Weichmacher nach Verdampfung im Dichtmaterial nicht mehr vorhanden ist.

Je nach der Vorgeschichte der Werkstoffe ist ihre Gasabgabe bei der Evakuierung in einer Vakuumanlage verschieden. Eine hohe Luftfeuchtigkeit wirkt sich immer störend auf eine folgende Evakuierung aus. Darum sollte man eine Anlage stets mit trockenen Permanentgasen belüften oder sogar spülen, wenn man sie nur kurz öffnen und anschließend wieder schnell auf niedrige Drücke evakuieren möchte. Jedoch erhält man nach einem kurzen Belüften mit normaler Atmosphäre immer noch schneller das Endvakuum der Anlage als beim ersten Auspumpen.

Die Gasmenge $G = \int g\, F\, dt$ [Torr l], die bei der Evakuierung einer Werkstoffprobe in einem Behälter (Volumen V [l]) abgegeben wird, läßt sich durch verschiedene Verfahren ermitteln. Nimmt man an, daß außer von der Probe (Fläche F [cm^2]) kein Gas in den Behälter hineingelangt, und führt man das abgegebene Gas über einen Strömungswiderstand mit bekanntem Leitwert L [l/sec] unter gleichzeitigem Messen des an diesem Widerstand entstehenden Druckabfalls $p_1 - p_2$ [Torr] heraus, so läßt sich folgender Erhaltungssatz aufstellen:

$$g F = V \frac{d p_1}{d t} + C \cdot F \cdot h(\Theta) \frac{n \bar{w}}{4} + L\,(p_1 - p_2) \quad [\text{Torr/l sec}]$$

$$\underset{\text{gasabgabe}}{\text{Gesamt-}} = \underset{\text{änderung in } V}{\text{Druck-}} + \text{Adsorption auf } F + \underset{\text{aus } V \text{ über } L.}{\text{Hinausleiten}} \qquad (2.4.1)$$

Dabei bedeuten: $h(\Theta)$ Haftwahrscheinlichkeit auf F,

Θ Bedeckungsgrad, C Proportionalitätsfaktor.

$$\frac{n\bar{w}}{4} = p_1\, 1333\, (2\pi\, m\, k\, T)^{-1/2} = p_1\, a(T). \tag{2.4.2}$$

$$p_1 \gg p_2\colon \quad g\,F = V\frac{dp_1}{dt} + C\cdot F\cdot h(\overline{\Theta})\, p_1\, a(T) + L\, p_1, \tag{2.4.3}$$

$$p_1 = \frac{g\,F - V\dfrac{dp_1}{dt}}{L + C\cdot F\cdot h(\Theta)\, a(T)}\,; \tag{2.4.4}$$

bei verschiedenartigen Flächen F_m und n Gasarten lautet die Gleichung entsprechend:

$$p_n = \frac{\sum\limits_m g_{nm} F_m - V\dfrac{dp_n}{dt}}{\sum\limits_m L_n + C F_m\, h(\Theta)_{nm}\, a(T)_{nm}}. \tag{2.4.5}$$

Die Messung der Gasabgabe wird durch entsprechende apparative Anordnungen so durchgeführt, daß bei der Berechnung nach Gl. (2.4.1) Glieder dieses Erhaltungssatzes vernachlässigt werden können.

1. Probe mit großer Oberfläche kommt unmittelbar aus der Atmosphäre in einen vorher evakuierten Behälter, der stetig abgepumpt wird. Der Druck ändert sich langsam.

Vernachlässigbare Glieder der Gl. (2.4.1):

$\frac{dp_1}{dt} \approx 0$, da sehr langsame Druckänderung,

$C\cdot F\cdot h(\Theta)\frac{n\bar{w}}{4} \approx 0$, da Adsorption an den Behälterwänden.

Gasabgabe: $g\,F = L(p_1 - p_2)$.

2. Über eine Vakuumschleuse kommt Probe mit kleiner Oberfläche in einen vorher evakuierten Behälter.

Vernachlässigbare Glieder: Siehe unter 1.

Gasabgabe: $g\,F = L(p_1 - p_2)$.

3. Probe wird in einen absperrbaren evakuierten Behälter gebracht. Bei abgeschlossenem Behälter steigt infolge der Gasabgabe der Druck auf einen frei einzustellenden Wert an. Dann wird abgepumpt und wieder abgesperrt, so daß eine Folge von Druckanstiegen dp_1/dt gemessen wird.

Vernachlässigbare Glieder:

$L(p_1 - p_2) = 0$, weil abgesperrt,

$C\cdot F\cdot h(\Theta)\frac{n\bar{w}}{4} \approx 0$, da Adsorption an den Behälterwänden.

Gasabgabe: $g\,F = V\frac{dp_1}{dt}$.

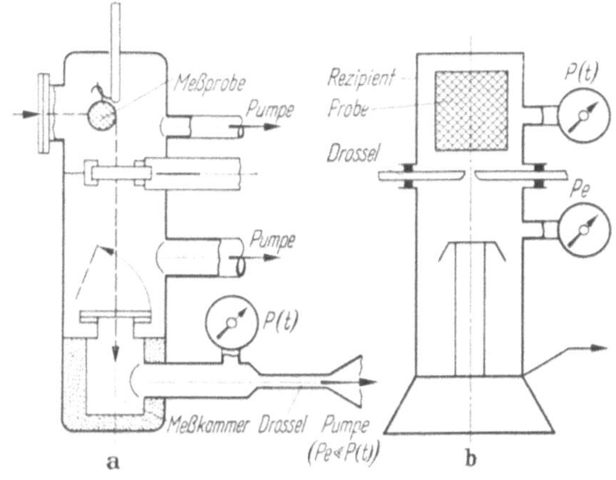

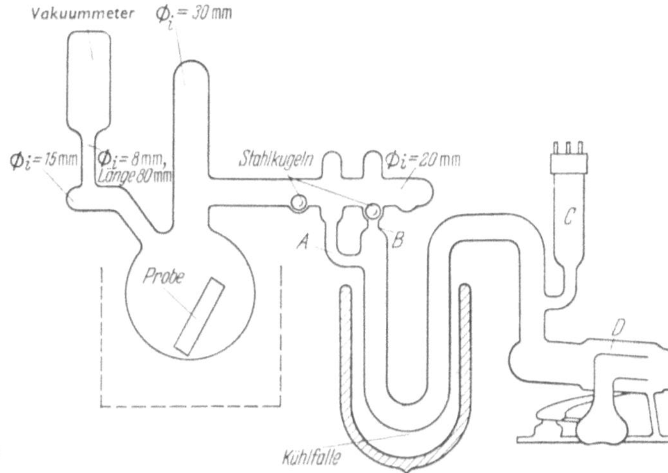

Abb. 2.4.2a—c Meßanordnungen zur Bestimmung der Gasabgabe
a) nach JAECKEL und SCHITTKO [30]; b) nach GELLER u. a. [29]; c) nach DAYTON u. a. [37]

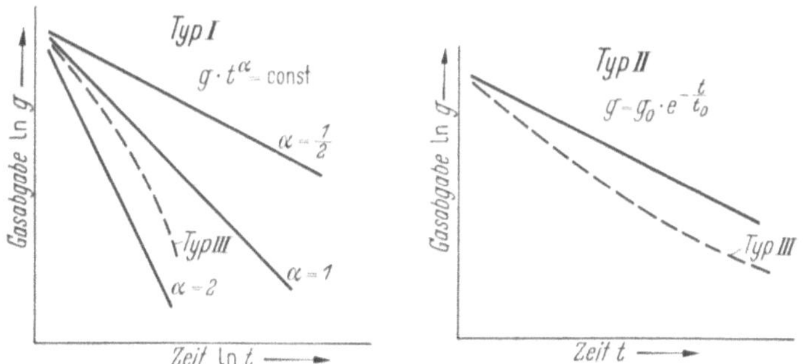

Abb. 2.4.3 Prinzipieller Verlauf von Gasabgabekurven bei 20 °C

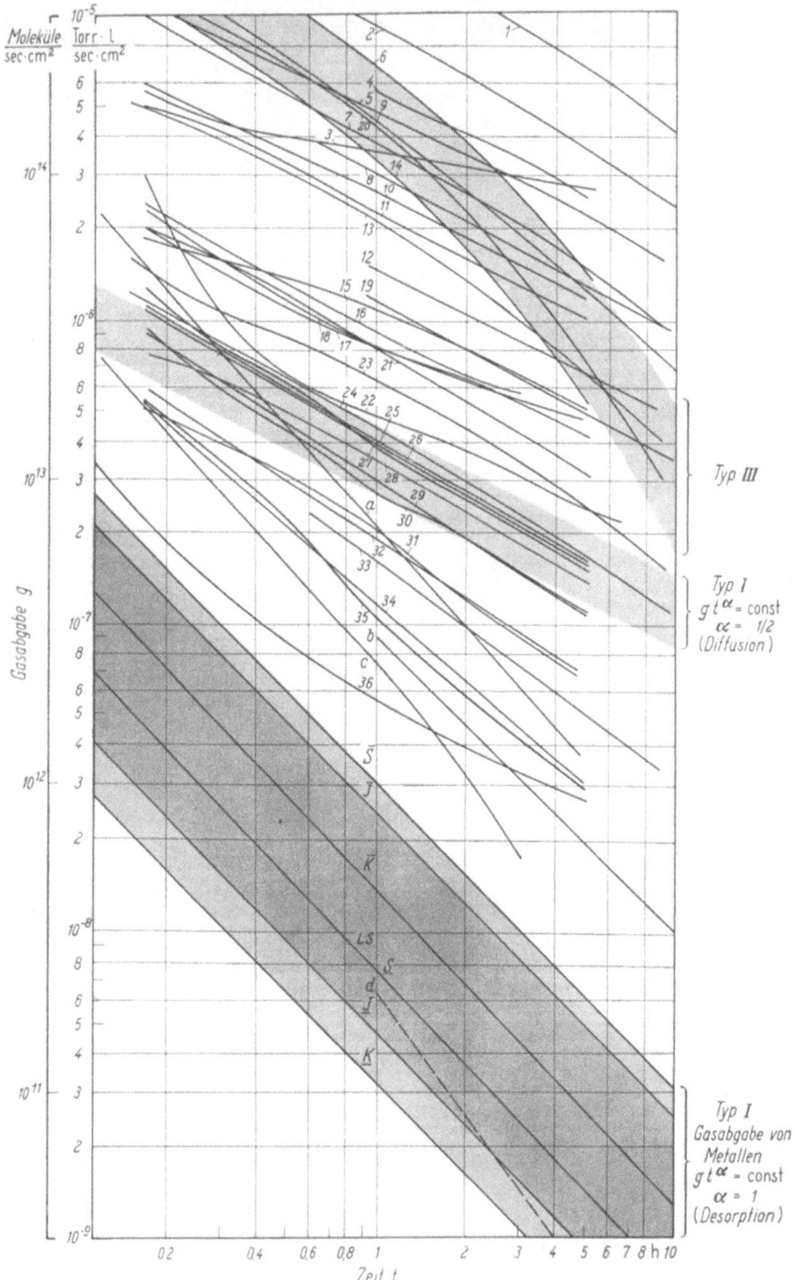

Abb. 2.4.4 Gasabgabe verschiedener Stoffe (Erläuterungen s. rechte Seite)

Kurve	Stoff	Typ	α	Autor[1]
1	Vulkollan	I	1/2	B
2	Perbunan + Buna	I	1/2	B
3	Movital	(I)	(1/2)	J
4	Movilith	(I)	(1/2)	J
5	Neoprene (45/Ne 747)	I	1/2	B
		(Für lange Zeiten III)	—	
6	Silikongummi	III	—	J
7	Naturkautschuk	I	1/2	B
		(Für lange Zeiten III)	—	
8	Perbunan	I	1/2	S
9	Perbunan	III	—	B
10	Perbunan	I	1/2	J
11	Polyamid	I	1/2	G
12	Araldit	I	1/2	G
13	Neoprene (35/Ne 746)	III	—	B
14	Silikongummi (O-Ring)	III	—	J
15	Plexiglas	I	1/2	J
16	Polyvinylcarbazol	I	1/2	J
17	Polyvinylcarbazol	I	1/2	J
18	Polycarbonat	I	1/2	J
19	Araldit	I	1/2	S
20	Silikon (37/Si 502)	III	—	B
21	Ultramid	I	1/2	J
22	PVC	I	1/2	J
23	Viton (25/Vi 575)	I	1/2	B
24	Teflon (3/Tf 528)	I	1/2	B
25	Araldit	I	1/2	J
		(Für lange Zeiten II)	—	
26	Polymethan	I	1/2	J
27	Viton	I	1/2	J
28	Viton	I	1/2	J
29	Polystyrol	I	1/2	J
30	Polystyrol	I	1/2	J
31	Polystyrol	I	1/2	J
32	Teflon	I	1/2	J
33	Teflon	I	1/2	S
34	Polyäthylen	I	1/2	J
		(Für lange Zeiten II)	—	
35	Polyäthylen	I	1/2	J
		(Für lange Zeiten II)	—	
36	Hostaflon	I	1/2	J
a	Pyrophyllit	I	1	J
b	Steatit (Al_2O_3)	I	1	G
c	Degussit (Al_2O_3)	I	1	J
d	Pyrexglas	I	1	S

$\overline{J}$ Obere Grenze, $\underline{J}$ Untere Grenze } der Gasabgabe von Metallen nach J

$\overline{LS}$ Anteil der leeren Meßapparatur nach J

$\overline{K}$ Obere Grenze, $\underline{K}$ Untere Grenze } der Gasabgabe von Metallen nach K

$\overline{\overline{S}}$ Obere Grenze, $\underline{\underline{S}}$ Untere Grenze } der Gasabgabe von Metallen nach S

[1] Autoren: B Beckmann, W., noch unveröffentlicht
G Geller, R., [*18*]
J Jaeckel, R., und F. J. Schittko, z. T. veröffentlicht [*30*]
K Kraus, Th., noch unveröffentlicht
S Schram, A., [*1*]

4. Wie 1. oder 2., jedoch wird L stetig verändert, so daß p_1 in V konstant bleibt.

In diesem Fall gilt ohne Vernachlässigung:

$$\frac{dp_1}{dt} = 0; \qquad C \cdot F \cdot h(\Theta) \frac{n\bar{w}}{4} = 0.$$

Gasabgabe: $g\,F = L(p_1 - p_2)$.

Bei den Untersuchungen der Gasabgabe sind die Methoden 1, 2 und 3 angewandt worden (vgl. Abb. 2.4.2). Um die Genauigkeit der Messung zu steigern, kann man die Verfahren 1 und 2 mit verschiedenen umschaltbaren Leitwerten L durchführen. Damit wird es möglich zu prüfen, ob und wieweit die Gasabgabe vom Druck p_1 abhängt [*10*, *17*][1].

Für die Gasabgabe bei Zimmertemperatur ergeben sich je nach Stoff verschiedene Zeitabhängigkeiten, die in Abb. 2.4.3 schematisch dargestellt sind. Gummiproben zeigen einen Verlauf, der zwischen Typ I und Typ II liegt (Typ III, vgl. Abb. 2.4.3). Von verschiedenen Autoren [*1*, *6*, *13*, *19*] sind Versuche unternommen worden, die Zeitabhängigkeit mit einer Diffusion oder Desorption als zeitbestimmendem Vorgang in Zusammenhang zu bringen. Danach sollten Typ I mit $\alpha = 1$ und $\alpha = 2$ sowie Typ II einem Desorptionsvorgang und Typ I mit $\alpha = 1/2$ einem Diffusionsvorgang entsprechen.

Die Abb. 2.4.4 zeigt Gasabgabekurven für verschiedene Stoffe.

Für genaue Untersuchungen ist die Bestimmung der Gaszusammensetzung während des Abgabevorgangs wichtig. Diese läßt sich mit einem Massenspektrometer ausführen. Nach Möglichkeit sollte das Spektrum mit einem Oszillographen aufgenommen werden, damit man die verschiedenen Massenintensitäten gleichzeitig feststellen kann.

[1] Die in Klammern [ ] gesetzten Ziffern beziehen sich auf das Literaturverzeichnis am Schluß dieses Kapitels (S. 250).

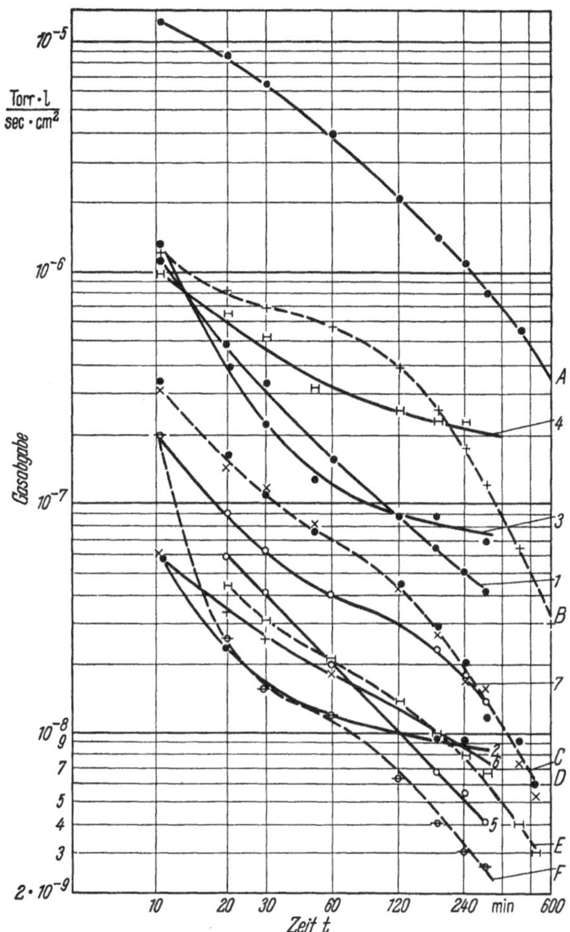

Abb. 2.4.5 Gasabgabe von Kunststoffen nach Trocknen an warmer Luft (nach JAECKEL und SCHITTKO [30])

A Silikongummi (ohne Vorbehandlung);
B Silikongummi (1 Std. bei 200 °C);
C Silikongummi (2 Std. bei 200 °C);
D Silikongummi (1 Std. bei 250 °C);
E Silikongummi (9 Std. bei 200 °C);
F Silikongummi (12 Std. bei 200 °C)

1 Perbunan (3 Std. bei 150 °C);
2 Araldit (3 Std. bei 150 °C);
3 Gummi (20 Std. bei 150 °C, Zersetzung);
4 Polycarbonat (7 Std. bei 45 °C);
5 Polycarbonat (48 Std. bei 150 °C);
6 Lupolen (1/2 Std. bei 80 °C)

Tabelle 2.4.1 *Gasabgabe von Kunststoffen*

Stoff	Hersteller	Klasse[1]	Leitwert L^2 [l/sec]	Gemessener Druck p_t [$\cdot 10^{-6}$ Torr] nach t Stunden Pumpzeit							
				$t = 1/6$	$1/3$	$1/2$	1	2	3	4	5
				$p_{1/6}$	$p_{1/3}$	$p_{1/2}$	p_1	p_2	p_3	p_4	p_5
Lupolen	BASF	1111	0,08	85	48	35	17	9	7	5,8	5
Polystyrol	Dynamit-A.G.	121	0,123	100	55	45	28	21	17	14	—
Polyvinylcarbazol	BASF	126	0,225	110	75	60	45	35	30	26	—
PVC	BASF	131	0,520	70	22	16	11,5	8,8	7,5	6,8	6,2
Astralon	Dynamit-A.G.	131	0,225	130	88	72	49	36	32	—	—
Viton	Freudenberg	135	0,08	80	49	40	24	16,3	13	11	10
Teflon	Dupont	1351	0,08	80	60	48	30	18	15	11	7
Hostaflon	Farbwerke Hoechst	1352	0,1	25,4	15,4	11	7,6	5	4,3	3,8	3,4
Movilith	Farbwerke Hoechst	151	0,225	—	—	—	300	210	180	150	135
Movital	Farbwerke Hoechst	154	0,225	310	230	200	170	150	140	140	—
Plexiglas	Röhm & Haas	263	0,1	220	190	170	127	98	81	70	63
Polycarbonat	Bayer	2411	0,08	350	230	180	130	95	80	70	66
Araldit	Ciba	233	0,08	160	110	90	60	40	32	28	25
Polyamid	Bayer	261	0,123	480	380	320	220	160	130	110	100
Ultramid	Bayer	261	0,1	240	170	150	100	67	52	44	40
Polyurethan	Bayer	262	0,085	110	87	71	52	35	28	25	—
Perbunan	Bayer	323	0,52	140	100	83	60	44	34	29	25
Silikongummi	Wacker	38	0,52	—	500	340	250	120	83	62	46
Silikongummi	Freudenberg	38	0,08	850	490	327	200	104	67	47	35

[1] Klassifikation nach SAECHTLING-ZEBROWSKI: Kunststoff-Taschenbuch, 15. Ausgabe, München 1961.

Tabelle 2.4.2 *Gasabgabe von Kunststoffen nach Trocknen an warmer Luft*

Stoff	Hersteller	Klasse[1]	Leitwert L^2 [l/sec]	Gemessener Druck p_t [$\cdot 10^{-6}$ Torr] nach t Stunden Pumpzeit							
				$t = 1/6$	$1/3$	$1/2$	1	2	3	4	5
				$p_{1/6}$	$p_{1/3}$	$p_{1/2}$	p_1	p_2	p_3	p_4	p_5
Lupolen H 1300	BASF	1111	0,08	30	14	9,8	6,8	4,8	4	3,2	2,5
Araldit	Ciba	233	0,08	10	9,2	6,7	3,5	2,9	1,4	1,2	1,1
Araldit	Ciba	233	0,08	9	3,8	2,8	2	1,9	1,7	1,7	1,5
Polycarbonat	Bayer	2411	0,08	150	100	80	48	39	35	35	31
Polycarbonat	Bayer	2411	0,08	9	5,4	4,3	3,1	2,4	2	1,8	1,6
Perbunan	Bayer	323	0,39	36	16	11	5,5	3,4	2,7	2,3	2
Silikongummi	Wacker	38	0,16	950	670	510	300	160	110	82	62
Silikongummi	Wacker	38	0,16	93	63	53	44	29	19	13	9,2
Silikongummi	Wacker	38	0,16	26	12,5	8,4	6	3,5	2,4	1,7	1,4
Silikongummi	Wacker	38	0,16	24	11	9	6,3	3,5	2,2	1,5	1,4
Silikongummi	Wacker	38	0,16	—	3,5	2,5	1,8	1,2	0,95	0,8	0,7
Silikongummi	Wacker	38	0,16	15	2	1,4	1,1	0,68	0,5	0,43	0,4

[1] Klassifikation nach SAECHTLING-ZEBROWSKI: Kunststoff-Taschenbuch, 15. Ausgabe, München 1961.

(nach JAECKEL und SCHITTKO, s. a. [*30*])

Gasabgabe g_t [$\cdot 10^{-9}$ Torr l/sec cm²] zur Zeit t [h]							
$t = {}^1/_6$	$^1/_3$	$^1/_2$	1	2	3	4	5
$g_{1/6}$	$g_{1/3}$	$g_{1/2}$	g_1	g_2	g_3	g_4	g_5
588	316	233	108	55,8	41,6	35	30
974	540	340	266	192	154	125	—
2080	1390	1110	832	640	540	466	—
300	915	660	483	383	305	275	241
2410	1640	1330	916	658	583	—	—
1260	770	630	280	254	200	170	152
525	382	316	200	170	96	77	(42)
210	126	90	61,5	40	33,8	32	27
—	—	—	5580	3910	3330	2830	2500
5830	4330	3750	3750	3160	2830	2620	—
1811	1570	1410	1050	808	660	575	517
2330	1500	1165	857	625	525	458	433
1040	725	604	392	262	208	283	162
5000	4080	3250	2250	1610	1300	1100	973
2000	1410	1250	824	550	425	358	325
774	615	500	358	233	187	166	—
6000	4330	3620	2580	1870	1440	1220	1040
—	15800	10600	8000	3830	2620	1950	1430
136 00	7500	5200	3200	1600	1006	740	540

[2] Leitwert der Leitung, über die die Meßkammer evakuiert wurde, bzw. die an der Kammer effektiv vorhandene Sauggeschwindigkeit (vgl. Abb. 2.4.2a).

(nach JAECKEL und SCHITTKO, s. a. [*30*], vgl. Abb. 2.4.5)

Gasabgabe g_t [$\cdot 10^{-9}$ Torr l/sec cm²] zur Zeit t [h]								
$t = {}^1/_6$	$^1/_3$	$^1/_2$	1	2	3	4	5	
$g_{1/6}$	$g_{1/3}$	$g_{1/2}$	g_1	g_2	g_3	g_4	g_5	
195	90	63	40	30	23	18	14	$^1/_3$ Std. Trocknen bei 180 °C
66,5	60	42	20	16	6,8	5,5	4	20 Std. Trocknen bei 150 °C
60	25,3	16,5	11,4	10,6	9,4	9,4	8	3 Std. Trocknen bei 150 °C
1000	660	530	320	257	230	230	205	7 Std. Trocknen bei 45 °C
60	34	26	18	13	10	8,6	7,5	48 Std. Trocknen bei 150 °C
1150	497	335	156	87,7	65	52	42	3 Std. Trocknen bei 150 °C
12700	8940	6800	4000	2130	1460	1090	820	ohne Vorbehandlung
1230	840	706	587	486	253	173	120	1 Std. Trocknen bei 200 °C
346	165	110	77	44	29	20	12	2 Std. Trocknen bei 200 °C
315	144	117	81	44	27	17,3	16	1 Std. Trocknen bei 250 °C
—	44	31	21,3	13,4	11,5	8	6,7	9 Std. Trocknen bei 200 °C
200	26	16	12	6,4	4	3	2,6	12 Std. Trocknen bei 200 °C

[2] Leitwert der Leitung, über die die Meßkammer evakuiert wurde, bzw. die an der Kammer effektiv vorhandene Sauggeschwindigkeit (vgl. Abb. 2.4.2a).

Tabelle 2.4.3 *Meßergebnisse über die Zusammensetzung der*

Stoff	Hersteller	Klasse [1]	Hauptbestandteile	Ionenstrom					
				1	2	12	14	15	16
Lupolen	BASF	1111	N_2, H_2O, CO, O_2, CO	6	20	10	15	5	10
Polystyrol	Dynamit-A. G.	121	H_2O, N_2, CO, CO_2, O_2	60	60	20	10	—	90
Polyvinyl-carbazol	BASF	126	H_2O, CO, CO_2, N_2	60	50	8	7	—	30
PVC	BASF	131	H_2O, CO, CO_2, N_2	70	10	20	4	3	30
Teflon	Dupont	1351	N_2, CO, O_2, H_2O	2	2	10	45	—	1
Plexiglas	Röhm & Haas	263	H_2O, CO, CO_2	230	60	30	4	3	100
Polyamid	Bayer	261	H_2O, CO, CO_2	40	5	10	5	—	20
Ultramid	Bayer	261	H_2O, CO, CO_2	260	100	40	7	15	140
Polyurethan	Bayer	262	H_2O, CO, CO_2	140	79	20	3	—	60
Silikongummi	Wacker	38	CO, H_2O	10	35	4	2	4	10

[1] Klassifikation nach SAECHTLING-ZEBROWSKI: Kunststoff-Taschenbuch, 15. Ausgabe,

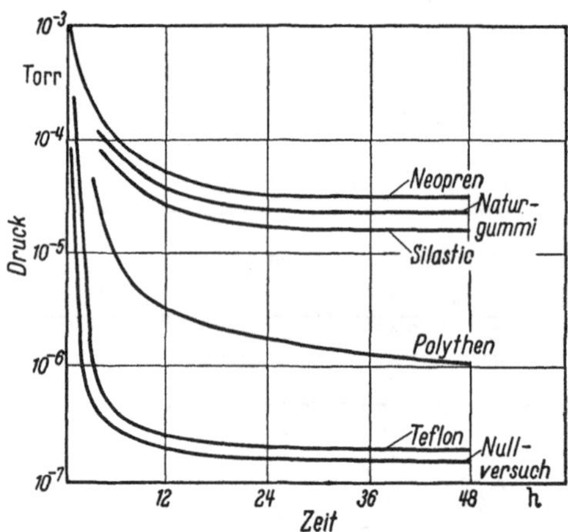

Abb. 2.4.6 Druck-Zeit-Kurven für die Gasabgabe von Dichtungsmaterialien (nach DAYTON u. a. [37])

Gasabgabe von Kunststoffen (nach JAECKEL und SCHITTKO [30])

[· 10^{-14} A] für die Massen (Massenzahlen)

17	18	19	20	22	26	27	28	29	32	39	40	41	42	43	44	55	57
22	100	—	2	—	—	3	200	5	12	2	10	8	—	7	10	4	4
300	1200	—	7	—	7	10	300	17	13	20	10	20	20	20	110	—	—
140	520	1	3	—	—	—	180	5	2	—	—	—	—	—	56	—	—
300	1000	3	4	2	2	7	360	10	2	4	—	10	—	6	30	10	9
10	40	—	4	1	—	1	400	5	33	—	16	—	—	—	15	—	—
700	2700	4	7	—	—	—	700	13	1	—	—	—	—	—	10	—	—
170	700	—	—	—	—	—	200	—	—	—	—	—	—	—	—	—	—
820	3000	—	—	—	—	5	560	18	—	1	—	—	—	—	200	—	—
500	2200	5	7	1	1	1	700	13	—	3	—	6	—	3	35	3	2
30	120	—	—	—	5	10	30	10	20	—	20	5	15	14	—	—	—[2]

München 1961. [2] Nach Trocknen an Luft.

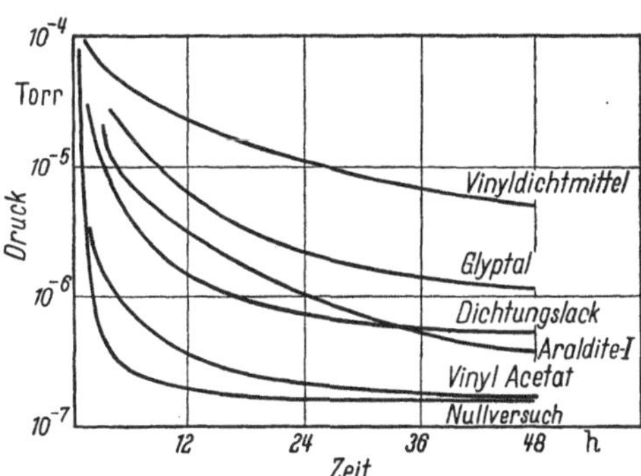

Abb. 2.4.7 Druck-Zeit-Kurven für die Gasabgabe von Kitten (nach DAYTON u. a. [37])

Tabelle 2.4.4 *Druck und Gasabgabe von Metallen, Degussit*

	Leitwert L^1 [l/sec]	Gemessener Druck p_t [$\cdot 10^{-7}$ Torr] nach t Minuten Pumpzeit								
		$t = 5$	10	15	20	25	30	60	120	180
		g_5	g_{10}	g_{15}	g_{20}	g_{25}	g_{30}	g_{60}	g_{120}	g_{180}
Cu	0,07	250	140	100	85	72	60	34	18	—
Ni	0,07	270	120	80	62	52	43	20	8	5
Fe	0,07	200	60	35	23	18	14	7	5	—
Ag	0,07	200	80	50	35	27	22	10	6	5
Ta	0,07	260	24	75	53	41	33	13	7	5
W	0,07	220	76	44	30	22	18	8	6	5
Zr	0,07	250	73	40	27	20	16	8	6	3
Mo	0,07	350	120	85	68	72	33	14	7	—
Al	0,07	320	160	110	72	51	42	21	11	7
Degussit	0,028	5450	2540	1630	1220	1000	800	380	150	95
Degussit	0,028	6700	1700	780	530	410	330	160	90	—
Pyrophyllit .	0,08	6000	1350	820	605	470	385	192	93	61

[1] Leitwert der Leitung, über die die Meßkammer evakuiert wurde, bzw. die an der

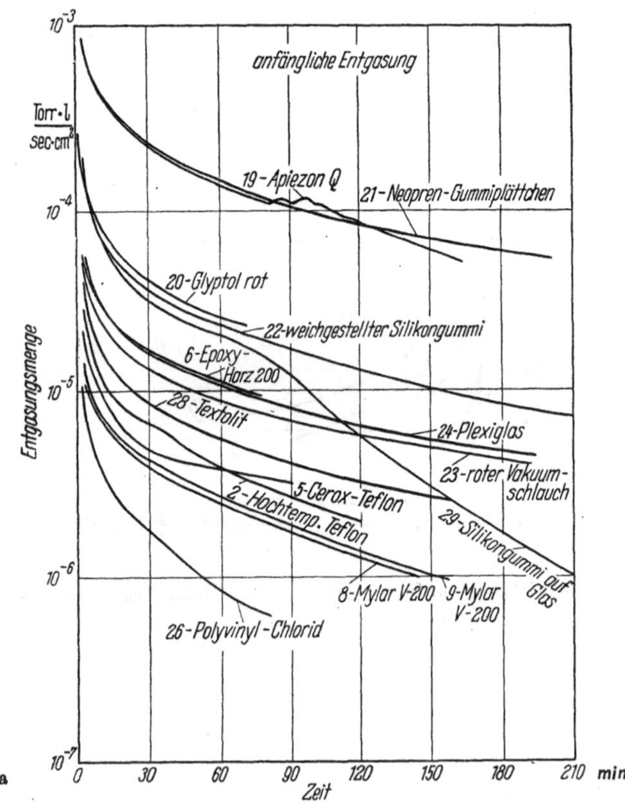

Abb. 2.4.8 a

Abb. 2.4.8 a u. b Gasabgabe von Kunststoffen I (nach SANTELER [21])

und Pyrophyllit (nach JAECKEL und SCHITTKO [*30*])

Gasabgabe g_t [$\cdot 10^{-9}$ Torr l/sec cm²] zur Zeit t [min]								
$t = 5$	10	15	20	25	30	60	120	180
g_5	g_{10}	g_{15}	g_{20}	g_{25}	g_{30}	g_{60}	g_{120}	g_{180}
141	79	56,7	47,5	38	33,4	18,3	8,7	—
158	67,5	45	33,4	28,3	23,3	10	(3)	—
113	33,4	18,3	11,7	8,7	(2,3)	(1,2)	—	—
113	46	26	18,3	14	11	4,2	(1,7)	—
145	67,5	40	29	22,5	17,5	5,8	(2,3)	—
125	41	23,4	23	11	8,7	2,9	(1,7)	—
140	40	22	14	10	7,5	2,9	(1,7)	—
200	67,5	48,4	38,4	41	17,5	8	—	—
182	91,7	62,5	41	29,4	22,5	10,5	6,4	—
1070	506	320	242	196	156	75	30	17,8
1356	336	153	103	80	64	30	17	—
3430	1430	856	630	484	405	197	96	61

Kammer effektiv vorhandene Sauggeschwindigkeit (vgl. Abb. 2.4.2a).

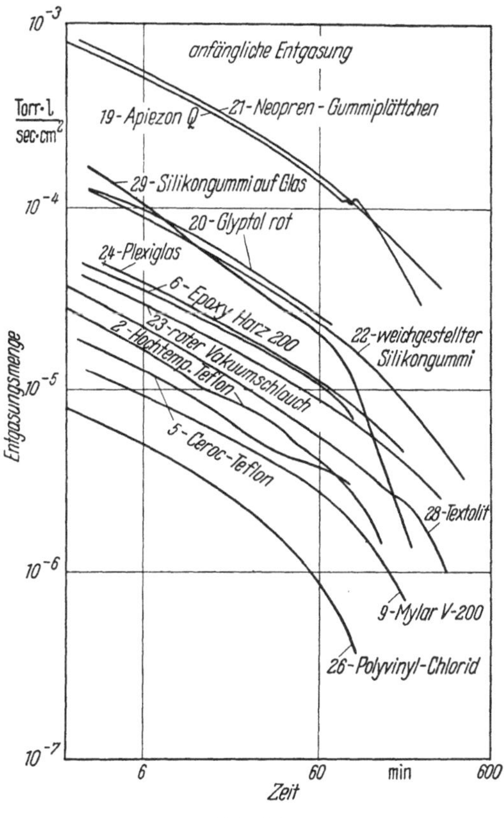

Abb. 2.4.8b

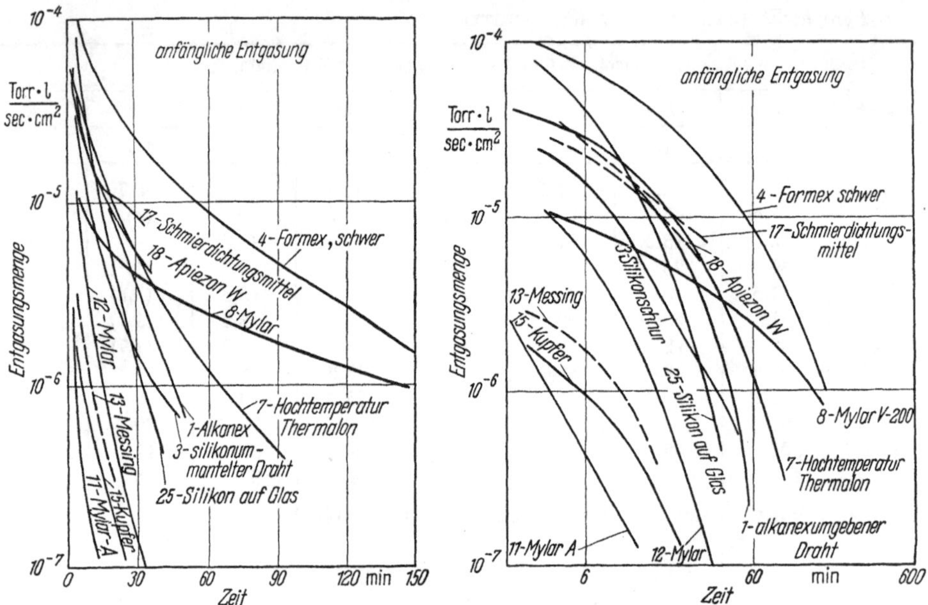

Abb. 2.4.9 a u. b Gasabgabe von Kunststoffen II (nach SANTELER [21])

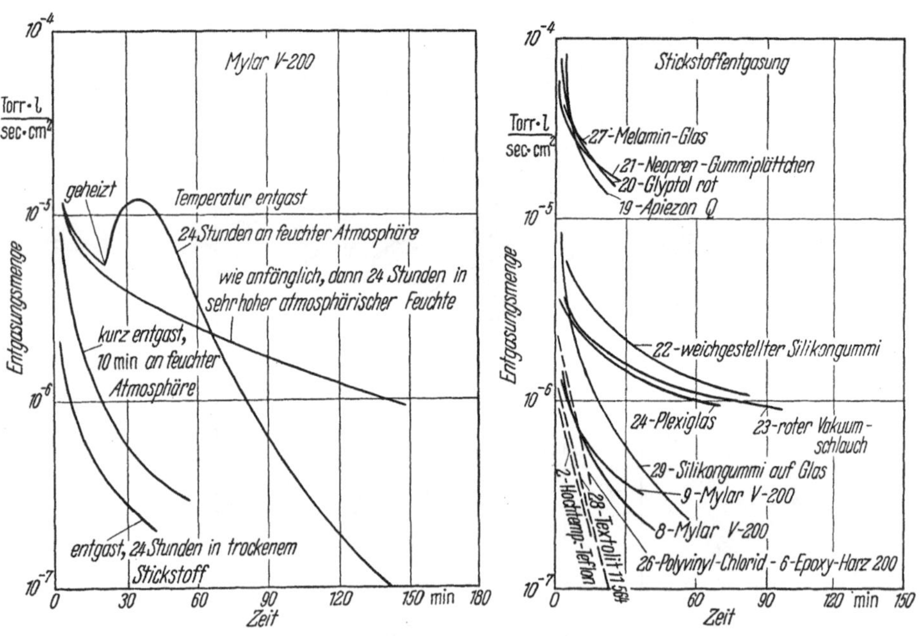

Abb. 2.4.10
Gasabgabe von Mylar V-200 nach verschiedener Vorbehandlung (nach SANTELER [21])

Abb. 2.4.11
Gasabgabe von mit Stickstoff beladenen Stoffen (nach DAYTON u. a. [37])

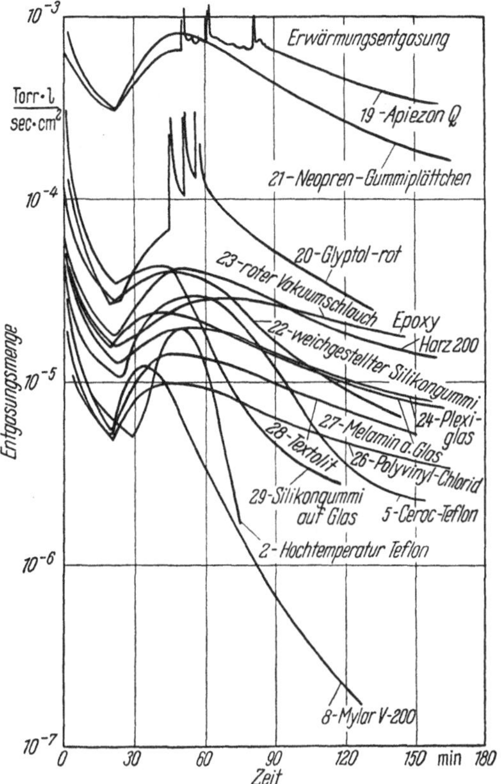

Abb. 2.4.12 Gasabgabe beim Erwärmen von Kunststoffen, die 24 Stunden an feuchter Luft gelegen hatten (nach SANTELER [21])

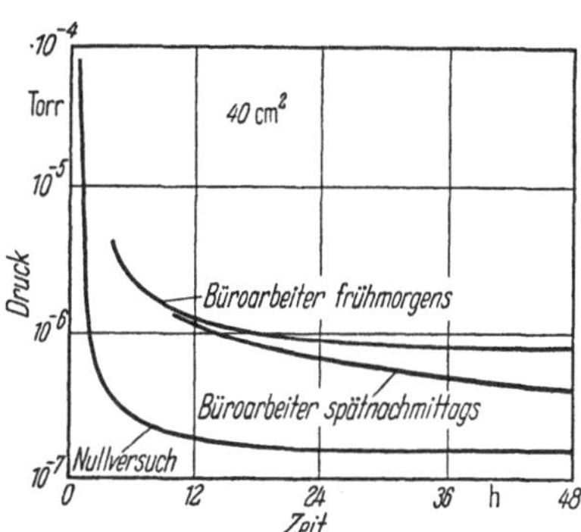

Abb. 2.4.13 Druck-Zeit-Kurven für die Gasabgabe von Fingerabdrücken auf Glas (nach DAYTON u. a. [37])

Literatur

Verfasser	Zeitschrift	Band oder Jahrgang	Monat und Jahr	Heft Nr.	Seite
[1] SCHRAM, A.	CITAV Paris		61		
[2] FARKASS, I. BARRY, E. J.	Vac Symp Trans		60		35— 38
[3] REDHEAD, P. A.	Vac Symp Trans		60		108—111
[4] TODD, B. LINEWEAVER, J. L. KERR, J. T.	JAP Gasabgabe von Glas nach 20 kV Elektronenbeschuß	31	60	1	51
[5] VARADI, P. F.	Vac Symp Trans		60		149—154
[6] DAYTON, B. B.	Vac Symp Trans		59		101—119
[7] BOULASSIER, J. C.	Vide	14	59	80	39
[8] DAYTON, B. B.	Report Cons Vac Corp.		59		
[9] FISH, I. P. S.	RSI	30	59		889
[10] HENRY, R. P.	Vide	14	59	82	226—240
[11] KELLY, J. C.	JSI	36	59		89— 90
	ref. Vacuum	IX	59	3/4	241
[12] KRAUS, TH.	Vac Symp Trans		59		204
[13] KRAUS, TH.	Vak Techn	8	59	2	39— 43
	ref. Vacuum	IX	59	3/4	234
[14] REDHEAD, P. A.	Vac Symp Trans		59		12— 15
[15] BLEARS, J. GREER, E. J. NIGHTINGALE, J.	Namur-Ber		58		473—480
[16] BASALAEVA, N. I.	Soviet Physics-Technical Physics	3	58	4	1027—1031
[17] BENICHOU, R. BLAIVE, J. C. HENRY, R. P.	Vide	13	58	79	353—363
[18] GELLER, R.	Vide	13	58	74	71— 76
[19] KRAUS, TH.	Naturwissenschaften	45	58	22	538
[20] POWER, B. D. CRAWLEY, D. J.	Namur-Ber		58		206
[21] SANTELER, D. J.	Namur-Ber		58		98—109
[22] SANTELER, D. J.	Vac Symp Trans		58		1— 8
[23] TRENDELENBURG, E. A. CARMICHAEL, J. H.	Namur-Ber		58		657—660
[24] AMOIGNON, J. MONGODIN, J.	Vide	12	57		337
	ref. Phys Abstr Nr. 2866	61	58		274
[25] DAWTON, RHVM	Brit JAP (AERE-G/R-393) Report	8	57		414
[26] GELLER, R.	Vide	12	57	69	194
[27] TAYLOR, K. C.	Vac Symp Trans		57		157—160

Literatur

Verfasser	Zeitschrift	Band oder Jahrgang	Monat und Jahr	Heft Nr.	Seite
[28] Geller, R.	Vide	12	57	69	194
[29] Geller, R. Barre, R. Mongodin, G.	Vide	12	57	69	195—201
[30] Jaeckel, R, Schittko, F. J.	Forschungsberichte Nordrhein-Westfalen		57	369	
[31] Amphlett, C. B. Williams, T. F.	JSI ref. Vacuum	33 VI	56 56		64— 65 195
[32] Haefer, R. Winkler, O.	Vak Techn	5	56	7	149—155
[33] Higalsburger, M.	Acta Phys Austr ref. Phys Abstr Nr. 6938	10 60	56 57	3	181—185 635
[34] Hoffmann, K. Fischer, L.	Chem Ing Techn Bestimmung kleiner Wassermengen in Folien und organischen Flüssigkeiten	27	55	10	604—607
[35] Todd, B. J.	JAP Entgasung von Glas	26	55	10	1238—1244
[36] Alpert, D. Buritz, R. S.	JAP Grenzen des erreichbaren Vakuums	25	54		202
[37] Dayton, B. B. Trabert, F. Gerow, G. Morse, R. B. und Dayton, B. B.	Report Cons Vac Corp-Rochester 3, N. Y.				
[38] Eckardt, A., Eden, C.	Gl und HVT Entgasung optischer Gläser mit Ultraschall		52	2	15— 19
[39] Britt, J. R.	Naval Research Laboratory Report 3827		51		
[40] Fernand, F.	Canad J Research	27F	49		318

2.4.2 Gasabgabe von hochsiedenden Flüssigkeiten

Für viele Anwendungen der Vakuumtechnik ist es wichtig, die Gas- oder Dampfmengen zu kennen, die in Flüssigkeiten gelöst sind, z. B. für die Dimensionierung von Entgasungsanlagen oder bei der Imprägnierung von Kondensatoren, Phasenschiebern usw. Da es sich in der Praxis fast immer um hochsiedende Flüssigkeiten handelt, sind in den nachstehenden Tabellen und Kurven nur solche aufgenommen worden. Für andere

Flüssigkeiten als hochsiedende sei auf die zusammenfassende Literatur [*1, 2*] (s. S. 253) hingewiesen sowie auf die Tabellen im Taschenbuch für Chemiker und Physiker von J. D'ANS und E. LAX.

Für die Absorption von Gasen, die bei Normalbedingungen noch nicht kondensierbar sind, gilt bei den hier interessierenden Partialdrucken unterhalb 760 Torr das HENRYsche Gesetz:

$$c = k(T) \cdot p_g, \tag{2.4.6}$$

c Konzentration des gelösten Gases in der Flüssigkeit,
$k(T)$ temperaturabhängige Konstante,
p_g Partialdruck des gelösten Gases über der Flüssigkeit.

Gase oder Dämpfe, die sich bei Lösung in einer Flüssigkeit nicht mehr als ideale Gase verhalten, können im allgemeinen durch eine Erweiterung des HENRYschen Gesetzes von der Form

$$c = k(T) \cdot p_g^n \tag{2.4.7}$$

beschrieben werden.

In den Abbildungen, die Absorptionsisothermen wiedergeben, ist die Konzentration c in Milligramm Gas pro Gramm Flüssigkeit angegeben. In Tab. 2.4.5 und in den Darstellungen von Absorptionsisobaren wird der OSTWALDsche Löslichkeitskoeffizient Γ benutzt. Er ist definiert als das Verhältnis der Volumenkonzentration des gelösten Gases in der Flüssigkeit zur Volumenkonzentration des gelösten Gases in der Gasphase:

$$\Gamma = \frac{c_{Fl}}{c_g}. \tag{2.4.8}$$

Wegen $p_g = c_g \cdot RT$ ist Γ bei Gültigkeit des HENRYschen Gesetzes bei konstanter Temperatur vom Druck unabhängig. $\Gamma = 0{,}01$ bedeutet also z. B., daß in 100 l Flüssigkeit 1 l Gas, bezogen auf den herrschenden Partialdruck, gelöst wird.

Der OSTWALDsche Löslichkeitskoeffizient eignet sich besonders zur Darstellung von Absorptionsisobaren, da für die Temperaturabhängigkeit bei konstantem Druck, falls keine Anlagerungsverbindung auftritt, eine der CLAUSIUS-CLAPEYRONschen Gleichung analoge Beziehung gilt:

$$\frac{d(\ln\Gamma)}{dT} = -\frac{E_A(T)}{RT^2}, \tag{2.4.9}$$

E_A Absorptionswärme.

Aus der Thermodynamik folgt in diesem Falle:

Für $\Gamma > 1$ ist $E_A > 0$, und Γ nimmt mit steigender Temperatur ab.

Für $\Gamma < 1$ ist $E_A < 0$, und Γ nimmt mit steigender Temperatur zu.

Tritt durch entstehende Anlagerungsverbindungen noch eine zusätzliche Wärmetönung H bei der Absorption des Gases auf, so lautet die Gleichung für die Absorptionsisobare

$$\frac{d(\ln\Gamma)}{dT} = -\frac{E_A(T)}{RT^2} - \frac{H}{RT^2}. \tag{2.4.10}$$

Neben den OSTWALDschen Löslichkeitskoeffizienten in Tab. 2.4.5 und einigen dazugehörigen Lösungswärmen in Tab. 2.4.6 sind in Tab. 2.4.7 noch einige physikalische Daten zur Charakterisierung der Flüssigkeiten angegeben.

Literatur

[1] LANDOLT-BÖRNSTEIN: HW 774; Eg. Bd. I, 309; Eg. Bd. IIa, 499; Eg. Bd. IIIa, 715.

[2] MARKHAM, A. E., u. K. A. KOBE: Chem. Rev. 28 (1941) 519.

[3] BURROWS, G., u. F. H. PREECE: J. appl. Chem. 3 (1953) 451.

[4] OETJEN, G. W., u. F. GROSS: Chemie-Ing.-Techn. 26 (1954) 9.

[5] JAECKEL, R., u. F. GROSS: Forschungsbericht Nr. 404 des Wirtschafts- u. Verkehrsministeriums Nordrhein-Westfalen, 1957.

[6] GROSS, F.: Z. angew. Phys. 9 (1957) 606.

[7] LUTHER, H., u. W. HIEMENZ: Chemie-Ing.-Techn. 29 (1957) 530.

Tabelle 2.4.5 *Ostwaldscher Löslichkeitskoeffizient*

Flüssigkeit	Löslichkeitskoeffizient für								bei T(°C)
	Luft	N_2	O_2	A	He	H_2O-Dampf	CO_2	H_2	
Apiezonöl „GW“	0,088	—	—	—	0,015	[1]	—	—	25
Silikonöl DC 200	0,16	—	—	—	0,032	—	—	—	25
Silikonöl DC 702	0,098	—	—	—	0,016	—	—	—	25
Dibutylphthalat	0,080	0,060	—	0,16	—	120 (0,13 Torr)	—	—	20
Trichlordiphenyl	—	0,031	—	0,07	—	9,2 (10 Torr)	—	—	20
Glyzerin	—	0,006	—	—	—	—	—	—	80
Paraffinöl	—	0,074	—	0,16	—	2,6 (17 Torr)	—	—	20
Shell-Öl K 8	—	0,073	—	0,102	—	3,5 (9 Torr)	—	—	23
Vaseline	—	0,075	—	0,14	—	1,7 (17 Torr)	—	—	70
Transformatoröl	—	0,092	0,171	—	—	—	1,083	—	25
Transformatoröl	—	0,119	0,193	—	—	—	—	—	80
Schweres Schmieröl ..	—	0,065	0,129	—	—	—	—	—	21
Leichtes Schmieröl ...	—	0,092	0,171	—	—	—	—	—	21
Flugzeugmotorenöl ..	—	0,224	0,359	—	—	—	—	—	21
Kerosin	0,143	0,122	0,227	—	—	—	—	—	18
Kerosin	—	0,126	0,232	—	—	—	—	—	25
Kerosin	0,155	0,134	0,238	—	—	—	—	—	42
Naphthenisches Öl (A)	0,047	—	—	—	—	—	—	—	20
Naphthenisches Öl (B)	0,040	—	—	—	—	—	—	—	20
Naphthenisches Öl (C)	0,090	—	—	—	—	—	—	—	20
Naphthenisches Öl (D)	0,095	—	—	—	—	—	—	—	20

[1] HENRYsches Gesetz nicht erfüllt.

Tabelle 2.4.6 *Lösungswärmen*

Flüssigkeit	Lösungswärmen in kcal/mol für						bei T(°C)
	Luft	N_2	O_2	He	H_2O-Dampf	CO_2	
Apiezonöl „GW"	—	—	—	−3,79	—	—	25
Silikonöl DC 200	—	—	—	−3,08	—	—	25
Silikonöl DC 702	—	—	—	−2,45	—	—	25
Dibutylphthalat	—	—	—	—	+4,1	—	20
Trichlordiphenyl	—	−1,65	—	—	+4,0	—	20
Glyzerin	—	—	—	—	—	—	—
Paraffinöl	—	0,46	—	—	+0,50	—	20
Shell-Öl K 8	—	0	—	—	+0,82	—	23
Vaseline	—	—	—	—	—	—	—
Transformatoröl	—	−1,07	−0,57	—	—	+1,17	25
Schweres Schmieröl	—	−1,4	−0,92	—	—	—	21
Leichtes Schmieröl	—	−0,91	−0,52	—	—	—	21
Flugzeugmotorenöl	—	+0,34	+0,57	—	—	—	21
Kerosin	—	−0,49	−0,18	—	—	—	25

Tabelle 2.4.7 *Physikalische Daten von Flüssigkeiten*

Flüssigkeit	Dichte (gcm^{-3})	bei °C	Zähigkeit (cP)	bei °C	Oberfl. Sp. ($dyn\ cm^{-1}$)	bei °C	Mol-gew.[1]	Bemerkungen
Apiezonöl „GW"	0,878	20	160,5	20	31,7	20	450	—
Silikonöl DC 200	0,971	20	104,4	20	26,7	20	400	—
Silikonöl DC 702	1,072	20	39,8	20	29,1	20	530	—
Dibutylphthalat	1,035	20	20,8	20	—	—	278	—
Trichlordiphenyl	1,49	20	—	—	—	—	256	(Clophen A 40)
Glyzerin	1,263	20	1499	20	64,7	30	92	OH-Zahl: 1823
								Brechungsindex:
Paraffinöl	0,889	20	242	20	24	20	430	$n_{D20} = 1{,}479$
Shell-Öl K 8	0,891	20	26,8	20	25,2	20	—	$n_{D20} = 1{,}543$
Vaseline	0,840	70	16,3	70	—	—	—	Stockpkt.: ≈50 °C
Transformatoröl	0,840	25	—	—	29,5	25	300	—
Schweres Schmieröl	0,882	25	—	—	29,4	25	400	—
Leichtes Schmieröl	0,838	25	—	—	25,4	21	300	—
Flugzeugmotorenöl	0,692	25	—	—	17,8	21	120	—
Kerosin	0,776	25	—	—	25,0	25	180	—
Cyclohexan	0,779	18	—	—	26,5	20	—	—
Naphthenisches Öl (A)	—	—	≈ 90	60	—	—	—	50 Hz, 60 °C: $\mathrm{tg}\,\delta = 0{,}0016$
Naphthenisches Öl (B)	—	—	≈200	60	—	—	—	desgl. $= 0{,}0011$
Naphthenisches Öl (C)	—	—	≈ 20	60	—	—	—	desgl. $= 0{,}0005$
Naphthenisches Öl (D)	—	—	≈ 7	60	—	—	—	—

[1] Mittelwert.

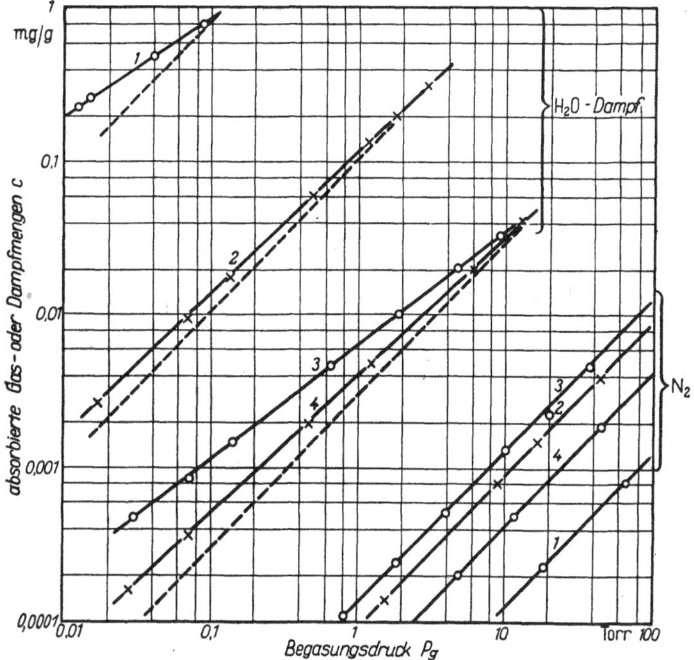

Abb. 2.4.14 Absorptionsisothermen für Stickstoff und Wasserdampf

Kurve	Flüssigkeit	Temperatur	Kurve	Flüssigkeit	Temperatur
1	Glyzerin	80 °C	*3*	Shell-Öl K 8	23 °C
2	Dibutylphthalat	20 °C	*4*	Clophen A 40	55 °C

Molenbrüche bei 1 Torr Wasserdampfpartialdruck:
Glyzerin: $2 \cdot 10^{-2}$ (extrapoliert) Shell-Öl K 8: $1{,}2 \cdot 10^{-4}$
Dibutylphthalat: $1{,}8 \cdot 10^{-3}$ Clophen A 40: $5{,}7 \cdot 10^{-5}$

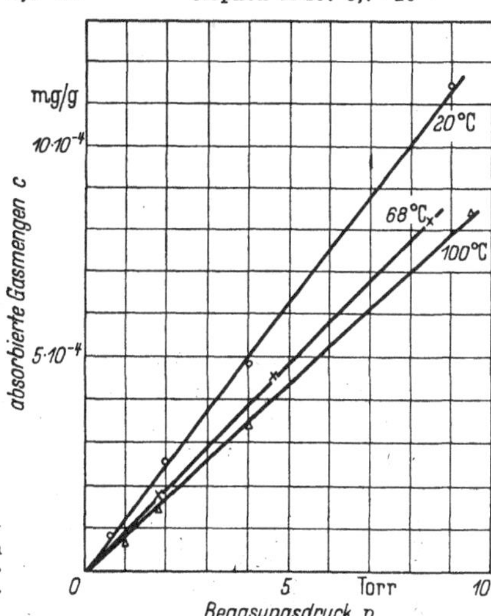

Abb. 2.4.15 Absorptionsisothermen von atmosphärischer Luft in Dibutylphthalat bei verschiedenen Temperaturen

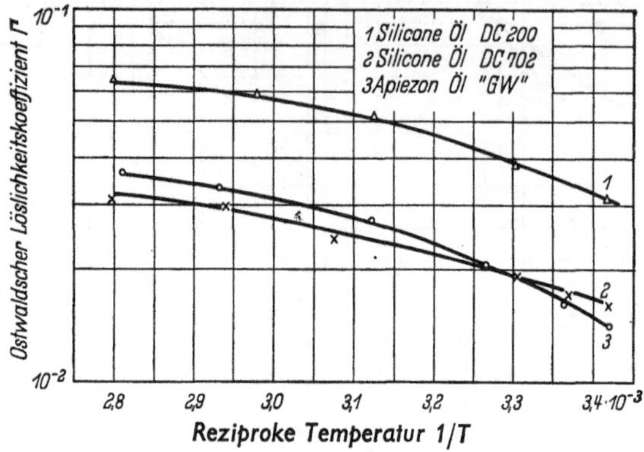

Abb. 2.4.16 Absorptionsisobaren von He in Treibmitteln (p = 760 Torr)

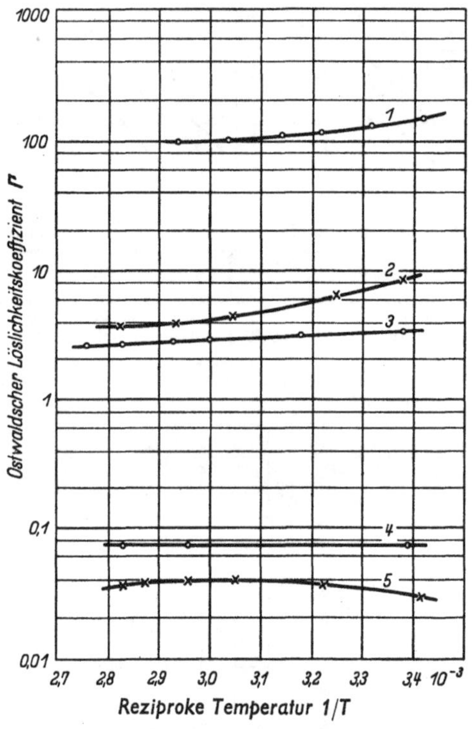

Abb. 2.4.17 Absorptionsisobaren für Stickstoff und Wasserdampf

Kurve	Flüssigkeit	Gasart	Druck (Torr)
1	Dibutylphthalat	H_2O-Dampf	0,13
2	Clophen A 40	H_2O-Dampf	10,5
3	Shell-Öl K 8	H_2O-Dampf	9
4	Shell-Öl K 8	N_2	4
5	Clophen A 40	N_2	10

2.4.3 Gasaufzehrung durch Getter

Um in einem von der Pumpe abgeschmolzenen Gefäß das Vakuum aufrechtzuerhalten oder zu verbessern sowie zur Erzeugung von Hochvakuum ohne Diffusionspumpen, verwendet man mit Erfolg sogenannte Getter. Diese Stoffe haben die Eigenschaft, erhebliche Gasmengen durch Sorption (Ad- oder Absorption), chemische Reaktionen oder dergleichen zu binden. Man unterscheidet nach Art ihrer Anbringung im Vakuumbehälter Schicht- und Verdampfungsgetter.

Zur Herstellung der *Schicht- oder Sorptionsgetter* werden die Elemente Tantal, Niob, Zirkon, Titan, Thorium und in geringem Maße auch Wolfram und Molybdän benutzt. Diese Stoffe werden wegen ihres hohen Schmelzpunktes in massiver Form als Bleche, Stäbchen, Streifen oder als Pulverschicht so im Behälter angebracht, daß sie die zur Gasaufzehrung günstigste Temperatur erreichen, da die Getterwirkung erst oberhalb bestimmter, vom System Getter-Gas abhängigen Temperaturen eintritt. In vielen Fällen, in denen man das Gettermaterial nicht geeignet auf den Elektrodenflächen anbringen kann, werden im Behälter heizbare Getterträger eingebaut.

Da durch die niedrigen Dampfdrücke und die räumlich definierte Anordnung der Sorptionsgetter die Isolation nicht nachteilig beeinflußt wird, eignen sich diese Getter vorzüglich zum Einbau in solche Behälter, an die hinsichtlich der Isolation hohe Anforderungen gestellt werden.

Bei diesem Gettertyp geschieht die Gasaufnahme hauptsächlich durch Sorption. Nur wenig Gas wird chemisch gebunden (Tantal reagiert unter gewissen Voraussetzungen mit Sauerstoff).

Im folgenden sind einige Eigenschaften der gebräuchlichsten Schichtgetter aufgeführt (vgl. Tab. 2.4.8).

Tantal. Die Arbeitstemperatur von Tantal liegt zwischen 600 und 1200 °C. Es vermag bis zum 740fachen seines Volumens Wasserstoff aufzunehmen. Da das Tantal eine bis 2000 °C beständige Oxydhaut besitzt, soll man es im Vakuum bei dieser Temperatur entgasen. Tantal wird in Form dünner Streifen auf die Elektrode genietet oder — aus wirtschaftlichen Gründen — als Pulver auf Molybdän- oder Wolframelektroden festgesintert.

Niob verhält sich ähnlich wie Tantal.

Zirkon. Eine bemerkenswerte Eigenschaft des Zirkons ist, daß die Sorptionsmaxima für verschiedene Gase nicht im gleichen Temperaturbereich liegen, und zwar liegt das Maximum für Stickstoff bei 1530 °C, für Sauerstoff bei 1100 °C. Die Temperaturangaben für die Wasserstoffaufnahme weichen stark voneinander ab. Dies ist wohl darauf zurückzuführen, daß sich Zirkon ähnlich wie Tantal mit einer Oxydhaut überzieht und diese Oxydschicht die Sorption stark beeinflußt. Kohlendioxyd wird nicht gebunden.

Tabelle 2.4.8 *Daten zur Anwendung der Getterstoffe* (nach STEYSKAL)

Schichtgetter	Ta	Nb	Zr	Th	Ceto
Anwendungsform	Blech, Pulver	Pillen	Blech, Draht, Pulver	Pulver	Pulver
Entgasungstemperatur in °C	1600—2000	1650	700—1300 1700 mit Stützdraht	800—1000 auf Metall 1500—1600 auf Graphit	800—1200
Arbeitstemperatur in °C	700—1200	300	800—1600 mit Stützdraht	400—500	200—500
Anwendung bekannt bei	*D, E, M*	*D, E*	*C, D, E, F I, K, L M, N*	*C, D*	*P*

Verdampfungsgetter	Mg	Mg-Al	Ba	Bato	Batalum	Ba BeO_2
Anwendungsform	Band, Draht	Pulverbelag	Pillen in Hüllen aus Metall	Nickel	Belag auf Tantal	
Entgasungstemperatur in °C	400	400	600 bis 700		800 bis 1100	900 bis 1000
Verdampfungstemperatur in °C	500		900 bis 1300	800 bis 900	1200 bis 1300	1300
Arbeitstemperatur in °C	absorbiert nur beim Verdampfen		maximal 200		maximal 200	
Anwendung bekannt bei	*I, K*	*A, F*	*A, B, D, F, G, H, I, N*	*D, M*	*A, F*	*A, F*

A kleine Empfängerröhren
B Miniaturröhren
C UHF-Röhren
D mittlere Senderöhren
E große Senderöhren
F Oxydkathodenröhren
G Bildröhren
H Photozellen
I Gasentladungsröhren
K Hg-Dampfröhren
L Röntgenröhren
M Vakuumröhren hoher Leistung
N Röhren mit thorierter Kathode
P Röhren mit guter Isolation und relativ niedriger Arbeitstemperatur

Zirkon ist ein häufig verwendetes Getter. Es wird in Form von Drähten, Blechen oder als Pulver angewandt. Man muß jedoch, je nach Art der vorhandenen Gase, zwei Zirkongetter verschiedener Temperatur oder ein Getter aus anderem Material zusätzlich anbringen. Zirkonpulver ist leicht entzündlich.

Titan hat ähnliche Eigenschaften wie Tantal und Niob. Seine Aufnahmefähigkeit für Wasserstoff ist noch größer als die des Tantals. Besondere Bedeutung hat es wegen seiner Anwendung in Getterpumpen.

Thorium. Zwischen 400 und 500 °C besitzt Thorium eine intensive Getterfähigkeit. Abgesehen von Spezialfällen wird es als Pulver auf Nickel- oder Eisenelektroden verwendet. Wie Zirkon ist feinkörniges Thorium leicht entzündlich. Ein Getter aus 80% Th und 20% Mischmetall (Cer, Lanthan u. a.), sogenanntes *Ceto*-Getter, gettert bei 200 bis 500 °C.

Wolfram. Bei hohen Temperaturen reagiert Wolfram mit Sauerstoff und H_2O unter Bildung von Oxyden. Diese verdampfen schon bei niedrigen Temperaturen und schlagen sich an den Glaswänden nieder; dort zersetzen sie sich bei Anwesenheit von H, der in statu nascendi auf die Glaswände auftrifft, unter erneuter H_2O-Bildung. Bei der Verwendung von Wolframelektroden muß man wegen des oben beschriebenen Kreisprozesses (LANGMUIR) peinlich darauf achten, daß im Behälter kein Wasserdampf vorhanden ist, da selbst geringe Mengen die Elektrode zerstören können.

Stickstoff und Kohlenoxyd werden erst ab 2300 °C sorbiert. Wegen der hohen Temperaturen, bei denen eine Getterung eintritt, findet Wolfram in der Technik als Getter keine Anwendung.

Zur Herstellung der *Verdampfungsgetter* verwendet man Barium, Magnesium, Aluminium, Thorium und geeignete Mischungen und Verbindungen dieser Elemente. Der Getterwerkstoff wird in einem Gefäß verdampft, bietet dabei dem Gas die größtmögliche Oberfläche und kann daher leicht mit ihm reagieren. Das Reaktionsprodukt, das einen niedrigen Dampfdruck besitzen muß, kondensiert an der kühlsten Stelle des Behälters. So bildet sich z. B. beim Verdampfen von Barium in einer Sauerstoffatmosphäre Bariumoxyd; chemische Reaktionen sind jedoch nicht allein maßgebend für die Gasbindung, sondern es spielen auch andere, zum Teil noch nicht eindeutig aufgeklärte Vorgänge eine erhebliche Rolle.

Wünschenswert ist ein poröser Belag. Einmal wegen der besseren Fähigkeit zur Kontaktgetterung — damit bezeichnet man die Gasaufnahme des Kondensates —, zum anderen, weil ein spiegelnder Belag die Wärmeabstrahlung verschlechtert.

Wie sehr die Gasaufnahme von der Beschaffenheit des Belages abhängt, zeigt Tab. 2.4.9. Das Getter wurde im Ultrahochvakuum nach gründlicher Entgasung bzw. in einer Edelgasatmosphäre von 1—3 Torr hergestellt. Man sieht, daß eine diffuse Getterschicht das Zehn- bis Zwanzigfache eines blanken Getterspiegels sorbieren kann. Besonders ausgeprägt ist der Unterschied bei Barium und Mischmetall. Diese Getter werden in der Röhrentechnik häufig verwendet. In der Tabelle sind

Tabelle 2.4.9 *Gasaufnahme von Getterstoffen bei Kontaktgetterung* (nach EHRKE u. SLACK)
In Spalte 3 und 4 ist die Gasaufnahme in Liter/mg Gettersubstanz bei 10^{-3} Torr angegeben

Getter	Gas	Blanker Getterbelag	Diffuser Getterbelag	Getter	Gas	Blanker Getterbelag	Diffuser Getterbelag
Al	O_2	7,5	38,6	U	O_2	10,56	9,26
	N_2, H_2,	—	—		H_2	8,9	21,5
	CO_2	—	—				
Mg	O_2	20	202	Misch-metall	O_2	21,2	50,9
	CO_2	—	geringe GA bei 200°C		H_2	46,1	63,9
					N_2	3,18	16,1
	N_2, H_2	keine GA bei Zimmertemperatur			CO_2	2,2	44,8
Th	O_2	7,45	33,15	Ba	O_2	15,2	45
	H_2	19,45	53,7		H_2	87,5	73,0
					N_2	9,5	36,1
					CO_2	5,2	59,5

auch Uran und Thorium aufgeführt; wegen ihrer hohen Verdampfungstemperaturen finden diese Stoffe jedoch weniger Eingang in die Gettertechnik. Insbesondere als Beimischung zu anderen Substanzen (Barium) benutzt man Thorium.

Da bei der Verdampfungsgetterung in geringem Umfang auch Edelgase gebunden werden, nimmt man an, daß Gase an der Wand vom Kondensat eingeschlossen werden.

Verdampfungsgetter haben den Vorteil der Billigkeit und der einfachen Handhabung. Sie werden verwandt in kleineren Behältern, meist Oxydkathoden- und Entladungsröhren, bei denen keine extrem hohen Isolationen verlangt werden.

Die verbreitetsten Verdampfungsgetter sind im folgenden aufgeführt (vgl. Tab. 2.4.8).

Aluminium. Als Gettermaterial wird Aluminium auf Eisen plattiert angewandt. Häufig wird es mit Barium und Magnesium legiert, verdampft aber wegen seiner höheren Verdampfungstemperatur nicht mit.

Magnesium bindet fast ausschließlich Sauerstoff, und zwar nur beim Verdampfungsvorgang. Verwandt wird es in Quecksilberdampfgleichrichtern und Gasentladungsröhren. Eine Legierung mit Aluminium nennt man Formiergetter.

Barium gettert Sauerstoff, Stickstoff, Wasserstoff und Kohlenoxyd sowohl beim Verdampfen als auch bei der Kontaktgetterung; es vergiftet außerdem die Oxydkathode nicht. Von Nachteil ist sein relativ hoher Dampfdruck, so daß es für ungekühlte Röhren hoher Leistung nicht in Frage kommt. Da Barium an Luft oxydiert, schützt man es mit einer Metall- oder Paraffinschicht, die beim Ausheizen oder Verdampfen zerstört wird.

Das sogenannte *Kemet*-Getter besteht aus einer Ba-Mg-Al-Legierung, die in einen dünnen Eisenzylinder eingeschmolzen ist. Beim Aufheizen auf etwa 850 °C diffundiert das Barium durch eine dünn gehaltene Stelle des Eisenmantels.

Beim *Batalum*-Getter werden auf eine Heizwendel aus Tantal Barium- und Strontiumkarbonat aufgespritzt. Erhitzt man auf 800—1000 °C, so dissoziieren die Karbonate zu Oxyden. Oberhalb 1200 °C reduziert das Tantal die Oxyde zu metallischem Barium und Strontium.

Alba-Getter werden hergestellt durch Reduktion von Bariumoxyd mittels Aluminium.

Aus Bariumberyllat wird Barium frei, wenn man einen Tantaldraht auf 1300 °C erhitzt.

Beim *Bato*-Getter wird im Verlaufe eines chemischen Prozesses zwischen Ba-Al-Legierung, Eisenoxyd und Thoriumpulver Barium verdampft.

Anwesenheit von Quecksilberdampf kann über die völlige Unwirksamkeit eines Bariumgetters hinaus zur Gasabgabe bereits sorbierter Gase führen, weil das Barium amalgamiert.

Bei beiden Gettertypen hängt natürlich die Fähigkeit, Gase zu binden, stark von der Vorbehandlung ab. Es ist daher zweckmäßig, die Getter vor dem Abschießen gründlich durch Ausheizung zu entgasen. Der Dampfdruck des Gettermaterials muß also bei den üblichen Ausheiztemperaturen (400—500 °C) relativ niedrig sein.

Tab. 2.4.10 gibt die Kapazität für einige Getter wieder. Man sieht darin, daß bei niedrigen Temperaturen die maximale Aufnahmefähigkeit von Bariumgettern größer ist als die der Schichtgetter. Erst mit zunehmender Temperatur zeigt sich die Überlegenheit der Schichtgetter. Nach Wagener ist dies darauf zurückzuführen, daß bei höherer Temperatur die tiefer liegenden Bezirke der Schicht durch zunehmende Diffusion erreichbar werden.

Von einem leistungsfähigen Getter verlangt man neben großer Kapazität hohe anfängliche Gettergeschwindigkeiten und eine genügend lange Fähigkeit zur Kontaktgetterung, damit während des Betriebes frei werdende Gase gebunden werden können. Der zeitliche Druckverlauf für Behälter mit Getter ist in der Abb. 2.4.18 dargestellt. Ein Bariumgetter war auf dem Glaskolben aufgedampft, ein Thoriumgetter befand sich an der Innenseite der Anode. Die Kurven zeigen, wie stark der Enddruck von der Ausheizzeit abhängt. Die Ausheiztemperatur betrug 535 °C. Bei Kurve 1 wurde 30 min, bei Kurve 2 45 min, bei Kurve 3 75 min ausgeheizt; bei einer Betriebstemperatur von 325 °C stellten sich dann die in der Abbildung dargestellten Drücke ein.

Tabelle 2.4.10 *Kapazität verschiedener Getter* (nach WAGENER)

Getter	Schicht-gewicht [mg/cm²]	Temp. [°K]	Getterkapazität in 10^{-3} Torr l/cm²				
			O_2	CO	CO_2	H_2	N_2
Barium	≈ 0,1	325	2,5	0,25	0,5	—	0,5
		375	—	0,5	—	—	—
		425	—	0,75	—	—	—
Thorium	2,5	350	0,2	—	—	0,04	—
		500	—	—	—	0,27	—
		630	—	—	—	0,53	—
		740	—	—	—	0,50	—
		950	6,5	—	—	0,08	—
Zirkon	4	300	1,5	0,0	0,0	0,36	—
		625	—	—	—	53	—
		675	8,0	—	—	—	—
		775	—	1,7	2,3	—	3,5
		1075	—	14,6	12,2	—	5,8

Tabelle 2.4.11 *Gesamtadsorptionskapazität von Barium-Bügel- und gesinterten Ring-Gettern bei Röhren-Betriebstemperatur* (nach DELLA PORTA)

Gas	Bügel-Getter	Sinterring-Getter
O_2	$50 \cdot 10^{-3}$ Torr l/mg	$50 \cdot 10^{-3}$ Torr l/mg
H_2O	$35 \cdot 10^{-3}$ Torr l/mg	$61 \cdot 10^{-3}$ Torr l/mg
H_2	$4{,}48 \cdot 10^{-3}$ Torr l/cm²	$13 \cdot 10^{-3}$ Torr l/cm²
CO_2	$0{,}60 \cdot 10^{-3}$ Torr l/cm²	$1{,}8 \cdot 10^{-3}$ Torr l/cm²
CO	$0{,}72 \cdot 10^{-3}$ Torr l/cm²	$3{,}7 \cdot 10^{-3}$ Torr l/cm²
N_2	$0{,}33 \cdot 10^{-3}$ Torr l/cm²	$2{,}25 \cdot 10^{-3}$ Torr l/cm²
trockene Luft	$0{,}64 \cdot 10^{-3}$ Torr l/cm²	$2{,}6 \cdot 10^{-3}$ Torr l/cm²

Eine neue Anwendung der Getter sind die sogenannten Getterpumpen, mit denen die Restgase aus nicht dauernd von der Pumpe abgeschmolzenen Systemen entfernt werden. Eine besondere Bedeutung kommt hier dem Titan zu, das als Dampf bzw. als frisch aufgedampfte Schicht in der Lage ist, erhebliche Gasmengen zu binden (vgl. S. 95).

Tabelle 2.4.12 *Gesamtadsorptionskapazität von*

Gas	Adsorptionsmenge bei		
	20 °C	100 °C	200 °C
O_2	$50 \cdot 10^{-3}$ Torr l/mg	—	—
H_2O	$35 \cdot 10^{-3}$ Torr l/mg	—	—
H_2	$4{,}48 \cdot 10^{-3}$ Torr l/cm²	$5 \cdot 10^{-3}$ Torr l/cm²	$5{,}5 \cdot 10^{-3}$ Torr l/cm²
CO_2	$0{,}60 \cdot 10^{-3}$ Torr l/cm²	$2 \cdot 10^{-3}$ Torr l/cm²	$3{,}3 \cdot 10^{-3}$ Torr l/cm²
CO	$0{,}72 \cdot 10^{-3}$ Torr l/cm²	$4 \cdot 10^{-3}$ Torr l/cm²	$4{,}4 \cdot 10^{-3}$ Torr l/cm²
N_2	$0{,}33 \cdot 10^{-3}$ Torr l/cm²	$0{,}48 \cdot 10^{-3}$ Torr l/cm²	$3{,}4 \cdot 10^{-3}$ Torr l/cm²
trockene Luft	$0{,}64 \cdot 10^{-3}$ Torr l/cm²	$1{,}60 \cdot 10^{-3}$ Torr l/cm²	$4{,}6 \cdot 10^{-3}$ Torr l/cm²

Tabelle 2.4.13 *Adsorption durch 1 cm³ Kokosaktivkohle* (nach DEWAR)

Gas	Adsorbiertes Gasvolumen in cm³ (reduziert auf 0 °C und 760 Torr)	
	0 °C	—185 °C
A	12	175
H_2	4	135
CO_2	21	190
He	2	15
N_2	15	155
O_2	18	230

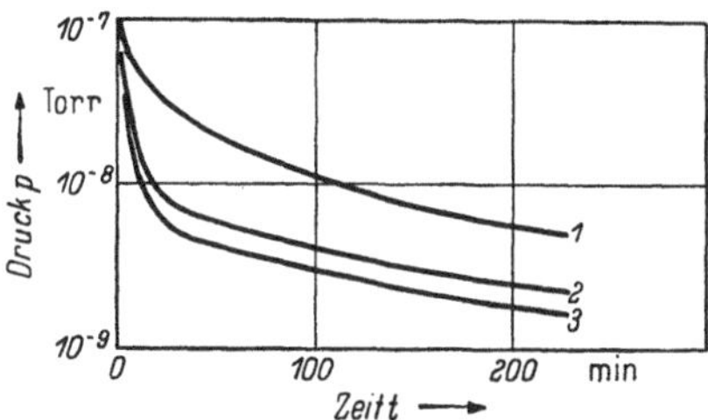

Abb. 2.4.18 Druckverlauf in Röhren mit Ba- und Th-Getter (nach WAGENER)

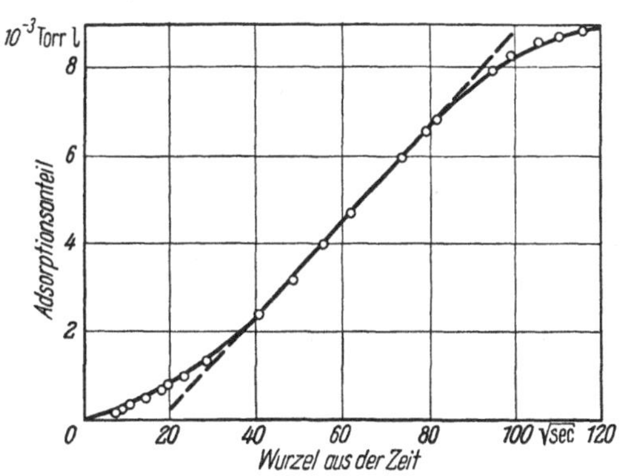

Abb. 2.4.19 Zeitabhängigkeit der Adsorption von Stickstoff an Barium-Filmen (nach DELLA PORTA)

glänzenden Barium-Spiegeln (nach DELLA PORTA)

Adsorptionsmenge bei	
300 °C	400 °C
57 · 10^{-3} Torr l/mg	—
72 · 10^{-3} Torr l/mg	—
9 · 10^{-3} Torr l/cm² (90 · 10^{-3} Torr l/mg)	10 · 10^{-3} Torr l/cm² (100 · 10^{-3} Torr l/mg)
5,8 · 10^{-3} Torr l/cm² (58 · 10^{-3} Torr l/mg)	6,6 · 10^{-3} Torr l/cm² (66 · 10^{-3} Torr l/mg)
9 · 10^{-3} Torr l/cm² (90 · 10^{-3} Torr l/mg)	10 · 10^{-3} Torr l/cm² (100 · 10^{-3} Torr l/mg)
5 · 10^{-3} Torr l/cm² (50 · 10^{-3} Torr l/mg)	5,1 · 10^{-3} Torr l/cm² (51 · 10^{-3} Torr l/mg)
5,6 · 10^{-3} Torr l/cm² (56 · 10^{-3} Torr l/mg)	5,6 · 10^{-3} Torr l/cm² (56 · 10^{-3} Torr l/mg)

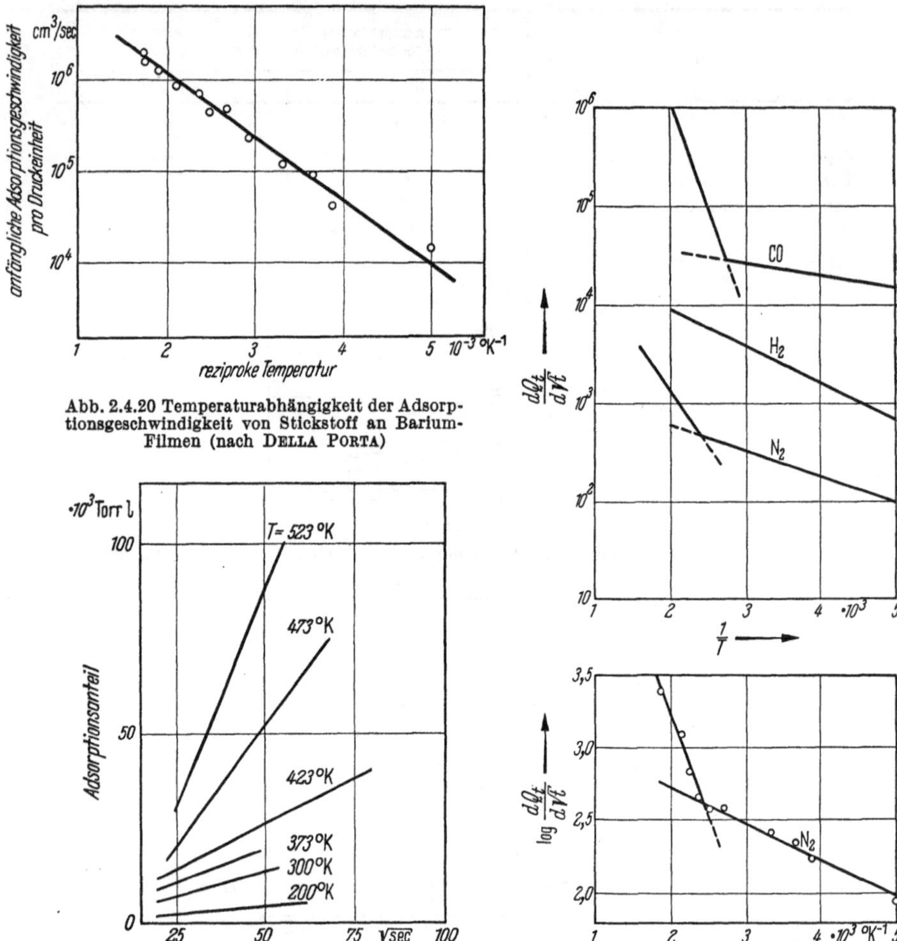

Abb. 2.4.20 Temperaturabhängigkeit der Adsorptionsgeschwindigkeit von Stickstoff an Barium-Filmen (nach DELLA PORTA)

Abb. 2.4.21 Zeitabhängigkeit der Adsorption von Stickstoff an Barium-Filmen bei verschiedenen Temperaturen (nach DELLA PORTA)

Abb. 2.4.22 Temperaturabhängigkeit der Diffusion von N_2, H_2 und CO in Barium-Filmen (nach DELLA PORTA)

Die sich hieraus ergebenden Aktivierungsenergien sind in Tab. 2.4.14 aufgeführt.

Tabelle 2.4.14 *Aktivierungsenergien nach Abb. 2.4.22*

	N_2	H_2	CO
Kritische Temperatur T_k [°C]	$\approx$140	—	$\approx$100
Aktivierungsenergie für $T < T_k$ [cal]	$\approx$2300	—	<1000
Aktivierungsenergie für $T > T_k$ [cal]	$\approx$11000	$\approx$3000	$\approx$9000

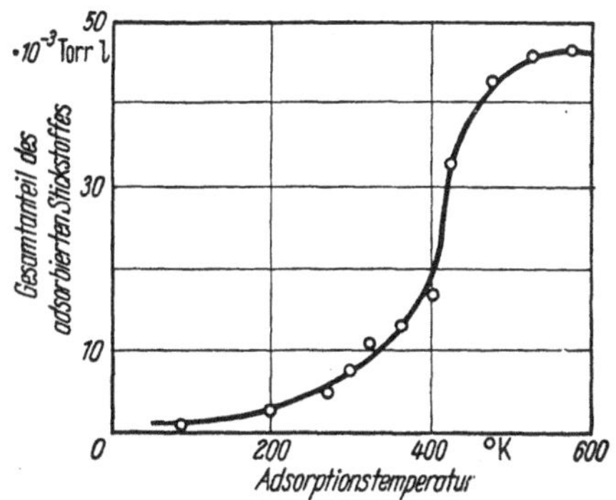

Abb. 2.4.23 Gesamtanteil des an Barium-Filmen adsorbierten Stickstoffs als Funktion der Adsorptionstemperatur (nach DELLA PORTA)

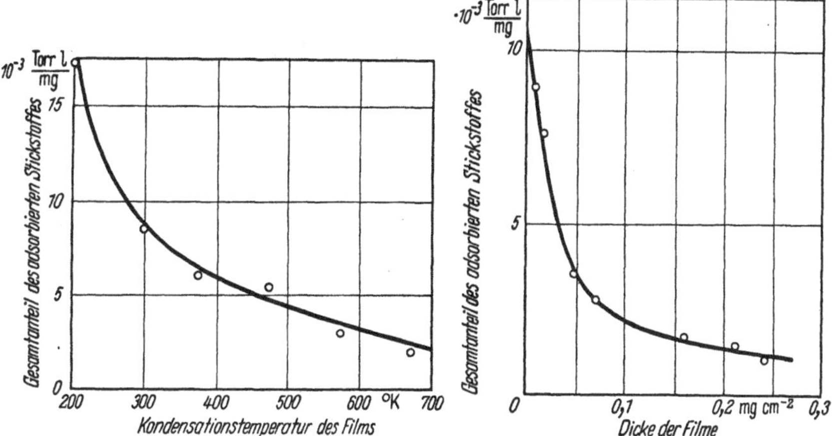

Abb. 2.4.24
Gesamtanteil des an Barium-Filmen adsorbierten Stickstoffs als Funktion der Kondensationstemperatur des Films (nach DELLA PORTA)

Abb. 2.4.25
Gesamtanteil des adsorbierten Stickstoffs als Funktion der Dicke von Barium-Filmen (nach DELLA PORTA)

2.4.4 Verdampfung, Kondensation, Sublimation

(Siehe Literaturverzeichnis)

2.5 Anwendungsgebiete

(Siehe Literaturverzeichnis)

Literaturverzeichnis

Vorbemerkung. Das Vakuum-Taschenbuch ist, um seinen Zweck zu erfüllen, möglichst kurz gefaßt. Wer sich eingehender mit diesen Dingen befassen will, dem gibt das Literaturverzeichnis Hinweise zu Originalarbeiten, die zwischen 1948 und 1959, z. T. 1961, erschienen sind. Ältere Arbeiten wurden, von wenigen Ausnahmen abgesehen, nicht berücksichtigt, weil diese, wenn sie grundlegend sind, in den Lehrbüchern verarbeitet sein dürften oder in den aufgeführten Veröffentlichungen zitiert sind. Um Raum zu sparen, sind die Zeitschriftenzitate in einem Schema angeordnet. Die Reihenfolge entspricht dem Inhaltsverzeichnis des Buches. Außer den folgenden wurden die international üblichen Abkürzungen (jedoch ohne Punkte) verwendet.

AEC	US-Atomic Energy Commission Report
AECD	Office of Technical Services Department of Commerce
AERE	UK — Atomic Energy Research Establishment Reports
ATM	Archiv für technisches Messen
Brit JAP	British Journal of Applied Physics
CR	Comptes Rendus (Hebdomaires des Séances de l'Academie des Sciences)
ETZ	Elektrotechnische Zeitschrift
Gl und HVT	Glas- und Hochvakuumtechnik
IEC	Industrial and Engineering Chemistry
invest Phys	Investigations Physicae (Australien)
J	Journal
JAP	Journal of Applied Physics
JSI	Journal Scientific Instruments
NBS	National Bureau of Standards (Technical News Bulletin)
Rdsch	Rundschau
RSI	Review of Scientific Instruments
Trans ASME	Transactions American Society of Mechanical Engineers
Z	Zeitschrift
Zbl	Zentralblatt

Ist zu einer Arbeit an anderer Stelle ein Referat erschienen, so steht zuerst die Originalarbeit und darunter die Stelle des Referats mit dem Vermerk: ref.

Lehrbücher und Monographien über Vakuumtechnik

Buch, S.	Einführung in die allgemeine Vakuumtechnik Stuttgart: Wissenschaftliche Verlagsgesellschaft 1962
Champeix, R.	Elements de Technique du Vide, Bd. I Paris: Dunod 1958
Davy, J. R.	Industrial High Vacuum London: I. Bitman & Sons 1951
Dunoyer, L.	Le vide et ses applications Paris: Presses Univ. de France 1951

DUSHMAN, S. Scientific Foundation of Vacuum technique
New York and London: J. Wiley & Sons
Second edition by Lafferty 1962

GUTHRIE and WAKERLING Vacuum Equipment and Techniques
New York/London/Toronto: McGraw Hill 1949

HEINZE, W. Einführung in die Vakuumtechnik, Bd. I
Berlin: VEB Verlag Technik 1955

HOLLAND-MERTEN Handbuch der Vakuumtechnik, 3. Aufl.
Halle: Knapp 1953

JAECKEL, R. Kleinste Drucke, ihre Messung und Erzeugung
Berlin/Göttingen/Heidelberg: Springer 1950

JAECKEL, R. Vakuumtechnik in „DECHEMA-Erfahrungsaustausch“
Frankfurt/M. 1956

JAECKEL, R. Allgemeine Vakuumphysik in „Handbuch der Physik“, Bd.12, herausgegeben v. S. Flügge
Berlin/Göttingen/Heidelberg: Springer 1958

JAECKEL, R. Erzeugung von Vakuum und Arbeiten mit Unterdruck in „HOUBEN-WEYL: Methoden der organischen Chemie, Bd. I/2“
Stuttgart: Georg-Thieme-Verlag 1959

LAPORTE, H. Hochvakuum, seine Erzeugung, Messung und Anwendung
Halle: Knapp 1951

LEBLANC, M. La technique du Vide
Paris: Librairie Armand Colin 1951

MÖNCH, G. CH. Hochvakuumtechnik, 2. Aufl.
Pößneck: Rudolf A. Lang Verlag 1950

MÖNCH, G. CH. Neues und Bewährtes aus der Hochvakuumtechnik
Berlin: VEB Verlag Technik 1961

MORAND, N. Traité pratique de Technique du Vide
Paris: Soc. G. E. P. 1958

OETJEN, G. W. Kapitel: Vakuumtechnik
Ullmanns Enzykl. der techn. Chemie, 3. Aufl., Bd. 1

PIRANI, M. and YARWOOD, J. Principles of Vacuum Engineering
London: Chapman & Hall 1961

REIMAN, A. L. Vacuum Technique
London: Chapman & Hall 1952

WAGNER, G. Erzeugung und Messung von Hochvakuum
Aufbau und Betrieb von Hochvakuumapparaten
Wien: Franz Deuticke 1950

YARWOOD, J. High Vacuum Technique
London: Chapman & Hall 1955
New York: J. Wiley & Sons 1955

YARWOOD, J. Hochvakuumtechnik
Berlin: Rudolf A. Lang Verlag 1955

Berichte von Tagungen über Vakuumtechnik

CVT Committee On Vacuum Techniques, Inc. Boston 9, Mass.
Vacuum Symposium Transactions 1953, 1954, 1955, 1956, 1957, 1958, 1959, 1960, 1961

— Proceedings of the First International Congress on Vacuum Technique
London: Pergamon Press 1960

— Cambridge High Vacuum Symposium 1947, 1948, 1949 (NRC)

— French Lick Meeting 11.—14. Mai 1952
Amer. Inst. Chem. Engrs.
Referiert: Vacuum II, 1952, 2, 147—150 von L. A. BROMLEY

— Transactions of Instruments and Measurements Conference Stockholm 1952
Svenska Teknolofören

— High Vacua Convention, Pertshire
Referiert: Chem. and Ind. Okt. 1948 von DUSHMAN

— Symposium Institute of Physics Birmingham 27.—28. Juni 1950
J. sci. Instr. Suppl. 1, 1951
Referiert: Engineering 170, 1950, 4409, 95/96

— Congres national des Sciences Bruxelles 1950

— Symposium Institute of Biology
Freeze and Drying, London Sept. 1951
Referiert: Vacuum I, 1951, 4, 294 von R. J. C. HARRIS

Bücher, die vakuumtechnisch wichtige Fragen behandeln

ARDENNE, M. VON — Tabellen der Elektronenphysik, Ionenphysik und Übermikroskopie
Berlin: VEB Deutscher Verlag der Wissenschaften 1956

AUWÄRTER, M. — Ergebnisse der Hochvakuumtechnik und der Physik dünner Schichten
Stuttgart: Wissenschaftliche Verlagsgesellschaft 1957

BACHMAN, CH. — Techn. in exp. Electronics
London: Chapman & Hall 1948

BARRET, A. S. D. — Progress in Vacuum Science and Technologie
London: Pergamon Press 1959

BUNSHAH, R. F. — Vacuum Metallurgy
New York: Reinhold Publishing Corp. 1957
London: Chapman & Hall 1957

BUNSHAH, R. F. — Transactions of the Vacuum Metallurgy Conference 1959
New York U. P.

DAYTON, B. B. — Physikalische Methoden bei chemischen Analysen, Bd. II: Technik und Analysen unter Vakuum
New York: Academic Press 1951

DELAFOSSE, J., MONGODIN, G. — Les calculs de la Technique du Vide
Sondernummer „Le Vide", 1961

ESCHBACH, H. L. — Praktikum der Hochvakuumtechnik
Leipzig: Akademische Verlagsgesellschaft 1961

ESPE, W. — Zirkonium, seine Herstellung, Eigenschaften und Anwendungen in der Hochvakuumtechnik
Füssen 1953

ESPE, W. — Werkstoffe der Elektrotechnik in Tabellen und Diagrammen
Berlin: Akademie-Verlag 1954

ESPE, W. — Werkstoffkunde der Hochvakuumtechnik
Berlin: VEB Deutscher Verlag der Wissenschaften 1960

FLOSSDORF, EARL W.	Freeze Drying New York: Reinhold 1949
HARRIS, R. J. C.	Biological Applications of Freezing and Drying New York: Academic Press 1954
HEISS, R.	Kapitel: Gefriertrocknung Ullmanns Enzykl. der techn. Chemie, 3. Aufl., Bd. 1
HIPPEL, A. R. VON	Dielectric Materials and Applications New York 1954
HOLLAND, L.	Vacuum Deposition of thin Films London: Chapman & Hall 1956
JAECKEL, R.	Destillation und Sublimation im Fein- und Hochvakuum in „HOUBEN-WEYL: Methoden der organischen Chemie, Bd. I/1" Stuttgart: Thieme 1958
KNOLL, M.	Materials and Processes of Electron Devices Berlin/Göttingen/Heidelberg: Springer 1959
LEBEDINSKY, M. A.	Electrovacuumnye materialy Moskva 1956
	American Lava Corp. Techn. Inform. Cart No. 501 Mechanical and Electrical Properties of Alsimag-Ceramics Chattanooga, Tenn. (USA)
LUFF-SCHMELKES	Chemie des Kautschuks Berlin 1925
MARTIN, L. H., HILL, R. D.	A Manual of Vacuum Practice Melbourne: Univ. Press 1949
MAYER, H.	Physik dünner Schichten, Bd. I Stuttgart: Wissenschaftliche Verlagsgesellschaft 1960
MAYER, H.	Physik dünner Schichten, Bd. II Stuttgart: Wissenschaftliche Verlagsgesellschaft 1955
MEMMLER, K.	Handbuch der Kautschukwissenschaft Leipzig 1930
METHFESSEL, S.	Dünne Schichten Halle: Knapp 1953
MÜLLER, K. G.	Vakuumtechnische Berechnungsgrundlagen Weinheim: Verlag Chemie 1961
PFLEIDERER, C.	Die Kreiselpumpen für Flüssigkeiten und Gase, 5. Aufl. Berlin/Göttingen/Heidelberg: Springer 1961
PIRANI, M.	Elektrothermie, 2. Aufl. Berlin/Göttingen/Heidelberg: Springer 1960
SALMANG, H.	Die physikalischen und chemischen Grundlagen der Keramik, 4. Aufl. Berlin/Göttingen/Heidelberg: Springer 1958
SAUER, R.	Einführung in die theoretische Gasdynamik, 3. Aufl. Berlin/Göttingen/Heidelberg: Springer 1960
SMITHELS, C. J.	Metal Reference Book London 1949
STÄGER, H.	Werkstoffkunde der elektronischen Isolierstoffe, 5. Aufl. Berlin: Borntraeger 1961
STEYSKAL, H.	Arbeitsverfahren und Stoffkunde der Hochvakuumtechnik Mosbach (Baden): Physik-Verlag 1955

Verfasser	Zeitschrift	Band oder Jahrgang	Monat und Jahr	Heft Nr.	Seite

1.1 Vakuumphysik und -technik allgemein

Verfasser	Zeitschrift	Band oder Jahrgang	Monat und Jahr	Heft Nr.	Seite
YARWOOD, J.	Brit JAP	10	59	9	383–391
—	Nuovo Cim	XII	59	X	297–329
POLLARD, J.	Rep Progr Phys	22	59		33–73
LYUBIMOV, M. L., SHAKOV, K. P., YUKHVIDIN, YA.A.	Vacuum	IX	59		108
GÜNTHER, K. G.	Chem Ing Techn	31	59	6	379–387
SANTELER, D. J.	Gen Engng Lab Rep 58 GL 146		Mai 58		
REICH, H.	Vac Symp Trans		58		279–282
MÜSCHENBORN, G.	Chem Ing. Techn	30	58	12	796–798
GÜNTHER, K. G.	Z VDI	100	58	28	1376
BLANK, R.	Chem Ing Techn	30	58	4	265
GOULD, C. L.	Vac Symp Trans		58		105–109
BROWN, F. C.	Vac Symp Trans		58		89–93
—	Brit Chem Engng Pract	3	58	1	26–28
EDWARDS, F. D.	Financial Times		1. 7. 57		93
	ref. Vacuum publ. 1959	7/8	57/58		111
HIX, P.	Glato prondy Obsor	17	56	12	727–735
	ref. Phys Abstr 5115	60	57		472
DORÉ, R.	Galvano	229	56		35–39
	ref. Vacuum publ. 1959	7/8	57/58		113
DORÉ, R.	Ing Tech		56		79–89
	ref. Vacuum	VI	56		183
—	Chem Ing Techn	28	56	10	661–663
DEGRAS, D. A.	Vide Analogie: Vakuum-Elektrizität	11	56	64	155–162
JAECKEL, R.	Chem Ing Techn Neue Forschungsergebnisse	28	56		201
MERCIER, C.	J Phys Radium Theorie der Molekularpumpen	17	März 56	3	1A–11A
DEGRAS, D. A.	Genie Chimique	73	55	2	25–30
BECKER, J. A.	Bell Labor Rec Ionisationserscheinungen und Vakuumtechnik	33	55	1	
ALPERT, D.	Science Versuche bei sehr niedrigen Drucken	122	Okt. 55		729–733
HIESINGER, L.	Vak Techn	4	55	4/5	73–78
PREVOT, F.	Genie Chimique	73	55	1	1–7
STÜRMER, W.	Umschau	55	55	10	293–296
ENNONS, A. E.	Brit JAP	5	54	1	27–31
JOHNSTON, A. R., NEBER, H. V.	RSI Technische Hinweise	25	Mai 54		517/18

Verfasser	Zeitschrift	Band oder Jahrgang	Monat und Jahr	Heft Nr.	Seite
ADAM, H.	Gl und HVT	2	53	9	179–185
				11	222–227
AITKEN, M. J.	Brit JAP	4	53	6	188
		4	53	11	350
—	Chem Engng Progr	49	53		3–7, 8–14
KISTENMAKER, J.	Ingenieur Nederl	65	53	27	29–32
	ref. Vide	10	55	55	403
STODDARDT, C. K. MOOZ, W. E.	Chem Engng Progr	49	53	4	197–202
JAECKEL, R.	Techn Mitt	46	53	10	304
BUNT, E. A.,	Ind Chemist		Okt. 52		460–465
MCCULLOCH, R. J.			Nov. 52		503–508
EBERT, H.	Z Glaskunde	25	52	9	286–291
		25	52	10	324-332
		25	52	11	361–370
EBERT, H.	Gl und HVT		52	6	101–105
BUSCH, W. E.	Oak Ridge Tenn UCLR-1887 Fehlerquellen bei Vakuumsystemen		52		(4)
LAPORTE, H.	Chem Techn	4	52	8	359–366
MARTIN, S. L.	Chem Process Engng	33	52	7	370–373
STEMPFLER, R.	Chim et Ind	67	52	4	584–592
THORMANN, K.	Chem Ing Techn	24	52	12	653–715
ADAM, H.	Feinwerktechnik	55	51	1	11–19
ANDRADE, E. N.	Vacuum	I	51	1	3–10
BAXTER, A. S.	Vacuum	I	51	3	185–190
BLEARS, J.	JSI (Vakuum Physik)	36	51		
EBERT, H.	Z Glaskunde	24	51	6	152–157
ENGEL, A. VON	Vacuum	I	51		257
TURNBULL, A. H.	U.K. AERE Rep Nr. G/R	752	31. 8. 51		
TURNBULL, A. H.	JSI	28	51	1	
JAECKEL, R.	Umschau		1. 10. 50		
EBERT, H.	Z Glaskunde	23	50	10	273–279
—	J techn Phys	19	Dez. 49		1341–1369
BENDICT, M.	Nat Nucl Energy Ser Div. I, Vol. I		49		
LOEVINGER, R.	Nat Nucl Energy Ser Div. I, Vol. I		49		
DUSHMAN	IEC	40	48		778
OETJEN, G. W.	Elektrotechnik	B 2	48	12	333–340

1.2 Gaskinetik

Verfasser	Zeitschrift	Band oder Jahrgang	Monat und Jahr	Heft Nr.	Seite
BURROWS, G.	Vacuum publ. 1959	7/8	57/58		3–18
CORRUCINI, R. J.	Vacuum publ. 1959	7/8	57/58		19–29
DUNOYER, L.	Vacuum	IX	59	1	36–40
GERMAN, O.	Soviet Physics JETP	34	Dez. 58	6	1016–1019
	ref. Vacuum	IX	59		154

Verfasser	Zeitschrift	Band oder Jahrgang	Monat und Jahr	Heft Nr.	Seite
Liu, V. C.	JAP	29	58		1188–1189
	ref. Vacuum	IX	59		154
Muckenfuss, C.	J Chem Phys	29	58		1257
Waldmann, L.	Z Naturforschg	11a	56	6	523
Mori, Y.	J Sci Res Inst	48	Dez. 54	1372	272–280
Schottky, W. F.	Z Elektrochem	58	54	7	442–454
	Ber Bunsengesellsch				
Sugiura, Y.	J Phys Soc Japan	9	54	2448	
Takayanagi, K.	Progr theor Phys	11	Juni 54	6	557–594
Caro, D. E., Martin, L. H.	Proc phys Soc	66B	Sept. 53		760–768
Folsom, R. G.	Trans Amer Soc mech Engrs	74	52		915–918
Hiby, J. W.	Z Naturforschg	7a	52	8	533–553
Pahl, M.	Electrical Engng		Juli 51		46
Pahl, M.	Vide	7	52	38	
Boyer, A.	J acoust Soc Amer	30	51		176–178
	ref. Phys Ber	30	51	11	
Dunoyer, L.	Vide	5	Nov. 50		881–886
	ref. Vacuum	I	April 51	2	
Hiby, J. W., Pahl, M.	Z Phys	729	51		517–529

1.3 Strömung (Überschallströmung)

Verfasser	Zeitschrift	Band oder Jahrgang	Monat und Jahr	Heft Nr.	Seite
Amoignon, J.	Vak Techn	8	59	8	220–223
Hurlbut, F. C.	JAP	30	59	3	273
Kirchner, F.	Z angew Phys	11	59	5	167–169
Strauss, W. A., Edse, R.	RSI	30	59		258
Abraham, S., Berman	JAP	29	58	1	71
Amoignon, J.	Vide	13	58	78	277
Dayton, B.	Vak Techn	7	58	1	7
Grove, D. M., Ford, M. G.	Nature	182	58	4641	999–1000
Klumb, H., Schmitt, K. H.	Vak Techn	7	58	1	7–13
Manov, M. G.	ref. Vacuum	IX	59		154
Maslach, G. L., Latz, R. N.	Namur-Ber		58		809–812
Nerken, A.	Vak Techn	7	58		116–118
Rothstein, J.	RSI	29	58		243/44
Shirokov, M. F.	Soviet Phys, V	34	Dez. 58	6	1029–1032
Deyagin, B. V.,	Zh tekh Fiz	27	57		2056
Bakanov, S. P.	ref. Phys Abstr 4552	62	59		405
Kemp, J. F.	JSI	34	57		411
Jaeckel, R., Kutscher, H.	Forschungsbericht NRW			683	

Verfasser	Zeitschrift	Band oder Jahrgang	Monat und Jahr	Heft Nr.	Seite
KONDO, Y.	J Jap Vac Soc	7	57		168–175
KUNKEL, W. B., HURLBUT, F. C.	JAP	28	57		827–835
OATLY, C. W., STECKELMACHER, W.	Brit JAP	8	57		494
OATLEY, C. W.	Brit JAP	8	57	1	15–19
STARK, D. S.	Brit JAP	8	57		210–213
DONG, W.	AEC-Rep UCRL 3353		56		
HIBY, J. W., PAHL, M.	Z Naturforschg	11a	56	1	80
MONROE, A. G.,	Nature		56		197/98
GAFFEE, D. I.	ref. Vacuum	VI	56		298
MASLACH, G. J.,	RSI		55		751–754
FRISCH, J.	ref. Vacuum	VI	56		186
KUTSCHER, H.	Z angew Phys	VII	55	5	229–240
GREENHALGH, R. E.,	Chem Engng	63	56	1	222
MILLER, J. W.	Nomogramme zum Lösen von Vakuumproblemen				
ZELLER, H.	Forschungsbericht NRW		55	175	5–119
GÜNTHER, K. G.	Vak Techn	4	55	3	49/50
JAECKEL, R. GÜNTHER, K. G., OETJEN, G. W.	Z angew Phys	VII	55		71
NÖLLER, H. G.	Z angew Phys	VII	55		218–229
SANTELER, D. I., NORTON, J. F.	Vacuum	IV	54		176
OATLY, C. W.	JAP	25	54		358
SEARS, G. W.	J chem Physics	22	54	7	1252/53
KYTE, J., MADDEN, A. J., PIRET, E.	Chem Engng Progr	49	53	12	653–662
LAUER, O.	Z angew Phys	V	53	3	81
TREVOY, D. J., TORPEY, W. A.	RSI	24	53	8	676–682
FOLSOM, R. G.	Chem Engng Progr	48	52		542–548
ALANCRAIG, C.	Chem Engng Progr	48	52		357–361
HUGGIL, J. A. W.	Proc roy Soc, Lond	221A	52		123–136
JAMES, D. H., PHILLIPS, C. S. G.	JSI	29	52		362/63
STRONG, J.	Vacuum	II	52	2	
HARRIES, W.	Z angew Phys	III	51		296
WASSERRAB, T.	BBC-Nachr	33	51	1 u. 2	
DUNOYER, L.	Vide	5	50	30	881
HARRIES, W.	Chem Ing Techn	21	49	7/8	139–142
MELLEN, G. L.	Chem Engng	56	Mai 49		
ANDERSEN, J. W., FRIEDMANN, R.	RSI	20	49		61

Verfasser	Zeitschrift	Band oder Jahrgang	Monat und Jahr	Heft Nr.	Seite
Sheriff, E. V.	JSI	26	49	2	43–45
Witty, R.	JSI	26	49	9	316–318
Dayton, B. B.	IEC	40	48		795

1.4 Vakuumpumpen allgemein

Verfasser	Zeitschrift	Band oder Jahrgang	Monat und Jahr	Heft Nr.	Seite
Armbruster, W.	Chem Ing Techn	31	59	5	338–342
	ref. Vacuum	IX	59	3/4	238
Foresti, R.	RSI	30	59	11	1067
Knight, G. B.	Chem Engng	66	59		171–174
Pagel, H. J., Schwarz, W., Simon, W.	JSI	36	59		53
Venema, A.	Vide	14	59	81	113–120
Vratny, F., Graas, B.	RSI	30	59	7	597
Amoignon, J.	Namur-Ber		58		311–314
Andrade, E. N.	Namur-Ber		58		14–20
Baquet, E. H.	Vide	13	58	75	123
Beecher, N., Hnilicka, M. P.	Vac Symp Trans		58		94–100
Degras, A.	Vide	13	58	78	268
Diels, K.	Vide	13	58	75	143–153
Florescu, N. A.	Appl Sci Res	B 7	58	1	63
	ref. Phys Abstr	61	58	86	909
Kraus, Th.	Vac Symp Trans		58		38–40
Haefer, R., Wild, H.	Namur-Ber		58		626–631
Reich, G., Nöller, H. G.	Namur-Ber		58		93–97
Baum, H.	Vak Techn	6	57	7	
Knechtli, R. C.	Vac Symp Trans		57		83–87
Hänlein, W.,	Z angew Phys	8	56	12	603–607
Günther, K. G.	ref. Phys Abstr Nr. 9035	60	57		828
Urry, G.,	RSI	27	56	10	819/20
Urry, W. H.	ref. Phys Abstr Nr. 1118	60	57		106
Thomas, E.	Vide	11	56	63	88–98
Delcher, J., Geller, R., Mongodin, G., Prevot, F.	Vide	11	56	62	78–90
Düsing, W.	Telefunkenztg	28	55	108	71–84
Günther, K. G.	Vak Techn Sauglleistung	4	55	3	49/50
Hochhäusler, P.	ETZ Treibdampf- und Molekularpumpen	7	55	11	417–423

Verfasser	Zeitschrift	Band oder Jahrgang	Monat und Jahr	Heft Nr.	Seite
Nöller, H. G.,	Z angew Phys	VII	55		218–234
Kutscher, H.	Die phys. Vorgänge in Diff.- u. Dampfstrahlpumpen				
Seel, F.	Chem Ing Techn	27	55	8/9	542
Sofer, G. A.	Vac Symp Trans		54		27
Venema, A.	Vacuum	IV	54	3	272–283
Jaeckel, R.,	Vak Techn	3	54	1	1
Nöller, H. G.,	Die phys. Vorgänge in Diff.-				
Kutscher, H.	u. Dampfstrahlpumpen				
Oatly, C. W.	JAP	25	54		358
Florescu, N. A.	Invest Phys (Theorie)		53	1	
Jackson, D. H.	Chem Engng Progr	49	53	2	102–104
Lorenz, C. W.	Techn Wiss Ber Osram Mechanische Hochvakuumpumpe	27	54	10	320
Leake	JSI	30	53	11	434
Mukherjee, S. K.	Indian J Phys	27	53		137–144
Florescu, N. A.	Invest Phys (Theorie)		52	2	20
	ref. Vak Techn	3	54	3/4	72
Jaeckel, R.,	Z VDI	94	52	24	797–803
Nöller, H. G.					
Kumagai, H.,	RSI	23	52	1	56/57
Sibata, H.,					
Tuzi, Y.					
Laporte, H.	Gl und HVT Prüfung von Pumpen		52	5	97
Lawrence, R. B.	Chem Engng Progr	48	52		537–542
Strong, J.	Vacuum	II	52	2	
Goddart	JSI	28	51	1	1–7
Cecchine, L. P.,	RSI	22	51	11	836/37
Bronson, J. F.					
Kerner, H.	Chem and Ind (Glaspumpen)		13. 1. 51		24
Lawrence, R. B.	NRC-Mitt		51/52		
Henry, R. M.	Vide	5	50	28/29	859–865
Hicks, T. J.	Chem Engng	57	50		108–110
Johnson, E. F.	Chem Engng	57	50	9	125
	ref. Vacuum	I	51	1	49
Dushman, S.	RSI Kurven für Pumpgeschwindigkeiten	20	49		131
Kohl, W. H.	Iron Age	164	49		59-63
Mellen, G. L.	Electronics, N. Y.	22	49		90–95
Blears, J.,	RSI	19	48		847
Hill, R. W.					
Fluke, D.	RSI	19	48		665/66
Neumann, R.	Electronic Engng	20	Jan. 48		3

Verfasser	Zeitschrift	Band oder Jahrgang	Monat und Jahr	Heft Nr.	Seite
NEUMANN, R.	Electronic Engng	20	Febr. 48		44
NEUMANN, R.	Electronic Engng	20	März 48		79
NEUMANN, R.	Electronic Engng	20	April 48		122
NEUMANN, R.	Electronic Engng	20	Mai 48		163
WITTY, R., GRINDLEY, J.	JSI	25	Okt. 48	10	
RISCH, R.	Schweiz Arch	14	48		279–285
DAYTON, B. B.	IEC	40	48		795

1.4.1 Rotierende Pumpen

Verfasser	Zeitschrift	Band oder Jahrgang	Monat und Jahr	Heft Nr.	Seite
LORENZ, A.	Vide	14	59	81	121
KLUMB, H., WAGNER, F.	Vak Techn	7	58	8	191–193
LORENZ, A.	Vac Symp Trans		58		79–82
	Namur-Ber		58		177–180
STECKELMACHER, W.	Namur-Ber		58		159–163
BÜRGER, H.	Chem Techn	8	56		218–232
	ref. Vacuum	VI	56		237
THEES, R., TREUPEL, H.	ETZ		55		321
HOCKLEY, D. K.	Vacuum	IV	54	1	40–47
	ref. Phys Abstr	60	57		16
SCHUNK, H.	Chem Ing Techn	24	52	3	156/57

1.4.2 Rootspumpen

Verfasser	Zeitschrift	Band oder Jahrgang	Monat und Jahr	Heft Nr.	Seite
ARMBRUSTER, W., LORENZ, A.	Vak Techn	7	58	4	81–85
THEES, R.	Namur-Ber		58		784–788
THEES, R.	Namur-Ber		58		164–167
WINZENBURGER, E. A.	Vac Symp Trans		58		83–85
WINZENBURGER, E. A.	Vac Symp Trans		57		1–5
NÖLLER, H. G., THEES, R.	Z VDI	99	57	14	613–619
ZIOCK	Vak Techn	6	57	5	98
THEES, R.	Vacuum	V	55		25–34

1.4.3 Dampfstrahlpumpen

Verfasser	Zeitschrift	Band oder Jahrgang	Monat und Jahr	Heft Nr.	Seite
KILPATRICK, P. W.	Control Engng	6	59	8	109
BARRET, A. S. D., DENNIS, N. T. M.	Namur-Ber		58		212–218
ISHII, H., ITO, A.	J Jap Vac Soc	1	58	2	
LINCK, C. G.	Chem Engng	13	Jan. 58		
POWER, B. D., DENNIS, N. T. M.	Namur-Ber		58		197–201

Verfasser	Zeitschrift	Band oder Jahrgang	Monat und Jahr	Heft Nr.	Seite
POWER, B. D., DENNIS, N. T. M.	Vide	13	58	75	129
REINHARDT, H. G.	Siemens Z	32	58		351–354
TRABERT, F. W.	Vac Symp Trans		58		101–104
FONDRK, V. V.	Vac Symp Trans		57		88–94
FLORESCU, N. A.	Invest Phys		55	2	
FLORESCU, N. A.	Vacuum	IV	54	1	30–39
	ref. Phys Abstr	60	57		16
GEORGE, J. S.	RSI	26	55	3	303
NÖLLER, H. G.	Z angew Phys	VII	55		218
	Phys. Vorgänge				
Stokes-Machine Co.	Chem Engng	62	55	3	250
BERKLEY, F. D.	Chem Engng	61	54	11	164–168
LIFSHIC, ROZENEVEJG	Zh tekh Fiz USSR (Theorie)	22	54	8	362–375
TAKASHIMA, Y., HASEGAWA, M.	Chem Engng Japan	18	54		427–438
FONDRK, V. V.	Chem Engng Progr	49	53	1	3–7
POWER, B. P.	Vacuum	IV	54	4	415–437
	ref. Phys Abstr Nr. 9034	60	57		828
TAJIMA, KANEKO, K., KATAJAMA, A.	RSI Charakteristiken	24	53	4	323
TALLMAN, J. C.	Chem Engng		Jan. 53		176–179
	ref. Vacuum	III	53	2	191
	Untersuchung der Kostenfrage				
ZIMMERMANN, L.	Chem Ing Techn	11	53		655–671
	Graph. Berechnungsverfahren				
CATLIN, J. R., COWARD, L., DARLING, D., SPRAGG, W. T., WEBB, C. G.	AERE-Rep Nr. C/M	152	52		
	ref. Vacuum	III	April 53	2	191
SIMONIN, R. F.	J Phys Radium		Febr. 52		
POWER, B. D., LATHAM, D.	US-Pat 2696344 Ölrücklauf		21. 8. 51/ 7. 12. 54		

1.4.4 Diffusionspumpen

Verfasser	Zeitschrift	Band oder Jahrgang	Monat und Jahr	Heft Nr.	Seite
JAECKEL, R.	Vacuum	IX	59	3/4	209–218
AMOIGNON, J., MONGODIN, G., MOREAU, J.	Vide	13	58	76	204
BOROVYK, Y. S., LAZARYEV, B. H., FEDOROVA, M. F., TSYN, N. M.	Ukrayin fiz Zh	2	57	1	87 94
	ref. Phys Abstr Nr. 7754	61	58	73	712
JAECKEL, R.	Namur-Ber		58		21–30

Verfasser	Zeitschrift	Band oder Jahrgang	Monat und Jahr	Heft Nr.	Seite
LANDFORDS, A. A., HABLANIAN, M. H.	Vac Symp Trans		58		22–24
KOMIYA, S.,	J Jap Vac Soc	7	57		131–147
IKEDA, T.	ref. Vacuum publ. 1959	7/8	57/58		167
NÖLLER, H. G.	Vacuum	V	55		59–76

1.4.4.1 Hg-Diffusionspumpen

Verfasser	Zeitschrift	Band oder Jahrgang	Monat und Jahr	Heft Nr.	Seite
BAILLEUL-LANGLAIS, J.	Vide	14	59	79	19
HAAK, W., VRATNY, F.	RSI	30	59	4	
BAILLEUL-LANGLAIS, J.	Namur-Ber		58		329–331
HIESINGER, L.	Phys Blätter Versuch zur Erklärung der Wirkungsweise	12	56	4	156–162
MÖNCH, G. CH.	Naturwissenschaften	43	56	5	103
REICHARD, M. VON	Z angew Phys	VII	55	6	297–301
MÖNCH, G. CH.	Z angew Phys	VI	54	2	59
REICHARD, M. VON	Z angew Phys	VI	54	2	61
REICHARD, M. VON	Z angew Phys	VI	54	3	104
LIND, E. R.,	AEC-Rep Nr. MTA 14		53		
STEINHAUS, J. R.	ref. Vacuum 50000 l-Pumpe	III	53	2	190
FLUKE, D.	RSI	19	48		665/66
DAYTON	RSI	19	48		793–804

1.4.4.2 Öl-Diffusionspumpen

Verfasser	Zeitschrift	Band oder Jahrgang	Monat und Jahr	Heft Nr.	Seite
ALLARIA, S.	Namur-Ber		58		202–204
BÄCHLER, W.	Namur-Ber		58		182–185
KOBAYASHI, S., OTAKE, H.	Namur-Ber		58		193–195
KOMIYA, S., IKEDA, T.	Namur-Ber		58		323–328
POWER, B. D., CRAWLEY, D. J.	Namur-Ber		58		206–211
BÄCHLER, W., NÖLLER, H. G.	Z angew Phys	9	57	12	612–616
HIESINGER, L.	Vak Techn	6	57	4	65–70
NÖLLER, H. G., REICH, G., BÄCHLER, W.	Vac Symp Trans		57		6–12
REICH, G., NÖLLER, H. G.	Z angew Phys	9	57	12	617
REICH, G.	Z angew Phys	9	57	1	23–29
DELCHER, J.,	Vide	11	56		78–80
GELLER, R., MONGODIN, G., PREVOT, F.	ref. Vacuum	VI	56		184

Verfasser	Zeitschrift	Band oder Jahrgang	Monat und Jahr	Heft Nr.	Seite
Coe, R. F., Riddiford, L.	JSI	32	55	6	207–213
Nöller, H. G.	Z angew Phys	VII	55		218
Coe, R. F., Riddiford, L.	JSI (Theorie)	31	54		33–36
Frank, R.	Gl und HVT	2	53	14	294–296
Gaviola	Rev Un Nat Argent (einfache Theorie)		52	3	101–127
Nöller, H. G.	Gl und HVT		52	6	113–118
Parat, L. G., Jossem, E. L.	RSI Rückdiffusion	23	52		188
Azam, Orthel	Vide	6	51		1063
Hickman, K. C. D.	RSI	22	51		146
Oyana, S.	J Phys Soc Japan	5	Mai 50		192–197
Witty, R.	Brit JAP	1	50		232
Berry, C. E.	RSI	20	49		835
Harrington, E. L.	RSI	20	49		761/62
Sears, G. W.	RSI	20	49		485–489
Dayton, B. B.	RSI Sauggeschwindigkeit	19	48		533
Gibson, R.	RSI Sauggeschwindigkeit	19	48		276
Pollard, J., Sutton, R. W., Alexander, P.	JSI	25	48		401–403
Dayton, B. B.	US-Pat 2639086				
	ref. Vak Techn	3	54	3/4	72
Lawrence, R. B.	Brit Pat 686659				
	ref. Vacuum	III	53	2	190
Lawrence, R. B.	US-Pat 2630266		13. 4. 51/ 3. 3. 53		
Vogt, A.	Brit Pat 691434				
	ref. Vacuum	III	53	3	316
Hickman, K. C. D.	US-Pat 2465590				
Nakaji, E. M.	US-Pat 2207256		5. 8. 52/ 15. 2. 55		

1.4.5 Molekularpumpen

Verfasser	Zeitschrift	Band oder Jahrgang	Monat und Jahr	Heft Nr.	Seite
Pupp, W.	Vak Techn	8	59	6	158–162
Becker, W.	Vak Techn	7	58	7	149–152
	ref. Vacuum	IX	59	3/4	239
Becker, W.	Namur-Ber		58		173–176
Mercier, C.	J Phys Radium	17	56		1A–11A
	ref. Vacuum	VI	56		239
Mercier, C.	J Phys Radium	17	56		182A/83A
	ref. Phys Abstr Nr. 592	60	57		546

1.5 Absaugen von Dämpfen, Gasballast, Kondensoren

Verfasser	Zeitschrift	Band oder Jahrgang	Monat und Jahr	Heft Nr.	Seite
Rose, W.	Chem Ing Techn	31	59		101–105
Reylander, H.	Vak Techn	7	58	4	78–81
Lawrence, E.	US-Pat 2737779				
	ref. Vacuum publ. 1959	7/8	57/58		186
Burleigh, Th. E.,	Vak Techn	6	57	1	11
Frye, W. C.	Erklärung des Gasballastprinzips				
Thees, R.	Brennstoff-Wärme-Kraft	9	57	7	315–319
Thees, R.	Vak Techn	6	57	7	160
Power, B. D.	Vacuum	V	55		35–58
Dunoyer, M.	Vide	8	53	43	1280–1294
Kirschbaum, E.	Z VDI	95	53	27	927–932
Oetjen, G. W.	Vacuum	II	52	2	148
Stempfler, R.	Chim et Ind	67	52		484–492
Mitchell, T. J.	Chim et Ind		25.12.50		741–743
George, J. S.	JSI	29	52		413

1.6 Kühlfallen, Dampfsperren (Baffles) und Adsorptionsfallen

Verfasser	Zeitschrift	Band oder Jahrgang	Monat und Jahr	Heft Nr.	Seite
Gamblin, R. L., Goldberg, E., Scay, D. T.	RSI	30	59		371
Flinn, I.,	JSI	36	59		374
Moore, P.	Constant level device				
Miller, L. D., Petersen, P. N.	Vacuum	IX	59	3/4	231/32
Purser, K. H., Richards, J. R.	JSI	36	59		142
Richelmann, B.	RSI	30	59		598
McFarland, R.H.,	RSI	29	58	6	530/31
McDonald, D. G.	Kupferfalle für Hg-Dampf				
Maltagliati, M., Menicalli	Namur-Ber		58		341–344
Carmichael, J. H., Lange, W. J.	Vac Symp Trans		58		137–139
Ochert, N., Heppel, T. A.	Vac Symp Trans		58		247–253
Walther, H.	Z angew Phys	10	58		272
Zinsmeister, G.	Namur Ber		58		335–340
Buehler, E.	RSI	28	57		453–460
	ref. Vacuum publ. 1959	7/8	57/58		186
Burns, J.	RSI	28	57	6	469/70
Conn, G. K. T., Daglish, H. N.	JSI	34	57		245
Henshaw, D. E.	JSI	34	57		207
Kunzler, S.	RSI	27	56	10	879
	ref. Phys Abstr Nr. 1965	60	57		185

Verfasser	Zeitschrift	Band oder Jahrgang	Monat und Jahr	Heft Nr.	Seite
PROBYN, H. C.	JSI	33	56		322
	ref. Vacuum	VI	56		255
FELD, M.,	JSI	31	54		474
KLEIN, F. S.					
HINO, J.,	RSI	24	53		445
STEVENS, D. K.,					
STRAUSS, H. E.					
ALPERT, D.	RSI	24	53	10	1004/05
RIDDIFORD, L.	Vacuum	III	53	1	49–51
MILLER, G. H.	RSI	24	53		549
POLLARD, J.	RSI	24	53		996
THOMAS, E.,	Vacuum	III	53	4	413/14
DESTAPPES, J.,					
DUPONT, J.					
EVANS, E. C.,	RSI	23	52	5	249/50
BABELAY, E. F.					
BARTON, R. S.,	Vacuum	I	51		171
TURNBULL, R. H.					
LONGINI, R. L.	RSI	22	51		345/46
SKVARLA, J. E.,	RSI	22	51	5	341/42
EVANS, R. C.					

1.7 Ionen-Getterpumpen, Gasaufzehrung

Verfasser	Zeitschrift	Band oder Jahrgang	Monat und Jahr	Heft Nr.	Seite
BARTHOLOMEW, C. Y.,	JAP	31	60	2	445
LAPADULA, A. R.					
BAKER, F. A.,	Vak Techn	8	59		77/78
YARWOOD, J.	ref. Vacuum	IX	59	3/4	238
CARTER, G.	Vacuum	IX	59	3/4	190–200
CARTER, G.	Nature	183	59		1619
	ref. Vacuum	IX	59	3/4	238
COMSA, G.	Vak Techn	8	59		76/77
	ref. Vacuum	IX	59	3/4	238
COMSA, G.	Vak Techn	8	59		194–200
DEGRAS, L. A.	Vide	14	59	81	128
HERB, R. G.	Vacuum	IX	59		97
HOLLAND, L.,	Vide	14	59	81	141
LAURENSON, L.					
HOLLAND, L.	JSI	36	59		105–116
	ref. Vacuum	IX	59	3/4	239
HUBER, H.,	Vide	14	59	82	214–225
SCHROFF, A. M.,					
WARNECKE, M.					
JEPSEN, R. L.	Vide	14	59	80	80
KLOPFER, A.,	Vak Techn	8	59		162–167
EMMRICH, W.					
SCHÜRER, P.,	Czechoslovak J Phys	9	59	6	753/54
ECKERTOVA, L.					

Verfasser	Zeitschrift	Band oder Jahrgang	Monat und Jahr	Heft Nr.	Seite
Strotzer, G.	Z angew Phys	11	59		223
Adam, H.	Vak Techn	7	58	2/3	29–34
Blodgett, K. G.	J chem Physics	29	58	1	39
	ref. Phys Abstr	62	59		115
Hall, L. D.	Science	128	58		279–285
	ref. Vacuum	IX	59		154
Herb, R. G.	Namur-Ber		58		45–55
Holland, L., Laurenson, L., Holden, J. T.	Nature	182	58		851
Huber, H., Warnecke, M.	Namur-Ber		58		457–462
Klopfer, A., Ermrich, W.	Namur-Ber		58		427–429
Kumagai, H., u. a.	Namur-Ber		58		433–438
Leck, J. H., Carter, G.	Namur-Ber		58		463–467
Markali, J.	Namur-Ber		58		450–452
Prugne, P., Garin, P.	Namur-Ber		58		439–442
Reich, G., Nöller, H. G.	Namur-Beı		58		443–445
Schram, A.	Namur-Ber		58		446–449
Sibata, S., Hayashi, C., Kumagai, H.	Namur-Ber		58		430–432
Strotzer, G.	Z angew Phys	10	58		207
	ref. Phys Abstr Nr. 7755	61	58		712
Thomas, E., Steen-Brughe, R. v.	Vide	13	58	76	208
Winogradoff, M. I.	Namur-Ber		58		453–456
Brigoli, B., Cerrai, E., Silvestri, M.	JSI	34	57		291
Comsa, G.,	JSI	34	57	7	291/92
Musa, G.	ref. Phys Abstr Nr. 8457	60	57		772
Reich, G., Nöller, H. G.	Vac Symp Trans		57		97–99
Thomas, E.	Bull Acad Roy Belg		7. 7. 56		778
Thomas, E.	Vide	11	56	63	88–98
Alexeff, I., Peterson, E. C.	Vac Symp Trans		55		87
Swartz, J. C.	Vac Symp Trans		55		83
Varnerin, L. J.	US Dept Air Force Rep 71, F 191—R 6		55		
	ref. Vacuum	VI	56		184
Young, J. R.	JAP	27	56	8	926–928

Verfasser	Zeitschrift	Band oder Jahrgang	Monat und Jahr	Heft Nr.	Seite
Harris, D. J., Hawkins, P. O.	Nature	177	56		285/86
Bina, M. J., Alexeff, I., Sanders, R. M.	Phys Rev	98	55	1	251
Brown, E., Leck, J. H.	Brit JAP	6	55	5	161–164
Solanet, P.	Chim et Ind	74	55	1	116/17
Varnerin	JAP	26	55		782
Davis, R. H.	RSI	25	54		1193
Gurewitsch, A.M., Westendorp, W.F.	RSI	25	54		389
Schwarz, H.	RSI	25	54		924
Varadi, P. F.	Acta techn Acad Sci Hunguericae	9	54	3/4	343–353
Wagener, S.	Nature	173	54		684
Bloomer, R. N., Haine, M. E.	Vacuum	III	53	2	128–135
Foster, J. S., Lawrance, E O., Lofgren, E. J.	RSI	24	53		388/89
Schwarz, H.	RSI	24	53		371
Ebert, H.	Gl und HVT		Jan. 52	1	
Florescu, N. A.	Invest Phys		52	1	8
Foster, J. S., Lofgren, E. J.	Vacuum	II	52		257
Reddan, M. J., Rouse, C. F.	Electronic Engng	71	52		159
Riddiford, L.	Vacuum	II	52		151

1.8 Vakuummeßinstrumente, Regelanlagen

Verfasser	Zeitschrift	Band oder Jahrgang	Monat und Jahr	Heft Nr.	Seite
Blaha, A.	Slaboproudy Obzor	20	59	4	222–230
	ref. Phys Abstr Nr. 7853	62	59	740	751
Hiesch, E. H.	JSI	36	59	11	477
André, P.	Namur-Ber		58		290–294
Berthaud, M.	Namur-Ber		58		302–304
Bottomley, G. A.	JSI	35	58		254
Mirgel, K. H.	Namur-Ber		58		491/92
Antal, J.,	Periodica polytech	1	57	3	297–300
König, A.	Electronic Engng				
	ref. Phys Abstr Nr. 3780	61	58	727	355
Farquharson, J., Kermisch, H. A.	RSI	28	57	5	324
Klumb, H., Baum, H.	Vak Techn	6	57	2/3	29–33
Varicak, M.	Nuovo Cim	6	57		723
	ref. Phys Abstr	61	58	50	538
Kirchner, F.	Z angew Phys	8	56	10	478–481
Slack, G. A.	RSI	27	56		241

Verfasser	Zeitschrift	Band oder Jahrgang	Monat und Jahr	Heft Nr.	Seite
LECK, J. H.	Proc Inst Electronics	32	55		25–34
	ref. Vacuum publ. 1959	7/8	57/58		171
NAGAHAMA, M.,	RSI	26	55		727
KUKIHARA, T.					
LYNN, S.	RSI	27	56		368/69
SANCIER, K. M.,	RSI	27	56		134–136
RICHESON, W.					
GARFUNKEL, M. P.,	RSI	25	54		170
WEXLER, A.					
KENNETH, R.,	Instr and Automation	27	54	11	1792
ROACH, K.					
SUGIURA, Y.	J Phys Soc Japan	9	54		244–248
WILLIAMS, N. T.,	RSI	25	54		393
JOHNSON, J. B.					
REYNOLDS, F. H.	JSI	30	53	3	92–96
UYEDA, R.,	J Phys Soc Japan	8	53		99–103
SUGIURA, Y.	ref. Vak Techn	3	54	1	17
COFFIN, E. K. P.,	RSI	23	52		115–118
BAUER, G. H.					
SCHWARZ	ATM	7	52		
SEDDING, M.,	Z angew Phys	IV	52		105
HAASE, G.					
ZIOCK, K.	Gl und HVT	1	52	3/4	57
ALPERT, D.	RSI	22	51		370
SCHOPPER, E.,	Z Naturforschg	6a	51		700–705
SCHUMACHER, B.	Gasdichten				
	Korpuskularstrahlen				
CARLTON, F.,	RSI	20	49		364
JOHNSON	(Elektromagnetisch)				
GULBRANSEN, E. A.,	IEC	41	49	12	2762
ANDREW, K. F.	Neue Meßmethode				
KERSTEN, J. A.	Physica	14	48		567
MAKINSON, R. E.,	JSI	25	48		298
TREACY, P. B.					
MELLEN, G. L.	IEC	40	48		787
CHILD, P. G.,	RSI	26	55	2	235
PENFOLD, J.					
DOBLEY, H. E.,	RSI	26	55	6	568–571
ATKINS, D. F.					
STARZMANN, F.	Gl und HVT		52	8	162
YOUNG, C. G.,	Canad J Technol	29	51	10	447–450
MALLARD, T. M.,					
CRAIG, B. M.					
CLARK, J. W.,	Electronics, N. Y.	23	50		108–110
WITTS, G. H.					
ALLWOOD, H. J. S.	J Sci Inst Phys Ind	25	48		207
LEWIS, I. A. D.	J Sci Inst Phys Ind	25	48		205
ROBERTS, C. C.	Product Engng		53		190

Verfasser	Zeitschrift	Band oder Jahrgang	Monat und Jahr	Heft Nr.	Seite
JAECKEL, R.	Transactions of Instruments and Measurements Conference — Svenska Teknologfören		52		227–235
SCHWARZ, H.	New Research Techniques in Physics		52		411
SCHWARZ, H.	ATM V 1342-2		51		
STECKELMACHER	JSI	28	51	1	9/10
DUNOYER, L.	CR	227	48		1147
DUNOYER, L.	CR	228	49		372
DUNOYER, L.	CR	230	50		57/58
DUNOYER, L.	Vide	4	49		571
DUNOYER, L.	Vide	4	49		603
DUNOYER, L.	Vide	4	49		643
GAFFER, D. E.	Nature	174	54		756
HURD, D. Z., CORRIN, M. L.	RSI	25	54		1126
LAWRANCE, R. B.	Chem Engng Progr	50	54	3	155–160
ALPERT, D.	JAP	24	53	7	860
ROBERTS, C. C., O'HARA, W. W.	Product Engng		53		190
AKOBJANOFF, L.	RSI	23	52		447
RIDDIFORD, L.	Vide	7	52	39	5
GOMER, R.	J chem Physics	19	51	8	1072/73
MONK, G. W.	RSI	19	48		485

1.8.1 Grobvakuummeter (s. a. 1.8)

Verfasser	Zeitschrift	Band oder Jahrgang	Monat und Jahr	Heft Nr.	Seite
HONICK, K. R.	JSI	24	51	5	140–142
	ref. Vacuum	I	51	4	322
MEAKIN, R.	JSI	28	51	12	372/73
	ref. Vacuum	II	52	2	79
	Bestimmung der Hg-Niveaus in Metallmanometern				

1.8.1.1 Zeigervakuummeter (Federelastische Druckmesser)

Verfasser	Zeitschrift	Band oder Jahrgang	Monat und Jahr	Heft Nr.	Seite
DRAWIN, H. W.	Namur-Ber		58		274–284
DRAWIN, H. W.	Vak Techn	7	58	8	177–185
KRAMER, A. G., PLATZMANN, P. M.	RSI	29	58	10	897/98
OPSTELTEN, J. J., WARMOLTZ, N.	Namur-Ber		58		295–298
CROMPTON, R. W., ELFORD, M. T.	JSI	34	57		405–407
DE CRESCENTE, M., SANZ, G. S.	RSI	28	57	6	468
MILLAZZO, G.	Z Elektrochem	60	56		185–188
ROGERS, M. T., MALIK, J. G., BRADFORD, H.	RSI	26	55	7	730

Verfasser	Zeitschrift	Band oder Jahrgang	Monat und Jahr	Heft Nr.	Seite
WARMOLTZ, N., OPSTELTEN, J. J.	Appl Sci Res Sect B	4	55		329–336
BAXTER, I. G.	JSI	30	53		358–360
BAXTER, I. G.	JSI	30	53		456/57
COOK, D. B., DANBY, C. J.	JSI	30	53		238/240
LORANT, M.	Electronic Engng	24	53		80/81
	ref. Vak Techn		55	6/7	137
PERLS, T. A.,	News Bull NBS	37	53	9	140–142
KAECHELE, W. H., GOALWIN, D. S.	ref. Vacuum	III	53	2	192
PRESSY, D. C.	JSI	30	53		20–24
PRINGLE, D. H., KIDD, R. M.	RSI	24	53		877
BECKER, E. W.,	Z angew Phys	IV	52	1	20–22
STEEL, O.	ref. Vide	8	53	43	
ALPERT, D., MATLAND, MCCOMBRY	RSI	22	51		370
DIBELIER	J Res NBS	15	51		46
LOS, J. M., MORRISON, J.	RSI	22	51		805–809
HEAVENS, R., LA GOW, H., KROLL, R.	RSI	21	50	7	596–598
HETT, J. H., KING, R. W.	RSI	21	50		150–153
NISBETH, J. S.	JSI	26	49	8	620
	ref. Vide	5	50	30	

1.8.1.2 Flüssigkeitsvakuummeter

Verfasser	Zeitschrift	Band oder Jahrgang	Monat und Jahr	Heft Nr.	Seite
ZIGMAN, P.	RSI	30	59	11	1060–1062
BOTTOMLEY, G. A.	JSI	35	58		254-257
	ref. Vacuum	IX	59		159
NESTER, R. G.	RSI	28	57	7	577
ROSS, S. M.	RSI	27	56		409
	ref. Vacuum	VI	56		241
SANCIER, K. M.,	RSI	27	56		134–136
RICKESON, W.	ref. Vacuum	VI	56		241
CAMBURIAN, A.	Chim et Ind	73	55		541/42
ENGEL, L.,	Regelungstechnik	1	53	11	264
LECHNER, H.	ref. Vak Techn	3	54	2	43
HANDLEY, L. R.	RSI	25	54		94
NESTER, R. G.	RSI	25	54	11	1136/37
AYER, I. I.	RSI	21	50		496
LATERNSER, A.	US-Pat 2564116		19. 3. 47/ 14. 8. 51		

Verfasser	Zeitschrift	Band oder Jahrgang	Monat und Jahr	Heft Nr.	Seite

1.8.1.3 Kompressionsvakuummeter

Verfasser	Zeitschrift	Band oder Jahrgang	Monat und Jahr	Heft Nr.	Seite
BUCH, S., VOIGT, W.	Vak Techn	8	59		189–193
BÜLTEMANN, H. J.	Vak Techn	8	59	4	104–108
JANSEN, C. G. J., VENEMA, A.	Vacuum	IX	59	3/4	219–229
HAASE, G.	Chemische Technik Beiblatt Glas-Apparate-Technik	10	59		37–39
COCHRAN, C. N.	RSI	29	58		69/70
	ref. Vacuum publ. 1959	7/8	57/58		169
FLORESCU, N. A.	RSI	29	58		528/29
	ref. Vacuum publ. 1959	7/8	57/58		169
EBERT, H.	Namur-Ber		58		260–262
GOTO, M.	Namur-Ber		58		266–270
GRIFFITH, L. J.	Namur-Ber		58		263–265
GROSZKOWSKI, J.	Namur-Ber		58		288/89
BARNARD, J. A.	JSI	34	57		511
ISHII, H.	J Jap Vac Soc	7	57		113–120
	ref. Vacuum publ. 1959	7/8	57/58		169
MOSER, H., POLTZ, H.	Z Instrumentenkunde	65	57	3	43–46
LOTT, P.	Analyt Chem	28	56		276/77
	ref. Vacuum	VI	56		240
WYLLIE, H. A.	JSI	33	56		317
	ref. Vacuum	VI	56		240
REYNOLDS, M. B.	J chem Educat	32	55		621
	ref. Vacuum	VI	56		240
HARTEL, W.	Z VDI Feststellen von Wasserdampf in Vakuumbehältern	95	56	7	215–218
BRADLEY, R. S.	JSI	31	54		129
FLOSSDORF, W.	Instr et Automation	27	54		1795/96
SVEC, H. J., GIBBS, D. S.	RSI	24	53	3	302
GOULD, F. A., WICKERS, T.	JSI Kapillardepression	29	52		85
KENTY, C.	RSI	23	52		217/18
MIELENZ, K. D.	Gl und HVT	1	52	7	139
THOM, H. G.	Gl und HVT	1	52	8	159
AXELBANK, A.	RSI	21	50		511
GROSSKOWSKI	Vide	4	49		668

1.8.2 Feinvakuummeter (s. a. 1.8)

1.8.2.1 Vakuummessung durch Entladung (Hochfrequenzvakuumprüfer)

Verfasser	Zeitschrift	Band oder Jahrgang	Monat und Jahr	Heft Nr.	Seite
HAEFER, R.	Acta Phys Austr	IX	55	3/4	200–215
BURGER, A.	Exp Techn Phys	2	54	1	38/39

Verfasser	Zeitschrift	Band oder Jahrgang	Monat und Jahr	Heft Nr.	Seite

1.8.2.2 Alphatron

Verfasser	Zeitschrift	Band oder Jahrgang	Monat und Jahr	Heft Nr.	Seite
Akishin, A. I.	Pribory i Tekh Eksper		59	2	78–80
	ref. Phys Abstr Nr. 9313	62	59	741	891
Sibley, C. B.	Electronics, N. Y.	26	53		176/77
	ref. Vak Techn	4	55		137
Cousisine, D. M.	Chem Engng	59	52		162–172
Tunnicliff, P. R., Ward, A. G.	Proc phys Soc	65	52		233
Gimenez, G.,	J Phys Radium	12	51		64A
Labeyrie, J.	ref. Vide	7	Nov. 52		
Steckelmacher, W.	JSI	21	50		195
Mellen, G. L., Glenn, L.	IEC	40	48		787

1.8.2.3 Kompressionsvakuummeter nach McLeod (s. 1.8.1.3)

1.8.2.4 Wärmeleitungsvakuummeter

Verfasser	Zeitschrift	Band oder Jahrgang	Monat und Jahr	Heft Nr.	Seite
Praxmayer, W.	Nachrichtentechnik	7	57	2	61–65
	ref. Phys Abstr Nr. 7660	60	57		699
Hamilton, A. R.	Vac Symp Trans		57		112–114
Hamilton, A. R.	RSI	28	57		693/94
	ref. Vacuum publ. 1959	7/8	57/58		172
Leck, J. H.,	RSI	28	57		119–121
Martin, C. S.	ref. Vacuum publ. 1959	7/8	57/58		126
McMillan, J.,	RSI	28	57		881/82
Buch, T.	ref. Vacuum publ. 1959	7/8	57/58		172
Ubisch, H. v.	Vak Techn	6	57	8	175–181
Schwarz, H.	ATM 1341 — 3. Lieferung	192	52		
Wirth, H.,	Monatsh	83	52		879–882
Klemenc, A.	ref. Vacuum	III	53	1	102
Peck, R. E., Fagan, W. S.	Trans Amer Soc Mech Engrs	73	51		281–287
Ubisch, H. v.	Appl Sci Res	A 2	51		364–403

1.8.2.4.1 Pirani-Vakuummeter

Verfasser	Zeitschrift	Band oder Jahrgang	Monat und Jahr	Heft Nr.	Seite
Smith, A. W.	RSI	30	59		485
Veis, S.	Vacuum	IX	59	3/4	186–189
Leck, J. H.	JSI	35	58		107
	ref. Vacuum publ. 1959	7/8	57/58		171
Leck, J. H.,	JSI	33	56		181–183
Martin, C. S.	ref. Vacuum	VI	56		242
Morgan, P. G.	Electr J	156	56		1999–2000
	ref. Vacuum	VI	56		241
Marsden, D. G. H.	RSI	26	55		1205
Ubisch, H. v.	Analyt Chem	24	52		931
Litting, C. N. W.	JSI	32	55	3	91/92
Leck, J. H.	JSI	31	54		226

Verfasser	Zeitschrift	Band oder Jahrgang	Monat und Jahr	Heft Nr.	Seite
Mielenz, K. D.	Z angew Phys	VI	54	3	101–104
	bis zu Drücken von $1{,}7 \cdot 10^{-5}$				
Auwärter, M.	Brit Pat 692232				
	ref. Vacuum	III	53	3	320
Dardel, G. von	JSI	30	53	4	114–117
Pilny, M. J.	NACA-Rep Nr. TN 2946		53		
	ref. Vacuum	III	53	3	
Reynolds, F. H.	JSI	30	53		92
Glockler, G., Ven Horst, H.	Science	116	52		364–367
Gruber, H.	Gl und HVT	1	52	15/16	302
Leck, J. H.	JSI	29	52		258
Brown, D. R. H., Chasmar, R. P., Fellgatt, P. B.	JSI	28	51	6	195
Blasco, E., Miranda, L.	RSI	21	50		494
Blears, J.	Brit JAP	1	50		301
Spears, L.,	Brit JAP	1	50		132/33
Jolly, W. P.	ref. Vacuum	I	51	1	
Ubisch, H. v.	Arkiv För Mathematik, Astronomi Och Physik K Svenska Vetenskapsakademien	34 A	46	14	
Ubisch, H. v.	Arkiv För Mathematik, Astronomi Och Physik K Svenska Vetenskapsakademien	35 A	47	28	
Ubisch, H. v.	Arkiv För Mathematik, Astronomi Och Physik K Svenska Vetenskapsakademien	36 A	48	4	

1.8.2.4.2 Thermoelektrische Vakuummeter

Verfasser	Zeitschrift	Band oder Jahrgang	Monat und Jahr	Heft Nr.	Seite
Rivera, M. P., Leriche, R. P.	Vac Symp Trans		58		118–122
Schlitt, H.	Z angew Phys	8	56	5	216/17
	ref. Vacuum	VI	56		242
Degras, D. A.	Vide	7	52	38	1153
Florescu, N. A.	JSI	29	52		298
Pupp, W.	Gl und HVT	1	52	3/4	66

1.8.2.4.3 Halbleitervakuummeter (Thermistoren)

Verfasser	Zeitschrift	Band oder Jahrgang	Monat und Jahr	Heft Nr.	Seite
Degras, D. A., Andrieux, P.	Vide	14	59	80	45–58
Varicak, M., Saftic, B.	RSI	30	59		891
Varicak, M., Saftic, B.	Namur-Ber		58		285–287
Seiden, P. E.	RSI	28	57		657/58
	ref. Vacuum publ. 1959	7/8	57/58		172

Verfasser	Zeitschrift	Band oder Jahrgang	Monat und Jahr	Heft Nr.	Seite
Varicak, M.	CR	243	56		893–895
	ref. Vacuum	VI	56		242
Lortie, J.	J Phys Radium	16	55	4	317–320
	ref. Phys Abstr	58	55		876

1.8.2.5 Reibungsvakuummeter

Verfasser	Zeitschrift	Band oder Jahrgang	Monat und Jahr	Heft Nr.	Seite
Anderson, J. R.	RSI	29	58	12	1073–1078
	ref. Vacuum	IX	59	3/4	239
Heiligenbrunner, O.	Vak Techn	5	56	7	133–139
Klumb, H., Kollmannsberger	Gl und HVT	2	53	11	211–213
Klumb, H., Heiligenbrunner, O.	Gl und HVT	2	53	13	269–271
Heiligenbrunner, O.	Gl und HVT	1	52	8	162
Schwarz, H.	ATM V 1341 — 4. Lieferung	194	52		
Eberhard, E., Kern, H., Klumb, H.	Z angew Phys	III	51		209–211
Kohler, M.	Z Phys	125	49		715

1.8.3 Hochvakuummeter (s. a. 1.8)

1.8.3.1 Vakuummeter nach Penning

Verfasser	Zeitschrift	Band oder Jahrgang	Monat und Jahr	Heft Nr.	Seite
Conn, G. K. T.	Vacuum publ. 1959	7/8	57/58		72–79
Redhead, P. A.	Canad J Phys	37	59	11	1260–1271
Grigoriev, A. M.	Namur-Ber		58		308–310
Paty, L.	Czech J Phys	7	57	1	113
	ref. Phys Abstr Nr. 7851	62	59		751
Leck, J. H.,	Brit JAP	7	56		153–155
Riddoch, A.	ref. Vacuum	VI	56		243
Moesta, H.	Z angew Phys	8	56		598–603
Dumas, G.	Rev gen Electr	65	55	7	331–350
Haefer, R.	Acta Phys Austr	9	55	3/4	200–215
Varicak, M., Vosicki, B.	JSI	32	55		346
Beer, O.	Vak Techn	3	54	1	15
Conn, G. K. T., Daglish, H. N.	JSI	31	54		433
Phillips, K.	JSI	31	54	3	110/11
	ref. Vide	10	55	55	408
	ref. Vak Techn	4	55	6/7	138
Varicak, M., Vosicki, B., Saftic, B.	Period math phys astr Zagreb	10	55	1/2	89–96
Bobenried, A.	Vide	8	53		1302–1304
Conn, G. K. T., Daglish, H. N.	Vacuum	III	53	1	24–34

Verfasser	Zeitschrift	Band oder Jahrgang	Monat und Jahr	Heft Nr.	Seite
HAEFER, R.	Acta Phys Austr	7	53	1	52–90
HAEFER, R.	Acta Phys Austr	7	53	3	251–277
LECK, J. H., BROWN, E.	JSI	30	53	8	271–274
BERGMANN, W. H.	Acta Phys Austr	5	52		415
VERMONDE, J.	Vide	7	52		1145–1152
EVANS, E., BURMASTER, K. E.	Proc Inst Radio Engrs N.Y.	38	50		69–75
LEDUC, P.	Vide	4	49		684

1.8.3.2 Ionisationsvakuummeter

Verfasser	Zeitschrift	Band oder Jahrgang	Monat und Jahr	Heft Nr.	Seite
BENTON, H. B.	RSI	30	59		887
OPITZ, P., SCHNEIDER, F., VOISICHI, B.	Vak Techn	8	59		171
PENCHKO, E. A.,	Pribory i Tekh Eksper		59	1	128/29
KHAVKIN, L. P.	ref. Phys Abstr Nr. 7854	62	59	740	751
ROBINSON, N. W., BERZ, F.	Vacuum	IX	59	1	48–53
HABANEC, J.	Slaboproudy Obzor	19	58	3	140
	ref. Phys Abstr Nr. 3781	61	58		355
HENRY, R. P.	Namur-Ber		58		299–301
KOBAYASHI, S.	Namur-Ber		58		271–273
E. Leybold's Nachf.	Chem Ing Techn	30	58		364
ROBINSON, N. W., BERZ, F.	Namur-Ber		58		378–383
HALL, L. D.	RSI	28	57	8	653/54
ISHII, H.,	J Jap Vac Soc	7	57		176–188
NAKAYAMA, K.	ref. Vacuum publ. 1959	7/8	57/58		172
MOESTA, H., RENN, R.	Vak Techn	6	57	2/3	35
OKAMOTO, H.	Proc Jap Vac Soc	7	57		71–89
	ref. Vacuum publ. 1959	7/8	57/58		172
REECE, M. P.	JSI	34	57		513
SCHULZ, G. J.,	RSI	28	57		1051–1054
PHELPS, A. V.	ref. Vacuum publ. 1959	7/8	57/58		172
SCHUTTEN, J.	Appl Sci Res Sect B	6	57		276–284
BEYNON, J. H.,	JSI	33	56		376–380
NICHOLSON, G. R.	ref. Vacuum publ. 1959	7/8	57/58		173
HARIKARAN, P.,	JSI	33	56	12	488–491
BHALLA, M. S.	ref. Phys Abstr Nr. 3387	60	57		314
HENRY, R. P.	Vide	11	56		54–63
	ref. Vacuum	VI	56		242
KHAVKIN, L. P.	Zk tekh Fiz	26	56	10	2356–2360
	ref. Phys Abstr Nr. 4026	60	57	713	372
YOUNG, J. R.	JAP	27	56		926
BOUWMEESTER, E.,	Phil Techn Rev	17	55		121–125
WARMOLTZ, N.	ref. Vacuum	VI	56		243
PETERS, I. L.	Vac Symp Trans		55		71

Verfasser	Zeitschrift	Band oder Jahrgang	Monat und Jahr	Heft Nr.	Seite
Varnerin, L. J., Carmichael, J. H.	JAP	26	55		782
Ainsworth, J., La Gow, H. E.	RSI	27	56	8	653
Leck, J. H., Riddoch, A.	Brit JAP	7	56	4	153–155
Peters, J. L.	Vak Techn	5	56		65–69
Bollinger, L. E.	Instr and Automation	28	55	9	1507
Bouwmeester, F.	Philips techn Rdsch	17	55	3	107–112
Raible, R. W., Testermann, M. R.	Electronics, N. Y.	28	55		210–218
Hiby, J. W., Pahl, M.	Z Naturforschg	9a	54	10	906/07
Conn, G. K. T., Daglish, H. N.	JSI	31	54		412–416
Murata, S.	J Inst Electr Comm Engrs Japan	37	54		865–870
	ref. Phys Abstr		55		705
Redhead, R. A., MacNarry, L. R.	Canad J Phys	32	54		167–174
Reynolds, J. H., Lipson, J.	RSI	25	54		1029
Riddiford, L.	JSI	31	54	3	111
Varnerin, L. D., White, D.	JAP Gasaufzehrung	25	54	9	207
Versnel, A., Jonker, J. L. H.	Phil Res Rep	9	54	6	458/59
Auwärter, M.	Brit Pat 692232				
	ref. Vacuum	III	53	3	320
Branson, S. M.	Instr Practice	7	53		425
Dardel, G. von	JSI	30	53		114–117
Dobke, G., Schröder, B.	Gl und HVT	2	53	14	285–292
Fitz, F. J.	Canad J Phys	31	53	1	111–114
	ref. Vacuum	III	53	2	193
Stinnet, A. J.	RSI	24	53		985
Burrows, J. H., Mitchel, E. W.	JSI	29	52	1	27/28
Hibbert, F. H.	JSI	29	52		280
Pupp, W.	Gl und HVT	1	52	1	13
Redhead, P. A.	NRC Canada Rep ERB	275	52		
	ref. Vacuum	III	53	1	81
Sibata, H., Tuzi, Y., Kumagai, H.	RSI	23	52		54/55
Tsukakshi, O.	J Sci Inst Japan	46			247–254
Valle, G.	Nuovo Cim	9	52		145
Weinreich, O. A., Bleecher, H.	RSI	23	52		56

Verfasser	Zeitschrift	Band oder Jahrgang	Monat und Jahr	Heft Nr.	Seite
BASHKIN, S.	US-Pat 2548283				
BIONDI, M. A.	Westinghouse Res Lab Sci Paper Pittburgh		51		1579
GOLDSCHWARZ, J.M.	Vide	6	51	31	955/56
RIDDIFORD, L.	JSI	28	51		375–379
	ref. Vide	7	52		
WARMOLTZ, N.	Appl Sci Res Sect B	2	51		273–276
WASHBURN, H. W.,	US-Pat 2406419				
WILY, H. (CEC)	ref. Vacuum	I	51	2	
FILOSOFO, L., MERLIN, M., ROSTAGNI, A.	Nuovo Cim	7	50		69–75
KELLY, F. M.	RSI	21	50		673
LANDER, J. S.	RSI	21	50		672
METSON, G. H.	Brit JAP	1	50		73–77
	ref. Vacuum	I	51	1	66
VALLE, G.	Nuovo Cim	7	50		174
MILNER, C. J., WATT, I. M.	JSI	26	49		159
APKER, L. R.	IEC	40	48		846/47
BRISBANE, A. D.	Vacuum	II	52	2	
BECK, A. H.	Vide	9	54	49	1454–1461
HARIHARAN, P., BHALLA, M. S.	RSI	27	56	7	448/49

1.8.3.3 Radiometervakuummeter

Verfasser	Zeitschrift	Band oder Jahrgang	Monat und Jahr	Heft Nr.	Seite
BAILLEUL-LANGLAIS, J.	Vide	14	59	80	59
KLUMB, H.,	Vak Techn	7	58		133–135
FUCHS, D.	ref. Vacuum	IX	59	3/4	239
BIETTE, A.	Vide	13	58	76	211
VANDERSCHMIDT, G.F., SIMONS, J.C.	Namur-Ber		58		305–307
KIEFER, H., ZIEGLER, B.	Z angew Phys	VII	55		48
WEISSMANN, E.	Vak Techn	4	55	8	152–155
KLUMB, H., WEISSMANN, E.	Gl und HVT	2	53	12/13	266–269
MIELENZ, K. D., SCHÖNHEIT, E.	Z angew Phys	III	53		90–94
JENSEN, H. G.	Vacuum	II	52	4	388/89
WEISSMANN, E.	Gl und HVT	1	52	8	160
WITMAN, C. I.	J Chem Physics	20	52		161–163
	ref. Vacuum	II	52		188
STECKELMACHER, W.	Vacuum	I	51	4	166–182
ASSMUSSEN, R. W., BUSHMAN-OLSEN, B.	Trans Danish Acad Techn Sci		48	5	

Verfasser	Zeitschrift	Band oder Jahrgang	Monat und Jahr	Heft Nr.	Seite
MEERS, J. T.,	Phys Rev	74	48		119
PARDUIS, L. A.					
BLEARS, J.	Brit Pat 664788				
STECKELMACHER, W.	Brit Pat 630885				
	ref. Vacuum	I	51	1	49

1.9 Partialdruckmeßgeräte

Verfasser	Zeitschrift	Band oder Jahrgang	Monat und Jahr	Heft Nr.	Seite
KALJABIN, I. A.,	Vacuum	IX	59		117
YUKHVIDIN, Y. A.					
TRETNER, W.	Z angew Phys	11	59		395
AMOIGNON, J.,	Vide	12	57		377
ROMMEL, G.	ref. Phys Abstr Nr. 2867	61	58		274
BISHOP, J.	Namur-Ber		58		484–490
DIELS, K.,	Vac Symp Trans		58		115–117
MOESTA, H.					
GARBE, S.	Namur-Ber		58		404–409
HINTENBERGER, H.,	Vak Techn	7	58	5	121–130
DÖRNENBURG, E.					
HINTENBERGER, H.,	Vak Techn	7	58	7	159–171
DÖRNENBURG, E.	ref. Vacuum	IX	59	3/4	241
JOHNSON, C. Y.	JAP	29	58		740
KALJABIN, I.,	Namur-Ber		58		418–426
YUKHVIDIN, Y. A.					
KLOPFER, A.	Namur-Ber		58		397–400
MCNARRY, L. R.	Canad J Phys	36	58		1710
PAUL, W.,	Z Phys	152	58		143–182
REINHARD, H. P.,					
ZAHN, U. v.					
SCHÜTZE, H. J.,	Namur-Ber		58		125–133
VARADI, P. F.					
VARADI, P. F.,	Vak Techn	7	58	1	13–16
SEBESTYEN, L. G.,					
RIEGER, E.					
VARADI, P. F.,	Vak Techn	7	58	2/3	46–51
SEBESTYEN, L. G.,					
RIEGER, E.					
PEPER, J.	Phil Tech Rev	19	57/58	7/8	218–220
	ref. Vacuum publ. 1959	7/8	57/58		179
EDWARDS, A. G.	Research	10	57		288/89
	ref. Vacuum publ. 1959	7/8	57/58		180
FALK, G.,	Vak Techn	6	57	2/3	34
SCHWERING, F.					
GUTBIER	Z Naturforschg	12a	57	6	
PERKINS, G. D.,	Vac Symp Trans		57		125–128
CHARPENTIER, D. E.					
WAGENER, J. S.,	JAP	28	57	9	1027
MARTH, P. T.					

Verfasser	Zeitschrift	Band oder Jahrgang	Monat und Jahr	Heft Nr.	Seite
Edwards, A. G.	Vacuum	V	55		93–108
Roberts, R. H.,	AEC-Rep Nr. AECD-3149		55		
Earnshaw, K. B.	ref. Vacuum	VI	56		257
Wiley, W. C., McLaren, I. H.	RSI	26	55	12	1150–1157
Wherry, T. C., Karazek, F. W.	JAP	26	55		682
Brubaker, W. M., Perkins, G. D.	RSI	27	56		720
Cannon, W. W., Testermann, M. K.	JAP	27	56		1283
Reynolds, J. H.	RSI	27	56		928–934
Robinson, C. F.	RSI	27	56		88/89
	ref. Vacuum	VI	56		244
Woodford, H. J., Gardner, J. H.	RSI	27	56		378
Bennet, W. H.	JAP	21	50	2	143–149

1.10 Undichtigkeiten und Lecksuchgeräte

Verfasser	Zeitschrift	Band oder Jahrgang	Monat und Jahr	Heft Nr.	Seite
Drawin, H. W., Kronberger, K.	Vak Techn	8	59		128–137
Drawin, H. W.	Vak Techn	8	59	8	215–219
Paty, L.	Vacuum publ. 1959	7/8	57/58		80–86
Thiel, A.	Atomenergie	4	59	2	75–80
Botden, Th. P. J.	Namur-Ber		58		241–244
Briggs, W. E., Jones, A. C., Roberts, J. A.	Vac Symp Trans		58		129–136
Choumoff, S.	Vide	13	58	76	193
Choumoff, S., Laplume, J.	Namur-Ber		58		133–140
Ehlers, K. W.	RSI	29	58		72
	ref. Vacuum publ. 1959	7/8	57/58		110
Glueckauf, E., Kitt, G. P.	JSI	35	58		220
Gordon, S. A.	RSI	29	58		501–504
	ref. Vacuum publ. 1959	7/8	57/58		188
Ishii, H.	Namur-Ber		58		245–247
Jean, R.	Vide	13	58	76	188
Jean, R.	Namur-Ber		58		223–228
Jenkins, R. O.	JSI	35	58		428
Kobayashi, S., Yada, H.	Namur-Ber		58		248–250
Kronberger, H.	Brit Chem Engng	3	58	7	393
Minter, C. C.	RSI	29	58	9	793
Mongodin, G.	Namur-Ber		58		229–232

Verfasser	Zeitschrift	Band oder Jahrgang	Monat und Jahr	Heft Nr.	Seite
WARNECKE, R. J.	Namur-Ber		58		251–256
WARMOLTZ, N.	Namur-Ber		58		257–259
WORK, R. H.	Vac Symp Trans		58		126–128
BIRAM, J. G. S.	AERE CE/R 2066		57		
KOBAYASHI, S.,	J Jap Vac Soc		57	7	189–196
YADA, K.	ref. Vacuum publ. 1959	7/8	57/58		188
MOODY, R. F.	Vak Techn	6	57	4	80
SACK, W.	Energie	8	57		305
SCHUMACHER, B. W.	Vak Techn	6	57	6	119
TORNEY, F. L.	Vac Symp Trans		57		115–119
WARMOLTZ, N., GREFTE, H. A. M.	Vide	12	57	69	202–207
BELL, R. L.	JSI	33	56		269–272
	ref. Vacuum	VI	56		258
LEUWEN, J. A. v., OSKAM, H. J.	RSI	27	56	5	328
NIVIERE, P.	Genie Chimique	75	56		122/23
	ref. Vacuum	VI	56		188
VERKAMP, J. P.,	Nucleonics	14	56		54–57
WILLIAMS, S. L.	ref. Vacuum	VI	56		187
VARADI, P. F.,	JSI	33	56		392/93
SEBESTYEN, L. G.	ref. Vacuum publ. 1959	7/8	57/58		193
VARICAK, M.	RSI	27	56		655
	ref. Vacuum	VI	56		259
LEVINA, L. E.	Uspekhi Fizicheskikh Nauk	55	55	1	101–110
	ref. Vacuum	VI	56		187
JAKOBS, R. B.	Ind Engng Chem	40	48		791–794
NECK, H.	Bull schweiz elektrotechn Ver	46	55	8	392/93
REISS, K. H.	Z angew Phys	VII	55	9	473
BENSON, F. A., SEAMAN, M. S.	Electronic Engng		55		360
LEYER, E. C.	Canad J Technol	32	54	6	199–205
LINDBERG, D. A.	Electronic Engng	26	54		436–440
WHITE, W. C.	Electronic Engng		54		806
ALARS, G. A., JAKOBS, J. A., MALMBERG, P. R.	RSI	24	53	5	399–400
BABELAY, E. F., SMITH, L. A.	RSI	24	53		508
BLOMMER, R. N.,	JSI	30	53	10	385/86
HEINE, M. E.	Ventil				
FORMAN, R.	RSI (Ventil)	24	53	4	326/27
GASSIGNOLL, C. H.,	Vide	8	53	48	1415–1421
GELLER, R., NORCEAU, J.	Spektrometer				
GEMANT, A.	JAP	24	53		93
HARRISON, E. R.	JSI	30	53		170/71

Verfasser	Zeitschrift	Band oder Jahrgang	Monat und Jahr	Heft Nr.	Seite
Lecomte, J., Taieb, J., Thebault, J.	Vide	8	53	48	1422–1427
Morrison, J.	RSI	24	53		230/31
	ref. Vacuum	III	53	2	176
Ochert, N., Steckelmacher, W., Reiss, T. H.	Vacuum	III	53	2	125–136
Stinnet, A. J.	RSI	24	53	9	883/84
Weber, A.	Gl und HVT	2	53	7	216
Ziock, K.	Phys Verh	4	53	7	216
Leck, J. H.	Vacuum	II	52	4	382
Nief, G.	Brit JAP	3	52	1	29
Ochert, N.	Vacuum	II	52	2	125–136
Kloepper, F. H., Seagondollar, L. W., Smith, R. K.	RSI	23	52		245
Stern, L. E.	Automat Industr	107	52		52
Ubisch, H. v.	Analyt Chem	24	52		931
Leck, J. H.	Brit JAP	3	52		227–232
Hutton, J. G., Usher, T. E.	Gen Electr Rev	54	51		18–23
Jenkins, W.	RSI	22	51		845
	ref. Vacuum	II	52	1	66
Martin, S. L.	IEC	32	51		221–229
Ochert, N.,	Brit JAP	2	51		332/33
Steckelmacher, W.	ref. Vacuum	II	52	2	186
Reinders, M. E., Schutten, J., Kistemaker, J.	Appl Sci Res	B 2	51		66–70
Riddiford, L.,	JSI	28	51	11	352/53
Coe, R. F.	ref. Vide	7	52	38	
Romand, J., Schwetzoff, V., Vodar, B.	Vide	6	51	34/35	1046–1051
Ubisch, H. v.	Appl Sci Res	A 2	51		429
Volker, E.	Z Naturforschg	6a	51	9	512/13
Warmoltz, N.	Appl Sci Res	B 2	51		429
Deutsch, Z. G., Raible, F.	Chem Engng	27	50	4	279-284
Guthrie, A.	Electronics, N. Y.	23	50		96–101
Hagstrum, A. G., Weinhart, H. W.	RSI	21	50	4	394
Lloyd, J. T.	JSI	27	50		376
McFee, R. H.	RSI	21	50		100/01
Penning, F. M., Nienhuis, K.	Phil Tech Rev	11	49		116–122
Saxon, D., Richards, J.	RSI	20	49	10	

Verfasser	Zeitschrift	Band oder Jahrgang	Monat und Jahr	Heft Nr.	Seite

1.11 Ultrahochvakuumtechnik

Verfasser	Zeitschrift	Band oder Jahrgang	Monat und Jahr	Heft Nr.	Seite
Alpert, D.	Vacuum	IX	59	2	89
Munday, G. L.	Nucl Instr Methods		59	4	367–375
Yarwood, J.	JSI	34	57		297–304
	ref. Vacuum publ. 1959	7/8	57/58		107
Alpert, D.	Namur-Ber	I	58		31–38
Diels, K.	Namur-Ber	I	58		90–92
Florescu, N. A.	Namur-Ber	I	58		367–372
Schweitzer, J.	Vide	14	59	82	165–182
Yarwood, J.	JSI	34	57	8	297–304
	ref. Phys Abstr		57	9036	828
Simon, H.	Exp Techn Phys	4	56	1	8–26
Alpert, D.	Science	122	55		729–733
	ref. Vacuum	VI	56		185

1.11.2 Druckmessung

Verfasser	Zeitschrift	Band oder Jahrgang	Monat und Jahr	Heft Nr.	Seite
Müller, K. G.	Vide	14	59	82	250–259
Redhead, P. A.	Namur-Ber	I	58		410–413
Schutten, J.	Namur-Ber	I	58		414–417

1.11.2.1 Druckmessungen mit Bayard-Alpert-Röhre

Verfasser	Zeitschrift	Band oder Jahrgang	Monat und Jahr	Heft Nr.	Seite
Carter, G., Leck, J. H.	Brit JAP	10	59		364
Gavriluk, V. M.	Pribory i Tekh Eksper	2	59	83	
Kucherov, Y. M.	ref. Phys Abstr	62	59	9314	
Mizushima, Y., Oda, Z.	RSI	30	59	12	1037–1041
Schulz, G. J.	JAP	28	57		1149–1152
	ref. Vacuum publ. 1959	7/8	57/58		172
Allenden, D.	Vide	13	58	77	247

1.11.2.2 Druckmessungen mit Magnetronvakuummeter

Verfasser	Zeitschrift	Band oder Jahrgang	Monat und Jahr	Heft Nr.	Seite
Hobson, J. P., Redhead, P. A.	Canad J Phys	36	58	3	271–288

1.11.2.3 Flash-filament-Methode

Verfasser	Zeitschrift	Band oder Jahrgang	Monat und Jahr	Heft Nr.	Seite
Baker, F. A., Yarwood, J.	Vak Techn	6	57	7	147

1.11.3 Erzeugung von Ultrahochvakuum

Verfasser	Zeitschrift	Band oder Jahrgang	Monat und Jahr	Heft Nr.	Seite
Redhead, P. A., Kornelsen, E. V.	Vak Techn.	10	61	2	31–39
Nöller, H. G., Reich, G., Bächler, W.	Vac Symp Trans		60		72–74

Verfasser	Zeitschrift	Band oder Jahrgang	Monat und Jahr	Heft Nr.	Seite
Moll, J., Ehlers, H.	Z angew Phys	12	60		324–328
Mongodin, G.	Vide	14	59	80	95
Trendelenburg, E. A.	Vide	14	59	80	74
Venema, A.	Vacuum	IX	59	1	54–57
Venema, A., Bandringa, M.	Philips techn Rdsch	20	59	6	153–166
Hall, L. D.	RSI	29	58		367–370
	ref. Vacuum publ. 1959	7/8	57/58		165
Hall, L. D.	Vac Symp Trans		58		158–163
Hobson, J. P., Redhead, P. A.	Namur-Ber (Glas)		58		384–388
Milleron, N.	Vac Symp Trans		58		140–147
Redhead, P. A.	Vac Symp Trans		58		148–152
Venema, A.	Namur-Ber		58		389–392
Reich, G., Nöller, H. G.	Vac Symp Trans		57		97–99

1.11.3.3 Adsorptionsfallen

Verfasser	Zeitschrift	Band oder Jahrgang	Monat und Jahr	Heft Nr.	Seite
Biondi, M. A.	RSI	30	59		831
Carmichael, J. H., Lange, W. J.	Vac Symp Trans		58		137–139
Mickelsen, W. R., Childs, J. H.	RSI	29	Okt. 58		871–873
Venema, A.	Namur-Ber		58		389–392
Grove, D. J.	AEC Res Dev Rep Proj Matterhorn Tech Memo NYO-7883	40	57		

1.11.3.4 Getter

Verfasser	Zeitschrift	Band oder Jahrgang	Monat und Jahr	Heft Nr.	Seite
Milleron, N., Popp, E. C.	Vac Symp Trans		59		153–159

1.11.3.5 Tiefkühlung (Kryopumpen)

Verfasser	Zeitschrift	Band oder Jahrgang	Monat und Jahr	Heft Nr.	Seite
Klipping, G., Mascher, W.	Vak Techn	11	62	3	81–85
Klipping, G.	Kältetechnik	13	61		250–252
Caswell, H. L.	RSI	30	59		1054
—	Franklin Inst	267	59		97/98
	ref. Vacuum	IX	59	3/4	234
Bailey, B. M., Chuan, R. L.	Vac Symp Trans		58		262–267
Bailey, B. M.	Chem Engng News	36	58	45	60–62
Little, A. D.	Chem Engng	65	58	26	30

Verfasser	Zeitschrift	Band oder Jahrgang	Monat und Jahr	Heft Nr.	Seite
Lasarew, B. G., Borowik, E. S., Fedorowa, N. M., Zin, N. M.	UPN	2	57		175

1.11.4 Bauelemente

1.11.4.1 Flanschverbindungen

Verfasser	Zeitschrift	Band oder Jahrgang	Monat und Jahr	Heft Nr.	Seite
Boulloud, J. P., Schweitzer, J.	Vide	14	59	82	241–249
Henry, R. P., Blaive, J. C.	Namur-Ber		58		345–348

1.11.4.2 Ventile

Verfasser	Zeitschrift	Band oder Jahrgang	Monat und Jahr	Heft Nr.	Seite
Axelrod, N. N.	RSI	30	59		944/45
Carmichael, J. H., Trendelenburg, E. A.	RSI	30	59		494
Lange, W. J.	RSI	30	59		602
Paty, L., Schürer, P.	RSI	28	57		654/55
	ref. Vacuum publ. 1959	7/8	57/58		111
Vogl, T. P., Evans, H. D.	RSI	27	56		657
	ref. Vacuum	VI	56		254
Bills, D. G., Allen, F. G.	RSI	26	55		654–656

1.11.4.3 Beobachtungsfenster

Verfasser	Zeitschrift	Band oder Jahrgang	Monat und Jahr	Heft Nr.	Seite
Roberts, V.	JSI	36	59	36	99
Greenblatt, M. H.	RSI	29	58	8	738
Hauser, V., Kerler, W.	RSI	29	58	5	380
Strad, A. R.	RSI	29	58		533
	ref. Vacuum publ. 1959	7/8	57/58		191
Sterzer, F.	RSI	28	57		208/09
	ref. Vacuum publ. 1959	7/8	57/58		191
Perry, J. T.	RSI	27	56		759–762
	ref. Vacuum	VI	56		256
Koops, R., Zeiss, C.	German Pat Appl No. Z 4921 V1/48b				
	ref. Vacuum	VI	56		256

2.1 Vakuumzubehör

Verfasser	Zeitschrift	Band oder Jahrgang	Monat und Jahr	Heft Nr.	Seite
Warmoltz, N., Bouwmeester, E.	Philips techn Rdsch	21	59/60	6	170–175
Sloan, L. G.	RSI	27	56	12	1019–1021
	ref. Vacuum publ. 1959	7/8	57/58		118
Wyllie, H. A.	JSI	33	56		360

Verfasser	Zeitschrift	Band oder Jahrgang	Monat und Jahr	Heft Nr.	Seite
2.1.1 Rohrleitungen					
Henry, R. P.	Namur-Ber		58		349–352
Pollard, J.	JSI	30	53	1	25/26
Reichard, H. F.	Chem Engng	59	Jan. 52		161
	ref. Vacuum	II	April 52	2	186
2.1.2 Starre Verbindungen					
Brymner, R., Steckelmacher, W.	JSI	36	59		278
Gaunt, A. J., Redford, R. A.	JSI	36	59		377
Green, L. A., Miles, H. T., Richardson, A. C.	JSI	36	59		324
Moore, H. R.	RSI	29	58	8	737/38
Adam, H. A.,	JSI	34	57		123/24
Kaufman, S., Liley, B. S.	ref. Vacuum publ. 1959	7/8	57/58		190
Drowart, J., Goldfinger, R., Steenwinkel, R. van	JSI	34	57		248
Foote, T.,	RSI	28	57		585/586
Harrington, D. B.	ref. Vacuum publ. 1959	7/8	57/58		189
Gore, G. W.	JSI	34	57		459
Yonts, O. C., Morgan, H. W.	RSI	26	55	6	619/20
Pattee, H. H. jr.	Phys Rev	98	55	1	283
Adam, H.	Trans Soc Glas Technol	38	54		285–296
Brannen, E., Ferguson, H. I. S.	RSI	25	Aug. 54		836/37
Lee, F. R. N., Young	JSI	31	54	2	70
McKnight, W. H.	Material and Methods		Okt. 54		94
Nester, R. G.	RSI	25	Jan. 54	1	95
Pattee, H. H. jr.	RSI	25	54	11	1132/33
Rawson, H., Renton, E. P.	Brit JAP	5	Okt. 54		352
Elson, L.	JSI	30	53		140
Duesing, W.	Telefunkenztg	26	März 53		110–120
Duesing, W.	Glastechn Ber		Aug. 53		232–238
Garbe, H. W.	Amer Mach N. Y.	97	6. 3. 53	6	131–135
Herrmann, H.	Gl und HVT	2	Juni 53	10	189–200
Kent, P. J. O.	JSI	30	53	12	485
Schriever, W. W.	RSI	24	Mai 53	5	402/03
	ref. Vide	9	54	49	1470

Verfasser	Zeitschrift	Band oder Jahrgang	Monat und Jahr	Heft Nr.	Seite
Hayward, A. G.	Vacuum	II	52	2	262–264
—	Amer Export Ind.	149	Aug. 51		31
	ref. Vacuum	I	51	4	341
Dvorek, H. R., Little, R. N.	RSI	22	51		1027/28
Karmaus	Glas-Email-Keramotechn		Mai 51	5	
Strohter, F. B., Granberry, H.	RSI	22	Juni 51		432
Eckstein, N. A.,	RSI	21	April 50	4	398/99
Fitzgerald, J. W., Boyd, C. A.	ref. Vacuum	I	Jan. 51	1	67
Stanworth, J. E.	JSI	27	Okt. 50		282–284

2.1.3 Bewegliche Verbindungen

a) Elastische Verbindungsteile

Verfasser	Zeitschrift	Band oder Jahrgang	Monat und Jahr	Heft Nr.	Seite
Kerner	Z angew Phys	V	53	5	168
	ref. Vide	10	55	55	404
Fremlin	JSI	29	52		267
Sancier, K. M.	RSI	20	49	12	958

b) Andere bewegliche Verbindungsteile

Verfasser	Zeitschrift	Band oder Jahrgang	Monat und Jahr	Heft Nr.	Seite
French, E. P.	Nucleonics	10	März 52		66
Newton, A.	ref. Vacuum	II	52	2	186
Hayward	JSI	29	52	12	410
Knudsen, A. W.	RSI	23	Okt. 52	10	566/67
McCuistion, T. J.	India Rubber World	125	52		575
Norbury, J.	JSI	29	52	6	204
Smith, J. R. W.	JSI	29	52	4	131
Garrod, J. R.	JSI	28	51	6	187
Retzloff, O.	RSI	20	April 49	4	324
Garrod, J. R.	JSI	25	48		378–383
Garrod, J. R.	JSI	26	49		279

2.1.4 Ventile

a) Verschiedene

Verfasser	Zeitschrift	Band oder Jahrgang	Monat und Jahr	Heft Nr.	Seite
Gorowitz, B., Moses, K., Gloersen, P.	RSI	31	60	2	146–148
Lamb, W. R., Rhoads, F. A., Applebaum, P. S.	Vacuum	IX	59		147
Moreau, J.	Vide	14	59	79	3
Preston, J.	JSI	36	59		98
Roberts, V.	JSI	36	59		99
Salmon, D.	Instr and Control Systems	32	59		1026/27
Shpigel, I. S.	Pribory Tekh eksper	1	59		151

Verfasser	Zeitschrift	Band oder Jahrgang	Monat und Jahr	Heft Nr.	Seite
SMITH, H. A., POSEY, J. C., THOMAS, C. O.	RSI	30	59	3	202/03
THIELE, K.	Vak Techn	8	59	8	223–226
ALMOND, J.	JSI	35	58		70
BLANARU, L.	JSI	35	58		184
	ref. Vacuum publ. 1959	7/8	57/58		187
COPE, J. O.	RSI	29	58		232–234
	ref. Vacuum publ. 1959	7/8	57/58		187
FORST, J. A.	JSI	35	Juli 58		268
MCFARLAND, R. H., ANDERSON, R., WELLS, J.	RSI	29	58		529/30
MOREAU, J.	Namur-Ber		58		332–334
D'AMICO, C., HAGSTRUM, H. D.	RSI	28	57	1	60
BOTTOMLEY, G. A.	JSI	34	57		369
FETZ, H., SCHIEFER, K.	Z angew Phys	9	57	1	13
FRANKS, A.	JSI	34	57		122
RAATS, E., HARLEY, J.	JSI	34	57		510
TOBY, S.,	RSI	28	57		470/71
KUTSCHKE, K. O.	ref. Vacuum publ. 1959	7/8	57/58		187
BARROW, C.	JSI	33	Febr. 56		83
BIDDULPH, R. H.,	Chem Ind		56		569
PLESCH, P. H.	ref. Vacuum	VI	56		186
BLOCK, H.	Nature	178	56		1307/08
	ref. Vacuum publ. 1959	7/8	57/58		187
BUCK, H. M.	JSI	33	56		361
HAUL, H. W., SWART, E. R.	JSI	33	56		243
HORSELING, J.	Philips techn Rdsch	17	56	7	217–219
MOORE, H. R.	JSI	33	56		282
NESTLER, R. G.	RSI	27	56	10	874/75
	ref. Phys Abstr	60	57	1964	185
WYLLIE, H. A.	JSI	33	56		360
BILLS, D. G.	RSI	26	Juli 55	7	654–656
HOLLAND, R. E., MOORING, F. P.	RSI	26	55		989
ROBERTS, R. H., WALSH, J. V.	RSI	26	Sept. 55	9	890
—	Chem Engng News	32	54		2972
RICHARDS, R. J.	RSI	25	Mai 54	5	520/21
STANIER, H. M.	JSI	29	54		165
STEIN, F. S.	RSI	25	Mai 54	5	515/16
REINDERS, H. E., KISTEMAKER, J.	Appl Sci Res	B 2		1	71/72

Verfasser	Zeitschrift	Band oder Jahrgang	Monat und Jahr	Heft Nr.	Seite
FORMAN, R.	RSI	24	April 53	4	326/27
	ref. Vacuum	III	Juli 53	3	302
HARRISON, E. R.	JSI	30	Mai 53	5	170/71
	ref. Vacuum	III	Juli 53	3	302
MALLET, W.	Analyt Chem	25	Jan. 53		116–119
GERDS, A. F.,	ref. Vacuum	III	April 53	2	209/10
GRIFFITH, G.					
SPEED, F. L.	AERE-Rep Nr. ED/R 1302		53		
	ref. Vacuum	III	Juni 53	3	325
STEVANS, C. M.	RSI	24	53	2	148–151
YARWOOD, J.	Vacuum	III	53	4	398–411
BLACK, S.,	Chem Engng	59	52	10	207
Bryson Inc.					
BUCHMAN, K. C.	Analyt Chem	23	Nov. 51		1724
	ref. Vacuum	II	Jan. 52	1	82
WAHL, J. S.,	RSI	23	52	7	379
FORBES, C.,					
NYER, W. E.					
KENTY, C.	RSI	22	51	11	844/45
	ref. Vide	7	52		
RIDDIFORD, L.,	JSI	29	52		296
LILLEY, H.					
SHATFORD, P. A.	JSI	29	52		336
SMITH, R. K.	RSI	23	52		767/68
STANIER, H. M.,	JSI	29	52		165
BEYNON, J. M.					
YERGIN, P. F.	RSI	23	52		310
JENNINGS, B.	RSI	20	49		366
NORTON, J.	RSI	20	49		620
	ref. Vide	5	50	30	
KING, L. D. P.	RSI	19	48		83
KURIE, F. N. D.	RSI	19	48		585
LOCKENWITZ, A. E.	RSI	19	48		242
GIESE, H.	Wiss Z Uni Halle math nat	II	52	9	

b) Glasventile

Verfasser	Zeitschrift	Band oder Jahrgang	Monat und Jahr	Heft Nr.	Seite
FULLER, J.	JSI	33	56		161
SILL, R. C.	RSI	27	56	8	657
GREENE, ST. A.	RSI	26	55	7	731
KRISLISS, S. S.,	RSI	26	55	7	615
ASMANES, C.					
DECKER, R. W.	JAP	25	Nov. 54	11	1441/42
MCCUTCHEN, C. W.	RSI	25	54		1220
HOLTON, P.	JSI	29	52		300
—	Instruments	24	Juni 51		656–659
STERN, J.	RSI	22	51	9	703/04
	ref. Vide	7	März 52	38	

Verfasser	Zeitschrift	Band oder Jahrgang	Monat und Jahr	Heft Nr.	Seite

c) Metallventile

Verfasser	Zeitschrift	Band oder Jahrgang	Monat und Jahr	Heft Nr.	Seite
KOPPEN, H. M. VAN	Appl Sci Res	3b	53		116–119
REILLY, E. G.	RSI	24	53		875/76
BROWN, S. C., COYLE, J. E.	RSI	23	Okt. 52	10	570/71
SHATFORD, P. A.	JSI	29	Okt. 52	10	207
SEARS, G. M., HOPKE, E. R.	RSI	21	50		570
CAMERON, A. E.	RSI	25	Okt. 54	10	1027/28
RUEGER, L. J.	RSI	24	53		551
ROBIN, S.	J Phys Radium	13	Juli 52	2	116
	Vide	7	52	40/41	
ALPERT, D.	RSI	22	51	7	536/37
ARKINS, W. F., JENKINS, G. C. H.	Machinery		9. 3. 50		351/52
	ref. Vacuum	I	Jan. 51	1	53
GARROD, R. I.	JSI	27	Juli 50		205
	ref. Vacuum	I	Jan. 51	1	54
MCINTOSH, R. O., COLTMAN, J. W.	RSI	20	49		135
GERROD, R. T., COYLE, R. A.	JSI	27	50	8	228/29

d) Gesteuerte Ventile

Verfasser	Zeitschrift	Band oder Jahrgang	Monat und Jahr	Heft Nr.	Seite
FISHER, P.	RSI	27	Mai 56	5	271
KNUDSEN, A. W.	RSI	27	März 56	3	148–150
GLAISTER, R. M.	JSI	32	Jan. 55	1	34/35
PRUGNE, P.	J Phys Radium	12	Okt. 51		66 A
	ref. Vacuum	II	Jan. 52	1	82

2.1.5 Hähne und Schliffe

Verfasser	Zeitschrift	Band oder Jahrgang	Monat und Jahr	Heft Nr.	Seite
CROCKER, A.	JSI	36	59		447
AMOIGNON, J., DELCHER, J., GELLER, R.	Vide	12	57		176–183
HORSELING, J.	Philips techn Rev	17	55		184–186
	ref. Vacuum	VI	56		255

2.1.6 Durchführungen

a) Allgemeine

Verfasser	Zeitschrift	Band oder Jahrgang	Monat und Jahr	Heft Nr.	Seite
ADAM, H.	Vak Techn	8	59		59–62
	ref. Vacuum	IX	59	3/4	251
HAAS, N. DE	RSI	30	59		594
HEARST, J. R., AHN, S. H., STRAIT, E. N.	RSI	30	59	3	200
DAVIS, E. J.	JSI	35	58		308

Verfasser	Zeitschrift	Band oder Jahrgang	Monat und Jahr	Heft Nr.	Seite
Lewin, G., Mark, R.	Vac Symp Trans		58		44–49
Lewin, G., Mark, R.	AEC-Rep NYO-8749				
Mariner, T. H.	Product Engng		57		188–192
	ref. Vacuum publ. 1959	7/8	57/58		250
Kleinteich, R.	Glas-Email-Keramotechn	9	56		355–357
	ref. Vacuum publ. 1959	7/8	57/58		250
Weiss, W.	Glastechn Ber	29	56	10	386–392
	Z Glaskunde				

b) *Schweiß- und Lötverbindungen*

Verfasser	Zeitschrift	Band oder Jahrgang	Monat und Jahr	Heft Nr.	Seite
McGuire, J. C.	RSI	26	55	9	893
Espe, W.	Vak Techn	4	55	3	51–64
Espe, W.	Feinwerktechnik	57	53		309
Müller, M. A.,	Weld J		Febr. 53		116–118
Russel, A. S.	ref. Vacuum	III	April 53	2	179
Vanderveer, W. R.	Vacuum	III	53		86
Laboulaye	Vide	7	Mai 52	39	1199
Wallace, R. A.	Materials and Methods	36	52		117–119

2.1.6.1 Drehdurchführungen

Verfasser	Zeitschrift	Band oder Jahrgang	Monat und Jahr	Heft Nr.	Seite
Irland, M. J., Schermer, E. B.	RSI	30	59		743/44
Billet, E. A.,	JSI	35	58		70
Bishop, J.	ref. Vacuum publ. 1959	7/8	57/58		189
Ubisch, H. v.	JSI	33	Mai 56		200/01
Howe, P. G.	RSI	26	55	6	625
Diefenbach, G.	Chem Ing Techn	26	54	7	397–400
Sikorski, J., Woods, H. S.	JSI	30	Nov. 53	11	342
Sitney, R., Garrod, J. R.	RSI	23	52	9	505/06

2.1.6.2 Stromdurchführungen

Verfasser	Zeitschrift	Band oder Jahrgang	Monat und Jahr	Heft Nr.	Seite
Edwards, W. D.	JSI	35	58		111
Meedchan, C. J., Sosin, A.	RSI	29	58		323
Vilieres, J. M.	RSI	29	58	6	527/28
Wieder, H., Smith, A. W.	RSI	29	58	9	794
Noggle, T. S., Oslewitt, T. H., Coltman, R.	RSI	28	57	6	464
Gomer, R.	RSI	27	Juli 56	7	544
Einstein, P. A., Pesterfield, E.	JSI	32	55		77
Harrower, G. A., Best, F. S., Machalett, A. A.	RSI	26	April 55	4	404/05

Verfasser	Zeitschrift	Band oder Jahrgang	Monat und Jahr	Heft Nr.	Seite
Lorenz, A.	Gl und HVT Quarz	2	Sept. 55	12/13	247
McKnight, W. H.	Materials and Methods		Okt. 54		94
Rawson, H.	Brit JAP	5	Okt. 54		352
Elson, L.	JSI	30	53		140
Schwarz-Bergkamp, F.	Gl und HVT	2	Sept. 53	12/13	254
Adam, H.	Gl und HVT	1	Dez. 52	7	123–134
Adam, H.	Gl und HVT	1	52	2	29–40
Bleuze, J., Dussanssoy, P.	Verres et Ref	6	52	6	347–355
Hoch, M.	RSI	23	52		651
Turnbull, J. C.	RCA-Rev	13	Sept. 52		291–299
Dvorek, H. R., Lihle, R. N.	RSI	22	51		1077
Karmaus	Glas-Email-Keramotechnik		Mai 51	5	
Taylor, R. C.	RSI	20	49		457

2.1.7 Dichtungsringe

Verfasser	Zeitschrift	Band oder Jahrgang	Monat und Jahr	Heft Nr.	Seite
Higatsberger, M. J.	Phys Verh	6	55		221
Schwarz, E.	JSI	32	55		445
Barton, D. M.	Vacuum	III	Jan. 53	1	51–53
Carlotta, E. L.	Material and Methods	38	53	6	104–107
	ref. Vide	12	55	57	82
Gale, R. F., Machin, C. E.	JSI	30	53	3	97/98
Bartel, A.	Erdöl und Kohle	5	52		724
Evans, E. C., Babelay, E. F.	RSI	23	52		249/50
Hayward, A. G.	Vacuum	II	52		262–264
Knudsen, A. G.	RSI	23	52		566
Lord, R. C., McDonald, R. S.	RSI	23	52		442
Medicus	RSI	23	52		647/48
Stops, D. W.	JSI	29	April 52	4	
Cloud, R. W., Philp, S. F.	RSI	21	50		731
Heller, R. B.	Nucleonics	6	Febr. 50		81/82
Wexler, A., Corak, W. S., Cunningham, S. J.	RSI	21	50		259/60
Taylor, R. C., Ward, C. W.	RSI	20	49		457

2.1.7.1 Metalldichtungen

Verfasser	Zeitschrift	Band oder Jahrgang	Monat und Jahr	Heft Nr.	Seite
Holden, J., Holland, L., Laurenson, L.	JSI	36	59		281

Verfasser	Zeitschrift	Band oder Jahrgang	Monat und Jahr	Heft Nr.	Seite
HENRY, R. P., BLAIRE, J. C.	Vide	13	58	75	172
ADAM, H. A., KAUFMANN, S., LILEY, B. S.	JSI	34	57		123
FOOK, T., HARRINGTON, D. B.	RSI	28	57	7	585/86
LANGE, W. J.,	RSI	28	57		726
ALPERT, D.	ref. Vacuum publ. 1959	7/8	57/58		189
SPEES, A. H.,	RSI	28	57		1090
REYNOLDS, C. A., BOXER, A.	ref. Vacuum publ. 1959	7/8	57/58		189
MILLERON, N.	Vac Symp Trans		57		38–41
HIGATSBERGER, M. J., ERBE, W. W.	RSI	27	56		110
HEERDEN, P. J. VAN	RSI	26	55		1130/31
	ref. Vacuum	VI	56		255
RUTHBERG, ST., CREEDON, J. E.	RSI	26	55		1208
HEES, G. W.,	Vacuum	IV	54		438–444
EATON, W., LECK, J.	ref. Phys Abstr	60	57	9033	828
HINTENBERGER, H.	Z Naturforschg	6 A	51		459–462
	ref. Vacuum	VI	56		255

2.1.7.2 Gummidichtungen

Verfasser	Zeitschrift	Band oder Jahrgang	Monat und Jahr	Heft Nr.	Seite
DOTY, W. R.	RSI	30	59	11	1053/54
YOUNG, J. R.	RSI	30	59		291
	ref. Vacuum	IX	59	3/4	240
DAVIES, A. J.	JSI	35	58		378
HEINRICH, J. T.	RSI	29	58	11	1053/54
PRIOR, A. C.	JSI	35	Okt. 58	9	795/96
DAWTON, R.H.V.M.	Brit JAP	9	58		414

2.2 Hochvakuumverfahrenstechnik

Verfasser	Zeitschrift	Band oder Jahrgang	Monat und Jahr	Heft Nr.	Seite
CHARLTON, M. G., PERKIN, G. M. C.	JSI Breaking Open Sealed Electronic Devices in Vacuum	36	59		49/50
WADSWORTH, N. J.	JSI Vacuum Fatigue Apparatus	36	59		274
BARONETZKY, E.	JSI Vacuum Grinding of Solids	35	58		427
BAS, E. B.	Namur-Ber Elektronenbeschuß im Hochvakuum		58		691–697
BATEL, W.	Chem Ing Techn	30	58		651–660
	ref. Vacuum Pulverisation in Vibratory and Rotory Mills	IX	59	3/4	234

Verfasser	Zeitschrift	Band oder Jahrgang	Monat und Jahr	Heft Nr.	Seite
BERNHARD, F.,	Vak Techn	7	58		153–158
BUMM, H.	ref. Vacuum	IX	59	3/4	251
	Soldering in Vacuum				
HOLLAND-	Chem Techn	9	58	9	520–522
MERTEN, E. L.	Vakuumbereiche der Verfahrenstechnik				
SCHAEFER, K.	Vak Techn	7	58	1	21/22
	Vakuumbereiche der Verfahrenstechnik				
TANTAM, D. H.,	Namur-Ber		58		792–797
FARRAR, F.	Transfer Line for Liquified Gases				
BOETTCHER, A.	Chem Ing Techn	29	57	3	169
	Hochreaktive, reine Metalle				
BOGERT, O.	Product Engng		57		141–145
	Atmospheric Pressure as a Process Tool				
ESPE, W.	Vak Techn	6	57	6	123–129
	Schweißen				
FUHRMANN, H.	Chem Ing Techn	29	57	4	256–258
	Selektive Gasspurenmessung				
KLUMB, H.,	Vak Techn	6	57	1	1–5
DÜMMLER, S.	Molekulargewichtsbestimmung				
Anon.	Galvano				35–38
	ref. Vacuum	VII	57		190
	Finishing of Metal				
BROWN, W. B.	Vacuum publ. 1959	VII	57		75–87
	Fumigation				
SCHNEIDMESSER, B.	Vacuum	IV	54	4	489/90
	Abschmelzen von Quarzbehältern				

2.2.1 Aufdampfen dünner Schichten, Kathodenzerstäubung

Verfasser	Zeitschrift	Band oder Jahrgang	Monat und Jahr	Heft Nr.	Seite
HEAVENS, O. S.,	Vacuum	IX	59	1	17–20
BROWN, M. M.,	Iron Films				
HINTON, V.					
MEISSNER, C. R.	Vak Techn	8	59		93–100
	Metallische und dielektrische Substanzen				
ROSS, A.	Vak Techn	8	59		1–11
	ref. Vacuum	IX	59	3/4	242
	Thin Films of Inorganic Materials				
SCHOSSBERGER, F.,	Vacuum	IX	59	1	28–35
FRANSON, K. D.	Adhesion of Evaporated Metal Films				

Verfasser	Zeitschrift	Band oder Jahrgang	Monat und Jahr	Heft Nr.	Seite
Scott, V. D., Owen, L. W.	Brit JAP Titanium and circonium for tritium targets	10	59	2	91
Chandra, S., Scott, G. D.	Canad J Phys Condensation Coefficients of Ag, Au, Cu	3b	58		1148
Gnaedinger, R. J.	Vac Symp Trans Transistor Fabrication		58		235–241
Hänlein, W., Günther, K. G.	Namur-Ber Mehrkomponentenschichten		58		727–733
Hanszen, K. J.	Z Phys Oberflächenfremdschichten und Strukturveränderungen	150	58		527–550
Hart, D. M.	Vac Symp Trans Ferromagnetic Films		58		230–234
Henschke, E. B.	JAP Cathode Sputtered Copper	29	58		1495–1502
Koehler, W.	Sonderdr. Metalloberfläche Oberflächenveredlung	12	58	9	262–267
Kövesligethy, R. de	Nanur-Ber Evaporation de Tungstène		58		803–806
Maddocks, F. S., Behrndt, K. H.	Vac Symp Trans Contamination Film Prior to the Evaporation of Nickel-Iron		58		225–229
Moriya, Y.	Namur-Ber Graphite Evaporator for Al		58		744–748
Nassauer, W. D.	Kunststoffe Metallisierung von Kunststoffen	48	58	4	165/66
Prugne, P., Garin, P., Lechangette, O.	Vide Films Minces de Nickel	13	58	74	82/83
Reichelt, W.	Namur-Ber Spezielle Probleme		58		737–743
Alderson, R. H., Ashworth, F.	Brit JAP Film of Nickel-Chromium Alloy	8	57		205
Alphen, P. M. van	Philips techn Rdsch Interferenz an dünnen Schichten	19	57	2	55–64
Cuckow, F. W.	JSI Deposition Apparatus	34	57		36
Ennos, A. E.	Brit JAP Highly-Conducting Gold Films	8	57		113
Gerharz, R.	Z angew Phys Aluminiumschichten in kurzen Bedampfungszeiten	9	57	2	95–98

Verfasser	Zeitschrift	Band oder Jahrgang	Monat und Jahr	Heft Nr.	Seite
GROTON, CLAY, H.	JAP	28	57	2	279
	Unusual Ring Structure of Thallium-Doped Selenium				
PATZKE, H.	Feingeräte-Technik	6	57	12	535–538
	HV-Bedampfungsapparatur HBA 1 des VEB Carl Zeiss Jena				(B. 1464/46)
TABATA, S., JWATA, M., SAWAKI, T.	Vacuum publ. 1959	7/8	57/58		88
	Evaporation Source of Aluminium				
CLOUGH, P. J.,	Iron Age		56		91–94
DURANT, J. H.	ref. Vacuum	VI	56		190
	New Markets for Metallisers				
HÄNLEIN, W.	Congress Intern Verre		Juli 56		
	ref. Vacuum	VI	56		266
	Thin, Flexible Glass Films				
HIESINGER, L.	German Pat		56		765–915
	ref. Vacuum	VI	56		189
	Thin Layers				
HOLLAND, L.	Chapman & Hall, London		56		
HOLLAND, L.	Nature		56	178	328
	ref. Vacuum	VI	56		263
	Electric Arc Evaporation				
HOLLAND, L.	Vacuum publ. 1959	VI	56		161–172
	Continuous Al-Evaporation				
FELDMANN, C.	RSI	26	56		463–466
HENRY, R. O.	Vide	11	56	57	50–63
REICHELT, W.	Z Metallkde	46	56	4	268–271
VODAR, B.,	J Phys Radium	16	55		811/12
MINN, S.,	ref. Vacuum	VI	56		190
OFFRET, S.	Intermittent Arc Evaporation				
BIRAM, J. S. P.	AERE (Harwell) Rep		54		1394–1398
KELLY, R. L., RICE, P. J.	RSI	25	54	4	391/92
NANDY, K. P.	RSI	25	54	5	523/24
BATESON, S.	Vacuum	III	53	1	35–42
CROSS, J.	ref. Vak Techn	2	53	6/7	143
	Metal Finishing				
ENGEL, O. G.	J Res NBS	50	53		249–261
	ref. Vak Techn	2	53	8	162
HERITAGE, R. J.	Metallurgia	47	53		171–174
BALMER, J. R.	ref. Vacuum	III	53	4	464
GÜNTHERSCHULZE, A.	Vacuum	III	53	4	360–374
HOLLAND, L.	Vacuum	III	53	3	245–253
SIDDAL, G.	Vacuum	III	53	4	375–391
HOLLAND, L.	J opt Soc Amer	43	53		376–380
	ref. Vacuum	III	53	3	308

Verfasser	Zeitschrift	Band oder Jahr-gang	Monat und Jahr	Heft Nr.	Seite
LAFOURCADE, L.	CR	236	53		2220/21
LAPORTE, H.	Chem Ing Techn	5	53	11	632–634
METHFESSEL, S.	Gl und HVT	2	53	9	167–175
	Vacuum	III	53	3	327
SCHROVER, K., ROSEN, J., MACDONALD, A., BRODER, J.	JAP	24	53		513
SCHWAGER, J. E., COX, C. A.	RSI	24	53		986
TYLER, J. E.	J opt Soc Amer	43	53		708
	ref. Vacuum	III	53	4	464
BIRAM, J. H.	Vacuum	II	52	2	152–154
CLEGG, P. L., CROOK, A. W.	JSI Torsionswaage zur Kontrolle der Aufdampfung	II	52		201
BELSER, R. B.	Res Engng		52		721
ELLIS, C. E., SCOTT, G. D.	JAP	23	52		31–34
	ref. Vacuum	II	52	2	194
GREENLAND, K. M.	Vacuum	II	52	3	216–230
GRUBER, H.	Gl und HVT	1	52	8	160/61
HEAVENS, O. S.	Proc phys Soc	65 B	52		788–793
	ref. Vacuum	III	53	1	89/90
HOLLAND, L.	RSI	23	52	11	642/43
NEWMAN, N. J.	ref. Vacuum Apparate	III	53	1	91
METHFESSEL, S.	Gl und HVT	1	52	1	6–8
PRUGNE, P., LEGER, P.	J Phys Radium	13	52	7	129/30A
	ref. Vacuum	III	53	2	202
RUSSEL, S. O.	Bell System techn J	31	52		104
SEITER, J. G.	Amer Elektropl Soc Proc	39	52		141–151
UZAN, R.	Vide	7	52		1139/40
	ref. Vacuum	III	53	1	88
VERNON, E. V.	JSI	29	52		292
DUNOYER, L.	CR	233	51	17	919–921
	ref. Vacuum	I	52	1	86
BROCHARD, J.	J Phys Radium	12	51		632
GIACOMO, P., JAQINOT, ROIZEN, S.	ref. Vacuum	I	51	4	329
CLINE, J. E., WULFF, J.	J Elektrochem Soc	98	51		385–387
	ref. Vacuum	II	52	2	180
ERDMANN, R.	Metalloberfläche	5	51		133–135
	ref. Vacuum	II	52	2	172
GOLDSTAUB, M.	CR	232	51		1843–1845
MICHEL, P.	ref. Vacuum	II	52	2	192
HIESINGER, L.	100 Jahre Heraeus		51		355–375
HOLLAND, L.	JSI		51	1	59–61
	ref. Vacuum	II	52	1	85

Verfasser	Zeitschrift	Band oder Jahrgang	Monat und Jahr	Heft Nr.	Seite
HOLLAND, L.	Vacuum	I	51	1	23
HUDSWELL, G., MANDLEBERG, G. J.	AERE-Rep C/R	861	51		
SCHOPPER, H.	Z Phys	130	51	5	562–585
	ref. Vacuum	II	52	2	
BACQUET, M. E. H.	Vide	5	50		916/17
	ref. Vacuum	I	51	2	145
BOETTCHER, A.	Z angew Phys	II	50	5	
	Al-Ag-, Al-Mg-Legierungen				
CRANK, J.	Proc phys Soc		50		484–491
GREENLAND, K. M., BILLINGTON, C.	Proc phys Soc	63 B	50		359–363
HASS, G., SCOTT, N. W.	J Phys Radium		50		394–402
HEAVENS, O. S.	J Phys Radium		50		355
HEINMETS, F.	JAP	20	49		384–389
LEVINSTEIN, H.	JAP	20	49		306
MOSTOVETCH	CR	229	49		1850–1852
ROHN, K.	Z Phys	126	49		20–26
STAHL, H.	JAP	20	49		1–14
TOLANSKI, S.	Nature	163	49		885
DAUB, E.	Z angew Phys	I	49	12	545
WILLIAMS, R. C., BIRKS, L. S.	JAP	20	49		98–106

2.2.2 Metallurgie, Vakuumöfen, Vakuumschmelze

Verfasser	Zeitschrift	Band oder Jahrgang	Monat und Jahr	Heft Nr.	Seite
Anon.	Engineer	39	59	5371	207
	ref. Vacuum	IX	59	3/4	248
	Vacuum Arc Furnace				
Anon.	Engineer	207	59	5390	779
	ref. Vacuum	IX	59	3/4	248
	Vacuum Furnace				
ALLENDEN, D.	JSI	36	59		66–70
	ref. Vacuum	IX	59	3/4	240
	Electron Bombardment Furnaces				
Anon.	Metal Progr	75	59		119/20
	ref. Vacuum	IX	59	3/4	248
	Electron Beam welding				
BAS, E. B., CREMONSIK, G.	Vak Techn	8	59	7	
	Schweißen mit Elektronenstrahlen				
BEGLEY, R. T., COMENETZ, G., FLINN, P. A., SALATKA, J. W.	RSI	30	59		38
	Levitation Melting				

Verfasser	Zeitschrift	Band oder Jahrgang	Monat und Jahr	Heft Nr.	Seite
Coupette, W.	Vak Techn Gießstrahl-Stahlentgasungsverfahren	8	59	8	101–103
Dyracz, W. W.	Metal Progr	75	59		138–144
	ref. Vacuum Stainless Steels and Superalloys	IX	59	3/4	248
Franks, A. E.	Progr Vac, Sci Techn Vacuum Metallurgy in USA		59		59–74
Kornelson, E. V.,	RSI	30	59		290
Weeks, J. O.	ref. Vacuum High Temperature Vacuum Furnace	IX	59	3/4	241
Loding, W.,	RSI	30	59		885
Hammell, L.	Vacuum Furnace				
Moore, R. A.,	RSI	30	59		837
Seagondollar, L. W., Smith, R. B.	Target Preparation				
Ogiermann, G.	Nickel-Ber Nickelhaltige Werkstoffe	17	59	12	403–411
Samarin, A. M.,	Vacuum	IX	59		134
Novik, L. M.	Molten Steel Treatment				
Scheibe, W.	Z Metallkde	48	57		91–100
	ref. Vacuum publ. 1959 Techniques in Metallurgy	7/8	57/58		115
Anon.	Brit Chem Engng	3	58	2	99
Bangert, L.	Namur-Ber Stahl im Vakuum		58		577–587
Bernhard, F.,	Vak Techn	7	58		153–158
Bumm, H.	Vakuum-Löten				
Bussard, A.	Namur-Ber Vakuum-Sinteröfen		58		571–576
Candidus, E. S.,	Vac Symp Trans		58		86–88
Simons, J. C.	Electron Bombardment Furnace				
Carnaham, D. R.	Metal Progr	74	58		100–102
	ref. Vacuum publ. 1959 Discaloy by Vacuum Arc Melting	IX	59		165
Danforth, W. E.,	J Franklin Inst	265	58	4	303
Bleecher, H.	ref. Phys Abstr Electrical Conduction Studies up to 2000 °C	61	58	3624	342
Dickinson, J. M.	Vac Symp Trans Resistance Furnace (3000 °C)		58		192–197
England, P. G.,	JSI	35	58		66
Jones, H. N.	ref. Vacuum publ. 1959	7/8	57/58		220

Verfasser	Zeitschrift	Band oder Jahrgang	Monat und Jahr	Heft Nr.	Seite
EUDIER, M.	Namur-Ber Frittage des Métaux Ordinaires		58		604–608
FACAROS, G. N., CARNAHAM, D. R., BIANCHI, L. M.	Vac Symp Trans Skull Furnace		58		168–174
GROSS, R. C.	Vac Symp Trans Vacuum Brazing		58		175–180
HARDUNG-HARDUNG, H.	Vak Techn Uranium Melting Furnace	7	58		135–137
HUSCHKE, E. G.	Vac Symp Trans High Temperature Vacuum Brazing		58		50–57
LEVAUX, J., HANNON, L.	Namur-Ber Coulée sous Vide des Gros Lignots de Forge		58		611–615
MARTON, L., SUDDETH, J. A.	RSI Temperature-Gradient Furnace	29	58	5	440
MERRIL, J. H.	Vac Symp Trans High Vacuum Heat Treat Plant		58		254–257
NAGASHIMA, T.	Namur-Ber High Vacuum Furnace		58		593–595
ORTEL, Y., OLLIER, H.	Namur-Ber Fusion sous Vide de l'Uranium		58		545–552
REMY, F., ROSEN, B.	Namur-Ber Fusion sous Vide Gaz Occlus dans les Métaux		58		609/10
SAMARIN, A. M.	Vac Symp Trans Vacuum-Treated Bessemer Steel		58		198–203
SAMARIN, A. M., KARASEV, R. A.	Vac Symp Trans Gas-Evolution from Liquid Metal under Vacuum		58		35–37
SAMARIN, M., NOVIK, L. M.	Namur-Ber Molten Steel Vacuum Treatment		58		588–592
SCHEIBE, W. H.	Namur-Ber Nickel- und Chromstähle mit O_2N_2C		58		559–561
SCHEIBE, W. H.	Namur-Ber Vakuum Metallurgie		58		557/58
SIBLEY, C. B.	Vac Symp Trans High Temperature Vacuum Sintering Furnace		58		181–184
SMITH, H. R.,	Vac Symp Trans		58		164–167

Verfasser	Zeitschrift	Band oder Jahrgang	Monat und Jahr	Heft Nr.	Seite
HUNT, C. D.,	Electron Bombardment				
HANKS, C. W.	Melting				
STOHR, J. A.,	Namur-Ber		58		536–545
BRIOLA, J.	Soudure des Métaux sous Vide				
STOHR, J. A.	Vide	13	58	75	163
TAYLOR, K. C.	Vac Symp Trans		58		185–191
	Vacuum Stream Degassing				
TIX, A.,	Namur-Ber		58		562–567
COUPETTE, W.	Vakuum-Stahlentgasungs-strahlverfahren				
LINDEN-BOUWENS,	Namur-Ber		58		553–556
N. VAN DER	Bombardment Ionique				
WINKLER, O.,	Namur-Ber		58		568–570
KRAUS, TH.	Vakuumentgasung von flüssigem Stahl				
YASUKAWA, S.	Namur-Ber		58		596–603
	Heat Insulators of Vacuum Furnace				
Anon.	Steel		22. 7. 57		137, 139 140, 142
	ref. Vacuum publ. 1959	7/8	57/58		117
	Vacuum Melted Alloys				
AKSOY, A. M.	Vac Symp Trans		57		168–176
	Vacuum Melting Processes				
CALVERLEY, A.,	JSI	34	57		142/43
DAVIS, M.,	ref. Vacuum publ. 1959	7/8	57/58		229
LEVER, R. F.	Refractory Metals by Electron Bombardment				
CARPENTER,	JSI	34	57		110
MAIR, W. N.	Low Pressure Oxydation Kinetics of Hot Metals				
DAMARE, F. N.,	Vak Techn	6	57	2/3	50–54
HUNTINGTON, J. S.	Vakuumschmelzen von Nickel-Legierungen				
DESTRIBATS, M. T.	Vide	12	57	68	184–187
	Four sous Vide				
GILER, R. R.	Vac Symp Trans		57		161–167
	Vacuum Heat-Treating				
HIESTER, N. K.,	Chem Engng	64	57		237–252
FERGUSON, F. A.,	ref. Vacuum publ. 1959	7/8	57/58		148
FISHMAN, N.	High Temperature Technology				
LEY, H.	Chem Ing Techn	29	57	7	460–468
	Reine Uran-Verbindungen				
MATTHEWS, J. C.	JSI	34	57	2	62/63
	ref. Phys Abstr	60	57	3874	358
	ref. Vacuum publ. 1959	7/8	57/58		119

Verfasser	Zeitschrift	Band oder Jahrgang	Monat und Jahr	Heft Nr.	Seite
Meyering, J. L.	Acta Metallurgica Nickel-Chromium-Copper Phase Diagram	5	57		257–264
Noesen, S. J.	Vac Symp Trans Vacuum Arc Melting		57		150–156
Vucht, J. H. N. van	Z Metallkde System Cer-Aluminium	48	57		253–258
Williams, A. E.	Metal Ind Vacuum Metallurgy	91	57	12	233–237
Adams, K. B., Burns, K.	J opt Soc Amer ref. Vacuum Interferometer and Cadmium Oven	46 VI	56 56		36–38 209
Anon.	Compr Air Mag ref. Vacuum High Vacuum Brazing	 VI	Mai 56 56		 205
Chaston, J. C.	Metal Progr ref. Vacuum Metals of High Purity	69 VI	56 56		64–67 193
Evans, R. M.	Battelle Techn Rev ref. Vacuum	5 VI	56 56		8–12 204
Foley, E., Ward, M., Hock, A. L.	Inst Min Metal ref. Vacuum High Purity Vanadium Metal Symposium on Extraction Metallurgy	 VI	März 56 56		 228
Franks, A. E.	Vacuum Vacuum Metallurgy USA	VI	56		59–74
Gruber, H., Scheidig, H.	Z Metallkde	47	56		149–160
Hall, N.	Metal Finish; Technical Developments of 1955	54	56		43–52
Harders, F., Knüppel, H., Brotzmann, K.	Stahl u. Eisen ref. Vacuum publ. 1959 Steel Melts under Reduced Pressure	76 7/8	56 57/58	26	1721–1728 227
Hopkins, B. E.	Metal Rev ref. Vacuum High-Purity Iron	1 VI	56 56		117–155 235
Iverson, F. K.	PMM ref. Vacuum Vacuum Alloys	14 VI	56 56		130–135 226
Kieffer, R., Benesovski, F.	Z Metallkde	47	56		160–164
Lange, M. H. de	IVe Congres du Verre, Paris Glass Furnace		56		148–152 (1957)

Verfasser	Zeitschrift	Band oder Jahrgang	Monat und Jahr	Heft Nr.	Seite
Lorenz, F. R.,	J Metals	8	56		1076–1080
Haynes, W. B.	ref. Vacuum	VI	56		227
	Binary Uranium Alloys				
Mascré, C.,	Fonderie		56		496–508
Lefebre, A.	ref. Vacuum publ. 1959	7/8	57/58		115
	Degassing of Light Alloys				
Newitt, J. H.	Steel		56		107/08
	ref. Vacuum	VI	56		204
	Brazing in a Vacuum				
Powell, A. R.	Chem Ind	31	56		809–812
	ref. Vacuum	VI	56		194
	Some hitherto Rare Metals				
Rengstorff, G. W.	Battelle Techn Rev	5	56		3–6
	ref. Vacuum	VI	56		192
	Metals melting in a Vacuum				
Scheibe, W.	Gießerei		56		8–17
	ref. Vacuum	VI	56		229
	Melting and Casting of Titanium				
Schumann-Horn, L., Mager, A., Deisinger, W.	Z Metallkde	47	56		
Seaman, F. D.	Iron Age		56		64–66
	ref. Vacuum	VI	56		205
	Titanium Welding a Shop Tool				
Southern, R. L.	US-Pat 2734241		22.11.54/ 14.2.56		
	Vakuum-Gießeinrichtung				
Tix, A.	Hüttenzeitung	3	54	Transl. by Bisra	
	Stahl u. Eisen	76	56		
	Iron Steel		56		81–85
	ref. Vacuum	VI	56		193
	Bochumer Verein Process				
Tix, A.	Hüttenzeitung Bochumer Verein	25	56	4	2
	Bochumer Verein — Vakuumstahl				
Unterweiser, P.M.	Iron Age		56		67–72
	ref. Vacuum	VI	56		192
	Big Money behind Vacuum Metals				
Winkler, O.	Z Metallkde	47	56		133–144
	ref. Vacuum	VI	56		275
	State of Industrial Vacuum Melting Process				

Verfasser	Zeitschrift	Band oder Jahrgang	Monat und Jahr	Heft Nr.	Seite
ZEITZ, E.	VDI-Nachr	10	56	23	
	Große Hochvakuum-Glühöfen				
BAIN, E. C.	J Iron Steel Inst		55		193–212
	ref. Vacuum	VI	56		191
	Metallurgical Research in the US				
BLUMENTHAL, B.	J Metals		55		2–8
	ref. Vacuum	VI	56		227
	High-Purity Uranium				
CHESNUT, F.	Metal Progr		55		118–123
	ref. Vacuum	VI	56		275
	Vacuum Melting Furnaces (Interim Report)				
CRITES, G. J.	Vak Techn	4	55	8	176–179
	Vakuum-Metallurgie				
DIELS, K.	Berg- u Hüttenm Mh		55	7/8	
	Vakuummetallurgische Probleme				
DYRKACZ, W. W.	Iron Age	176	55	17	75–77
	Hochwarmfeste Legierungen besserer Qualität				
EDMAN, E.,	ASEA J	28	55		84–96
VICTOR, A.	ref. Vacuum	VI	56		227
	Vacuum Furnace for High Temperature Heat Treatment				
GYORGAK, C. A.,	NACA-Rep TN 3450		55		
FRANCISCO, A. C.	ref. Vacuum	VI	56		205
	High Temperature Brazed Joints Processed in Vacuum or in Molten Salt				
TIX, A.	Bericht Nr. 587 des Stahlwerksausschusses des Vereins Deutscher Eisenhüttenleute		55		
	Stahlentgasung im Vakuum bei großen Schmiedeblöcken				
Gen. Electric	Chem Engng News	32	54	47	4666
HELDT, K.,	Z angew Phys	VI	54	4	157–160
HAASE, G.	ref. Vacuum	VI	56		235
	Electr. Resistance of Pure Vacuum — Sintered Al				
POWELL, R. L.	Chem Engng Progr	50	54		578–581
	ref. Vacuum	VI	56		230
	Titanium Metal Production				
WINKLER, O.	Technica		54	24–26	1–16
COUPETTE, W.	DBP 866231		54		
	Entgasen und Gießen von Stahl				

Verfasser	Zeitschrift	Band oder Jahrgang	Monat und Jahr	Heft Nr.	Seite
KRAMERS, W. J., DENNARD, F.	Vacuum Hochtemperaturwiderstandsgeheizter Hochvakuumofen	III	53	2	151–158
WINKLER, O.	Stahl u Eisen	73	53		1261
CAULE, E. J., COOK, M. A.	Canad J Technol US Dept of the Interior Bureau mines	30	52		63–65
WARTMANN, F. S.	Invest 4837		52		
DAVOINE, F., BERNHARD, R.	J Phys Radium	13	52		(50)
GILBERT, H. L., ASCHOFF, W. A., BRENNAN, W. F.	J Electrochem Soc	99	52	5	191–193
JAFFEE, R. I., BLOCHER, J. M. JR.	Mod Metals	8	52		62–68
LANGE, A., MÜLLER, L.	Metallkundliche Ber Entzinkung von Parkes-Blei	50	52		
MILLER, GL.	Vacuum	II	52	2	19–32
WINKLER, O.	Wiss Beihefte Gießerei Techn		52	9	435–437
WROUGHTON, D., OCKRESS, E. C., BRACE, P. H., COMENTZ, G., KELLY, J. C. R.	J Electrochem Soc	99	52	5	205–211
KROLL, W. J.	Brit Pat 633117		51		
	ref. Vacuum	I	51	1	60
	Engng Min J		51		134
MALCOLM, E. D.	JSI	28	51	1	63–66
	ref. Vacuum	II	52	1	93
PARKE	Metal Progr	60	51		81
FAST, J. D.	Philips techn Rev	11	50		241–244
	ref. Vacuum	I	51	1	61

2.2.3 Imprägnierung

Verfasser	Zeitschrift	Band oder Jahrgang	Monat und Jahr	Heft Nr.	Seite
BEYER, M.	Namur-Ber Trocken- und Imprägnieranlagen/Chargenzeiten		58		813–816
WANSER, G.	CEG-Ber Trocknung von Hochspannungskabeln		April/ Juni 56		
HOCHHÄUSLER, P.	ETZ Verbesserung des Kondensatordielektrikums	11	51		357–361

2.2.4 Vakuumdestillation

Verfasser	Zeitschrift	Band oder Jahrgang	Monat und Jahr	Heft Nr.	Seite
NEUMANN, F.	Chem Ing Techn Rektifikation bei 1 bis 20 Torr	31	59	8	540
PREUSS, L. E.	Vacuum Vacuum Destillation Source	IX	59	3/4	233

Verfasser	Zeitschrift	Band oder Jahrgang	Monat und Jahr	Heft Nr.	Seite
HASHIMOTO, K.	Namur-Ber Compounds having High Melting Points		58		701–704
KIRSCHBAUM, DIETER, K.	Chem Ing Techn Dünnschichtverdampfen	30	58	11	715–720
MARTIN, A. J.	Vacuum publ. 1959 Purification of Beryllium	7/8	57/58		38–45
MATZ, G.	Chem Ing Techn Fließbett-Sublimation	30	58	5	319–329
NAKAGAWA, H.	Namur-Ber Falling Film Molecular Still		58		705–708
WATT, P. R.	Namur-Ber Laboratory Molecular Still		58		709–711
WILLIAMS, F. E.	Vak Techn Kontinuierliche Vakuumdestillation	7	58	2/3	41–46
GÜNTHER, K. G.	Z Phys Kondensationsverhalten hochsiedender Substanzen	149	57		538–549
KEUNECKE, E.	Chemiker-Ztg Fein- und Hochvakuumdestillation	81	57	8	
KIRSCHBAUM, E.	Chem Ing Techn Rektifiziertechnik	29	57	3	159/60
KIRSCHBAUM, E.	Chem Ing Techn Rektifiziertechnik	29	57	3	133–220
KRETSCHMAR, G., PICTET, J.	Chem Ing Techn Techn. Molekulardestillation	29	57		16–19
KUHN, W.	Chem Ing Techn Präzisions-Destillationskolonne	29	57		6–16
MAIR, B. J., KROUSKOP, N. C., ROSSINI, F. D.	Analyt Chem ref. Vacuum publ. 1959 Rotary Concentric Tube Distilling Column	29 7/8	57 57/58		1065–1068 230
SPENDLOVE, M. J.	Vak Techn Vakuumdestillation von NE-Metallen und -Legierungen, 1. Teil	6	57	1	15
SPENDLOVE, M. J.	Vak Techn Vakuumdestillation von NE-Metallen und -Legierungen, 2. Teil	6	57	2/3	36
STEPHENSON, J. L., SMITH, G. W., TRANTHAM, H.	RSI ref. Vacuum publ. 1959 Weight- and Temperature Record for Vacuum Sublimation Studies	28 7/8	57 57/58		381/82 239

Verfasser	Zeitschrift	Band oder Jahrgang	Monat und Jahr	Heft Nr.	Seite
Stephenson, J. L., Smith, G. W., Trantham, H.	Chem Ing Techn VDI-Fachgruppe Verfahrenstechnik — Interne Fachsitzung des Ausschusses Destillation, Rektifikation und Extraktion am 24. 4. 1956 in Bingen/Rhein	28	56	8/9	587–589
Danko, J. C., Griest, A. J.	J Metal Trans AIME	8	56		515/16
	ref. Vacuum Cu, Zn, Ni-Sublimation Figures	VI	56		235
Jaeckel, R.	Allgemeine Laboratoriumspraxis I Georg Thieme Verlag Destillation und Sublimation im Fein- und Hochvakuum: Methoden der organischen Chemie Bd. I/1, Houben-Weyl		56	1. Teil	901–956
Junge, C.	Chem Techn Absatzweise Rektifikation	8	56	10	579–588
Keunecke, E.	Dechema-Monographie Hochvakuumdestillation	31	56		233–240
Kirschbaum, E., Buch, W., Billet, R.	Chem Ing Techn Rektifikation in Füllkörpersäulen	28	56	7	475–480
Kirschbaum, E.	Z VDI Rektifiziertechnik	98	56	32	1797–1804
Kuhn, W.	18. Kolloquium des Dechema-Institutes für Apparate und Stoffkunde gemeinsam mit dem Arbeitskreis Verfahrenstechnik des Frankfurter VDI-Bezirksvereins am 13. 4. 1956 (Basel) Präzisions-Destillationskolonne				
Lee, C. A.	Chem Engng	63	56		189–194
	ref. Vacuum Fatty Acid Destillation	VI	56		219
Martin, A. J.	Metal Ind	88	56	I. Theory	473–477
				II. Practical	495–498
	ref. Vacuum Vacuum Distillation of Metals	VI	56		284
Röck, H.	Chem Ing Techn Gaschromatographie und extraktive Destillation	28	56	7	489–495

Verfasser	Zeitschrift	Band oder Jahrgang	Monat und Jahr	Heft Nr.	Seite
WATT, P. R.	Vacuum Molecular Destillation	VI	56		113–160
DUFOUR, A., PARIAUD, J. C.	Bull Soc chim France Sublimation Moleculaire Fractionnée	3	55		419/20
JAECKEL, R.	Fortschritte der Verfahrenstechnik Molekulardestillation		55		29–43
KRAUS, TH.	Chem Ind Kurzwegdestillation		55/56		
LAWROSKI, S.	Chem Engng Progr	51	55		461–466
	ref. Vacuum Separation Processes	VI	56		218
MAIR, B. J., PIGNOCCO, A. J., COSSINI, F. D.	Analyt Chem	27	55	2	190–194
MELPOLOER, F. W., WARSHALL, T. A., ALEXANDER, J. A.	Analyt Chem	27	55		974–976
MULLIN, J. W.	Ind Chemist Sublimation	31	55		540–546
SCHNEIDER, R.	Chem Ing Techn	27	55	5	257–261
	Chem Process Engng	35	55	3	91–93
	Chem Age	96	55	1797	1268–1272
BURROWS, G.	Trans Inst Chem Engrs	32	54		23–34
JANTZEN, E., WIECKHORST, O.	Chem Ing Techn	26	54	7	392–396
SIMS, R. P. A.	Canad Chem Process	39	54		(29)
	Battelle Techn Rev	4	54	2, 80a	1738
TREVOY, D. J., TORPEY, W. A.	Analyt Chem Falling Stream Still	26	54	3	492–494
ALDERSHOFF, W. G., BOOY, H., LANGENDIJK, S. L., PHILIPPI, G. TH., WATERMAN, H. I.	Inst Petroleum	39	53		688–694
BAKER, P. S., DUNCAN, F. R., GREENE, H. B.	Science	118	53		778–780
BURROWS, G.	Metrovic Gaz G. B.	25	53	Nr.409	40–43
	ref. Vacuum	III	53	4	
	ref. Vide	8	53	55	405
GORRITZ, A. M., GARCIA, D. M.	An Real Soc Espan Fisica Quim Ser	B 49	53		19–22
VALLE, F.S.C. DEL	ref. Vak Techn	2	53	3/4	78
HAUSSCHILD, W.	Chem Ing Techn	25	53	10	573/74
HICKMAN, K. C. D.	IEC	45	53	I	44–46
MASON, A. C. F.	Analyt Chem	25	53	3	533

Verfasser	Zeitschrift	Band oder Jahrgang	Monat und Jahr	Heft Nr.	Seite
Nieman, C.	Chem Pharm Techn	9	53	2	1–16
Schurig	Chem Ing Techn	25	53	11	672–676
Benedict, O. E.	Petr Refiner	31	52	1	103–106
Bliss, H.	Chem Engng Progr	48	52		627–632
Eshaya, A. M., Frisch, N. W.	ref. Vacuum	III	53	1	98
Gorritz, A. M., Garcia, Valle, F. S. C. del	An Real Soc Espan Fisica Quim Ser	48	52	II I	841–850 825–840
Hickman, K. C. D., Trevoy, D. C.	IEC	44	52	8	1882–1888
Hickman, K. C. D., Trevoy, D. J.	Vacuum	II	52	1	3–18
Kelly, E. J.	Chem Engng Progr	48	52		589–593
	ref. Vacuum	II	52	2	149
Simms, R. P. A.	Vacuum Micromolekular-Destillationsanlage	II	52	2	245–256
Thormann, K.	Chem Ing Techn	24	52	12	673–750
Henry, R.	Vide	7	52	39	
Hickman, K. C. D.	IEC	43	51		62–69
Jaeckel, R.	Erdöl und Kohle	4	51		175/76
Madorski, S. L.	Int Chem Engng	32	51	2	82
	J Res NBS	44	51	2	135
Simpson, D. A.	Analyt Chem	23	51		1345/46
Sutherland, M. D.	ref. Vacuum	I	51	4	335
Williamson, L.	J appl Chem		51		33–40
	Vacuum	II	52	1	96
Brenner, F. C., Dinardo, A.	IEC	42	50	9	1930–1934
Dixon, O. G.	J Soc chem Ind	69	50		191/92
	ref. Vacuum	I	50	2	149
Hickman, K. C. D.	IEC	42	50		36–38
	ref. Vacuum	1	50	1	61
Jaeckel, R.	Chem Techn	2	50	9	
Masch, L. W.	Chem Ing Techn	22	50		141–164
Noyce, W. R.	Analyt Chem	22	50	12	1581
Smith, C. C.	Nature	165	50		613
Matalon, R.	ref. Vacuum	I	50	1	62
Spence, L. U.	IEC	42	50		1926
Biehler, R. M., Hickman, K. C. D.	Analyt Chem	21	49	5	638–640
Helin, A. F., Vanderwerf, C. A.	Analyt Chem	21	49		1284/85
Gold, M. H.	Analyt Chem	21	49		636/37
Jaeckel, R., Oetjen, G. W.	Chem Ing Techn	21	49	9/10	169–176
Roper, J. N. jr.	Analyt Chem	21	49		1575

Verfasser	Zeitschrift	Band oder Jahrgang	Monat und Jahr	Heft Nr.	Seite
WYLIE, G.	Proc roy Soc, Lond	197	49		383
BREGER, I. A.	Analyt Chem	20	48		980/81

2.2.5 Trocknung und Gefriertrocknung

Verfasser	Zeitschrift	Band oder Jahrgang	Monat und Jahr	Heft Nr.	Seite
GRANT, P. M.,	JSI	36	59		133/34
WARD, R. B.	ref. Vacuum	IX	59	3/4	248
	Freeze-Drying Apparatus				
NEUMANN, K.	Vide	14	59	81	151–157
	Lypphilisation de Denrees Alimentaires				
VERMA, N. S.,	Vacuum	IX	59	1	21–27
ROWE, T. W. G.	Freeze-Drying of Glass-Ampoules				
DIETRICH, N.	Chem Ing Techn	30	58		511–513
	Trocknungsverhalten von Weizen				
GINETTE, L. F.,	Vac Symp Trans		58		268–273
GRAHAM, R. P.,	Freeze-Drying Rates				
MORGAN, A. I.					
HAUDUROY, P.,	Namur-Ber		58		721–723
PIGUET, J. D.	Collections de Types Microbiens				
HOPKINS, A. L.	Namur-Ber		58		724–726
	Dielectric Heating in Drying Biological Materials				
HÖRTER, R.	I Org	171	58		526–541
	Überlebensraten nach Gefriertrocknung				
	Zentralblatt für Bakteriologie, Parasitenkunde, Infektionskrankheiten und Hygiene				
MÜLLER, H.	Chem Ing Techn	30	58		133–137
	Hochfrequenz-Vakuum-Trocknung				
MUNDEN, H. R.	Vacuum publ. 1959	7/8	57/58		87/88
	Vacuum Desiccator				
NEUMANN, K.	Gefriertrocknungslabor der LHA-ELN		58		
	Gefriertrocknung				
NEUMANN, K.	Linde-Ber	3	58		70–78
	Gefriertrocknung				
NEUMANN, K.,	Vac Symp Trans		58		258–261
OETJEN, G. W.	Automatic Freeze Drying of Food Products				
NEUMANN, K. H.	Namur-Ber		58		712–717
	Regelprobleme bei Gefriertrocknung				

Verfasser	Zeitschrift	Band oder Jahrgang	Monat und Jahr	Heft Nr.	Seite
SCHNELL, W.	Chem Ing Techn Vakuumtrockner auf der ACHEMA	30	58		812/13
SMITH, A. V.	Nature Freezing and Drying Biological Materials ref. Vacuum publ. 1959	181 7/8	58 57/58		1694–1696 119
FIXARI, F., CONLEY, W., VIALL, K. G.	Chem Engng Progr Verfahrenstechnik Kontinuierliche Vakuumtrocknung	53 B 1396 56	57	3	110, 112, 115, 116, 118
GÖRLING, P.	Chem Ing Techn Forschungsergebnisse/ Trocknungstechnik	29	57		170–176
KUPRIANOFF, J.	Der Ingenieur Chemische Technik „Trocknen in der Lebensmittelindustrie"	10 4	57		
ZIEGLER, L.	Chem Ing Techn Wärmelufttrockner	29	57	7	466–468
NEUMANN, K. H.	Chem Ing Techn ref. Vacuum publ. 1959	29 7/8	57 57/58		267–275 119
OETJEN, G. W.	Vac Symp Trans Vacuum Drying and Impregnation		57		129–135
BRINKMANN, K., BEYER, M.	ETZ Dielektrische Trocknung von Hochspannungskabeln	77	56	24	
EVANS, P.	Electrical World ref. Vacuum Field Vacuum Drying of Large Power Transformers	 VI	56 56		82–84 275
FLOSDORF, E. W., TEASE, S. C.	Vacuum Vacuum Drying	VI	56		89–112
KIRSCHER, O., KRÖLL, K.	Trocknungstechnik Berlin/Göttingen/Heidelberg: Springer		56		1
SCHULZ, R., SABEL, A.	Chem Ing Techn	28	56	4	296
BAKER, P. R. W.	J Hygiene ref. Vacuum Residual Moisture in Freeze-Dried Biological Materials	53 VI	55 56		426–435 223
COCHRAM, D. L.	Refrig Engng		55	63, 8	49–56
HAY, J. M., GOODING, E.	J Sci Food Agric		55	6	427–438
MATZ, G.	Vak Techn	4	55	6/7	109–123

Verfasser	Zeitschrift	Band oder Jahrgang	Monat und Jahr	Heft Nr.	Seite
NEUMANN, K., MATZ, G.	Chem Ing Techn	27	55		5
NEUMANN, K.	Vak Techn	4	55	6/7	123–129 130–137
KERWICK, R. A.	Chem Proc Engng	35	54	1	14
MELLOR, J. D.	Vacuum — Protecting the Surface of some Materials in Freeze Drying	4	54		341
CALL, F.	Nature	172	53	4368	126
MARSHALL	IEC	45	53		47
OETJEN, G. W.	Chemische Industrie: Ausgabe Gefriertrocknungsanlagen				
	Chem Engng	59	52	4	240
	Chem Process Engng	33	52	9	505
NORD, M.	Chem Ing Techn	24	52	6	364/65
	Food Manuf				452
HAAS, H.	Z VDI	94	52	13	357
ZAMSOW, W. H.	Chem Engng Progr	48	52	1	21–32
MARSHALL, W. R.	ref. Vide	7	52	42	
BECKETT, G.	JSI Vacuum Physics	28	51		66
DUNOYER, L.	CR	232	51	11	1080–1082
	Vide	6	51	34/35	1025–1040
	Vide	6	51	36	1077–1090
FRIEDMAN, S. J.	IEC	43	51		70
HARRIS, R. C.	Vacuum	I	51	1	11–21
KRAMERS, H., STEMERDING, S.	Appl Sci Res	A 3	51	1	73–82
NIEDERGALL	Chem Ing Techn	23	51		113
WALKER, L. H., PATTERSON, D. C.	IEC	43	51		534–536
WITTENBERG, D.	ref. Vacuum	I	51	4	337
	Int Chem Engng	32	51		365–367
	Chem Engng	58			141
BRUCE, E. W.	Chem Engng Soc	6	50–52		39–51
	ref. Vacuum	III	53	3	304
SCHROEDER, A. L., SCHWARZ, H. W.	Chem Engng Progr		51		370
MORSE, R. S.	Chem and Ind		48		27
	Hochvakuumtrocknung und -destillation				
	Chem Rdsch	8	48	7	129/30

2.2.6 Vakuumtechnik in der Elementarteilchen- und Kernphysik

Verfasser	Zeitschrift	Band oder Jahrgang	Monat und Jahr	Heft Nr.	Seite
BLEARS, J., GREER, E. J.	Proc Instr Elect Engrs Paper		59	2904	
	ref. Phys Abstr	62	59	4358	405
	Vacuum System Design in Zeta I				

Verfasser	Zeitschrift	Band oder Jahrgang	Monat und Jahr	Heft Nr.	Seite
Dore, R.	Vide Isotope Separation by Gaseous Diffusion	14	59	82	183–196
Gould, C. L.	Vacuum Vacuum System for a 30 GeV Particle Accelerator	IX	59	1	63–68
Marker, R. C.	Vacuum Continuously Pumped Linear Electron Accelerator	IX	59		128
Sledziewski, Z., Torossin, A.	Vide Vide Ultra Pousse Fusion Controllee	14	59	81	107
Vekshinsky, S. A., Menshikov, M. I., Rabinovich, I. S.	Vacuum HV-Pumps and Units for Accelerators	IX	59	3/4	201–205
Gates, W. C., Reitzer, B. J.	Vac Symp Trans Altitude Temperature Environmental Chamber		58		274–278
Geiger, K. A.	Vac Symp Trans An Altitude Chamber Control		58		110–114
Gould, C. L.	Namur-Ber Vacuum System for a 30 GeV Particle Accelerator		58		514–519
Grove, F. J.	Vac Symp Trans Ultra-High Vacuum Techniques Controlled Thermonuclear Devices		58		9–17
Haefer, R.	Namur-Ber Automatisation von Zirkularbeschleunigern		58		508–513
Hall, R. L.	Vac Symp Trans System Cambridge Electron Accelerator		58		41–43
Hardung-Hardung, H.	Namur-Ber HV-Techniques for Reactor Materials		58		59–62
Marker, R. C.	Namur-Ber Continuously Pumped Linear Electron Accelerator		58		493–498
Meyer, H.	Namur-Ber Automatische Pumpstände für Teilchenbeschleuniger		58		520–525
Mongodin, G.	Vide Technique du Vide et Fusion Thermonucleaire	13	58	77	217
Monnier, B.	Namur-Ber Le Système à Vide d'un Synchrotron à Protons		58		504–507

Verfasser	Zeitschrift	Band oder Jahrgang	Monat und Jahr	Heft Nr.	Seite
MUNDAY, G. L.	Namur-Ber Vacuum System of the CERN Proton Synchrotron		58		499–503
VEKSHINSKY, S. A., MENSHIKOV, M. I., RABINOVICH, I. S.	Namur-Ber HV-Pumps and Units for Accelerators		58		63–68
AUWAERTER, M.	Vac Symp Trans High Vacuum Technique for Nuclear Physics		57		143–147
SCHUBERT, W.	Die Atomwirtschaft Vakuumanlage für das CERN-Synchro-Zyklotron		57		332–334
LAOCK, B. G.	AERE (Harwell) Rep. EL/R		56		229
SEIDEN, J.	J Phys Radium	16	55		917–925
	ref. Vacuum Diffusion of Protons through the Residual Gas	VI	56		212

2.2.7 Sonstige Vakuumapparate und zugehörige Vorrichtungen

Vakuumapparate

Verfasser	Zeitschrift	Band oder Jahrgang	Monat und Jahr	Heft Nr.	Seite
AMARIGLIO, I., BENARIE, M. M.	JSI Vacuum Controller	35	58		385
HAMILTON, A. R.	Vac Symp Trans A Pressure Responsive Relay Control Circuit		58		123–125
CONRAD, J.	CR	244	57	1	52/54
	ref. Phys Abstr	60	57	5924	546
PENTHER, C. S.	RSI Vactroller	28	57	6	460–463
ULLMANN, J. R.	Vac Symp Trans Low Base Pressure in a large Metal System		57		95/96
CHILDS, B. G., PENFOLD, J.	RSI Vacuum Pump Control Circuit	26	55		235
NAHAGAMA, M., KUKIHARA, T.	RSI Vacuum Control	26	55		727

Kühlwasser-Kontrollvorrichtungen

Verfasser	Zeitschrift	Band oder Jahrgang	Monat und Jahr	Heft Nr.	Seite
THIELE, K.	Vak Techn Kühlwasser-Sicherheitsschalter	7	58	1	23/24
STEEL, C., SMITH, R. F., SUNNERS, B.	JSI Water Failure Guard	34	57		125
WUTZ, M.	Vak Techn Kühlwasser-Kontrollschalter	6	57	8	193
HOUGHTON, G.	JSI Water Failure Guard	33	56		199

Verfasser	Zeitschrift	Band oder Jahrgang	Monat und Jahr	Heft Nr.	Seite
Hg-Nachweisverfahren					
Ely, T. S.	AEC-Rep No. WASH	744	57		
	ref. Vacuum publ. 1959	7/8	57/58		181
	Mercury Vapour Detector				
Wintersteen, C. R.	AEC-Rep No. UCRL	3714	57		
	ref. Vacuum publ. 1959	7/8	57/58		181
	Control of Mercury Vapour				
Wyllie, H. A.	JSI	34	57		410
	A Mercury in Glass Burette				
Vakuumwaagen					
Cochran, C.	RSI	29	58		1135
	ref. Vacuum	IX	59	3/4	247
	Vacuum Microbalance				
Cordes, J. F.	Chem Ing Techn	30	58		342–346
	ref. Vacuum publ. 1959	7/8	57/58		180
	Vacuum Balance				
Espe, M. I.	JSI	34	57		229
	Vacuum Balance				
2.3.1 Werkstoffe					
Johnson, Vaughn, G. W.	JAP Schmierung mit MoS_2	27	56	10	1173–1178
Espe, W.	Vak Techn	4	55	1	10–24
Espe, W.	Vak Techn Kohlenstoff	4	55	2	34–40
Frank, K., Stow, R. L.	RSI Kochsalzfenster	25	54		514
Michaelson, H. B.	Materials and Methods Material für hohe Temperaturen		Dez. 53		110
Schwarz-Bergkampf, E.	Gl und HVT Eisenhaltige Einschmelzleg.	2	Sept. 53	12/13	254
Martin, S. L.	Chem Process Engng	33	52	7	370–373
Mönch, G. Ch.	Wiss Z Uni Halle Das Löten von Glas-Keramik und Metallteilen mit Glasuren, niedrig schmelzenden Gläsern und Metalllegierungen	2	52/53	H 9	
Sited, J. R., Baldock, R.	AEC-Rep Nr. ORNL 1405				
	ref. Vacuum Massenspektroskopische Untersuchungen von Werkstoffen der Hochvakuumtechnik	III	53	1	
Labeyrie, J., Leger, P.	Vide	6	Jan. 51	31	951/52

Verfasser	Zeitschrift	Band oder Jahrgang	Monat und Jahr	Heft Nr.	Seite
Taylor	Eng Exp Station News	23	51		52
Labeyrie, J.	J Phys Radium	11	50		
	Vakuumdichte Kittung von Glimmer auf Glas				
Bush, W. E.	Nat Nucl Energy Ser Div I	I	49		146–189
Hoog, B. G.,	RSI	19	48		331
Dushworth, H. E.	Synthetische Dielektrika				
Kroll, W. J.,	Trans Electrochem Soc	93	48		147–158
Schlechten, A. W.	Kohlenstoff und Metalloxyde				

2.3.1.1 Werkstoffprüfung

Verfasser	Zeitschrift	Band oder Jahrgang	Monat und Jahr	Heft Nr.	Seite
Johnson, V. R.,	RSI	27	56		611–613
Vaughn, G. W.,	ref. Vacuum	VI	56		217
Lavik, M. T.					
Fleischmann, W. L.	AEC-Rep KAPL-M-AJH-2		Okt. 55		
	ref. Vacuum	VI	56		205

2.3.1.2 Metalle (s. auch 2.4.1, S. 340)

Verfasser	Zeitschrift	Band oder Jahrgang	Monat und Jahr	Heft Nr.	Seite
Rain, N.	JSI	36	59	11	479
Jänecke, D.	Vak Techn	7	58	2/3	52–55
Espe, W.	Nachrichtentechnik	6	56	8	355–364
	Kupfer				
Espe, W.	Nachrichtentechnik	6	56	9	401–408
	Kupfer				
Fuschillo, N.	RSI	27	56		410/11
	ref. Vacuum	VI	56		249
	Hg-Reinigung				
Rowe, G. W.	Brit JAP	7	56		152/53
	ref. Vacuum	VI	56		218
Spengler, H. F.	Z VDI	98	56		381–383
Espe, W.	Vak Techn	4	55		51
Espe, W.	Nachrichtentechnik	5	55	2	69–74
Reynolds, F. L.	UCRL 2989		Mai 55		
	Indium				
Rüdiger, O.,	Techn Mitt Krupp	13	55	2	23–38
Kann, H. van,	Titan				
Knorr, W.					
Heyding, R. D.,	Canad J Chem	32	54		591/92
Flood, E. A.	ref. Phys Abstr		Okt. 54		1137
	Indium zur Entfernung von Hg-Dampf				
Hintenberger, H.	Werkstoffe und Korrosion		53	6	225
Jones, D. A.	Times Rev Ind		Mai 53		38
Gudzow, H. T.,	Z techn Phys	22	52		905–920
Losinski, M. T.					
Neumann, K.,	Naturwissenschaften	39	52	6	132
Schmoll, K.	Verdampfungskoeffizient von Kalium				

Verfasser	Zeitschrift	Band oder Jahrgang	Monat und Jahr	Heft Nr.	Seite
Neumann, K.	Naturwissenschaften	39	52	5	107/08
	Theorie der Verdampfungsgeschwindigkeit fester Körper				
Palm, R.	Gl und HVT	1	52	7	132
	Wolfram und Molybdän				
Seary	J Amer chem Soc	74	52	10	4789–4791
Alan, W.	Germanium (Dampfdruck)				
Nineuil, P.	Vide	5	Mai 50		807–813
Johnson, P. D.	J Amer ceram Soc	33	Mai 50		168–171
	ref. Vacuum	I	51	1	53
Morse, R. S.	Ind Eng Chem	30	47		1064
Norton, F. J.	Trans Amer Inst min metallurg Engrs	156	44		351–371
Langmuir, D. B., Malter, L.	Phys Rev	55	39		748
Wise, E. M.	Proc IRE	25	37		714
Smithells, C. J. Ransley, C. E.	Proc Roy Soc, London	(A) 155	36		195–212
Reimann, A. L., Grand, C. K.	Phil Mag	22	36		34
Kelley, K. K.	Bureau Mines Bull	383	35		
Larsen B. M.	Trans Amer Inst min metallurg Engrs	113	34		61
Sieverts, A., Bruning	Arch Eisenhütt	7	33		641
Winkler, O.	Z techn Phys	14	33		319
Andrews, M. R.	J Franklin Inst	211	31		689
Hessenbruch, W.	Z Metallkde	21	29		46
Jonas, H. A., Langmuir, I., Mackay, G. M.	Phys Rev	30	27		201
Jonas, H. A., Langmuir, I.	Gen Electr Rev	30	27		354
Steacie, E. W. R, Johnson, F. M. G.	Proc Roy Soc, London	(A) 112	26		542

2.3.1.3 Glas und Quarz

Verfasser	Zeitschrift	Band oder Jahrgang	Monat und Jahr	Heft Nr.	Seite
Espe, W.	Vak Techn	8	59		209–214
Long, B.	Chem Ing Techn	31	59	12	812
Putner, T.	Brit JAP	10	59		332
Stevels, J. M.	Vetro e Silicati	3	59		23–30
Espe, W.	Vak Techn	7	58	4	65–77
Espe, W.	Vak Techn	7	58	5	101–110
Holland, L.	Brit JAP	9	58	10	410
Tuzi, Y., Okamoto, H.	J Phys Soc Japan	13	58	8	960
	ref. Vacuum	IX	59		155
Knapp, O.	Silikattechnik	5	54		51–54
Norton, F. J.	Vac Symp Trans		54		47

Verfasser	Zeitschrift	Band oder Jahrgang	Monat und Jahr	Heft Nr.	Seite
Rogers, W. A., Burritz, R. S., Alpert, D.	JAP	25	54		868
Briggs, L. J.	JAP	24	53		488–490
	ref. Vacuum	III	53	3	318
Harrison, E. R.	JSI Glas bursting Stoppers	30	53		97
Manners, M.	Electronic Engng	25	53		512
Norton, F. J.	J Amer ceram Soc	36	53		90
Adam, H.	Feinwerktechnik Die theoretischen Grundlagen der Druckglaseinschmelzungen und ihre praktischen Folgerungen	56	52	2	29–40
Adam, H., Espe, W., Schwarz-Bergkampf, E.	Gl und HVT Druckglaseinschmelzungen, Prinzip, Herstellung und technische Anwendungen	1	52	7	123–134
Dietzel, A.	Glastechn Ber	24	51	11	263–268
Wüstner, H.	Ann Phys	46	51		1095
Newkirk, T. F., Tooley, F. V.	J Amer ceram Soc	32	49		272
Amerongen, G. J. van	JAP	17	46		972
Smith, P. L., Taylor, N. W.	J Amer ceram Soc	23	40		139
Beckerat, H. V., Arens, W.	ENT	19	42	3/4, 12	
Johnson, J., Burt, R.	J opt Soc Amer	6	38		612
Taylor, N. W.	J chem Physics	6	38		612
Braaten, E. O., Clark, C. G.	J Amer chem Soc	57	35		2714
Barrer, R. M.	J chem Soc		34		378
Burton, E., Braaten, E. O., Wilhelm, I. O.	Canad J Res	21	33		497 •
Tsai, L. S., Hogness, T.	J phys Chem	36	32		2595
Urry, W.	J Amer chem Soc	54	32		3887
Voorhis, C. C. van	Phys Rev	23	24		557
Williams, G. A., Ferguson, J. B.	J Amer chem Soc	44	22		2160

2.3.1.4 Glimmer

Verfasser	Zeitschrift	Band oder Jahrgang	Monat und Jahr	Heft Nr.	Seite
Espe, W.	Vak Techn	8	59		15–19
Espe, W.	Vak Techn	8	59		29–38
Espe, W.	Vak Techn	8	59		67–75

Verfasser	Zeitschrift	Band oder Jahrgang	Monat und Jahr	Heft Nr.	Seite
Ebinger, A.,	E und M	59	41		286
Linder, L.					

2.3.1.5 Keramische Werkstoffe

Verfasser	Zeitschrift	Band oder Jahrgang	Monat und Jahr	Heft Nr.	Seite
Navias, L. J.	J Amer ceram Soc	37	54		329–350
Baukloh, W.,	Ber dtsch keram Ges	15	34		424
Hoffmann, A.					
Griessel, R. W.	ASTM — Techn Publ		59	246	91

2.3.1.6 Kunststoffe

Verfasser	Zeitschrift	Band oder Jahrgang	Monat und Jahr	Heft Nr.	Seite
Kolenko, E. A.,	Zh tekh fiz	28	58	10	2259
Yurev, V. G.	ref. Phys Abstr Nr. 7860	62	59	740	752
Luy, H.,	Z angew Phys		56	5	222–226
Schumacher, K.					
Bockhoff,	Chem Engng	62	55	9	228
Neumann					
Geronimi, M.	Industr Plast Mod Teflon	7	55	4	4/5
Duncan, J. F.	Brit JAP	5	54		66–69
Beatty, J.	Trans ASME	75	53		605
Henry, H. G.	Materials and Methods	38	53	4	114/15
Keen, N. W.	Trans ASME	75	53		891
Sites, J. R.	Oak Ridge ORNL-1405		52		
Cloud, R. W.,	RSI	21	50		731
Philp, S. F.					
Adams, G. D.,	RSI	20	49		957
Scherwin, W.					

2.3.1.7 Gummi

Verfasser	Zeitschrift	Band oder Jahrgang	Monat und Jahr	Heft Nr.	Seite
Bénichou, R.,	Namur-Ber		58		353–363
Blaive, J. C.,					
Henry, R. P.					
Smith-Johansen, R.	Gen Electr Rev	55	52		54
Frank, Ch. E.,	IEC	44	52		1600
Kraus, G.,					
Haefener, A. J.					
Beatty, J.	Trans ASME	75	53		605
Cloud, R. W.,	RSI	21	50		731
Philp, S. F.					
Ehlers, G.	Kunststoffe	31	41		422

2.3.1.8 Öle und Fette

Verfasser	Zeitschrift	Band oder Jahrgang	Monat und Jahr	Heft Nr.	Seite
Simmler, W.,	Vak Techn	8	59	6	155–158
Bächler, W.					
Ames, J.	JSI	35	58		1
Herrmann, O.	Techn wiss Abh Osram	7	58		369–375
Ishii, H.	Namur-Ber		58		186–192

Verfasser	Zeitschrift	Band oder Jahrgang	Monat und Jahr	Heft Nr.	Seite
HUNTRESS, A. R., SMITH, A. L., POWER, B. D., DENNIS, N. T. M.	Vac Symp Trans		57		104–111
PAYNE, J. N. W.	Petroleum		57		221–224
	ref. Vacuum publ. 1959	7/8	57/58		232
MELPODER, F. W., BROWN, R. A., WASHALL, T. A., DOHERTY, W., HEADINGTON, C. E.	Analyt Chem	28	56		1936–1945
	ref. Vacuum publ. 1959	7/8	57/58		231
HERLET, A., REICH, G.	Z angew Phys	9	57	1	14–23
WILCOCK, D. F.	J Amer chem Soc	68	46		691

2.3.2 Dampfdrücke, Schmelz- und Siedepunkte

Verfasser	Zeitschrift	Band oder Jahrgang	Monat und Jahr	Heft Nr.	Seite
KLUMB, H.,	Vak Techn	8	59		62–66
LÜCKERT, J.	ref. Vacuum	IX	59	3/4	234
PRATT, J. N., ALDRED, A. T.	JSI	36	59	11	465–468
GÜNTHER, K. G.	Z Glaskunde	31	58	1	9–15
HOYER, H., PEPERLE, W.	Z Elektrochem	62	58	1	61–66
KANSKY, E., JERIC, S.	Namur-Ber		58		672–675
NAKAYAMA, K., ISHII, H.	J Jap Vac Soc	1	58	6	222–227
PATY, L., SCHÜRER, P.	Czech J Phys	8	58		
RICHARDS, L. A., GEN OGATA	Science	128	58	3331	1089/90
HERLET, A., REICH, G.	Z angew Phys	9	57		14–23
OTHMER, D. F.,	Industr Engng Chem	49	57		125–137
MAURER, P. W., MOLINARY, C. J., KOWALSKI, R. C.	ref. Vacuum publ. 1959	7/8	57/58		191
AMSEL, O.,	Z angew Phys	8	56	1	20–24
WITTWER, G.	ref. Vacuum	VI	56		260
GROTH, W., IHLE, H., MURRENHOFF, A.	Angew Chem	68	56	20	644–648
GROTH, W., IHLE, H., MURRENHOFF, A.	Angew Chem	68	56	19	605–611
JENSEN, N.	JAP	27	56		1460–1462
	ref. Vacuum publ. 1959	7/8	57/58		184

Verfasser	Zeitschrift	Band oder Jahrgang	Monat und Jahr	Heft Nr.	Seite
MILAZZO, G.	Chem Ing Techn	28	56	10	646–654
	ref. Vacuum publ. 1959	7/8	57/58		191
MILAZZO, G.	Rend Ist Super Sanita Fehler bei Dampfdruckmessungen (elektrostatisch)	19	56		313–321
ERNSBERGER, F. M., PITTMANN, H. F.	RSI Manometer für Dampfdruckmessungen	26	55	6	584–589
KIEFER, H., ZIEGLER, B.	Z angew Phys Dampfdruckmessung mit Knudsenmanometer	VII	55		48
MYERS, H. S., FENSKE, M. R.	IEC	47	55	8	1562–1568
BURROWS, G.	J appl Chem	4	54		394–400
YARWOOD, ROSSMAN	Brit JAP	5	54		7
WALDSCHMIDT, E.	Z angew Phys Empirische Näherungsformel für den Sättigungsdampfdruck	VI	54	7	313–318
BRANDT, H., RÖCK, H.	Chem Ing Techn Druck- und Temperaturregelung bei Rektifikationen und der Messung von Verdampfungsgleichgewichten	25	53	8/9	511
MAHNERT	Techn-wiss Abh Osram		53	6	
HERSCH, H. N.	J Amer chem Soc Dampfdruck von Kupfer	75	53		1529–1531
HISTAKE, K., MASTUDA, K.	J Phys Soc Japan	8	53		416–423
	ref. Vacuum Massenspektroskopische Untersuchung von Diffusionspumpenöl, Gasanalyse bei Endvakuum	III	53	3	317
HOLLAND-MERTEN, REUTER, H., SLIVINSKI, S.	Chem Techn Silikonöl	5	53		301–303
REICH, G.	Phys Verhandl Schreibendes Gerät zur Messung kleiner Dampfdrücke	4	53	7	213
LATHAM, P., POWER, B. D., DENNIS, N. T. M.	Vacuum Treibmittel für Diffusionspumpen	II	52	1	33–49
NOZAKURA, S.	J chem Soc Japan Ind Chem Lab 55 Alkylphenyl		52		458–460

Verfasser	Zeitschrift	Band oder Jahrgang	Monat und Jahr	Heft Nr.	Seite
Takao, M.,	J chem Soc Japan	55	52		98–100
Tomiyama, S.	Herstellung von Diffusionspumpenölen aus höheren Alkoholen				
Trevoy, D. J.	IEC	44	52		1888–1892
Carpenter	Proc phys Soc, Lond	64	51		57
Casado, F. L.,	Proc roy Soc, Lond	(A) 207	51		483–495
Massie, D. S.,	ref. Vacuum	I	51	4	319
Whytlaw-Gray					
Edwards, J. W.,	J Amer chem Soc	73	51		172
Johnston, H. L.,	Dampfdrucke anorganischer Substanzen				
Blackburn, P.					
Herlet, A.,	Dissertation Bonn		51		
Jaeckel, R.	Dampfdruckmessungen unter 10^{-2} Torr				
Hopke, E. R.,	J chem Physics	19	51	11	1345–1351
Sears, G. W.					
Johnson, E. W.	RSI	22	51		240–244
Nash, L. K.	Vacuum	I	51	4	320
Lempicki, A.,	Nature	167	51		813/14
McFarlane, A.	Silikonöldämpfe und Sekundärelektronenemission				
Nash, L. K.	Analyt Chem	13	51		168–170
	ref. Vacuum	I	51	1	71
Riddiford, L.	JSI	28	51	1	47
Clancey, V. J.	Nature	166	50		275
Dorsten, A. C. van,	Philips techn Rdsch	12	50		33
Nieuwdorp, H.,					
Verhoeff, A.					
Speiser, R.,	Trans Amer Soc Metals	1	50		283–307
Johnston, H. L.	Dampfdruckbestimmung von Metallen				
Perry, E. S.,	J Amer chem Soc	71	49		3720
Weber, W. H.,					
Danbert, B. F.					
Verhoek, F. H.,	J Amer chem Soc	61	39		2737
Marshall, A. L.					
Hickman, K. C. D.,	Industr Engng Chem	9	37		264
Hacker, J. C.,					
Embree, N. D.					

2.3.3 Gasdurchlässigkeit und Diffusion bei Quarz und Glas

Verfasser	Zeitschrift	Band oder Jahrgang	Monat und Jahr	Heft Nr.	Seite
Leiby, C. C.,	JAP	31	60	2	268
Chen, C. L.					
Darby, J. B.,	JAP	30	59	1	104
Tomizuka, C. T.,					
Balluffi, R. W.					
Osborne, A. D.	JSI	36	59		370

Verfasser	Zeitschrift	Band oder Jahrgang	Monat und Jahr	Heft Nr.	Seite
Whet, N. R.,	RSI	30	59		472
Yong, J. R.					
Compaan, K.,	Trans Faraday Soc	54	58		1498–1508
Haven, Y.					
Eschbach, H. L.	Namur-Ber		58		373–377
Fara, H.,	JAP	29	58	7	1133
Balluffi, R. W.					
Francis, J.,	JAP	29	58	7	1122
Norton					
Frank, R. C.	JAP	29	58	8	1262
Frank, R. C.,	JAP	29	58	8	892–898
Swets, D. E.,	ref. Vacuum publ. 1959	7/8	57/58		157
Fry, D. L.					
Frank, R. C.,	JAP	29	58	8	898–900
Lee, R. W.,	ref. Vacuum publ. 1959	7/8	57/58		157
Williams, R. L.					
Grove, D. M.,	Nature	182	58	4641	999–1000
Ford, M. G.					
Klumb, H.,	Vak Techn	7	58	2/3	35–41
Dauscher, R.					
Penning, P.	Phys Rev	110	58	2	586/87
Silberg, P. A.,	J chem Physics	29	58		777
Bachmann, C. H.	ref. Vacuum	IX	59		155
Simmons, J.,	JAP	29	58	9	1308
Dorn, J. E.					
Cayles, M. A.,	Brit JAP	8	57		380
Forster-Brown,					
A. D.					
Compaan, K.,	Philips techn Rdsch	20	58	1	31
Haven, Y.					
Compaan, K.,	Disc Faraday Soc	23	57		105–112
Haven, Y.					
Edwards, A. G.	Brit JAP	8	57		406
Ferro, A.	JAP	28	57	8	895
Frank, R.,	JAP	28	57	3	380
Swets, D. E.					
Gross, F.	Z angew Phys	9	57	12	606–612
Karstensen, F.	J Electron Control	3	57	3	305
Kendall, J. K.	Vac Symp Trans		57		120–124
Kucherov, R. Y.	Zh tekh fiz	27	57		2158
	ref. Phys Abstr Nr. 4353	62	59		405
Logan, R. A.,	JAP	28	57	7	819
Peters, A. J.					
Mallet, M. W.,	J Elect Chem Soc	104	57		142–146
Albrecht, W. M.	ref. Vacuum publ. 1959	7/8	57/58		161
Meijering, J. L.	Rev Metall	14	57		520
Norton, F. J.	JAP	28	57		34–39
	ref. Vacuum publ. 1959	7/8	57/58		237

Verfasser	Zeitschrift	Band oder Jahrgang	Monat und Jahr	Heft Nr.	Seite
WESTENBERG, A.A.,	J chem Physics	26	57	6	1753/54
WALCHER, R. E.	ref. Phys Abstr Nr. 8454	60	57		772
MILLICAN, R.	AEC-Rep No. KY-166		56		1–5
	ref. Vacuum publ. 1959	7/8	57/58		188
HARRISON, E. R.	RSI	26	55		305
WALDSCHMIDT, E.	Metall		Okt. 54	19/20	
	ref. Vacuum publ. 1959	7/8	57/58		113–115
SCHMELLEN-	Exp Techn Phys	2	54	1	27
MEIER, H.	ref. Phys Abstr Nr. 4356	62	59		405

2.4 Gasabgabe und Getterung

Verfasser	Zeitschrift	Band oder Jahrgang	Monat und Jahr	Heft Nr.	Seite
TODD, B., LINEWEAVER, J. L., KERR, J. T.	JAP	31	60	1	51
BOULASSIER, J. C.	Vide	14	59	80	39
FISH, I. P. S.	RSI	30	59		889
HENRY, R. P.	Vide	14	59	82	226–240
KELLY, J. C.	JSI	36	59		89/90
	ref. Vacuum	IX	59	3/4	241
KRAUS, TH.	Vak Techn	8	59	2	39–43
	ref. Vacuum	IX	59	3/4	234
GELLER, R.	Vide	13	58	74	71–76
KRAUS, TH.	Naturwissenschaften	45	58	22	538
SANTELER, D. J.	Namur-Ber		58		98–109
SANTELER, D. J.	Vac Symp Trans		58		1–8
TRENDELENBURG, E. A., CARMICHAEL, J. H.	Namur-Ber		58		657–660
AMOIGNON, J.,	Vide	12	57		377
MONGODIN, J.	ref. Phys Abstr Nr. 2866	61	58		274
GELLER, R.	Vide	12	57	69	194
TAYLOR, K. C.	Vac Symp Trans		57		157–160
GELLER, R.	Vide	12	57	69	194
GELLER, R., BARRE, R., MONGODIN, G.	Vide	12	57	69	195–201
JAECKEL, R., SCHITTKO, F. J.	Forschungsberichte Nordrhein-Westfalen		57	369	
AMPHLETT, C. B.,	JSI	33	56		64/65
WILLIAMS, T. F.	ref. Vacuum	VI	56		195
HAEFER, R., WINKLER, O.	Vak Techn	5	56	7	149–155
HIGALSBURGER, M.	Acta Phys Austr	10	56	3	181–185
	ref. Phys Abstr Nr. 6938	60	57		635
HOFFMANN, K.,	Chem Ing Techn	27	55	10	604–607
FISCHER, L.	Bestimmung kleiner Wassermengen in Folien und organischen Flüssigkeiten				

Verfasser	Zeitschrift	Band oder Jahrgang	Monat und Jahr	Heft Nr.	Seite
TODD, B. J.	JAP Entgasung von Glas	26	55	10	1238–1244
ALPERT, D., BURITZ, R. S.	JAP Grenzen des erreichbaren Vakuums	25	54		202
ECKARDT, A., EDEN, C.	Gl und HVT Entgasung optischer Gläser mit Ultraschall		52	2	15–19
BRITT, J. R.	Naval Research Laboratory Report 3827		51		
FERNAND, F.	Canad J Res	27 F	49		318

2.4.1 Gasabgabe von festen Stoffen

Verfasser	Zeitschrift	Band oder Jahrgang	Monat und Jahr	Heft Nr.	Seite
SCHRAM, A.	CITAV Paris		61		
FARKASS, I., BARRY, E. J.	Vac Symp Trans		60		35–38
REDHEAD, P. A.	Vac Symp Trans		60		108–111
VARADI, P. F.	Vac Symp Trans		60		149–154
DAYTON, B. B.	Vac Symp Trans		59		101–119
KRAUS, TH.	Vac Symp Trans		59		204
REDHEAD, P. A.	Vac Symp Trans		59		12–15
HEAVENS, O. S.	JSI	36	59		95
	ref. Vacuum	IX	59	3/4	243
HOLLAND, L.,	JSI	36	59		81–84
PUTNER, T.	ref. Vacuum	IX	59	3/4	243
TIX, A., BANDEL, G., COUPETTE, W., SICKBERT, A.	Stahl u Eisen	79	59	8	472–477
BLEARS, J., GREER, E. J., NIGHTINGALE, J.	Namur-Ber		58		473–480
CARMICHAEL, J. H.,	JAP	29	58	11	1570–1577
TRENDELENBURG, E. A.	ref. Vacuum	IX	59		155
BLONN, W. A.	Vac Symp Trans		58		31–34
BILLS, D. G.	Phys Rev	107	57	4	994
BASALAEVA, N. I.	Soviet Physics-Technical Physics	3	58	4	1027–1031
BENICHOU, R., BLAIVE, J. C., HENRY, R. P.	Vide	13	58	79	353–363
POWER, B. D., CRAWLEY, D. J.	Namur-Ber		58		206
DAWTON, RHVM	Brit JAP (AERF-G/R-393) Report	8	57		414

Verfasser	Zeitschrift	Band oder Jahrgang	Monat und Jahr	Heft Nr.	Seite
DAYTON, B. B.	Report Cons Vac				
TRABERT, F.	Corp Rochester 3,				
GEROW, G.	N. Y.				
MORSE, R. B.,					
DAYTON, B. B.					
CAMPBELL, J. E.	Vak Techn	6	57	1	12
HANIN, M.	Vide	68	57		148–161
JAECKEL, R.,	Ann Phys	20	57		331–336
JUNGE, H.					
MILLERON, N.	Vac Symp Trans		57		148/49
ESPE, W.	Vak Techn	3	56		39–53
	ref. Vacuum	VI	56		283
ESPE, W.	Vak Techn	3	56		69–82
	ref. Vacuum	VI	56		283
TODD, B. J.	JAP	27	56		1209/10
	ref. Vacuum publ. 1959	7/8	57/58		110
WINKLER, O.	Rev Metall	52	55		934–942
	ref. Vacuum	VI	56		282
HARRIS, B. L.	IEC	47	55	3, II	161–164
HACKERMANN,	J phys Chem	59	55	9	900
LEE, E. A.	Gasadsorption und Kontaktpotential				
MCMICKLE, KUBU	JAP — Diffusion	26	55	7	838
SEIFERT, H.,	Kolloid Z	141	55	3	146–159
BUHL, R.,	Adsorption an Quarz				
SEIFERT, K. F.					
SCHMELLENMEIER, H.,	Exp Techn Phys	3	55	3	109–116
GERMEY, K.	Der Einfluß einer ionisierten Gasatmosphäre auf feste Oberflächen				
CLAUSS, A.	CR	239	54		25–27
	ref. Phys Abstr Nr. 9680	57	54		1226
DILLON, J. A.,	RSI	25	55	1	96
FARNSWORTH, H. E.					
FAST, J. D.	J Iron Steel Inst	176	54	1	24–27
VERRIJP, M. B.	Philips techn Rdsch — Diffusion	17	55	2	74
WASILEWSKI, R. J.,	J Inst Met	83	54/55	P 3	94–104
KEHL	Diffusion				
WILSON, M. K.	RSI	25	54	11	1130/31
	Abgabe von adsorbiertem Wasser in Vakuumanlagen				
DAY, A. G.	JSI	30	53		260–263
	Mikrowaage zur Messung adsorbierter Gase				
KITCHNER, J. A.,	Acta Metalurgia		53	1	93–101
BOCKRIS, J. O.,	ref. Vacuum	III	53	2	187/88
EVANS, J. W.	Löslichkeit von Sauerstoff in γ-Eisen				

Verfasser	Zeitschrift	Band oder Jahrgang	Monat und Jahr	Heft Nr.	Seite
ANTROPOFF, A. VON	Kolloid Z	129	52		1–10
BOETTCHER, A.	Glastechn Ber	25	52		347–353
DAYTON	Vacuum	II	52	2	147
	Gasabgabe von Kunststoffen				
HEDVAL, J. A.	Gl und HVT	1	52	3/4	50–56
HIGUCHI, I., CHIBA	J chem Soc Japan pure chem section	73	52		400–405
	ref. Vak Techn	3	54	3/4	81
NORTON, F. J.	Gen Electr Rev	55	52	5	28/29
	Diffusion				
TÖDT, F.	Gl und HVT	1	52	6	109
BARRER, R. M., GROVE, D. M.	Trans Farady Soc	47	51		826
RUDNAY, A. DE	Vacuum	I	51	3	204/05
DUNOYER, J. M.	Vide	5	50	11	905–911
	ref. Vacuum	I	51	2	150
HÜTTIG, G. F., THEIME, O.	Kolloid Z	199	50		69–73
	Adsorptionstheorie				
ALLANDER,	Trans Roy Inst Techn	70	53		
CLAES, G.	ref. Vak Techn	3	54	1	17
BADGER, W. L., LINDSAY, R. A.	IEC	45	53	1	15–98
BECKER, J. A., HARTMANN, C. D.	J phys Chem	57	53		153–159
	Adsorption und Feldelektronenemission				
HARRIS, B.	IEC	44	53		24–31
HOLLAND, L.	Plast Inst Trans G B	21	53	45	65–85
KIRCHNER, F., KIRCHNER, H.	Z angew Phys	V	53	8	281–283
	Adsorption und Feldelektronenemission				
WALDSCHMIDT, E.	Metall	8	54	19/20	749–758
	Gasabgabe und Gasdurchlässigkeit metallischer Vakuumbaustoffe				
BURMEISTER, SCHLOETTER	Metallwirtsch	13	34.		115
NORTON, F. J., MARSHALL	Trans Amer Inst min metallurg Engrs		Febr. 32		
RÖNTGEN, MÖLLER	Metallwirtsch	11	32		685
HESSENBRUCH, W.	Z Metallkde	21	29		46

2.4.2 Gasabgabe von hochsiedenden Flüssigkeiten

Verfasser	Zeitschrift	Band oder Jahrgang	Monat und Jahr	Heft Nr.	Seite
LUTHER, H., HIEMENZ, W.	Chem Ing Techn	29	57		530
GROSS, F.	Z angew Phys	9	57		606
JAECKEL, R., GROSS, F.	Forschungsberichte Nordrhein-Westfalen		57	404	

Verfasser	Zeitschrift	Band oder Jahrgang	Monat und Jahr	Heft Nr.	Seite
MANSER, H.,	Z Naturforschg	10a	55	1	42–47
KORTÜM, G.	Thermodynamik der Lösungen von Gasen und festen Stoffen in Flüssigkeiten				
BURROWS, G., PREECE, F. H.	Trans Int Chem Engrs	32	54	2	99–114
HAYASHI, C.	J Phys Soc Japan	9	54		287–290
KNÖDLER, E. L., BONILLA, C. F.	Chem Engng Progr	50	54	3	125–133
OETJEN, G. W., GROSS, F.	Chem Ing Techn	26	54	1	9–13
SEED, J. B.	US-Pat 2668598 Apparat zur Entgasung einer Flüssigkeit		26. 9. 50/ 9. 2. 54		
SMITH, A. L., TAYLOR, J. C.	Vac Symp Trans		54		
BURROWS, G., PREECE, F. H.	J appl Chem	3	53	10	451–462
HOWARD, W. B.	Petroleum Refiner	32	53	12	97–99
MATSUYAMA, T.	Chem Fac Engng Kyoto Univ	15	53		142–162
MAHNERT	Techn wiss Abh Osram		53	6	
ECKARDT, A.,	Gl und HVT	1	52	2	15–19
EDEN, C.	Entgasen von Flüssigkeiten				
KELLY, E. J.	Chem Engng Progr	48	52		589–593
	ref. Vacuum	II	52	2	149
RUSSEL, S. O.	Bell Syst techn J	31	52		104
STEELE, F. M.	Vacuum	II	52	2	148
STRINGER, J.E.C.	Nature	169	52	4297	412
WEIL, L.	CR Soc Franc Phys			29	30
	Beilage zu J Phys Radium	13	53	4	
WIRTH	Österr Chem Ztg	63	52	17/18	212/13
	ref. Vide	9	54	49	1470
	Gasadsorption durch Hochvakuumfett				
KIRKWOOD, J. G.	J chem Physics	18	50		901
NORMAND, C. E.	Oak Ridge (Y-642 Rev)		50		
FÜRTH, R.	Science Progress	37	49		202–218
KIRKWOOD, J. B.	J chem Physics	17	49		988
MARKHAM, A. E., KOBE, K. A.	Chem Rev	28	41		519

2.4.3 Gasaufzehrung durch Getter

Verfasser	Zeitschrift	Band oder Jahrgang	Monat und Jahr	Heft Nr.	Seite
DELLA PORTA, P.	Vac Symp Trans		59		
DELLA PORTA, P., AGANO, E.	Vacuum	X	60	1/2	229–236
DELLA PORTA, P., ORIGLIO, S.	Vacuum	X	60	1/2	227–230

Verfasser	Zeitschrift	Band oder Jahrgang	Monat und Jahr	Heft Nr.	Seite
RICCA, F., DELLA PORTA, P.	Vacuum	X	60	1/2	215–222
DELLA PORTA, P., ORIGLIO, S., ARGANO, E.	Vacuum	X	60	1/2	194–198
DELLA PORTA, P.	Vacuum	X	60	1/2	181–187
JEPSEN, R. L., MERCER, S. L., CALLAGHAN, M. J.	RSI	30	59		377
DELLA PORTA, P.	Vacuum	VI	56		41–58
FRANSEN, J.J.B., PERDIJK, H. J. R.	Philips techn Rdsch	19	57/58	10	321–332
AMES, I., CHRISTENSEN, R. L., TEALE, J.	RSI	29	58	8	736/37
BAILLEUL-LANGLAIS, J.	Namur-Ber		58		652–657
BARONETZKY, E.	Namur-Ber		58		646/47
BERTHAUD, M.	Vide	13	58	78	293
BILLS, D. G., CARLETON, N. P.	JAP	29	58	4	692
GREGG, S. J., JEPSON, W. B., BLOOMER, R. N.	Brit JAP	9	58	10	417
HAINE, M. E., FRANCIS, E.W.R., BLOOMER, R. N.	Nature	182	58	4640	931/32
ICHIMA, T., MIZICHUMA, Y., ODA, Z.	Namur-Ber		58		641–645
DELLA PORTA, P., RICCA, F.	Namur-Ber		58		661–666
DELLA PORTA, P., RICCA, F.	Vac Symp Trans		58		25–29
SCHLIER, R. E.	JAP	29	58	8	1162–1168
	ref. Vacuum	IX	59		154
TODD, B. J.	JAP	29	58	2	232
TODD, B. J.	JAP	29	58		1143
YAZAWA, K. M.	Namur-Ber		58		648–651
BLOOMER, R. N.	Brit JAP	8	57		352–355
	ref. Vacuum publ. 1959	7/8	57/58		108
BLOOMER, R. N.	Brit JAP	8	57	8	321–329
	ref. Vacuum publ. 1959	7/8	57/58		108
BLOOMER, R. N.	Brit JAP	8	57		40–43
	ref. Vacuum publ. 1959	7/8	57/58		109
BLOOMER, R. N.	Nature	180	57		249/50
	ref. Vacuum publ. 1959	7/8	57/58		108

Verfasser	Zeitschrift	Band oder Jahrgang	Monat und Jahr	Heft Nr.	Seite
CARPENTER, L. G., MAIR, W. N.	Nature ref. Vacuum publ. 1959	179 7/8	57 57/58		212/13 109
CLOUD, R. W.,	RSI	28	57		889–892
BECKMAN, L., TRUMP, J. G.	ref. Vacuum publ. 1959	7/8	57/58		108
GOMER, R., HULM, J. K.	J chem Physics	27	57	6	1363
HAYASHI, C.	Vac Symp Trans		57		13–26
TUZI, Y., OKAMOTO, H.	J Jap Vac Soc ref. Vacuum publ. 1959	7 7/8	57 57/58		216–230 184
VARNERIN, L., CARMICHAEL, J. H.	JAP ref. Vacuum publ. 1959	28 7/8	57 57/58		913–919 109
BLOOMER, R. N.	Nature ref. Phys Abstr Nr. 3057	178 60	56 57		1000/01 284
FLECHSIG, W.	Brit Pat 783485 ref. Vacuum	 VI	 56		 185
GUNDRY, P. M., TOMPKINS, F. C.	Trans Faraday Soc ref. Vacuum publ. 1959	52 7/8	56 57/58		1609–1618 144
STOLL, S. J.	Brit JAP	7	56		94–96
ZIJLSTRA, P.	Vide ref. Vacuum publ. 1959	12 7/8	56 57/58		248–250 109
MORRISON, J., ZETTERSTROM, R. B.	JAP	26	55		437–442
STOUT, V. L., GIBBONS, M. D.	JAP ref. Vide	26	55 55	12 57	1488–1492 86
SUHRMANN, R., SCHULZ, K.	Z Naturforschg	10a	55	7	517–521
OETJEN, G., GROSS, F.	Chem Ing Techn	26	54	1	9–13
DE BOER, F., NIKLAS, W. F.	Brit JAP	5	54	5	341/42
DELLA PORTA, P.	Vacuum	IV	54	4 3	464–475 284–302
STOUT, V. L., GIBBONS, M. D.	Phys Rev	96	54		(3)
WAGENER, S.	Z angew Phys	VI	54	10	433–442
WAGENER, S.	Nature	173	54	4406	684/85
KINGTON, G. L.	Trans Faraday Soc	49	53		417–425
OCKERT, C. E.	Chem Engng	60	53		374
TSUKAKOSHI, O.	J Sci Res Inst	47	53		132–148
ARIZUMI, T., KOTANI, S.	J Phys Soc Japan	7	53		300–307
WAGNER, S.	Vacuum	3	53		11–23
TAUERN, D.	Gl und HVT		52	8	161
WAGENER, S.	Proc Inst Electr Engrs	99	52	III	59
ALLEN, J. A., MITCHEL, J. W.	Disc Faraday Soc		50	8	309–340

Verfasser	Zeitschrift	Band oder Jahrgang	Monat und Jahr	Heft Nr.	Seite
Espe, W., Knoll, M., Wilder, M. P.	Electronics, N. Y. Getter Material	23	50		80–86
Haase, G.	Z angew Phys	II	50		188–191
Schreiner, H.	Dtsch Z anorg Chem	262	50	1–5	113–121
Wagener, S.	Brit JAP	1	50		225–231
Ehrke, L. F., Slack, Ch. M.	JAP	11	40		129

2.4.4 Verdampfung, Kondensation, Sublimation

Verfasser	Zeitschrift	Band oder Jahrgang	Monat und Jahr	Heft Nr.	Seite
Anthony, C. E., Preuss, L. E.	Vacuum	IX	59	3/4	232
Gutbier, H. B.	Z Naturforschg	14a	59	1	32–36
Algermissen, J.	Chem Ing Techn	30	58	8	502–510
Behrndt, K. H., Jones, R. A.	Vac Symp Trans		58		217–224
Bressler, R.	Z VDI	100	58	15	630–638
Leniger, I. H. A., Veldstra, I. J.	Chem Ing Techn	30	58	10	636–642
Poocza, A.	Chem Ing Techn	30	58	10	648–650
Miller, R. J., Bachmann, C. H.	JAP	29	58	9	1277
Burrows, G.	J appl Chem	7	57		375–384
Patzke, H.	Feingerätetechnik	6	57	12	535–538
Sherwood, T. K.	Amer Inst Chem Engrs J	3	57		37–42

2.5 Anwendungsgebiete

2.5.1 Chemische Industrie

Verfasser	Zeitschrift	Band oder Jahrgang	Monat und Jahr	Heft Nr.	Seite
Cayless, M. A.	Brit JAP Gasanalysen bei niedrigen Drucken	7	Jan. 56	1	13–16
Fabian, D. J., Robertson, A. J. B.	Proc roy Soc, Lond Ser A	237	56	1208	1–16
Gäbler, H.	Seifen, Fette, Anstrichmittel Kontinuierliche Seifenverarbeitung unter Vakuum	58	56		286–292
Andrew, T. R.	Vide Bestimmung des Schwefelgehalts von Nickel	10	Jan. 55	55	394–400
Feichtinger, H.	Arch Eisenhüttenw Mikroschnellanalysen	20	55	3	127–130
Griffith, J. H., Phillips, C. S. G.	J chem Soc Detektor für automatische Gasanalysengeräte		54		3646–3653

Verfasser	Zeitschrift	Band oder Jahrgang	Monat und Jahr	Heft Nr.	Seite
YOKOMIZO, H.,	Chem Ind Res Report, Tokyo	49	54	6	209–236
FUJITA, E.	Reinstdarstellung von Kalzium				
DUNCAN, J. F.,	JSI	30	Dez. 53		462–464
WARREN, D. T.	ref. Phys Abstr		Febr. 54		232
	ref. Vak Techn		54	3/4	72
KOLLMANNSPERGER, H.	Z angew Phys	V	53	7	213
	Molekulargewichtsbestimmung von Gasen und Dämpfen im Druckbereich von 10^{-6} Torr				
PANETH, F. A.	Endeavour	12	Jan. 53		5–17
	ref. Vacuum	III	53	2	184
	Mikroanalysen				
TURNBULL,	JSI	30	53		260
HARRISON	Bestimmung geringer Wasserstoffmengen in Stickstoff				
YEATON, R. A.	Vacuum	III	53		115–124
	Vakuumschmelztechnik und Gasanalysen				
ALBERT, ADRIEN,	J chem Soc		52		4985–4993
HAMPTON, A.	Sublimieren unter Vakuum				
BURROWS, G.,	Vacuum	II	52	1	50–55
JACKSON, R.	Molekulargewichtsbestimmung von Ölen und Fetten				
HORTON, W. S.	US-AEC-Rep KAPL	666			
	ref. Vacuum	II	52	2	196
	Analysen				
HOLT, W. R.	Analyt Chem	24	Nov. 52		1870
	Vakuumpipette				
MACDONALD, F.S.	J chem Soc		52		4184–4192
	Synthesen von Pyrrolen				
MAGEL, T. T.	AECD-Rep Nr. 3321		Febr. 52		
	Reduktion von Metalloxyden				
VYNER, E. M.	Brit Gel and Glue R.A.		Nov. 52		(14)
	ref. Vacuum	III	53	1	95
	Leim- und Gelatineindustrie				
SLOMAN, H.,	J Metals	80	52	7	391–404
HARVEY, C. A.,	ref. Vacuum	II	52	2	197
KUBASCHEWSKI, O.	Reaktionen zur Bestimmung von O_2, N_2 und H_2 in Mo, Th, Ti, U, V, Zr				
—	Light Metals	14	März 51		149/50
	Analytische Destillation				
JAECKEL, R.	Chimia	5	Juni 51		129
	Anwendung der Hochvakuumtechnik in der Chemie				

Verfasser	Zeitschrift	Band oder Jahrgang	Monat und Jahr	Heft Nr.	Seite
MURRAY, K. E.	J Amer Oil Chem Soc	28	Juni 51		235–239
	ref. Vacuum II	II	52	1	95
	Fraktionierung bei niedrigen Drucken				
ROGERS, R. R., VICUS, G. E.	Canad Min Metal Bull Lithiumdarstellung	44	Jan. 51		15–20
STANLEY, J. K., HOENE, J. VON, WIENER, G.	Analyt Chem Bestimmung von O_2 in Zr	23	Febr. 51		377
CARNEY, D. J., CHIPMAN, J., GRANT, N. J.	Trans Amer Inst min metallurg Engrs Zinnschmelzmethode zur Bestimmung von H_2 in Stahl	188	50		397–403
NASH, L. K.	Analyt Chem	22	Jan. 50		108–18
	ref. Vacuum	I	51	1	64
	Gasanalyse				
PUGH, W.	South African ind Chemist Hochvakuumtechnik für die chemische Forschung	4	Febr. 50		22–26
ARROWSMITH	Trans Inst Chem Engrs G.B.	27	49		101–112
	ref. Vide	7	März 52	38	
	Vakuumtechnik in der chemischen Industrie				
EBERT, H.	Die Vakuumtechnik bei chemischen Arbeiten	1	Juli 49	1	
LEYLAND	Trans Inst Chem Engrs Anwendung der Vakuumtechnik in der chemischen Industrie	27	49		83–100
RODDEN, C. J.	Nat Nucl Energy Ser VIII-I				
KRAFT, W. W.	IEC Vakuumdestillation von Erdölrückständen	46	48		807

2.5.2 Elektroindustrie

Verfasser	Zeitschrift	Band oder Jahrgang	Monat und Jahr	Heft Nr.	Seite
HOCHHÄUSLER, P.	ETZ B	7	55	08	293–296
	Erzeugung.... hoher Vakua in der Elektrotechnik			07	255–259
BECKER, E., AWENDER, A., SANN, K.	Telefunkenztg Schwingquarzherstellung	28	März 55	107	34/35
SEITER	Electronics, N. Y. Selengleichrichterbau	28	Nov. 55	11	258
FISCHER, A.	Z Naturforschg Halbleiterschichten auf Glas	9a	Jan. 54		7–21

Verfasser	Zeitschrift	Band oder Jahrgang	Monat und Jahr	Heft Nr.	Seite
WEIGELT, W., HAASE, G.	Mitt. aus dem Institut für angew. Physik der Univ. Frankfurt/Main				
	Ber. dtsch keram Ges	31	54	2	45–48
	Der elektrische Widerstand von hochvakuumgesintertem Magnesiumoxyd				
BAYER, K.	Elektrotechn u. Masch-Bau	70	53	17	386
	Aufbereitung und Konservierung von Isolierölen				
FOREST, J. S.	Brit JAP		53	2	37–39
	ref. Vacuum	III	53	2	179
	Erhöhung der Oberflächenleitfähigkeit				
REICHELT, W.	Gl und HVT		Sept. 53	12/13	256
	Herstellung elektrischer Widerstände durch Aufdampfen				
BRINKMANN, K., MARDERWALD, E.	ETZ	73	52	14	449/50
	Dielektrische Trocknung der Papierisolation von Hochspannungskabeln				
CLINE, J. E.,	J elektrochem Soc	98	Okt. 51		385–387
WULFF, J.	ref. Vacuum	II	52	2	180
HOCHHÄUSLER, P.	ETZ	72	51	11	357–361
	Die Verbesserung von Kondensatordielektrika durch Hochvakuumbehandlung				
LATHAM, D.,	Brit Inst Radio Engrs	11	51		561–568
POWER, B. D.	ref. Vacuum	II	52	1	
	Anwendung der Vakuumtechnik in der Radio- und Elektroindustrie				
MALEADY, N. R.	Gen Electr Rev		Aug. 51	54	52–54
REICHELT, W.	Gl und HVT		52	8	152–159
DUFOUR, CH.	Vide	5	Juli 50		837–841
HOCHHÄUSLER, P.	Der Elektrotechniker	2	50	10	297
	Clophenkondensator				
	Elektrotechnik		49	6	166
	Kondensatorbau				

2.5.3 Elektronenmikroskopie

Verfasser	Zeitschrift	Band oder Jahrgang	Monat und Jahr	Heft Nr.	Seite
WILLIAMS, R. C.,	Exp Cell Res	4	Febr. 53		188–202
BRETTSCHNEIDER, L. H.	ref. Vacuum	III	53	2	194/95
ELBERS, P. F.	Proc Acad Soc Amsterdam	55	52		88–92

Verfasser	Zeitschrift	Band oder Jahrgang	Monat und Jahr	Heft Nr.	Seite
2.5.4 Feinmechanische Industrie					
REICHELT, W.	Z Metallkde	46	April 55	4	268–271
	Veredlung und Korrosionsschutz von Oberflächen				
CRITES, G. H.	Instrumentation	7	54	2	14/15
	Tempern von Uhrenfedern				
JOHNSON, R. O.	Precision Metal Molding		Febr. 54		45–48, 66
	Automobiltechnik	7	54	8	225
—	Industr Finish	5	März 53		546–561
	ref. Vacuum	III	53	3	330
SHEPARD, M.	Materials and Methods		Juni 53		97
BROWN, R. W.	Canad Chem Process		Nov. 52		38–40
	ref. Vacuum	III	Jan. 31	1	88
SEITER, J. G.	Electr Manufact	50	52		148
WARRING, R. H.	Mech World Engng Rec	132	52		276–280
	ref. Vacuum	III	Jan. 53	1	88
2.5.5 Glühlampen- und Röhrenindustrie					
ENGEL, F.	Vak Techn	8	59		44–47
HARRIES, J. O. H.	Electronics, N. Y.	32	59	25	78–81
ALMER, F. H. R., PERDIJK, H. J. R., ZANTEN, P. G. VAN	Namur-Ber		58		676–678
BAILLEUL-LANGLAIS, L.	Namur-Ber		58		632–635
HUBER, H.,	Ann Radioelectr	13	58	53	230–252
WARNECKE, M.	ref. Vacuum	IX	59		154
KOHL, W. H.	Namur-Ber		58		635–640
ROBINSON, N. W.	Namur-Ber		58		616–621
SEEHOF, J., SMITHBERG, S., ARMSTRONG, M.	RSI	29	58	9	776–778
TACHIHARA, Y., HATA, T., ONIZUKA, M.	Namur-Ber		58		679–682
YAZAWA, K. M.	Namur-Ber		58		622–625
ZINCKE, A.	Vak Techn	7	58		93–100
	ref. Vacuum	IX	59	3/4	240
ESPE, W.	Vak Techn	6	57	5	91
CURNOW, H. J.	JSI	34	57		73
EDENS, A. H.	Philips techn Rdsch	19	57/58	8/9	271–277
MORRISON, J.	Vac Symp Trans		57		100–103
ROBINSON, N. W.	Vacuum	VI	56		21–40
STOLL, S. J.	Brit JAP	7	56	3	94
DOBKE, G.	Gl und HVT		Sept. 53	12/13	249
	Die Vakuumtechnik des Hg-Dampf-Eisengleichrichters				
	ref. Vacuum	III	53	4	438

Verfasser	Zeitschrift	Band oder Jahrgang	Monat und Jahr	Heft Nr.	Seite
LUCHSINGER, W.	Techn Rdsch Bern	45	53		25–27
	ref. Vak Techn		55		142/43
	Pumpenlose Hg-Dampf-Gleichrichter mit Stahlgefäß und Edelgasfüllung				
BEHNE, R.	SEG-Nachrichten	1	53		26
	Bildröhren in Fließfertigung				
GLADITZ, F. A.	Gl und HVT		52	8	162
	Herstellung von Glasteilen für Vakuumröhren				
GÜNTHER-SCHULZE, A.	Elektron Wiss Techn	5	Febr. 52		390–395
	Vakuum und Glasgleichrichter				
LATHAM, D.,	J Brit Inst Radio Engrs	11	Dez. 51		561–568
POWER, B. D.	ref. Vacuum	II	Jan. 52	1	
METSON, G. H.	Vacuum	I	51	4	283–292
	Hochvakuum-Oxydkathodenröhren				

2.5.6 Kunststoffindustrie

Verfasser	Zeitschrift	Band oder Jahrgang	Monat und Jahr	Heft Nr.	Seite
—	Brit Plastics	28	55	9	358–372
	Vakuumformen				
—	Mod Plastics	31	54	9	87–97
	Vakuumformen				183
HULPERT, G. C.	Research	6	53		54–60
	ref. Vak Techn		(55) 54	8	160
EDWARDS, E. G.	US-Pat 2503251		28. 1. 46/ 11. 4. 52		
REYNOLDS, R. J. W.	Herstellung von Fäden, Fasern und Formkörpern aus Polyestern				

2.5.6.1 Kunststoffbearbeitung

Verfasser	Zeitschrift	Band oder Jahrgang	Monat und Jahr	Heft Nr.	Seite
—	Industr Finish	5	März 53		546–561
	ref. Vacuum	III	53		330
	Metallisieren von Kunststoffen				
BANCROFT, G. H.	Mod Plastics	31	53	4	122/23
	Metallisieren von Kunststoffen				210
GIEGERL, E.	Der Plastikverarbeiter		53	10	
	Metallische Überzüge auf Kunststoffen				
HIESINGER, L.	Kunststoffe	43	53	12	547/48
	Metallisieren von Kunststoffen				
HOLLAND, L.	Plastics Progr		53		361–380

Verfasser	Zeitschrift	Band oder Jahrgang	Monat und Jahr	Heft Nr.	Seite
SUTHERLAND, N.	Vacuum	III	53	3	331
	Metallisieren von Kunststoffen				
SEITER, J. G.	India Rubber World	128	53	4	493–496
	Metallisieren von Kunststoffen				
BROWN, R. W.	Canad Chem Process		Nov. 52		38–40
	ref. Vacuum	III	Jan. 53	1	88
	Metallisieren				
SEITER, J. G.	SPEJ		Okt. 52		12/13
	ref. Vacuum	III	53	1	89
	Metallisieren				
HARTMANN, H.,	Metal Finish	49	Sept. 51		64–70
SCHNEIDER, M.	ref. Vacuum	II	52	1	85
	Metallisieren				
HIESINGER, L.	Kunststoffe	41	51	12	444–446
	Chem Ing Techn	24	52	1	34
	Metallisieren				
HOLLAND, L.	Brit Plastics	24	März 51		96–102
	ref. Vacuum	I	51	4	331
	Metallisieren				
NAVOY, T. M.	Metal Finish		Nov. 51		
	Metallisieren				
SWALLOW, J. S.,	Chem and Ind	9	Okt. 48		9–13
GOURLAY, J. S.	Anwendungen von Hochvakuum in der Lack- und Kunststoffindustrie				
KRAUS, TH.	Jahrb Kunststoffe — Plastics		54/55		

2.5.7 Medizinisch-biologische Anwendungen

Verfasser	Zeitschrift	Band oder Jahrgang	Monat und Jahr	Heft Nr.	Seite
NEUMANN, K.	Vak Techn		55	6/7	24
	Gefriertrocknung von Mikroorganismen, Zellen und Geweben				
BUTLER, L.,	Nature	171	53	4361	941/42
BELL, L. G.					
EASTCOTT, H.H.G.	Vacuum	III	53	3	279–286
LEVIN, J.	Vide	8	53	44	1307–1319
	ref. Gl und HVT		54	15/16	319
SCHEER, K. E.	Zbl Bakteriol., Parasitenkunde Infektionskrankh, Abt I	159	53		311–313
	Laborgerät zum Gefriertrocknen				
STEVENSON, J. L.	Bull Math Biophys	14	53		411–429
	ref. Vacuum	III	53	4	437
	Theorie der Trocknung gefrorener Gewebe				

Verfasser	Zeitschrift	Band oder Jahrgang	Monat und Jahr	Heft Nr.	Seite
WRIGHT, L. J.	J Med Lab Techn		April 53		73–86
	ref. Vacuum	III	53	3	340
—	Nature	171	53		1047–1049
	ref. Vacuum	III	53	3	311
BECKETT, L. G.	Malay Pharm J		April 52		88–92
	Canad Chem Process		Mai 52		110–114
PRIESTLY, F. W.	Pharm Acta Helv	27	52		125–135
SAGER, H.	Pharm Acta Helv	27	52		121
FRY, R. M., GREAVES, R. I.	J Hygiene	49	Sept. 51		220–246
DESH, J. B.,	IEC	42	50	7	1376–1380
SCHULTZ, K.,	ref. Vacuum	I	51	1	59
PORSCHE, J. D.	Fraktionierung von Blutplasma				
CRAIGHT, J.	Brit J Cancer		49	3	250
GYE, W. E., BEGG, A. M., MANN, I., CRAIGIE, J.	Brit J Cancer		49	3	259

2.5.8 Metallurgische Industrie

Verfasser	Zeitschrift	Band oder Jahrgang	Monat und Jahr	Heft Nr.	Seite
HOFFMANN, W., MAATSCH, J.	Z Metallkde Heißentgasungsversuche an Bleischmelzen	47	56		231–239
GOTO, H., SUZUKI, S., OMMA, A.	Sci Rep Res Inst Tohoku, Ser A	8	56	1	24–30
AMOIGNON, M. J.	Vide		Jan. 55	49	1462–1469
FEICHTINGER, H.	Berg- u Hüttenm Mh	100	55	7/8	
SCHEIBE, W.	Vak Techn		54	3/4	67–71
WINKLER, O.	Vak Techn		54	5	87–96
—	Light Metals	16	April 53		130
	ref. Vacuum	III	53	3	314
GRIFFITH, G. B.,	Analyt Chem	25	Juli 53		1085–1087
MALLET, M. W.	ref. Vacuum	III	53	4	450
HORTON, W. S.,	AEC-Rep Nr. KAPL 874				
BRADY, J.	ref. Vacuum	III	53	3	333
TORRISI, A. F.,	Analyt Chem	23	Juni 51		928/29
KERNAHAN, J. L.	ref. Vacuum	I	51	4	333
GULBRANSEN, E.A., ANDREW, K. F.	IEC	41	49		2762
—	IEC	48	56		77 A, 80 A
CRITES, G. J.	Vak Techn	5	56	8	176–179
SCHEIBE, W.	Gießerei Schmelzen und Gießen von Titan	1	56		
—	Industrie-Anz	77	55	14	415
ADAMS, G. D.	Aviat Age	23	Jan. 55		66–73

Verfasser	Zeitschrift	Band oder Jahrgang	Monat und Jahr	Heft Nr.	Seite
Balluf, R. W., Seigle, L. L.	Acta Metallurg	3	55	2	170–177
Deuble, N. L.	Metal Progr	62	55	5	89–92
Dyrkaz, W. W.	Iron Age	176	55	17	75–77
Gilbert, H. L., Morrison, C. R.	Chem Engng Progr	51	55	7	320–325
Jenkins, I.	Nature	175	55	4450	276–279
Wigram, P. W.	Engineering	180	55	4671	172/73
—	VDI-Nachr	8	54	26	2
Baukloh, R.	Orion Warum Hochvakuum-metallurgie?	9	54	19/20	
Benesowski, E.	Metall	8	54	9/10	378–385
Clark, H. T., Catlin, J. P., Gregg, W. E.	Mech Engng	76	54	9	716–720
Kroll, W. J.	Z Metallkde	45	54	2	67–75
McKechnie, R. K., Green, D. W., Moore, W. F.	J Metals	6	54	12	1364–1367
Mahla, E. M.	J Metals	6	54	12	1370/71
Miller, G. L.	Ind Chemist	30	54		577–588
Moore, J. H.	J Metals	2	54	12	1368/69
Osborn, A. B.	J Inst Met	83	54/55	P 5	185–188
Boettcher, A.	Forschung und Produktion		53		7–31
	ref. Vacuum	III	53	3	313
Brockmeier, K. H.	Gl und HVT	2	Sept. 53		234–240
Cook, M.	J Inst Met	82	53/54		93–106
	ref. Vacuum	III	53	4	451
Crites, J. G.	Metal Progr	63	Mai 53		161–166
	ref. Vacuum	III	53	3	332
Fast, J. D., Lips, E. M. H.	Metal Progr		Jan. 53		109–112
Scheibe, W.	Metall	7	53		751–757
—	Light Metals	15	Aug. 52		176/77
			Sept. 52		308/09
			Okt. 52		339–341
	ref. Vacuum	III	53	1	97
Bishop, T.	Metal Progr	61	52		75–81
Holland, L.	Electrodep Techn Soc Adv Copy	4	52		(12)
Pearsall, C. S.	US AEC — Publ MJT —	1104	52		(7)
Rengsdorf, G. W. P., Fischer, R.	J Metals	4	Febr. 52		157–160
Sully, A. H.,	J Inst Met	81	52/53		569-572
Brendes, E. A., Proven, A. G.	ref. Vacuum	III	53	4	469

Verfasser	Zeitschrift	Band oder Jahrgang	Monat und Jahr	Heft Nr.	Seite
Tolansky, S.	Electrodep Techn Soc Adv Copy	3	52		(11)
Hartmann, K., Schneider, M.	Metal Finish	49	Sept. 51		1843–1845
Kroll, W. J.	Vacuum	I	51	3	163–184
Riley, R. V.	Iron Coal Tr Rev	162	51		1083–1089
	ref. Vacuum	I	51	4	334
Fast, J. D.	Philips techn Rev	II	Febr. 50		241–244
Flemming, H. W.	Metall	5	Mai 51	9/10	188
			Juli 50	13/14	
Navoy, T. M.	Metal Finish		Nov. 50		
Schlechten, A. W.	Engng Min J	151	Juli 50		71–73
	ref. Vacuum	I	April 51	2	
Spendlove, M.,	J Metals		Sept. 49		553–560
St. Clair, H. W.	ref. Vacuum	I	51	1	61

2.5.9 Nahrungsmittelindustrie

Verfasser	Zeitschrift	Band oder Jahrgang	Monat und Jahr	Heft Nr.	Seite
Bochmann, G.	Die Müllerei Wassergehaltsbestimmung von Getreide		55		48/49
Bungartz, H.	Z VDI Getreidetrocknung	97	55	11/12	363–367
Hayes, H. P.	Refrig Engng	62	54	9	47–49
—	Food Investigation Board DSTR Special Rep 57		53		98–110
	Vacuum Trockenfleisch	III	53	2	216/17
Horneman, H., Hussong, R. W., Quam, S. N., Hammer, B. W.	US-Pat 2630388 ref. Vacuum Fettkonzentrate	III	53	3	335
Strashun, S. I., Taburt, W. F.	Food Engng Trocknen von Fruchtsäften	25	53		59
Carrier Corp.	Mech Engng Fruchtsaft	74	52	5	57
Coulter, S. T., Jennes, R.	J Dairy Sci Milch	35	Jan. 52		675
—	Food Engng	23	Febr. 51		125/26
	ref. Vacuum	I	51	4	318
Eskew, R. K.	IEC	43	Okt. 51		2397–2403
	ref. Vacuum	I	51	4	318
Gilmont, R.	US-Pat 2563233				
	ref. Vacuum	I	51	4	337
Jones, C. R.	J Sci Food Agric	2	Dez. 51		565–571
	ref. Vacuum	II	52	1	90
—	Food Industr	22	Juni 50		124
	ref. Vacuum	I	51	1	63
Cloud, H. R.	Food Industr	22	50		1891–1894

Verfasser	Zeitschrift	Band oder Jahrgang	Monat und Jahr	Heft Nr.	Seite
2.5.10 Pharmazeutische Industrie					
MASCH, L. W.	Chem Ing Techn	22	50		141
	ref. Vacuum	I	51	2	
	Bedeutung der Molekulardestillation für die Pharmazeutische Industrie				
CHUMBERS, M., NELSON, J. W.	J Amer Pharm Ass	39	Juni 50		323–326
KAY, W. A.	Manufact Chem	22	Mai 51		188/89
	ref. Vacuum	I	51	4	332
PUPP, W.	Pharm Ind	15	53		162–164
2.5.11 Spiel- und Schmuckwarenindustrie					
GIGERL, E.	Der Plastverarbeiter		53	10	
	Dekorative Metallische Überzüge auf Kunststoffen durch Bedampfung im Hochvakuum				
HIESINGER, L.	Kunststoffe	43	53	12	547/48
	Praktische Erfahrungen bei Metallisieren von Kunststoffartikeln				
SEITER, J. G.	Amer Electroplasters' Soc Proc	39	52		141–151
JACQUES, T. A. J.	Vacuum	I	51	1	51
Sonstige Anwendungsmöglichkeiten					
—	Chem Engng		Juni 53		134–136
	Vacuum	III	53	3	310
	Neue Anwendungsmöglichkeiten der Hochvakuumtechnik				
DUNOYER, J. M.	Vide	10	55		42–49
GOOCH, N.	Civ Engng	50	55		586
	Vakuumbeton				
HAAS, H.	Chem Ing Techn	27	55		357
	Anwendung von Vakuum in der Trocknungstechnik				
—	Z Naturforschg	9a	54		64
	Tiegelfreies Ziehen von Si-Einkristallen				
GEACH, G. A.	Metallurgia	42	Mai 53		269–271
HARPER, M. E.	Vacuum	III	53	3	323
	Schmelzen von nichtmetallischem Material im Lichtbogen				
GIBALDO, F.	Chem Engng	60	53	5	235
ZIOCK, K.	Hausmitteilungen Jos. Schneider, Opt. Werke Kreuznach	5	53	7/8	

Verfasser	Zeitschrift	Band oder Jahrgang	Monat und Jahr	Heft Nr.	Seite
GIBBS,	Iron and Steel	25	52	4	141/42
SMITH, A. J.	Neue Entwicklung auf dem Festland über das Schmelzen im Hochvakuum				
LAPORTE, H.	Chem Technik	4	52	8	
	Methoden der Fein- und Hochvakuumtechnik in Industrielaboratorien				
LEVIANT, I.	Structural Engr	30	Nov. 52		149–158
	Vakuumbeton				
MILLEN, T. S.	JSI Suppl	1	51		7–10
	Industrielle Vakuumanlagen				
OETJEN, G. W.	Techn Mitt	44	51	4	
	Industrielle Hochvakuumanlagen				
SUBOWITSCH, S.	Hydrotechn Bau (russ.)	20	51	2	6–10
	ref. Vak Techn		55	8	160
	Vakuumbeton				
BLASCO, E.	Anales de Mécanica y eletricidad Nr. 208				
MIRANDA, L.	Industrielle Anwendungen der Hochvakuumtechnik				
WALTER, R.	Chem Ing Techn	21	49	3/4	49–88
	Neuere Entwicklung und Anwendung aus dem Gebiet der Hochvakuumtechnik				
AITKEN, P. B., BOXALL, H. L., COOK, L. G.	RSI	25	54	10	967
	Vakuumkalorimeter				
FORTESCUE, R. L.	Vacuum	III	53	1	47
GOLD, N.	US-Pat 2636915				
	ref. Vacuum	III	53		314
	Dental-Bedarf				
HOLLAND, L.,	Plastics Progr		53		361–380
SUTHERLAND, N.	ref. Vacuum	III	53	3	331
ROWLAND, P. R.	Vacuum	III	53	2	136–150
SHOVER, K.,	RSI	24	53		652
SOLED, J., Koch, R., MCDONALD, A., STERNS, C.	Kristallziehen im Vakuum				

Sachverzeichnis

Die *kursiv* gesetzten Seitenzahlen verweisen auf Abbildungen, Diagramme, Tabellen oder Zahlenwerte.

721/66/61 — III/18/203

Zeitfracht Medien GmbH
Ferdinand-Jühlke-Straße 7
99095 Erfurt, Deutschland
produktsicherheit@kolibri360.de